极简Office

一分钟学会Office的艺术

龙马高新教育◎编著

内 容 提 要

本书通过精选案例引导读者深入学习，系统地介绍用 Office 办公的相关知识和应用方法。

全书分为 5 篇，共 34 课。第 1 篇为 Office 快速入门，主要介绍如何学习 Office、Office 必知必会等；第 2 篇为 Word 文档制作，主要介绍开启 Word 之旅、文本输入与编辑、文本和段落格式的设置、强大的查找与替换、玩转图片轻松排版、表格的插入与使用、得样式者得 Word 天下，以及搞定目录只需 4 步等；第 3 篇为 Excel 表格的处理，主要介绍神奇的 Excel、工作簿、工作表、单元格、快速输入数据、设置单元格格式、工作表的美化、图表和公式的使用技巧、函数及简单的数据分析、数据的分类汇总与合并，以及数据透视表等；第 4 篇为 PPT 演示文稿，主要介绍 PPT 入门、幻灯片的基本操作，以及如何使用艺术字、图片、PPT 表格、PPT 图表，图示的形象化表达、动画及 PPT 的演示等；第 5 篇为高手技巧，主要介绍办公中不得不了解的技能及 Office 组件间的协作等。

本书不仅适合计算机初、中级用户学习，也可以作为各类院校相关专业学生和计算机培训班学员的教材或辅导用书。

图书在版编目(CIP)数据

极简Office：一分钟学会Office的艺术 / 龙马高新教育编著. — 北京：北京大学出版社，2018.4

ISBN 978-7-301-29199-3

Ⅰ. ①极… Ⅱ. ①龙… Ⅲ. ①办公自动化 — 应用软件 Ⅳ. ①TP317.1

中国版本图书馆CIP数据核字(2018)第026563号

书　　名　极简 Office：一分钟学会 Office 的艺术
　　　　　　JI JIAN OFFICE: YI FENZHONG XUEHUI OFFICE DE YISHU
著作责任者　龙马高新教育 编著
责 任 编 辑　尹 毅
标 准 书 号　ISBN 978-7-301-29199-3
出 版 发 行　北京大学出版社
地　　址　北京市海淀区成府路 205 号　100871
网　　址　http://www.pup.cn　　新浪微博：@ 北京大学出版社
电 子 信 箱　pup7@ pup.cn
电　　话　邮购部 62752015　发行部 62750672　编辑部 62570390
印 刷 者　北京大学印刷厂
经 销 者　新华书店
　　　　　　720 毫米 × 1020 毫米　16 开本　18.5 印张　420 千字
　　　　　　2018 年 4 月第 1 版　2018 年 4 月第 1 次印刷
印　　数　1—4000 册
定　　价　69.00 元

前言

“不积跬步，无以至千里”。在物质和信息过剩的时代，“极简”不仅是一种流行的工作、生活态度，更是一种先进的学习方法。本书倡导极简学习方式，以“小步子”原则，一分钟学习一个知识点，稳步推进，积少成多，通过不断地“微”学习，从而融会贯通、熟练掌握，以期大幅提高读者的学习效率。

本书共安排 34 节课，系统且全面地讲解 Office 的技能与实战。

读者定位

- **对 Office 一无所知，或者在某方面略懂、想进一步学习的人。**
- **想快速掌握 Office 的某方面应用技能，如制作表格、分析数据……**
- **觉得看书学习太枯燥、学不会，希望通过视频课程学习的人。**
- **没有大量连续时间学习，想通过手机利用碎片化时间学习的人。**

本书特色

- **简单易学，快速上手**

本书学习结构切合初学者的学习特点和习惯，模拟真实的工作学习环境，帮助读者快速学习和掌握。

- **精品视频，一扫就看**

每节都配有精品教学视频，不会哪里“扫”哪里，边学边看更轻松。

- **牛人干货，高效实用**

本书每课提供有一定质量的实用技巧，满足读者的阅读需求，也能帮助读者积累实际应用中的妙招，拓展思路。

■ 适用版本

本书的所有内容均在 Office 2016 版本中完成，因为本书介绍的重点是使用方法和思路，所以也适用于 Office 2007、Office 2010 和 Office 2013。

■ 配套资源

为了方便读者学习，本书配备了多种学习方式供读者选择。

- **配套素材和超值资源**

本书配送了 300 段高清同步教学视频、本书素材和结果文件、通过互联网获取学习资源和解题方法、办公类手机 APP 索引、办公类网络资源索引、Office 十大实战应用技巧、200 个 Office 常用技巧汇总、1000 个 Office 常用模板、Excel 函数查询手册等超值资源。

（1）下载地址。

扫描下方二维码或在浏览器中输入下载链接（http://v.51pcbook.cn/download/29199.html），即可下载本书配套光盘。

（2）使用方法。

下载配套资源到 PC 端，单击相应的文件夹可查看对应的资源。每一课所用到的素材文件均在“本书实例的素材文件、结果文件 \ 素材 \ch*”文件夹中。读者在操作时可随时取用。

- **扫描二维码观看同步视频（不下载，在有网络环境下可观看）**

使用微信、QQ 及浏览器中的“扫一扫”功能，扫描每节中对应的二维码，即可观看相应的同步教学视频。

- **手机版同步视频（下载后，在无网络环境下可观看）**

读者可以扫描下方二维码下载龙马高新教育手机 APP，直接安装到手机上，随时随地问同学、问专家，尽享海量资源。同时，也会不定期推送学习中的常见难点、使用技巧、行业应用等精彩内容，让学习变得更加简单高效。

■ 写作团队

本书由龙马高新教育编著，其中孔长征任主编，左琨、赵源源任副主编，参与本书编写、资料整理、多媒体开发及程序调试的人员有张田田、尚梦娟、李彩红、尹宗都、王果、陈小杰、左琨、邓艳丽、崔姝怡、侯蕾、左花苹、刘锦源、普宁、王常吉、师鸣若、钟宏伟、陈川、刘子威、徐永俊、朱涛和张允等。

在编写过程中，编者竭尽所能地为读者呈现最好、最全的实用功能，但仍难免有疏漏和不妥之处，敬请广大读者指正。若在学习过程中产生疑问或有任何建议，可通过以下方式联系我们。

投稿信箱：pup7@pup.cn

读者信箱：2751801073@qq.com

■ 后续服务

本书为了更好地服务读者，专门开通了 QQ 群为读者答疑解惑，读者在阅读和学习本书过程中可以把遇到的疑难问题整理出来，在“办公之家”群里探讨学习。另外，群文件中还会不定期上传一些办公小技巧，帮助读者更方便、快捷地操作办公软件。

读者交流 QQ 群：218192911（办公之家）

提示：若加入 QQ 群时，系统提示“此群已满”，请读者根据提示加入其他群。

目录

第 1 篇 Office 快速入门

第 2 篇 Word 文档制作

第3篇 Excel表格的处理

第4篇 PPT演示文稿

第 5 篇 高手技巧

第 1 篇

Office 快速入门

第 1 课 如何学习 Office

任何事物都有两面性，关键在于使用者如何看待和使用。Office 办公软件也是如此，如果在职场中对 Office 办公软件使用熟练，那么它将成为你升职加薪路上的“助推器”，否则它会成为你的“拦路虎”。

如何才能将“拦路虎”变为“助推器”呢?

首先鼓足勇气，勇敢地迈出第一步，然后抱有坚持必胜的决心，经过长期的学习，最终的胜利终究会属于你。

1.1 不会 Office 惹的祸

极简时光

关键词：图文混排 / 精美宣传页 / 形象生动 / 销售情况 / PPT 制作 / 企业文化宣传 PPT 模板

一分钟

Office 是目前最常用的办公软件，学会使用 Office 办公软件是职场新人的必修课，如果不熟悉 Office 办公软件，那么在办公过程中会带来不少麻烦。

小美，一家文案策划公司的行政助理，刚入职，因工作认真仔细而得到老板的赏识，小美心里也乐开了花，但最近小美在工作中遇到了难题。

老板觉得小美在平常工作中表现得不错，有意给她升职，就开始让她试着制作一份公司宣传页，没想到 Office 办公软件是小美的短板，其他同事使用 Word 制作出了图文混排的精美宣传页，而小美却只是使用 Word 输入了公司介绍的文字，最后的结果可想而知。

XX 电动车销售公司成立于 2006 年 4 月 20 日，目前有员工 100 人，是一家综合型电动车销售公司，主要产品包含有电动自行车、电动摩托车、电动独轮车、电动四轮车、电动三轮车、电动汽车及电动滑板车等。公司一直以“客户第一、质量保证、价格最优、服务至上”为经营理念，通过规模经营、统购分销、集中配送等先进经营方式，将制造成本降至最低，最大限度地为消费者争取并提供利益优惠。

XX 电动车销售公司为消费者提供人性化的专业服务，秉承设计、订货、安装、维修一条龙的服务理念，“无理由退换”、“14 天质量试用”、“低价补偿”、“即买即送”四大服务保障，让消费者省心、放心、开心，尽享购物之乐，毫无后顾之忧。

2016 年 4 月 20 日为是 XX 电动车销售公司 10 周年店庆，特此在 2016 年 4 月 20 日至 2016 年 4 月 27 日将举行“迎店庆，欢乐一周购”活动，超强的折扣力度，活动期间所有商品最高 6 折销售，凡购物 5000 元以上者可以参加 2016 年 4 月 28 日举行的现金抽奖活动。张张有奖，奖金最高达 1 万元。

产品类型	折扣力度
电动自行车	0.76
电动摩托车	0.73
电动独轮车	0.82
电动四轮车	0.94
电动三轮车	0.9
电动滑板车	0.86
电动汽车	0.6

⇩

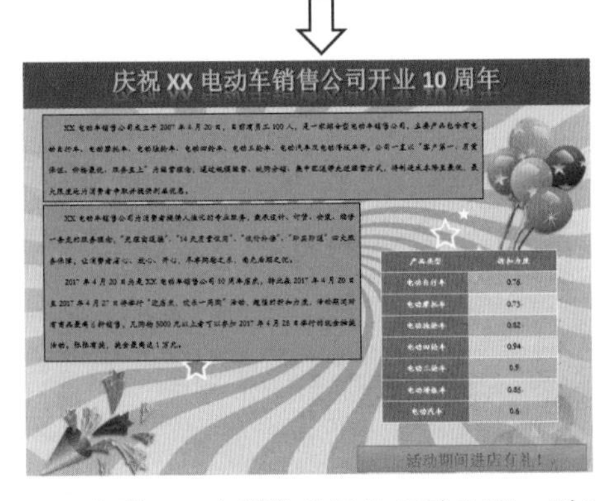

小琪，一家销售公司的行政助理，刚入职不久，领导让她制作一个公司每月的销售情况表，小琪特别认真地统计各项数据并以表格的形式展现出来，小琪心想，领导看到了肯定会夸我做事认真，但没想到其他同事上交的销售表中有图有表格，不仅看起来形

象生动，而且各项产品的销售情况一目了然，并使用折线图做了销售对比，得到了领导的大力称赞，相比之下小琪销售表中的几个孤零零的数据就显得相形见绌。

	A	B	C	D
1	月份	销售量		
2	1	1650		
3	2	1700		
4	3	2200		
5	4	1800		
6	5	2000		
7	6	2230		
8	7	2400		
9	8	2500		
10	9	2680		
11	10	2550		
12	11	2800		
13	12	2904		
14				

⇩

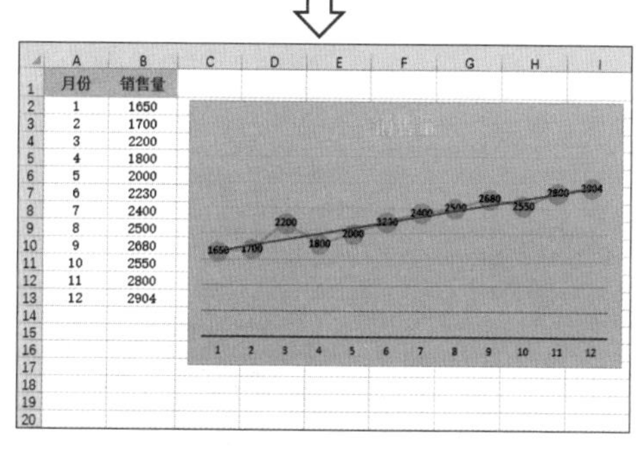

小关，在一家大公司做人事，对自己的工作认真负责，领导也都看在眼里，无奈大公司人才济济，每次升职加薪的机会都与小关擦肩而过。最近领导让小关制作一份企业文化宣传 PPT 模板，并特意交代这份工作的重要性，小关意识到机会来了，这次一定要抓住，可是在后来得知需要用到 PPT 制作时，小关懵了，因为她对 Office 办公软件的认知程度只停留在大学期间，在公共课上老师讲的内容好多年没用过，现在已经忘得差不多了，但时间紧任务重，只能硬着头皮制作，最后看到其他同事上交的 PPT 模板，小关恨不得找个地缝钻进去，就这样小关又失去了一次表现的机会。

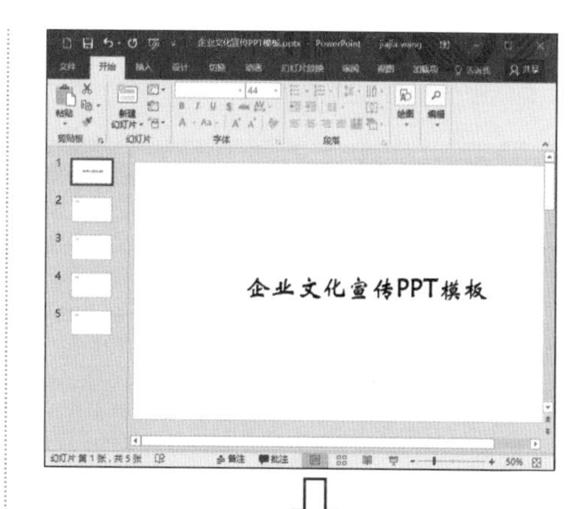

⇩

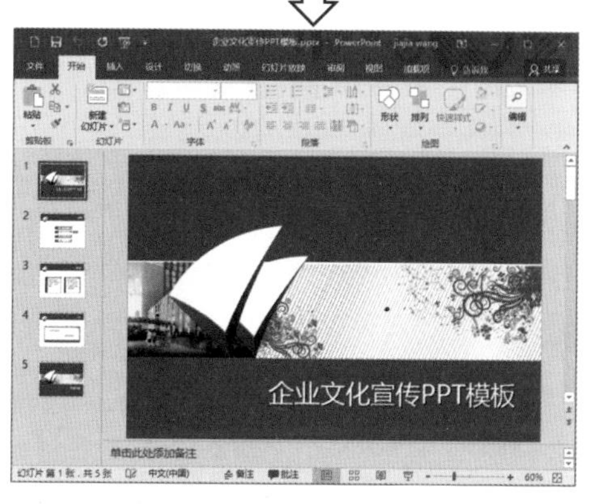

1.2 了解 Office 的三大组件

极简时光

关键词：Word 2016 / 文字处理软件 / Excel 2016 / 数据表格处理软件 / PPT 2016/ 制作演示文稿

一分钟

Office 2016 办公软件最常用的三大组件是 Word 2016、Excel 2016、PowerPoint 2016。下面就来一一了解这三大组件。

1. 文档创作与处理——Word 2016

Word 2016 是一款强大的文字处理软

件。使用 Word 2016，可以实现文本的编辑、排版、审阅和打印等功能。

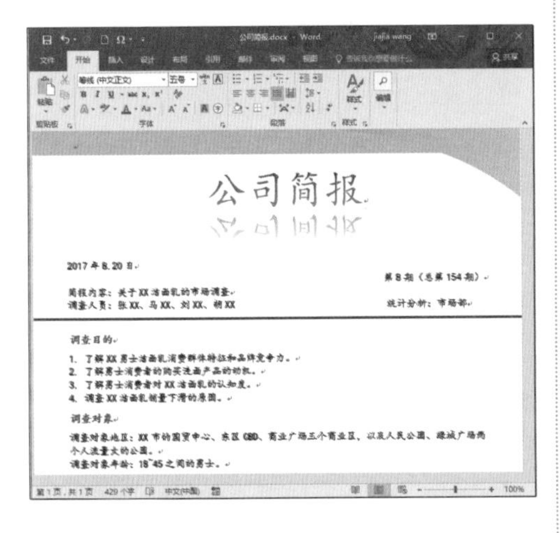

2. 数据表格——Excel 2016

Excel 2016 是一款强大的数据表格处理软件。使用 Excel 2016，可对各种数据进行分类统计、运算、排序、筛选和创建图表等操作。

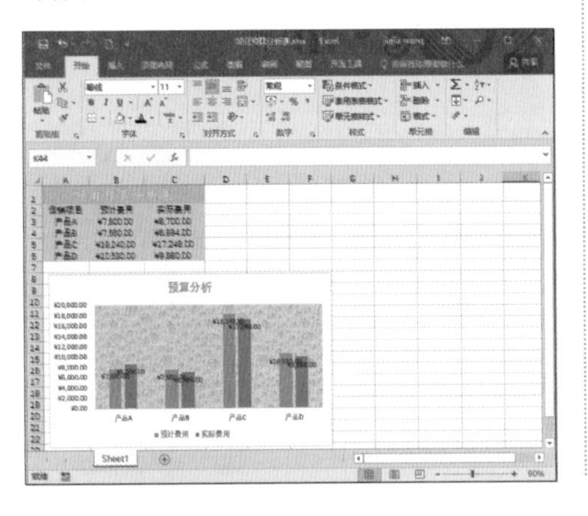

3. 演示文稿——PowerPoint 2016

PowerPoint 2016 是制作演示文稿的软件。使用 PowerPoint 2016，可以使会议或授课变得更加直观、丰富。

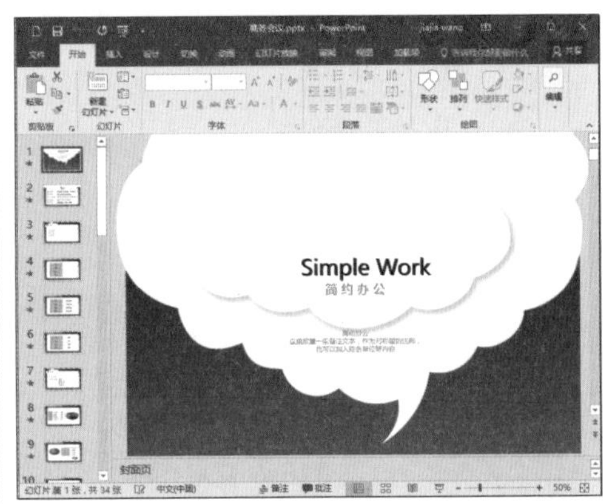

1.3 一张图告诉你新手和高手的区别

下面以 Office 办公软件中的常用操作为例，介绍新手和高手之间的区别。

	操作	新手	高手
Word	统一格式	使用格式刷	使用样式
	设置段落首行缩进	使用空格	在【段落】对话框中【缩进和间距】选项卡下【缩进】组中的【特殊格式】下拉列表框中选择【首行缩进】选项

续表

	操作	新手	高手
Word	设置分页	按【Enter】键	单击【插入】选项卡下【页面】组中的【分页】按钮或单击【布局】选项卡下【页面设置】组中的【分隔符】按钮，在弹出的下拉列表中选择【分页符】选项，或者直接按【Ctrl+Enter】组合键
	删除或替换大量相同的文本	逐个查找并进行替换	单击【开始】选项卡下【编辑】组中的【替换】按钮，在【查找和替换】对话框中进行操作
	制作目录	手动添加	使用 Word 提供的自动提取目录功能
Excel	输入大量重复或有规律数据	逐个输入	使用快速填充功能输入
	计算简单数据	使用计算器	使用 Excel 自带的公式和函数计算
	创建图表	使用的图表类型不恰当	熟悉各图表类型的特点，并能选择合适的图表
	对数据进行排序和筛选	手动排序	在【数据】选项卡下【排序和筛选】组中对数据进行排序和筛选
PowerPoint	设计封面	过度设计封面，将封面作为 PPT 要呈现的重点	封面的设计水平与内容保持一致，将重点放在实质内容部分
	公司 LOGO 的放置	将公司 LOGO 以大图标的形式放到每一页幻灯片中	将公司 LOGO 以小图标的形式放在每一页幻灯片的边角处
	幻灯片中使用的文字	文字太多	更多地使用图片、图表、表格等形式展示文字
	动画的使用	选择不合适的动画效果	使用的动画遵循醒目、自然、适当、简化及创意原则
	添加声音	滥用声音效果	在中间的幻灯片中添加声音效果，吸引观众的注意力
	颜色搭配	颜色搭配不合理或过于艳丽	文字颜色与背景色有明显的区别，要表达的内容清晰可见

1.4 原来Office可以这么学

极简时光

关键词：有针对性/通用操作/Office常用快捷键

一分钟

任何事情换个角度，就会收到意想不到的结果，学会Office办公软件并没有想象中的那么难，换个角度，就会发现“Office原来可以这么学”！

1. 有针对性地学习Office

在学习Office办公软件之前，需要先思考：你为什么要学Office？因为学习Office软件的出发点不同，其需要重点掌握的技能也不同。

如果你是职场新人，迫于工作的压力，需要掌握办公技能，那么你可以根据自己的行业背景，有针对性地掌握一些常用的技巧。例如，针对人力资源和行政文秘行业，可以学习Word审阅和校对技巧；学习Excel简单的函数和公式技巧；学习PPT制作中类似于员工培训资料之类的演示文稿的技巧。又如，针对市场营销和财务管理行业，可以学习Word的表格设计技巧；学习Excel的数据分析技巧；学习PPT的动画和演示技巧。

如果你是想要摆脱加班命运的人，在掌握一些常规的技能之外，还可以对Office办公软件多一些深入了解，以及掌握一些快捷键，帮助提高工作效率。

如果你还是学生，想为正式进入职场提前做些准备，那么可以先了解一下各个软件的功能及应用，熟悉软件的操作界面及软件各个功能的名称，以便日后遇到时能快速检索到相关信息。

如果你仅仅是因为个人爱好，那么可以从自己感兴趣的地方开始，由浅入深地进行学习。

除非是学术研究人员或从事教学培训的人员，否则没有必要完整地学习Office，相反，有选择性、有针对性地与自身的兴趣爱好结合是更有效率，也是更容易持久的学习方式。

2. 掌握一些通用操作

Office各大组件中包含有很多通用的命令操作，如复制、剪切、粘贴、撤销、恢复、查找和替换等。下面以Word为例进行介绍。

（1）复制命令。选择要复制的文本，单击【开始】选项卡下【剪贴板】组中的【复制】按钮，或者按【Ctrl+C】组合键都可以复制选择的文本。

（2）剪切命令。选择要剪切的文本，单击【开始】选项卡下【剪贴板】组中的【剪切】按钮，或者按【Ctrl+X】组合键都可以剪切选择的文本。

（3）粘贴命令。复制或剪切文本后，将鼠标光标定位至要粘贴文本的位置，单击【开始】选项卡下【剪贴板】组中的【粘贴】下拉按钮，在弹出的下拉列表中选择相应的粘贴选项，或者按【Ctrl+V】组合键都可以粘贴用户复制或剪切的文本。

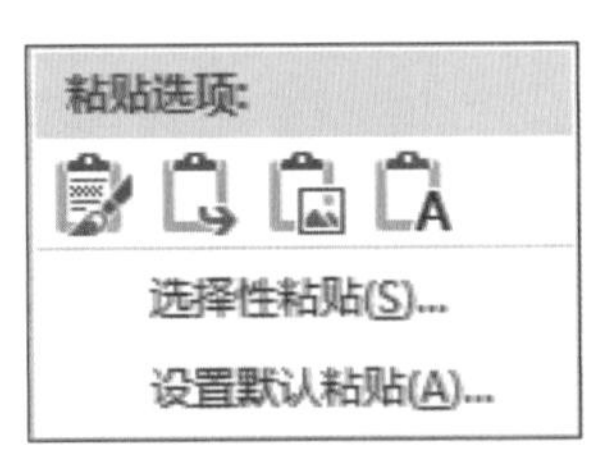

【粘贴】下拉列表中各选项含义如下。

【保留源格式】选项：被粘贴内容保留原始内容的格式。

【合并格式】选项：被粘贴内容取消原始内容格式，并自动应用目标位置的格式。

【图片】选项：被粘贴内容清除原始内容格式，转换为图片格式。

【只保留文本】选项：被粘贴内容清除原始内容和目标位置的所有格式，仅保留文本。

（4）撤销命令。当执行的命令有错误时，可以单击快速访问工具栏中的【撤销】按钮，或者按【Ctrl+Z】组合键撤销上一步的操作。

（5）恢复命令。执行撤销命令后，可以单击快速访问工具栏中的【恢复】按钮，或者按【Ctrl+Y】组合键恢复撤销的操作。

输入新的内容后，【恢复】按钮会变为【重复】按钮，单击该按钮，将重复输入新输入的内容。

（6）查找命令。需要查找文档中的内容时，单击【开始】选项卡下【编辑】组中的【查找】下拉按钮，在弹出的下拉列表中选择【查找】或【高级查找】选项，或者按【Ctrl+F】组合键查找内容。

选择【查找】选项或按【Ctrl+F】组合键，可以打开【导航】窗格查找。选择【高级查找】选项可以弹出【查找和替换】对话框查找内容。

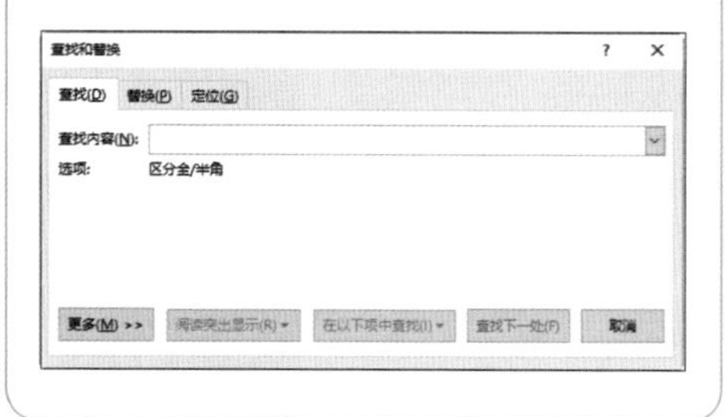

（7）替换命令。需要替换某些内容或格式时，可以使用替换命令。单击【开始】选项卡下【编辑】组中的【替换】按钮，即可打开【查找和替换】对话框，在【查找内容】和【替换为】文本框中输入要查找和替换为的内容，单击【替换】按钮即可。

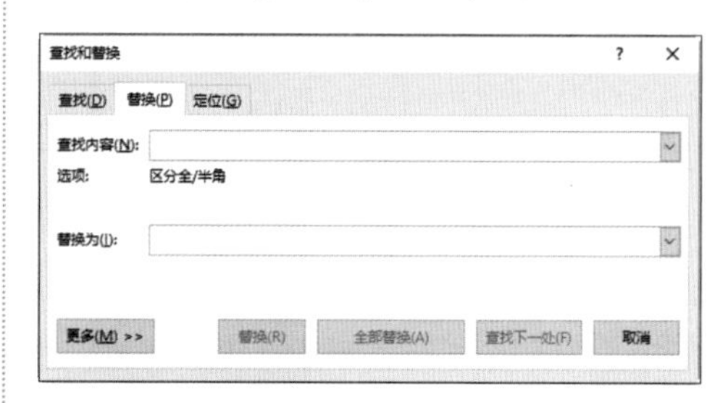

3. 不得不记的快捷键

掌握一些常用的快捷键，可以提高文档编辑速度。

（1）Word 2016 常用快捷键。

按键	说明
Ctrl+N	创建新文档
Ctrl+O	打开文档
Ctrl+W	关闭文档
Ctrl+S	保存文档
Ctrl+C	复制文本
Ctrl+V	粘贴文本

续表

按键	说明
Ctrl+X	剪切文本
Ctrl+Shift+C	复制格式
Ctrl+Shift+V	粘贴格式
Ctrl+Z	撤销上一步的操作
Ctrl+Y	恢复上一步撤销的操作
Ctrl+Shift+>	增大字号
Ctrl+Shift+<	减小字号
Ctrl+]	逐磅增大字号
Ctrl+[	逐磅减小字号
Ctrl+D	打开【字体】对话框更改字符格式
Alt+ 向下键	打开所选的下拉列表
Home	移至条目的开头
End	移至条目的结尾
向左键或向右键	向左或向右移动一个字符
Ctrl+ 向左键	向左移动一个字词
Ctrl+ 向右键	向右移动一个字词
Shift+ 向左键	向左选中或取消选中一个字符
Shift+ 向右键	向右选中或取消选中一个字符
Ctrl+Shift+ 向左键	向左选中或取消选中一个单词
Ctrl+Shift+ 向右键	向右选中或取消选中一个单词
Shift+Home	选择从插入点到条目开头之间的内容
Shift+End	选择从插入点到条目结尾之间的内容

（2）Excel 2016 快捷键。

按键	说明
Ctrl+Shift+:	输入当前时间
Ctrl+;	输入当前日期
Ctrl+A	选择整个工作表，如果工作表包含数据，则按【Ctrl+A】组合键将选择当前区域，再次按【Ctrl+A】组合键将选择整个工作表
Ctrl+B	应用或取消加粗格式设置
Ctrl+C	复制选定的单元格
Ctrl+D	使用【向下填充】命令将选定范围内最顶层单元格的内容和格式复制到下面的单元格中
Ctrl+F	显示【查找和替换】对话框，其中的【查找】选项卡处于选中状态 按【Shift+F5】组合键也会显示此选项卡，而按【Shift+F4】组合键则会重复上一次的查找操作

续表

按键	说明
Ctrl+G	显示【定位】对话框
Ctrl+H	显示【查找和替换】对话框，其中的【替换】选项卡处于选中状态
Ctrl+N	创建一个新的空白工作簿
Ctrl+O	显示【打开】对话框以打开或查找文件，按【Ctrl+Shift+O】组合键可选择所有包含批注的单元格
Ctrl+R	使用【向右填充】命令将选定范围最左边单元格的内容和格式复制到右边的单元格中
Ctrl+S	使用其当前文件名、位置和文件格式保存活动文件
Ctrl+U	应用或取消下画线 按【Ctrl+Shift+U】组合键将在展开和折叠编辑栏之间切换
Ctrl+V	在插入点处插入剪贴板的内容，并替换任何所选内容。只有在剪切或复制了对象、文本或单元格内容之后，才能使用此快捷键
Ctrl+W	关闭选定的工作簿窗口
Ctrl+X	剪切选定的单元格
Ctrl+Y	重复上一个命令或操作（如有可能）
Ctrl+Z	使用【撤销】命令来撤销上一个命令或删除最后输入的内容
F4	重复上一个命令或操作（如有可能） 按【Ctrl+F4】组合键可关闭选定的工作簿窗口 按【Alt+F4】组合键可关闭 Excel 窗口
F11	在单独的图表工作表中创建当前范围内数据的图表 按【Shift+F11】组合键可插入一个新工作表
F12	显示【另存为】对话框
箭头键	在工作表中上移、下移、左移或右移一个单元格 按【Ctrl+ 箭头键】组合键可移动到工作表中当前数据区域的边缘 按【Shift+ 箭头键】组合键可将单元格的选定范围扩大一个单元格 按【Ctrl+Shift+ 箭头键】组合键可将单元格的选定范围扩展到活动单元格所在列或行中的最后一个非空单元格，或者如果下一个单元格为空，则将选定范围扩展到下一个非空单元格

（3）PowerPoint 2016 快捷键。

按键	说明
N Enter Page Down 右箭头（→） 下箭头（↓） 空格键	执行下一个动画或换页到下一张幻灯片
P Page Up 左箭头（←） 上箭头（↑） Backspace	执行上一个动画或返回上一个幻灯片
B 或。（句号）	黑屏或从黑屏返回幻灯片放映
W 或，（逗号）	白屏或从白屏返回幻灯片放映
S 或加号（+）	停止或重新启动自动幻灯片放映
Esc 或连字符 (-)	退出幻灯片放映
Ctrl+P	重新显示隐藏的鼠标指针并将指针改变成绘图笔形状
Ctrl+A	重新显示隐藏的鼠标指针并将指针改变成箭头形状
Ctrl+H	立即隐藏鼠标指针和按钮

4. 学会寻求帮助

现在是一个网络信息极其发达的时代，人们已经习惯于使用百度、谷歌等搜索引擎查找遇到的难题，而强大的搜索引擎在帮助人们学习 Office 办公软件上也起到了很大的作用。

另外 Office 办公软件自带的帮助系统，可以不受时间、地域、网络环境的影响，随时随地帮助你解决问题。但它和许多产品说明书一样，通常容易被人们忽视。很多人宁愿花钱买大量的参考书，也不愿花时间将这个“说明书”认真通读一遍，要知道软件自带的帮助系统包含的知识要比人们想象的丰富得多，也更严谨、规范。

还有一些人不习惯使用帮助系统，因为在帮助系统中检索信息不像搜索引擎中可以直接使用实际问题进行搜索，它需要用户输入固定的功能名称或术语。所以，要想使用好帮助系统，还需要对 Office 软件的功能名称，以及涉及的技术要点和常用术语有大致的了解，这样才能在帮助系统中准确快速地搜索到有价值的信息。

5. 动手实践

理论知识学得再好，在实际中不会使用，终究是纸上谈兵。只有通过大量的实践，才能将学到的知识完全掌握，实现知识由外向内的转换过程。

大家在看书的时候，可以打开 Office 办公软件，跟着书上介绍的操作步骤进行实际操作练习，可以多次操作直到熟练掌握为止；也可以把工作中遇到的案例翻出来，用新的眼光重新审视，寻求更理想的解决方案。

Office 办公软件就是一款办公操作软件，实用性强，所以只有通过不断的实践，才能真正将学到的知识内化，并能够在实际办公中熟练应用。

第 2 课 Office 必知必会

知己知彼，方能百战不殆。要想战胜对方，就必须对其有充分的了解。

如果你想战胜 Office 办公软件，那么你知道在学习 Office 办公软件前，需要准备什么吗?

Office 办公软件的安装，你会吗?

如何启动和退出 Office 办公软件?

下面就来看一下使用 Office 办公软件需要掌握的必备技能吧。

2.1 在计算机上安装 Office

极简时光

关键词：安装 Office / 计算机配置 / 安装步骤 / 激活 Office 软件

一分钟

在使用 Office 办公软件之前，需要先在计算机上进行安装，下面就以 Office 2016 为例，来介绍 Office 办公软件的安装。

1. 计算机配置要求

要安装 Office 2016，计算机硬件和软件的配置要达到以下要求。

处理器	1GHz 或更快的 x86 或 x64 处理器（采用 SSE2 指令集）
内存	1GB RAM（32 位）；2GB RAM（64 位）
硬盘	3.0 GB 可用空间
显示器	图形硬件加速需要 DirectX10 显卡和 1024 × 576 分辨率
操作系统	Windows 7 SP1、Windows 8.1、Windows 10 及 Windows10 Insider Preview
浏览器	Microsoft Internet Explorer 8、9 或 10；Mozilla Firefox 10.x 或更高版本；Apple Safari 5；Google Chrome 17.x
.NET 版本	3.5、4.0 或 4.5
多点触控	需要支持触摸的设备才能使用任何多点触控功能，但始终可以通过键盘、鼠标或其他标准输入设备或可访问的输入设备使用所有功能

2. 安装 Office 2016

计算机配置达到要求后就可以安装 Office 2016 软件。安装 Office 2016 比较简单，具体操作步骤如下。

01 首先需要在Microsoft官网上下载Office 2016软件，然后在计算机中找到Office 2016安装包里的setup.exe文件，双击该文件。

02 系统即可自动安装Office 2016。

03 稍等一段时间，弹出如下图所示的界面，表示已成功安装Office 2016软件。

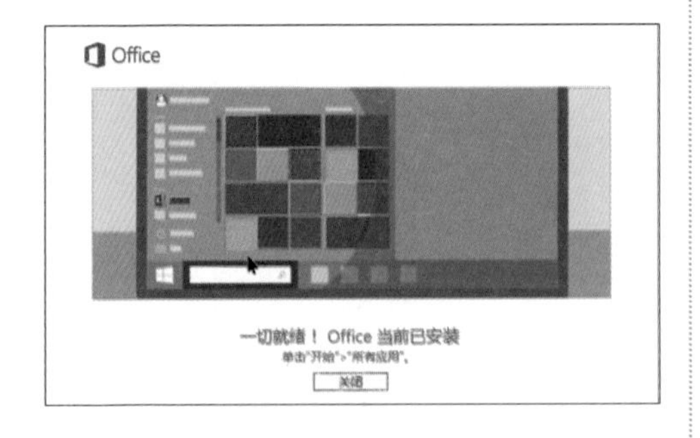

3. 激活Office软件

Office软件安装完成后，需要利用微软官方给出的“序列号”进行激活。下面就以Word 2016为例，介绍Office软件激活的具体操作步骤。

01 启动Word 2016，则会弹出【输入您的产品密钥】信息提示框，如下图所示。

02 在下方的文本框中输入产品密钥，输入完成后，可看到文本框右侧出现一个绿色的对钩，表示输入正确，然后单击【安装】按钮，即可完成Word 2016软件的激活。

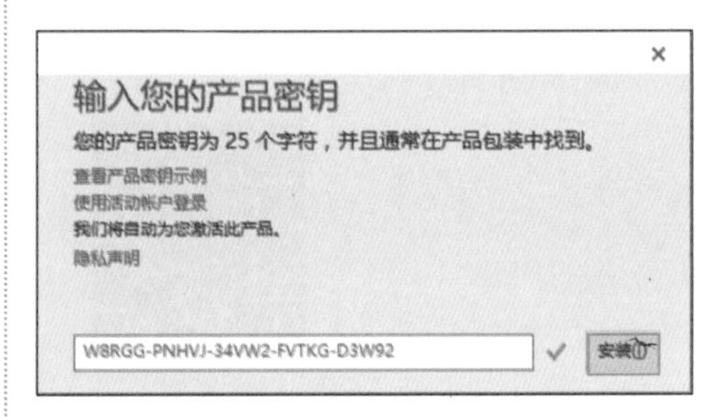

03 进入Word 2016的工作界面，选择【文件】选项卡，在打开的窗口中选择左侧列表中的【账户】选项，在弹出的【账户】界面右侧的【产品信息】区域，即可看到软件已被激活。

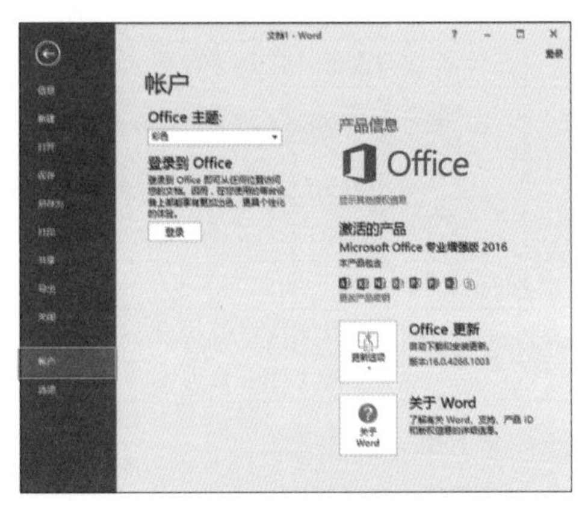

2.2 启动 Office 的 3 种方法

Office 办公软件安装完成后，还需掌握如何启动软件。下面以 Word 2016 软件为例来讲解，启动 Word 2016 有以下 3 种方法。

1. 使用【开始】菜单

单击【开始】按钮，在弹出的列表中选择【Word 2016】选项，即可启动 Word 2016。

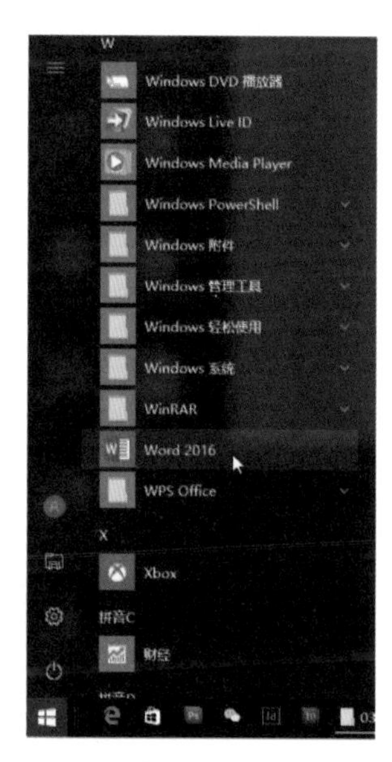

2. 使用【新建】命令

01 在桌面上右击，选择【新建】→【Microsoft Word 文档】命令。

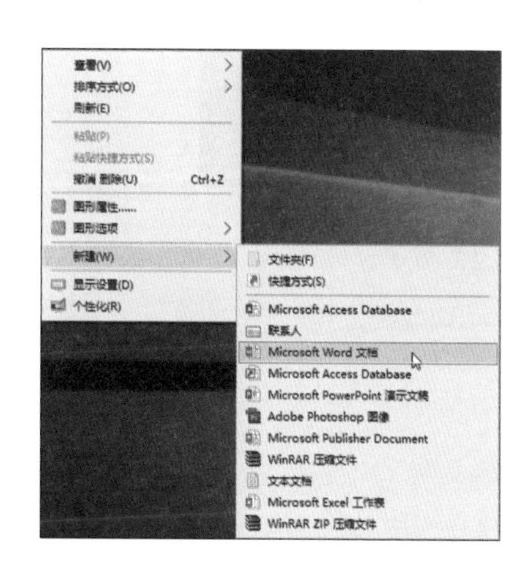

02 即可在桌面上新建一个 Word 文档，双击新建文件【新建 Microsoft Word 文档】，即可启动 Word 2016。

3. 使用桌面快捷方式

01 在计算机中找到 Word 2016 的快捷方式并右击，在弹出的快捷菜单中选择【发送到】→【桌面快捷方式】选项。

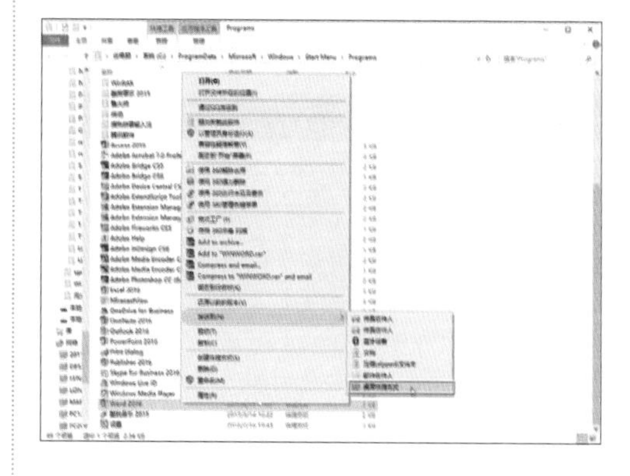

02 即可在桌面上创建一个"Word 2016"的快捷方式图标，双击此快捷方式图标，即可启动 Word 2016。

Office 办公软件的快捷方式一般位于 C:\ProgramData\Microsoft\Windows\Start Menu\Programs 中。

2.3 退出 Office 的 4 种方法

Office 2016 软件的退出有 4 种方法，下面以 Word 2016 为例，来介绍 Office 2016 软件的退出方法。

（1）单击 Word 窗口右上角的【关闭】按钮，即可退出 Word。

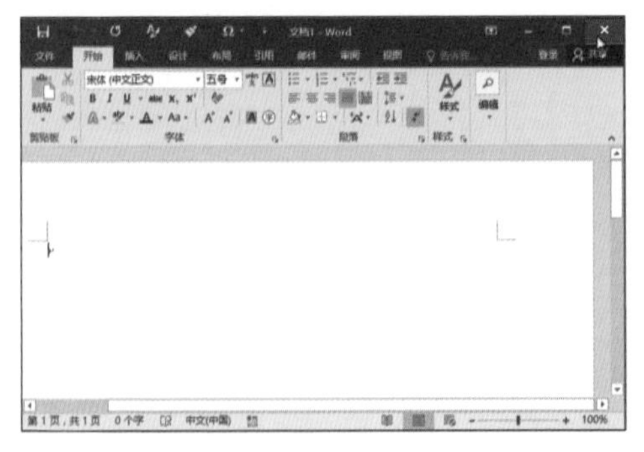

（2）选择【文件】选项卡，在打开的窗口中选择左侧列表中的【关闭】选项，即可退出 Word。

（3）在文档标题栏上右击，在弹出的快捷菜单中选择【关闭】命令，即可退出 Word。

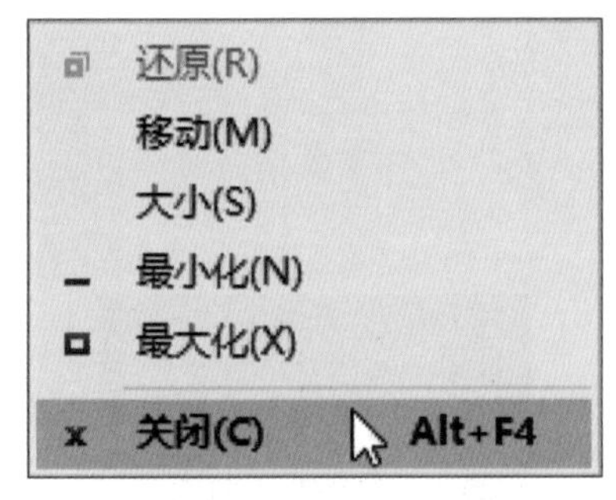

（4）使用快捷键，按【Alt+F4】组合键即可直接退出 Word。

2.4 Office 的高效操作离不开设置

良好舒适的工作环境是事业成功的一

半，Office 2016 各组件可以根据需要修改默认的设置，设置的方法类似，本节以 Word 2016 软件为例来讲解 Office 2016 修改默认设置的操作。通过修改默认设置，使其符合自己的习惯，从而帮助用户实现高效办公。

1. 自定义功能区

功能区中的各个选项卡可以有用户自定义设置，包括命令的添加、删除、重命名、次序调整等。

01 在功能区的空白处右击，在弹出的快捷菜单中选择【自定义功能区】选项。

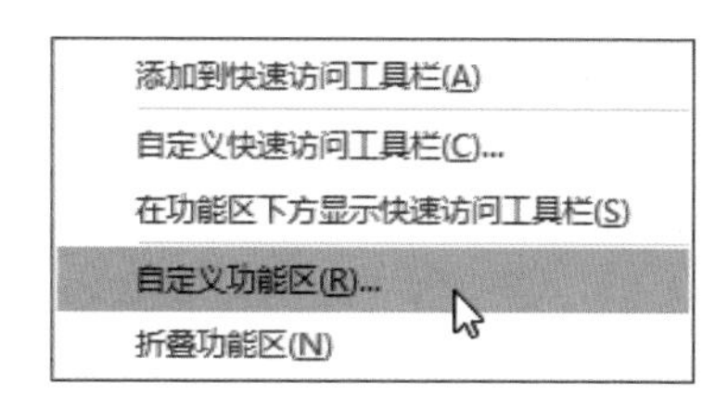

02 弹出【Word 选项】对话框，选择【自定义功能区】选项，在弹出的界面中单击【新建选项卡】按钮。

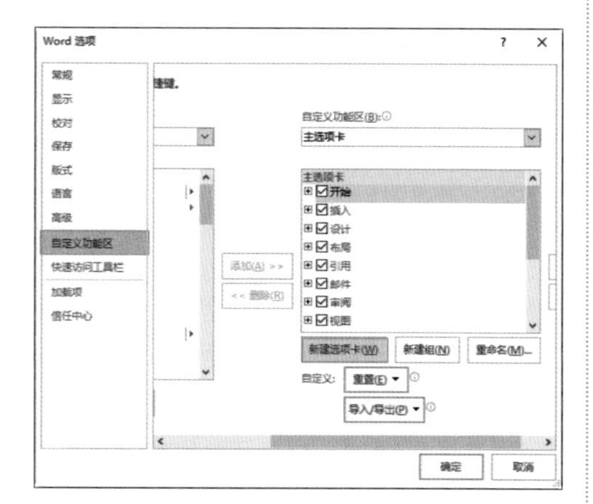

03 系统会自动创建一个【新建选项卡】和一个【新建组】选项。

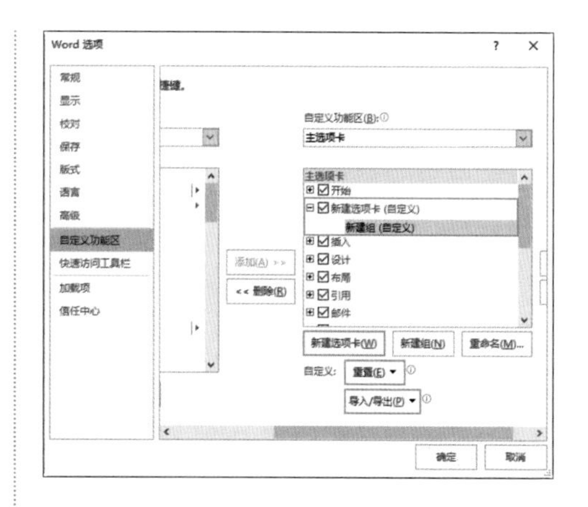

04 选中【新建选项卡（自定义）】复选框，单击【重命名】按钮。

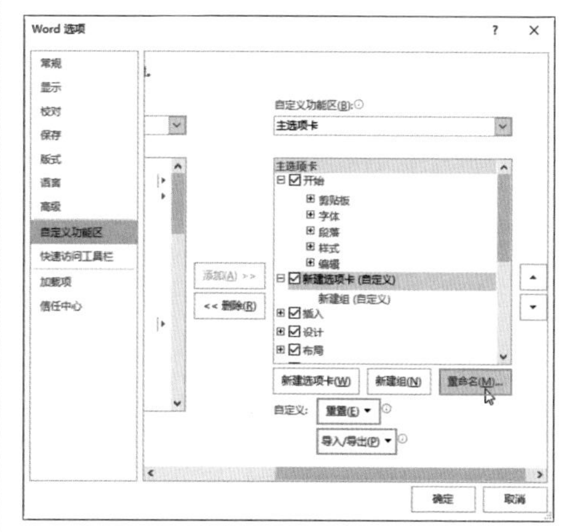

05 弹出【重命名】对话框，在【显示名称】文本框中输入文本“附加选项卡”，单击【确定】按钮。

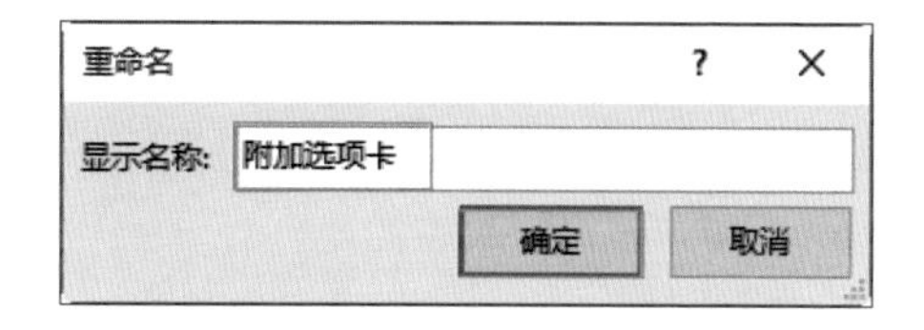

06 选择【新建组（自定义）】选项，单击【重命名】按钮，弹出【重命名】对话框。在【符

号】列表框中选择组图标，在【显示名称】文本框中输入文本“学习”，单击【确定】按钮。

07 返回【Word 选项】对话框，即可看到选项卡和选项组已被重命名，在【从下列位置选择命令】下拉列表中选择【所有命令】选项，在列表框中选择【词典】选项，单击【添加】按钮。

08 此时就将其添加至新建的【附加选项卡(自定义)】下的【学习自定义】组中。

提示

单击【上移】和【下移】按钮可以改变选项卡和组的顺序和位置。

09 单击【确定】按钮，返回 Word 界面，即可看到新增加的选项卡、组及按钮。

提示

如果要删除新建的选项卡或组，只需要在【Word 选项】对话框的【自定义功能区】中选择要删除的选项卡或组，单击【删除】按钮即可。

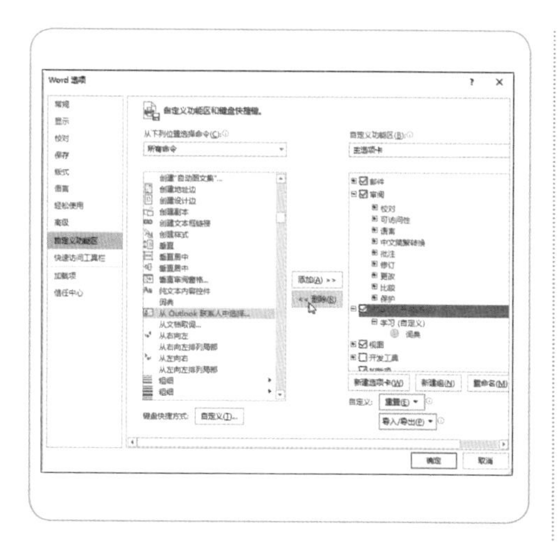

2. 设置文件的保存

保存文档时经常需要选择文件保存的位置及保存类型，如果需要经常将文档保存为某一类型并且保存在某一个文件夹内，可以在 Office 2016 中设置文件默认的保存类型及保存位置，具体操作步骤如下。

01 在打开的 Word 2016 文档中选择【文件】选项卡，在打开的窗口中选择左侧列表中的【选项】选项。

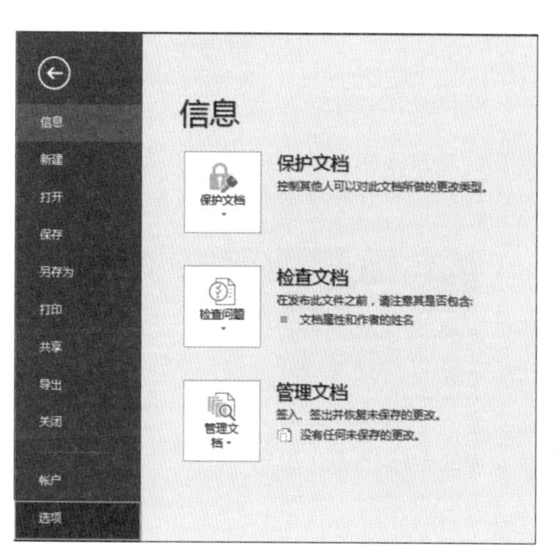

02 弹出【Word 选项】对话框，在左侧列表中选择【保存】选项，在右侧【保存文档】区域单击【将文件保存为此格式】后的下拉按钮，在弹出的下拉列表中选择【Word 文档（*.docx）】选项，将默认保存类型设置为【Word 文档（*.docx）】格式。

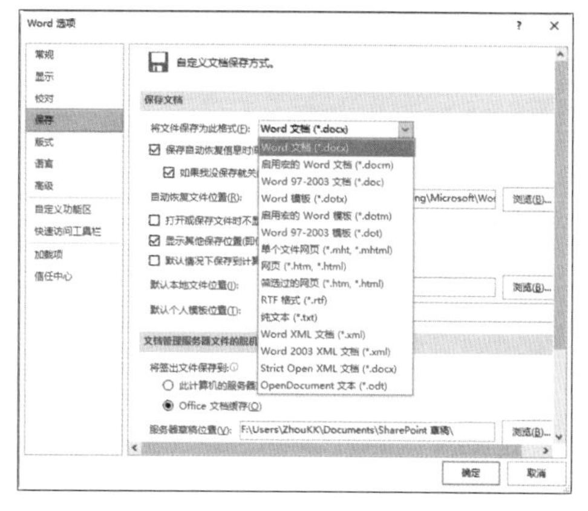

03 单击【默认本地文件位置】文本框后的【浏览】按钮。

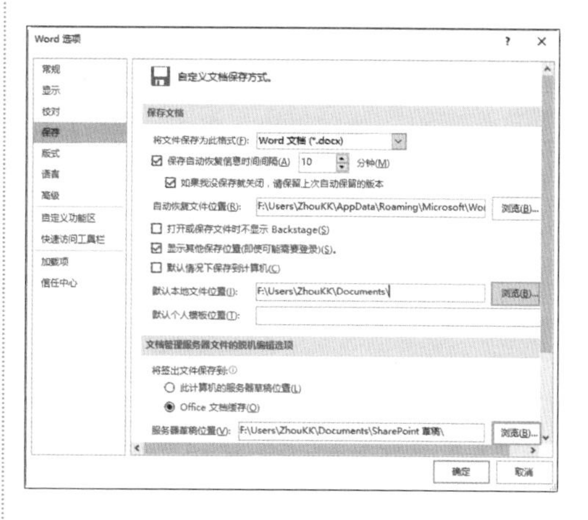

04 打开【修改位置】对话框，选择文档要默认保存的位置，单击【确定】按钮。

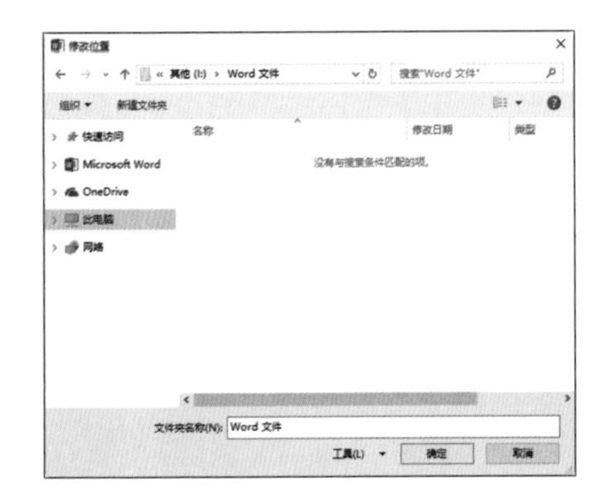

05 返回【Word 选项】对话框，即可看到已经更改了文档的默认保存位置，单击【确定】按钮。

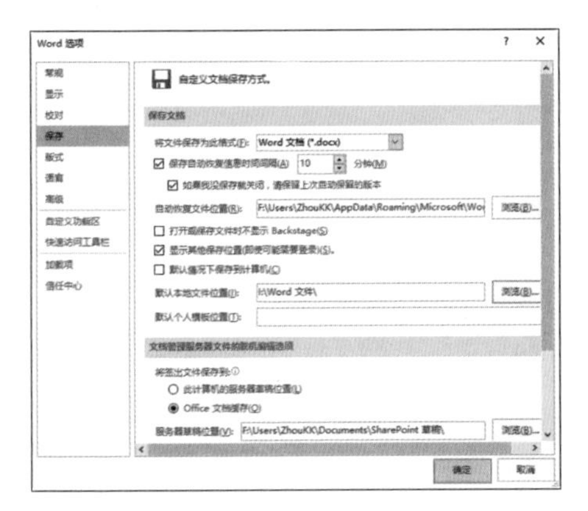

06 在 Word 文档中选择【文件】选项卡，在打开的窗口中选择左侧列表中的【保存】选项，并在右侧单击【浏览】按钮，即可打开【另存为】对话框，可以看到系统自动打开默认的保存位置。

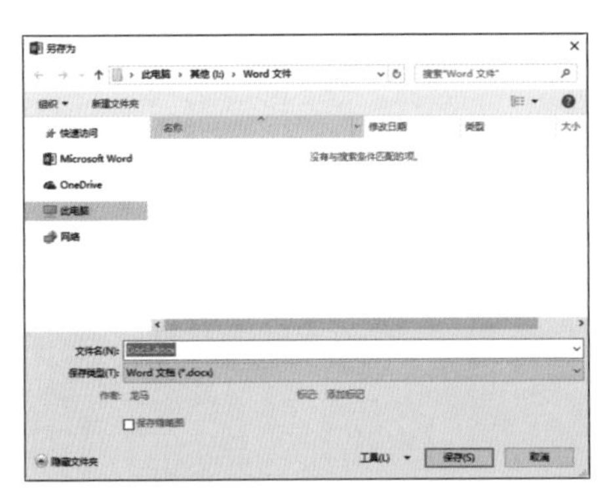

3. 添加命令到快速访问工具栏

Word 2016 的快速访问工具栏在软件界面的左上方，默认情况下包含【保存】【撤销】和【恢复】3 个按钮，用户可以根据需要将命令按钮添加至快速访问工具栏，具体操作步骤如下。

01 单击快速访问工具栏右侧的【自定义快速访问工具栏】按钮，在弹出的下拉列表中可以看到包含有【新建】【打开】等多个命令按钮，选择要添加至快速访问工具栏的选项，这里选择【新建】选项。

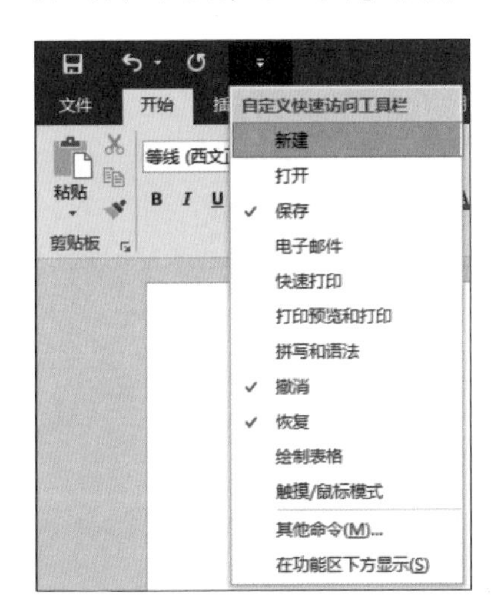

02 即可将【新建】按钮添加至快速访问工具栏，并且选项前将显示“√”符号。

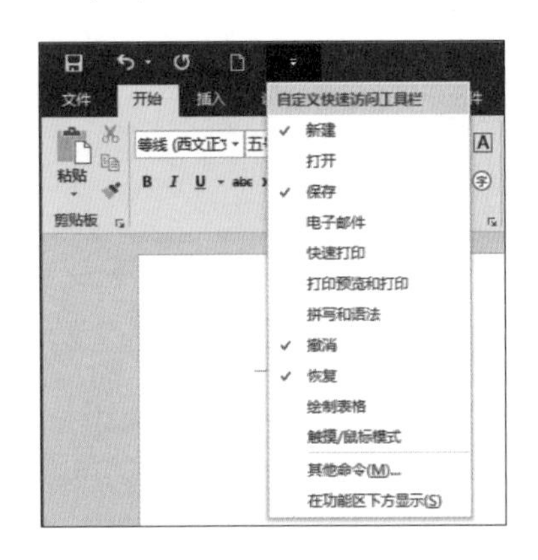

提示

使用同样的方法可以添加【自定义快速访问工具栏】列表中的其他按钮，如果要取消按钮在快速访问工具栏中的显示，只需要再次选择【自定义快速访问工具栏】列表中的按钮选项即可。

03 此外，还可以根据需要添加其他命令至快速访问工具栏，单击快速访问工具栏右侧的【自定义快速访问工具栏】按钮▼，在弹出的下拉列表中选择【其他命令】选项。

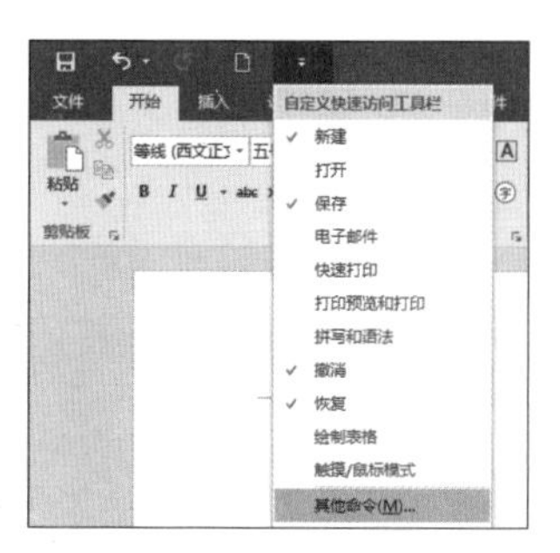

04 打开【Word 选项】对话框，在【从下列位置选择命令】下拉列表中选择【常用命令】选项，在下方的列表框中选择要添加至快速访问工具栏的按钮，这里选择【查找】选项，单击【添加】按钮 。

05 即可将【查找】按钮添加至右侧的列表框中，单击【确定】按钮。

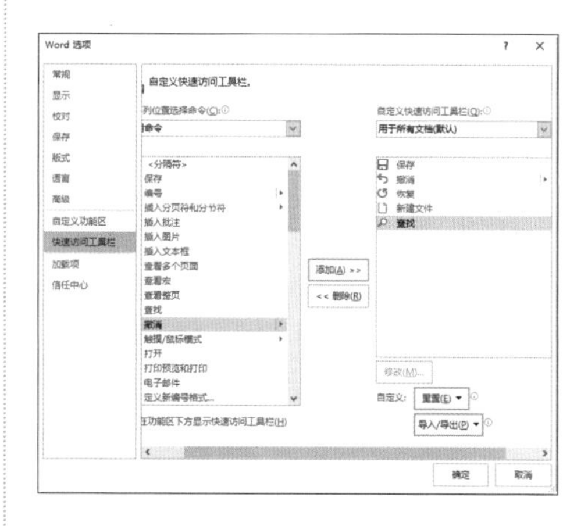

06 返回 Word 2016 界面，即可看到已经将【查找】按钮添加至快速访问工具栏中。

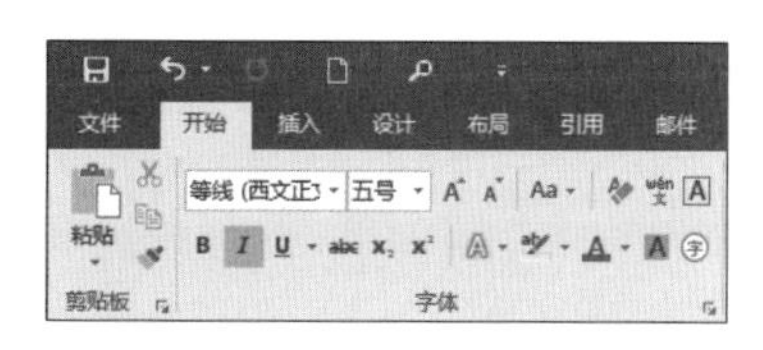

提示

在快速访问工具栏中选择【查找】按钮并右击，在弹出的快捷菜单中选择【从快速访问工具栏删除】选项，即可将其从快速访问工具栏中删除。

2.5 Word、Excel、PPT 各有什么不同

正如大家所熟知的，Word是文字处理软件；Excel是数据表格处理软件；PPT是制作演示文稿的软件。正因为它们各自的功能及侧重点不同，在实际应用中所扮演的角色也不同。

例如，在参加创业比赛时，掌控好Word，就等于拿到了第一块敲门砖，因为你需要制作一份商业计划书来取得参赛资格并吸引投资人的注意。

另外商业计划书中肯定少不了财务预测，你需要使用Excel来制作一个财务预测表，将财务数据以图表的形式展现出来，可以让投资人清晰地看到你的增长点。

最后是路演PPT，有了第一环节Word提供的素材和逻辑，路演PPT的制作就相对轻松了很多，只需对Word中的文字表述进行提炼，并搭配恰当的色彩和动画，一份精彩的路演PPT即可制作完成。

在以上表述的创业比赛中，可以清楚地看到Word、Excel、PPT各自的分工及扮演的角色。

Word是第一块敲门砖，帮助你打开成功的大门。像类似于“商业计划书”这样的大部头文档，使用Word制作对于帮助整理思路非常重要。

Excel可以将所要表达的内容数据化，并以图表、表格等多种形式展现出来，具有可视化、可预测性的特点。

PPT则是最后浓缩的精华，将重点内容以一张张精美的幻灯片展现出来，成功地辅助演讲者将所要表达的观点及想法传递给在座的每一位观众。

牛人干货

1. 删除最近使用过的工作簿记录

Office办公软件可以记录最近打开过的文件，若其中包含有用户的私人文件，用户可以选择将其删除。下面就以Excel为例来介绍如何删除最近使用过的文件记录，具体操作步骤如下。

01 在Excel 2016程序中，选择【文件】选项卡，在打开的窗口中选择左侧的【打开】选项，即可看到右侧显示了最近打开的工作簿信息。

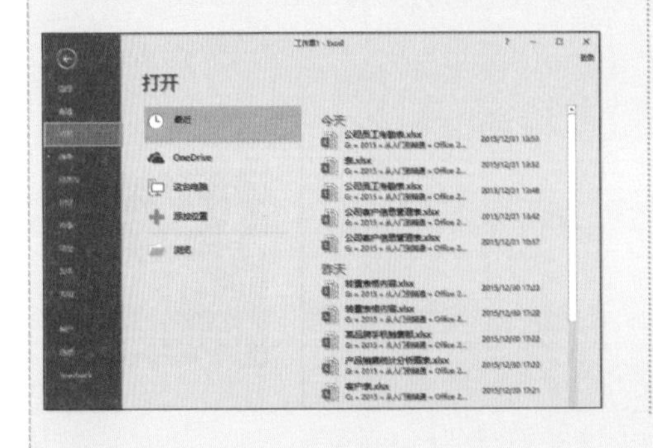

在Excel 2010中，选择【文件】→【最近所用文件】选项，可以看到最近使用的工作簿信息和最近使用的文件夹位置。

02 右击要删除的记录信息，在弹出的快捷菜单中选择【从列表中删除】命令，即可将该记录信息删除。

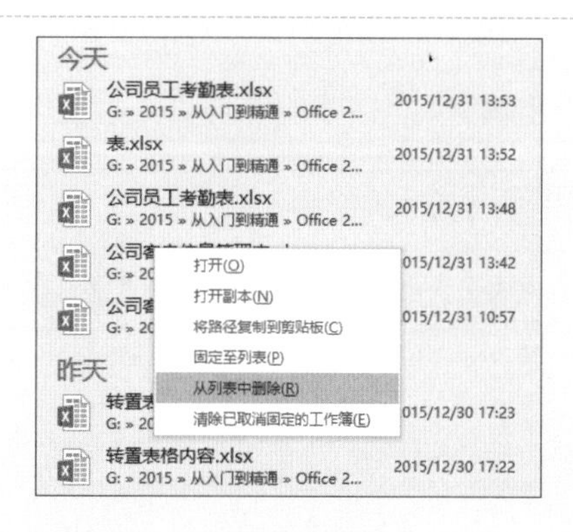

03 如果用户要删除全部的打开信息，可以选择任意记录并右击，在弹出的快捷菜单中选择【清除已取消固定的工作簿】命令。

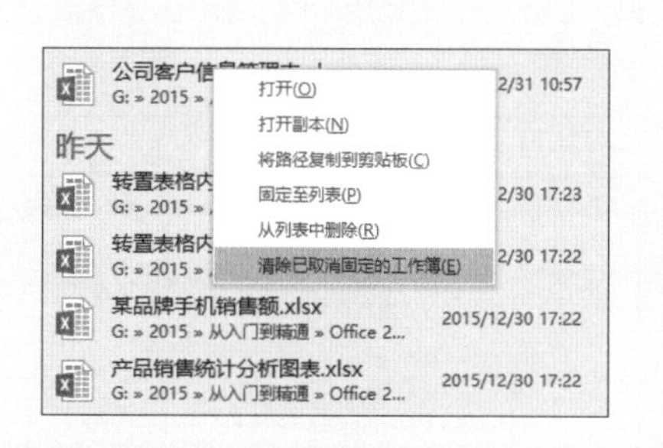

04 在弹出的提示框中单击【是】按钮。

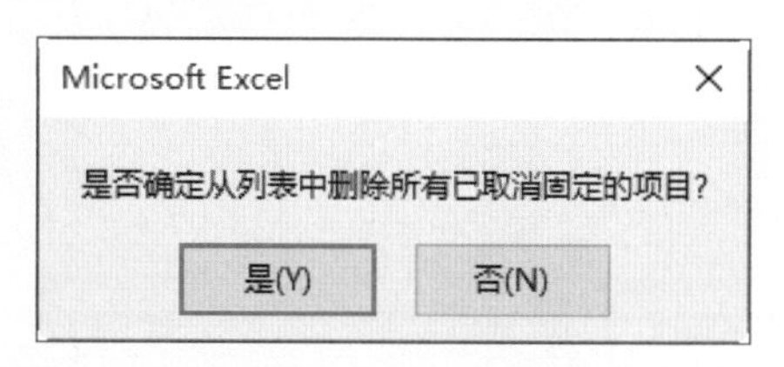

05 即可看到已清除了所有记录。

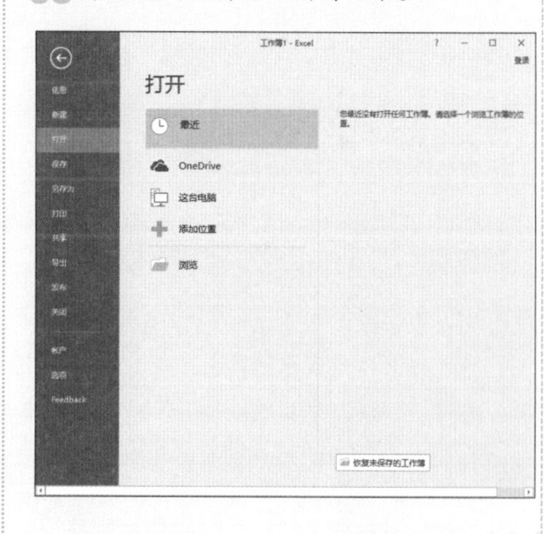

2. 生成 PDF 数据不被修改

Office 办公软件可以将文件另存为 PDF 格式，不仅方便不同用户阅读，还可以防止数据被更改。下面以 Word 为例来介绍如何将文件另存为 PDF 格式，具体操作步骤如下。

01 打开随书光盘中的“素材\ch02\房屋租赁协议书.docx”文档。

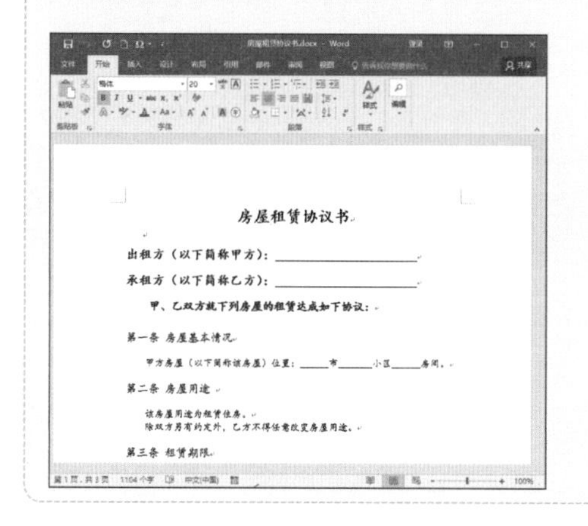

02 选择【文件】选项卡，在打开的窗口中选择左侧列表中的【另存为】选项，在右侧【另存为】界面中单击【浏览】按钮。

03 在弹出的【另存为】对话框中选择文件要保存的位置，并在【文件名】文本框中输入“房屋租赁协议书”。

04 单击【保存类型】右侧的下拉按钮，在弹出的下拉列表中选择【PDF（*.pdf）】选项。

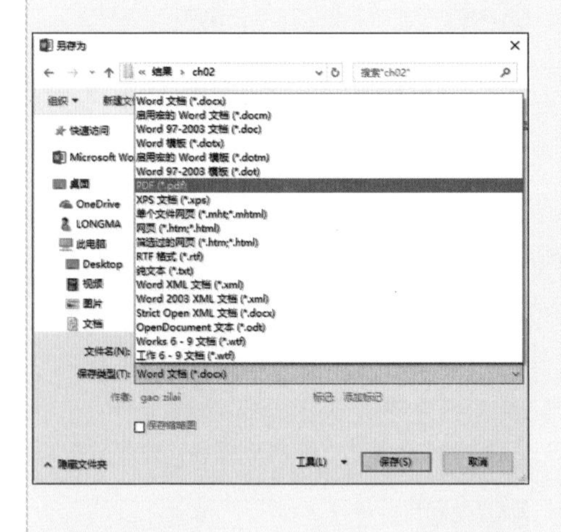

05 返回【另存为】对话框，单击【保存】按钮。

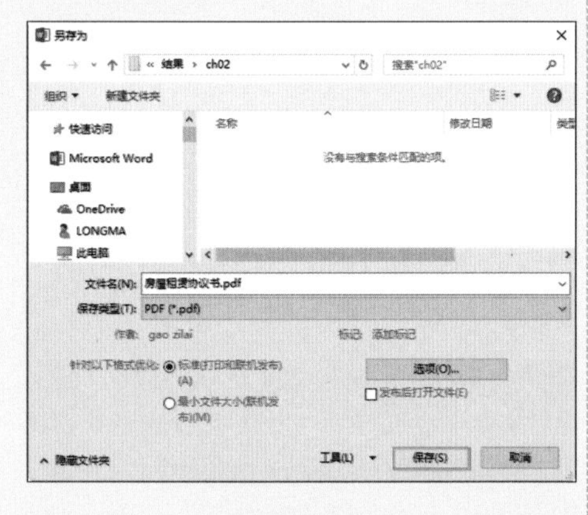

06 即可把“房屋租赁协议书”另存为 PDF 格式。

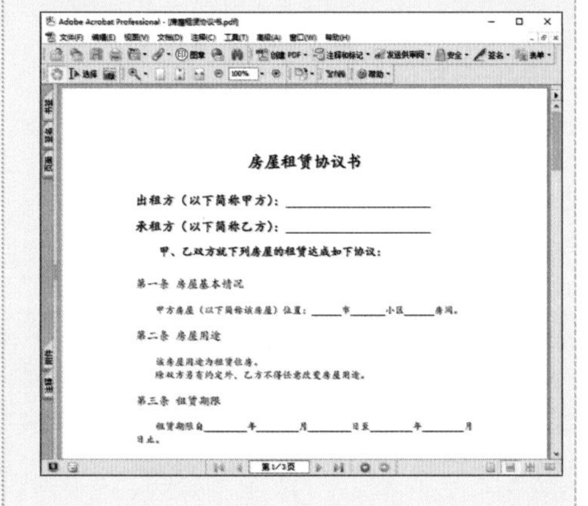

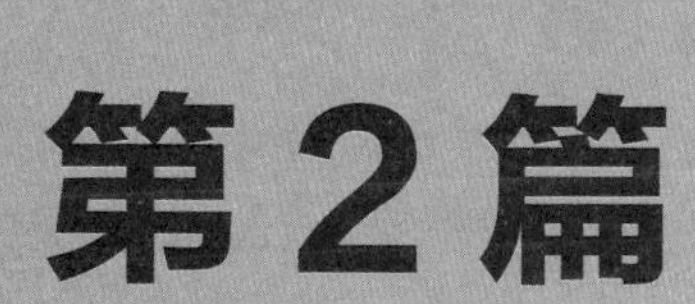

第2篇

Word 文档制作

第3课 开启Word之旅

很多时候人们会对自己感兴趣但又不了解的事物充满好奇，总想进一步一探究竟。当你翻到这一页时，就已经证明你对Word充满了好奇。

下面就带着你的好奇心来开启Word之旅吧！坚持下去，你会感受到Word带来的非凡体验。

Word难在哪儿?

怎样学好Word？

3.1 Word的排版之美

提起排版，人们最先想到的可能是一些专业的排版软件，殊不知Word也具有强大的排版功能，下面就来欣赏一下Word的排版之美吧。

极简时光

关键词：交错排布 / 图文混排 / 表格通透化 / 多文字美化

一分钟

1. 交错排布

纵横交错，将多种版式集合在一起，整齐划一，不仅使版面更加灵活生动，而且也使文字内部逻辑结构清晰。

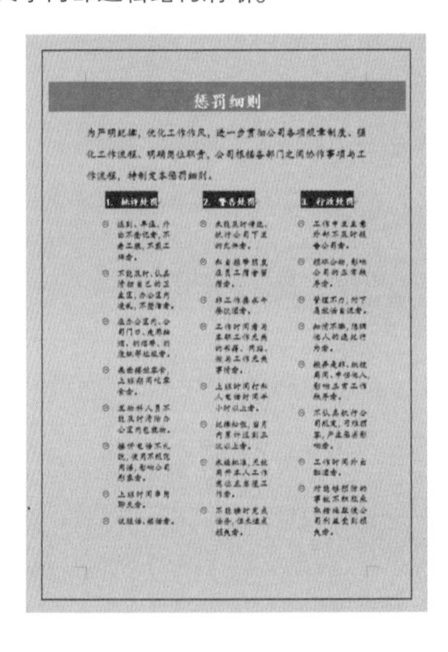

惩罚细则

为严明纪律，优化工作作风，进一步贯彻公司各项规章制度，强化工作流程，明确岗位职责，公司根据各部门之间协作事项与工作流程，特制定本惩罚细则。

2. 图文混排

密密麻麻的文字中间的一张图片，就好比是荒漠中的绿洲，它不仅可以缓解视觉上的疲劳，而且也使整个画面充满灵动性和生命力，提高了文档的可观赏性。

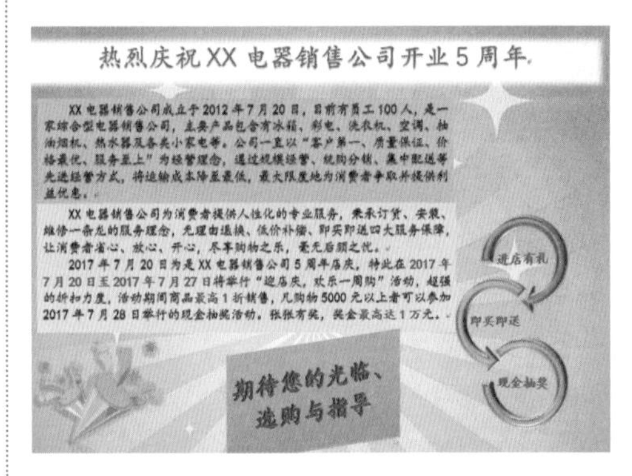

3. 表格通透化

在Word中插入表格时，表格的四周都

是封闭的，看起来比较沉闷、呆板，可以选择将表格周围的一些线删掉，打通表格，使整个版面更加通透。

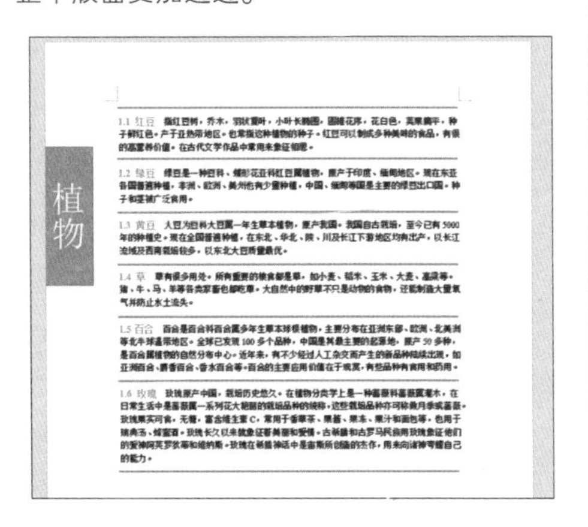

植物

1.1 红豆　指红豆树，乔木，羽状复叶，小叶长椭圆，圆锥花序，花白色，荚果扁平，种子鲜红色。产于亚热带地区。也常指这种植物的种子。红豆可以制成多种美味的食品，有很的高营养价值。在古代文学作品中常用来象征相思。

1.2 绿豆　绿豆是一种豆科、蝶形花亚科豇豆属植物，原产于印度、缅甸地区。现在东亚各国普遍种植，非洲、欧洲、美洲也有少量种植，中国、缅甸等国是主要的绿豆出口国。种子和茎被广泛食用。

1.3 黄豆　大豆为豆科大豆属一年生草本植物，原产我国。我国自古栽培，至今已有 5000 年的种植史。现在全国普遍种植，在东北、华北、陕、川及长江下游地区均有出产，以长江流域及西南栽培较多，以东北大豆质量最优。

1.4 草　草有很多用处。所有重要的粮食都是草，如小麦、稻米、玉米、大麦、高粱等。猪、牛、马、羊等各类家畜也都吃草。大自然中的野草不只是动物的食物，还能制造大量氧气并防止水土流失。

1.5 百合　百合是百合科百合属多年生草本球根植物，主要分布在亚洲东部、欧洲、北美洲等北半球温带地区。全球已发现 100 多个品种，中国是其最主要的起源地，原产 50 多种，是百合属植物的自然分布中心。近年来，有不少经过人工杂交而产生的新品种陆续出现，如亚洲百合、麝香百合、香水百合等。百合的主要应用价值在于观赏，有些品种有食用和药用。

1.6 玫瑰　玫瑰原产中国，栽培历史悠久。在植物分类学上是一种蔷薇科蔷薇属灌木，在日常生活中是蔷薇属一系列花大艳丽的栽培品种的统称，这些栽培品种亦可称做月季或蔷薇。玫瑰果实可食，无毒，富含维生素 C，常用于香草茶、果酱、果冻、果汁和面包等，也用于辣肉汤、蜂蜜酒。玫瑰长久以来就象征着美丽和爱情。古希腊和古罗马民族用玫瑰象征他们的爱神阿芙罗狄蒂和维纳斯。玫瑰在希腊神话中是宙斯所创造的杰作，用来向诸神夸耀自己的能力。

4. 多文字美化

在制作长文档时，如公司员工培训资料、毕业论文等，这些文档的文字比较集中，无法插入图片进行装饰，但可以对标题文字和背景进行修饰，提高文档的可观赏性。

市场调研分析报告

一、　市场调研背景及目的

洁面乳已经进入了人们的生活中，几乎成为女士们的日常必需品，但现在洁面乳不仅仅是女士的专利，男士也需要改变传统的洗脸观念。目前，市场上男士洁面乳的款式较少，公司研发的 XX 男士洁面乳在市场中反响一般，因此公司市场营销部特别进行一次又关 XX 洁面乳的市场调研，并根据调研结果制定了这份 XX 洁面乳市场调研报告，目的就是了解现在不同年龄阶层的男士消费者对洁面乳产品的需求和选择情况。主要调研目的如下。

- 了解 XX 男士洁面乳消费群体特征和品牌竞争力。
- 了解男士消费者的购买洗面产品的动机。
- 了解男士消费者对 XX 洁面乳的认知度。
- 调查 XX 洁面乳销量下滑的原因。

二、　调查单位及对象

调查对象地区：XX 市的国贸中心、东区 CBD、商业广场三个商业区，以及人民公园、绿城广场两个人流量大的公园。

调查对象年龄：18~45 之间的男士消费者。

三、　调查程序

- 调查问卷设计及修改
- 进行问卷调查及回收问卷
- 整理问卷信息
- 统计数据分析
- 撰写调研报告

四、　调研组织计划及时间安排

准备阶段：调查问题、设计调查方案、设计调查问卷三个部分。

实施阶段：2017 年 8 月 20 日至 2017 年 8 月 21 日

结果处理阶段：将收集的信息进行汇总、整理和分析，并将调研结果以书面的形式表述出来。

五、　调查内容

1. 调查了解男士消费者对于洁面乳的使用情况。
2. 调查了解不同年龄阶层男士消费者用洁面乳主要想解决的问题。
3. 调查了解不同年龄阶层男士消费者偏好那个品牌的洁面乳。

3.2 Word 难在哪儿

极简时光

关键词：文字处理软件 / 长文档 / 毕业论文 / 提取目录 / 短文档 / 公文

一分钟

很多人认为只要会打字就会用 Word，这倒是说出了 Word 的主要功能，Word 就是一款文字处理软件，但学习 Word 的目的不只是在 Word 中输入几行文字那么简单，学习 Word 主要适用于以下两个场合。

（1）长文档，如毕业论文、商业计划书等。以毕业论文为例，毕业论文中有很多的格式要求，不是单靠在 Word 中输入几行字就能完成的，现在很多大学生在写毕业论文时都一筹莫展，因为不熟悉 Word，写论文变成了一件难上加难的事，小到一个目录都不会提取，写好的论文也好多次都因为格式问题被导师退回来。

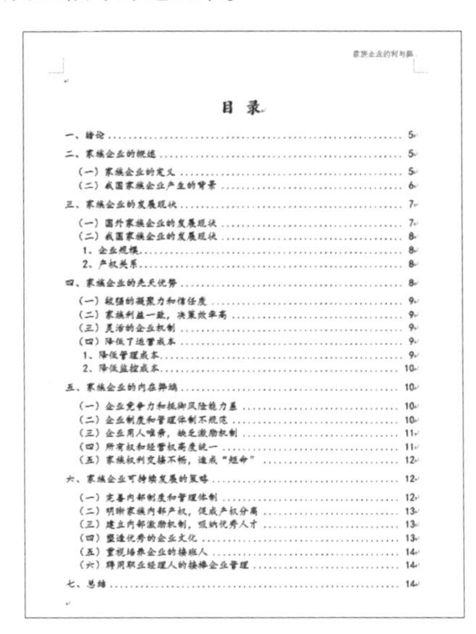

家族企业的利与弊

目 录

（2）短文档，如公文、简历等，没有一篇专业的公文，就无法评级；没有一份专业的简历，就无法找到好工作。这类文档虽然比较短，但要求都非常严格。以公文为例，我们国家对公文的要求非常严格，如果会熟练使用Word，那么对付这些公文就游刃有余，否则就需要不断地调整，稍不注意就会出错。

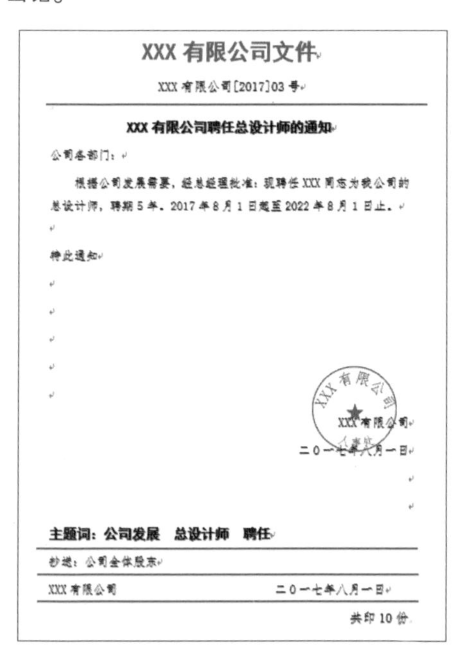

XXX有限公司文件

XXX有限公司[2017]03号

XXX有限公司聘任总设计师的通知

公司各部门：

根据公司发展需要，经总经理批准：现聘任XXX同志为我公司的总设计师，聘期5年。2017年8月1日起至2022年8月1日止。

特此通知

XXX有限公司

二○一七年八月一日

主题词：公司发展　总设计师　聘任

抄送：公司全体股东

XXX有限公司　　二○一七年八月一日

共印10份

3.3 怎样学好Word

极简时光

关键词： 3个要素/好的思路/好的技术/多加练习/学习步骤/入门/熟悉/精通

一分钟

经过前面的学习，相信大家已经意识到Word的重要性了，那么要怎样才能学好Word呢？

1. 首先要具备3个要素

（1）好的思路。同样一款软件不同的人使用，得出的效果却不同，这是因为不同的人思路不同，好的思路会帮你制作出逻辑清晰的文档。这方面可以参考上学时老师教的作文课，好的思路就等于一篇作文的提纲。另外对于进入职场或即将进入职场的朋友来说，还可以学习驻足思考和金字塔写作原理。驻足思考可以教会你在几秒中之内厘清头绪，即便应对突发状况也能从容不迫；金字塔写作原理旨在阐述写作过程的组织原理，提倡按照读者的阅读习惯改善写作效果。

（2）具备好的技术。再好的思路如果没有好的技术支持，那就不能将其充分地展现出来，好的思路也就失去了它的优势。对于短文档来说，文字、图片、表格是其基本组成要素，如果这3个基本要素中有任何一个要素没有掌握好，都会导致无法驾驭它们。

长文档必然要涉及目录、页眉、页脚等，有了这些，文档才会更加完整、美观。

（3）要多加练习。有了好的思路，掌握了好的技术之后，还需要多练习，将学会的理论知识应用到实践中，以便更好地掌握学到的技术。在实践的过程中可以模仿其他比较好的作品，如可以模仿报纸杂志的版式，找到使用Word编排的感觉和技巧。

2. 其次要掌握 3 个学习步骤

第一步：入门

（1）熟悉软件界面。

（2）学习并掌握每个按钮的用途及常用的操作。

（3）结合参考书能够制作出案例。

第二步：熟悉

（1）熟练掌握软件大部分功能的使用。

（2）能不使用参考书制作出满足工作要求的办公文档。

（3）掌握大量实用技巧，节省时间。

第三步：精通

（1）掌握 Word 的全部功能，能熟练制作美观、实用的各类文档。

（2）掌握 Word 软件在不同设备中的使用，随时随地办公。

3.4 Word 工作界面

极简时光

关键词： 工作界面 /【文件】选项卡 / 快速访问工具栏 / 标题栏 / 功能区 / 文档编辑区 / 状态栏

一分钟

打开 Word 2016 文档后，如果要对文字进行处理，首先需要了解文档的窗口具有什么功能。本节对文档的窗口进行详细的介绍。

启动 Word 2016 软件就可以打开 Word 文档窗口，Word 文档窗口由【文件】选项卡、标题栏、功能区、快速访问工具栏、文档编辑区和状态栏等部分组成。

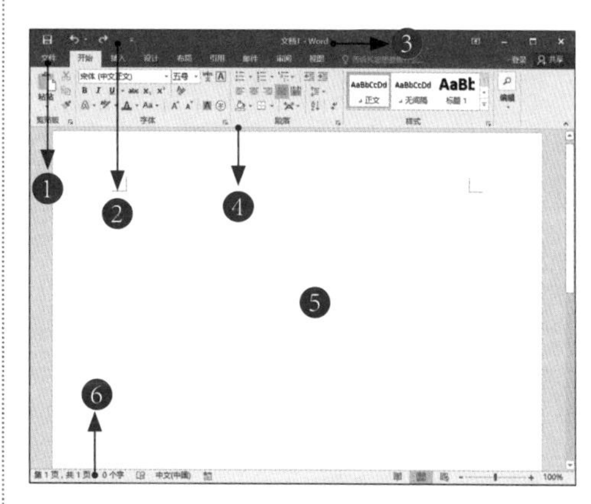

❶【文件】选项卡　❹ 功能区
❷ 快速访问工具栏　❺ 文档编辑区
❸ 标题栏　❻ 状态栏

1.【文件】选项卡

【文件】选项卡可实现打开、保存、打印、新建和关闭等功能。

选择【文件】选项卡弹出其下拉列表，该列表中包含【信息】【新建】【打开】【保存】【另存为】【打印】【共享】【导出】【关闭】【账户】和【选项】等选项。

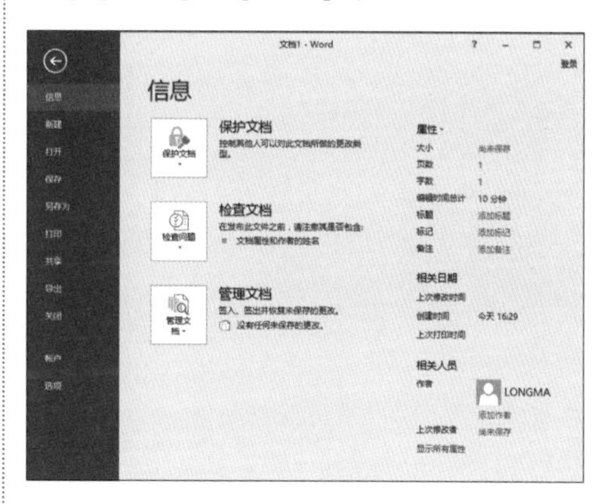

2. 快速访问工具栏

用户可以使用快速访问工具栏实现常用的功能，快速访问工具栏默认的命令按钮有【保存】【撤销】【恢复】。

用户可以单击快速访问工具栏右侧的【自定义快速访问工具栏】按钮，在弹出的下拉列表中选中需要的命令选项。

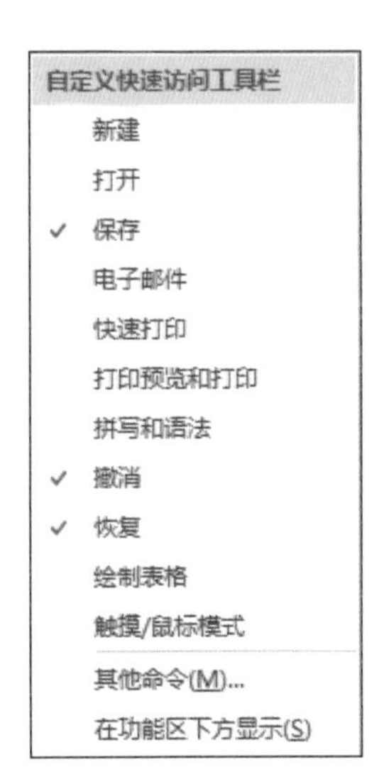

3. 标题栏

标题栏显示了当前打开的文档的名称，还为用户提供了 3 个窗口控制按钮，分别为【最小化】按钮、【最大化】按钮（或【向下还原】按钮）和【关闭】按钮。

4. 功能区

Word 2016 的功能区由各种选项卡和包含在选项卡中的各种按钮组成，利用它可以轻松地查找以前隐藏在复杂菜单和工具栏中的命令和功能，如【开始】选项卡、【插入】选项卡、【设计】选项卡等。然后在选项卡中将控件细化为不同的组，如【开始】选项卡下的【剪贴板】组、【字体】组、【段落】组、【样式】组、【编辑】组。

5. 文档编辑区

文档编辑区是用户工作的主要区域，用来实现文档、表格、图表和演示文稿等的显示和编辑。在这个区域中经常使用到的工具还包括水平标尺、垂直标尺、水平滚动条和垂直滚动条等。

6. 状态栏

状态栏提供页码、字数统计、拼音、语法检查、改写、视图方式、显示比例和缩放滑块等辅助功能，以显示当前的各种编辑状态。

牛人干货

设置 Word 默认打开的扩展名

用户可以根据需要设置 Word 默认打开的扩展名，具体操作步骤如下。

01 单击【开始】按钮，在弹出的下拉列表中选择【设置】选项。

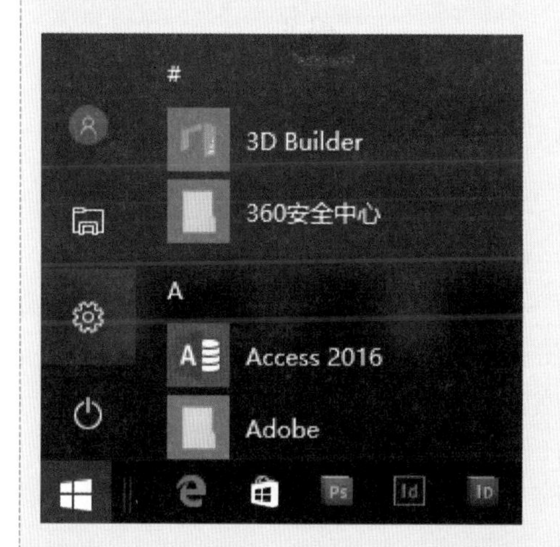

02 打开【设置】窗口，单击【系统】链接。

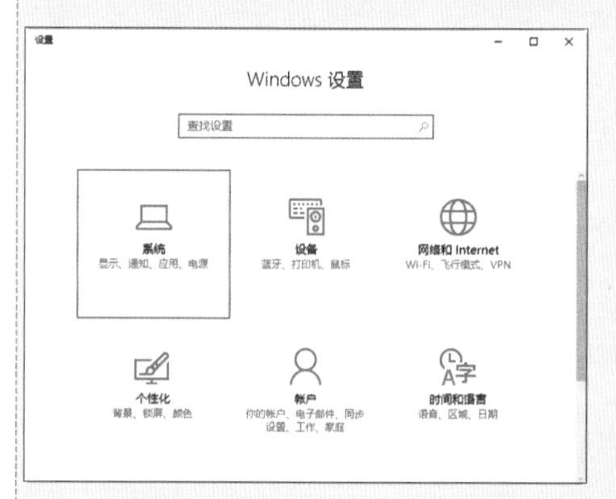

03 打开【设置】界面，在左侧列表中选择【默认应用】选项，并在右侧选择【按应用设置默认值】选项。

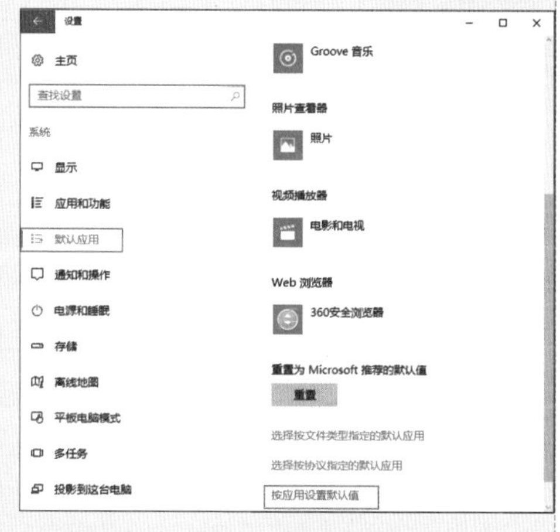

04 打开【设置默认程序】对话框，在左侧列表框中选择【Word 2016】选项，在右侧选择【选择此程序的默认值】选项。

05 打开【设置程序关联】对话框，在其中就可以设置 Word 默认打开的扩展名，设置完成后单击【保存】按钮即可。

设置程序关联
文件(F) 编辑(E) 查看(V) 工具(T) 帮助(H)
设置程序的关联
选择希望此程序默认打开的扩展名，然后单击"保存"。
Word 2016
Microsoft Corporation
http://office.microsoft.com
全选
名称 描述 当前默认...
扩展名
.doc Microsoft Word 97 - 2003 文档 Word 2016
.docm Microsoft Word 启用宏的文档 Word 2016
.docx DOCX 文件 Word 2016
.dot Microsoft Word 97 - 2003 模板 Word 2016
.dotm Microsoft Word 启用宏的模板 Word 2016
.dotx Microsoft Word 模板 Word 2016
.odt OpenDocument 文本 Word 2016
.rtf RTF 格式 Word 2016
保存 取消

第 4 课 文本输入与编辑

文本的输入和编辑是 Word 的主要功能之一。文本的输入功能非常简便，输入的文本都是从插入点开始的，闪烁的垂直光标就是插入点。光标定位确定后，即可在光标位置处输入文本，输入过程中，光标不断向右移动，输入完成后即可对文本进行编辑。

快来一起学习文本的输入和编辑吧！

如何输入和编辑文本？

输入的字为什么总是被“吃”掉？

4.1 不可不知的全角和半角

在中文输入法状态下，输入的字母或数字，系统默认的是半角；输入的标点符号和汉字，系统默认的是全角。全角和半角的区别主要是针对标点符号来说的，即不管是全角还是半角，对于字母、数字、汉字来说都不会有变化。

全角是指一个字符占用两个标准字符位置的状态，半角则是指一个字符占用一个标准字符的位置。一个英文字母代表一个字符，一个汉字代表两个字符，即一个英文字母所占的位置为“半角”，一个汉字所占的位置为“全角”。

全角状态下的标点符号占用两个字符的位置，半角状态下的标点符号占用一个字符的位置，如下图所示。

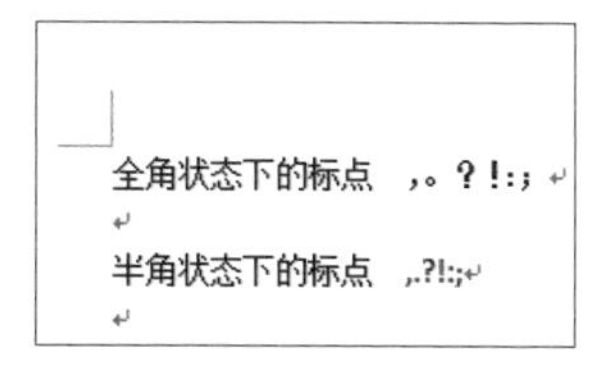

以搜狗拼音输入法为例，全角的标志为●，半角的标志为☽。

切换全角和半角时，只需要单击全角或半角的标志，即可进行切换。

在中文输入法的状态下，按【Shift+Space】组合键可实现全角和半角的切换。

4.2 标点符号的输入

极简时光

关键词：输入标点符号 / 中文状态 / 英文状态

一分钟

在编辑文档时，少不了标点符号的输入，按【Shift】键即可在中文和英文输入法之间切换，实现中文和英文标点符号的输入。下面以使用搜狗拼音输入法为例，介绍输入标点符号的方法，具体操作步骤如下。

01 在文档中若需要输入一个中文状态下的逗号，可以将光标定位至需要输入标点的位置，按键盘上的标点键即可将其输入 Word 中。

中文状态下的逗号，

提示

若需要输入冒号，在按住【Shift】键的同时，按相应的标点键，即可完成输入。

02 若需要输入英文状态下的逗号，可以将光标定位至需要输入标点的位置，按【Shift】键，先切换至英文输入状态，即可进行英文标点的输入。

中文状态下的逗号，
英文状态下的逗号,

提示

一般情况下，在 Windows 7 系统下可以按【Ctrl+Shift】组合键切换输入法，也可以按住【Ctrl】键不放，然后使用【Shift】键进行输入法切换；在 Windows 8 系统下按【Windows+Space】组合键快速切换输入法。如果语言栏显示的是美式键盘图标，用户可以直接输入英文；如果用户使用的是拼音输入法，可按【Shift】键切换成英文输入状态，再按【Shift】键又会恢复成中文输入状态。以搜狗拼音输入法为例，下图所示分别为中文状态条（上）和英文状态条（下）。

4.3 选择文本

极简时光

关键词：选定文本 / 拖曳鼠标 / 选中词语 / 选中单行 / 选中段落 / 选中全文

一分钟

选定文本时既可以选择单个字符，也可以选择整篇文档。选定文本的方法主要有以下几种。

1. 拖曳鼠标选定文本

选定文本最常用的方法就是拖曳鼠标选取。采用这种方法可以选择文档中的任意文字，该方法是最基本和最灵活的选取方法，具体操作步骤如下。

01 打开随书光盘中的“素材\ch04\工作报告.docx”文件，将光标置于要选择文本的开始位置，如放置在第 2 行的中间位置。

工作报告

公司今年的财务主要分配在时固定资产的购置方面，而偏轻了业务外在发展的投资。在业务发展偏轻的情况下，仍然进行边清偿原有的债务边发展公司的经济实力。因此，财务方面出现了发展严重缓慢性。

财务在完善公司内部环境的阶段，流动资产一直在紧缩，财政赤字也一直在增加。因此，公司在 2013 年底出现了严重的亏损。明年的销售总额将会受到严重的影响。

今年的财务状况欠佳，公司营业额虽然在有所上升，但是营业利润一直处于负盈利状态，截止到年底 12 月 31 日公司营业利润已经亏损达到 1800 元以上。

02 按住鼠标左键并拖曳，这时选中的文本会以阴影的形式显示。选择完成后释放鼠标左键，鼠标指针经过的文字就被选定了。

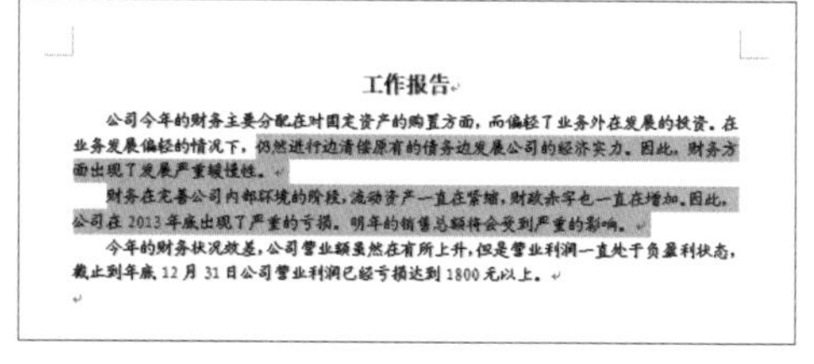

工作报告

公司今年的财务主要分配在时固定资产的购置方面，而偏轻了业务外在发展的投资。在业务发展偏轻的情况下，仍然进行边清偿原有的债务边发展公司的经济实力。因此，财务方面出现了发展严重缓慢性。

财务在完善公司内部环境的阶段，流动资产一直在紧缩，财政赤字也一直在增加。因此，公司在 2013 年底出现了严重的亏损。明年的销售总额将会受到严重的影响。

今年的财务状况欠佳，公司营业额虽然在有所上升，但是营业利润一直处于负盈利状态，截止到年底 12 月 31 日公司营业利润已经亏损达到 1800 元以上。

单击文档中的空白区域，即可取消文本的选择。

03 若要选择连续的文本，可以在起始位置单击，然后在按住【Shift】键的同时单击文本的终止位置，此时可以看到起始位置和终止位置之间的文本已被选中。

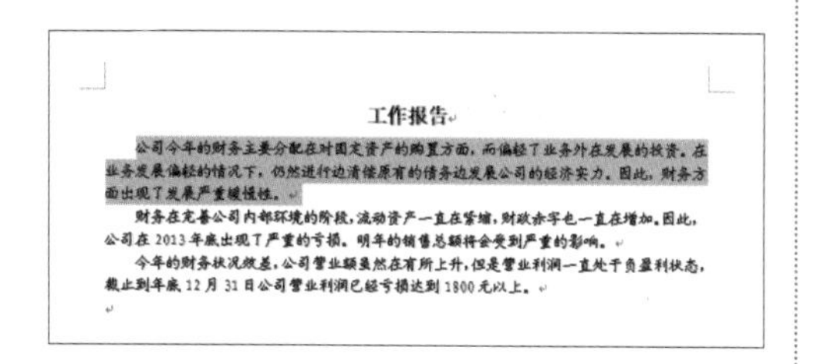

工作报告

公司今年的财务主要分配在时固定资产的购置方面，而偏轻了业务外在发展的投资。在业务发展偏轻的情况下，仍然进行边清偿原有的债务边发展公司的经济实力。因此，财务方面出现了发展严重缓慢性。

财务在完善公司内部环境的阶段，流动资产一直在紧缩，财政赤字也一直在增加。因此，公司在 2013 年底出现了严重的亏损。明年的销售总额将会受到严重的影响。

今年的财务状况欠佳，公司营业额虽然在有所上升，但是营业利润一直处于负盈利状态，截止到年底 12 月 31 日公司营业利润已经亏损达到 1800 元以上。

04 取消之前的文本选择，然后在按住【Ctrl】键的同时拖曳鼠标，可以选择多个不连续的文本。

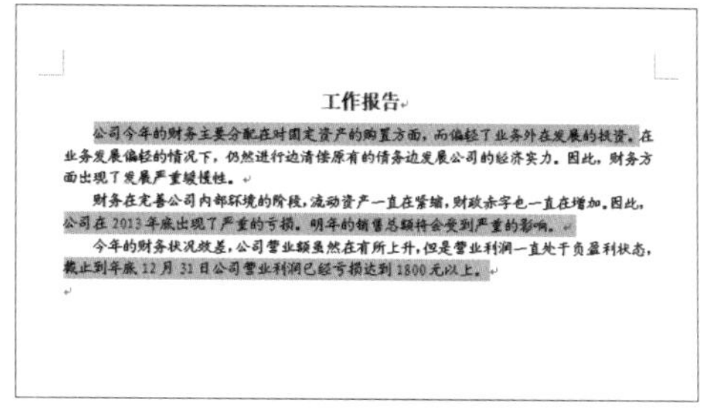

工作报告

公司今年的财务主要分配在时固定资产的购置方面，而偏轻了业务外在发展的投资。在业务发展偏轻的情况下，仍然进行边清偿原有的债务边发展公司的经济实力。因此，财务方面出现了发展严重缓慢性。

财务在完善公司内部环境的阶段，流动资产一直在紧缩，财政赤字也一直在增加。因此，公司在 2013 年底出现了严重的亏损。明年的销售总额将会受到严重的影响。

今年的财务状况欠佳，公司营业额虽然在有所上升，但是营业利润一直处于负盈利状态，截止到年底 12 月 31 日公司营业利润已经亏损达到 1800 元以上。

（1）选中词语。将鼠标指针移动到某个词语或单词中间并双击，即可选中该词语或单词。

（2）选中单行。将鼠标指针移动到需要选择行的左侧空白处，当鼠标指针变为箭头形状时单击，即可选中该行。

（3）选中段落。将鼠标指针移动到需要选择段落的左侧空白处，当鼠标指针变为箭头形状时双击，即可选中该段落。也可以在要选择的段落中，快速单击三次即可选中该段落。

（4）选中全文。将鼠标指针移动到需要选择段落的左侧空白处，当鼠标指针变为箭头形状时单击三次，则选中全文。也可以选择【开始】→【编辑】→【选择】→【全选】命令，选中全文。

2. 用键盘选择文本

在不使用鼠标的情况下，可以利用组合键来选择文本。使用组合键选定文本时，需先将插入点移动到需要选择文本的开始位置，然后按相关的组合键即可。

组合键	功能
【Shift+←】	选择光标左边的一个字符
【Shift+→】	选择光标右边的一个字符
【Shift+↑】	选择至光标上一行同一位置之间的所有字符
【Shift+↓】	选择至光标下一行同一位置之间的所有字符
【Ctrl+ Home】	选择至当前行的开始位置
【Ctrl+ End】	选择至当前行的结束位置
【Ctrl+A】/【Ctrl+5】	选择全部文档
【Ctrl+Shift+↑】	选择至当前段落的开始位置
【Ctrl+Shift+↓】	选择至当前段落的结束位置
【Ctrl+Shift+Home】	选择至文档的开始位置
【Ctrl+Shift+End】	选择至文档的结束位置

4.4 移动与复制文本

极简时光

关键词：复制文本/【复制】选项/【剪贴板】按钮/移动文本/【粘贴】按钮

一分钟

复制文本是把一个文本信息放到剪贴板以供复制出更多文本信息，但原来的文本还在原来的位置，移动文本则是将文本从它原来的位置移动到另一个位置。

1. 复制文本

当需要多次输入同样的文本时，使用复制文本可以使原文本产生更多同样的信息，比多次输入同样的内容更为方便，具体操作步骤如下。

01 选择文档中需要复制的文字并右击，在弹出的快捷菜单中选择【复制】选项。

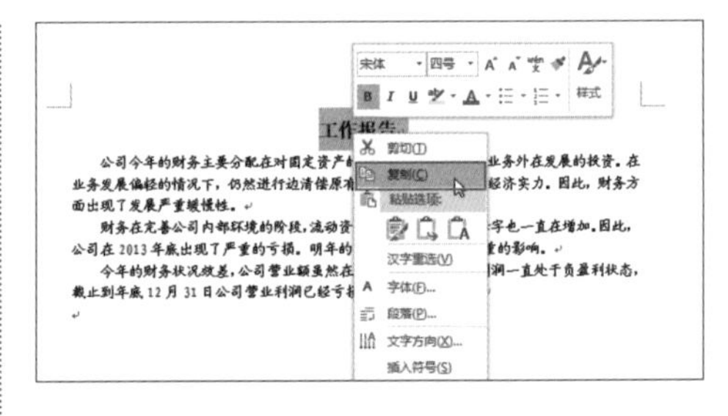

02 此时所选内容已被放入剪贴板，将鼠标光标定位至要粘贴到的位置，单击【开始】选项卡【剪贴板】组中的【剪贴板】按钮，在打开的【剪贴板】窗口中单击复制的内容，即可将复制的内容插入文档中光标所在位置。

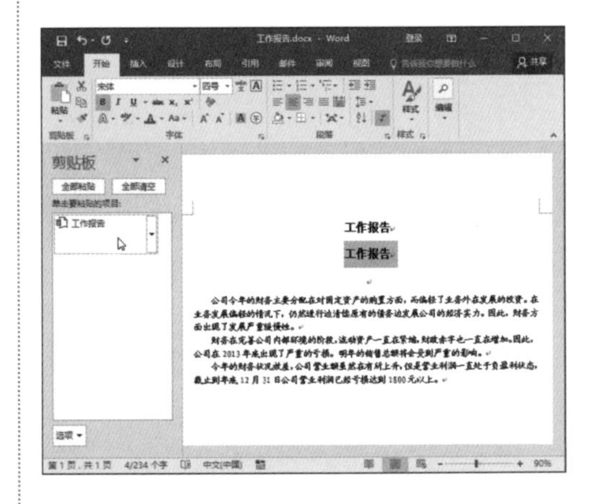

03 此时文档中已被插入刚刚复制的内容，但原来的文本信息还在原来的位置。

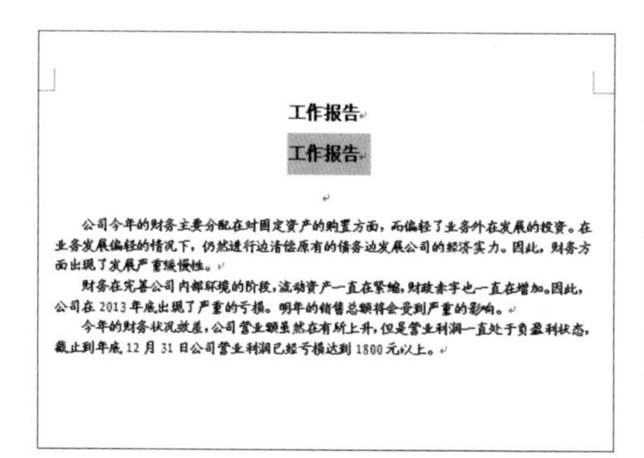

用户也可以按【Ctrl+C】组合键复制内容，按【Ctrl+V】组合键粘贴内容。

2. 移动文本

如果用户需要修改文本的位置，可以使用剪切文本来完成，也可以用鼠标拖曳的方法来移动文本，具体操作步骤如下。

01 选中需要移动的文本，单击【开始】选项卡【剪贴板】组中的【剪切】按钮✂。

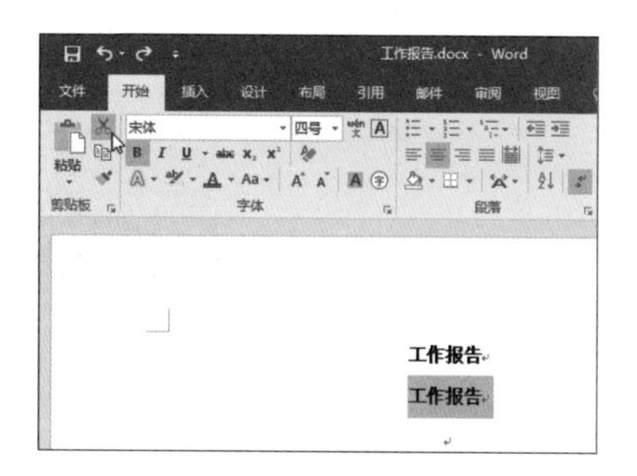

02 此时所选内容被放入剪贴板，将鼠标光标定位至要移动到的位置，单击【开始】选项卡【剪贴板】组中的【粘贴】按钮。

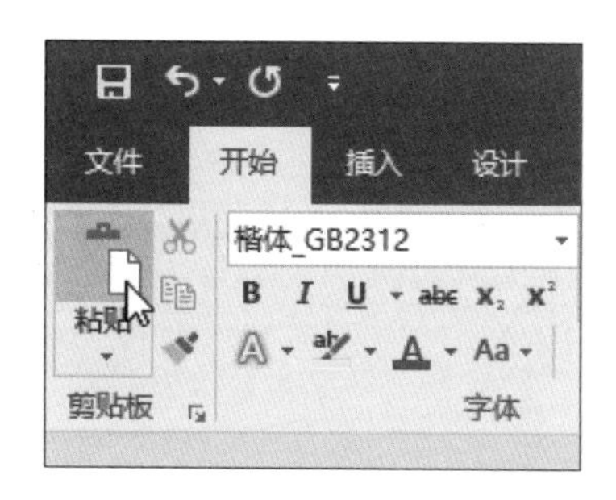

03 即可将文本移动至鼠标光标所在的位置。

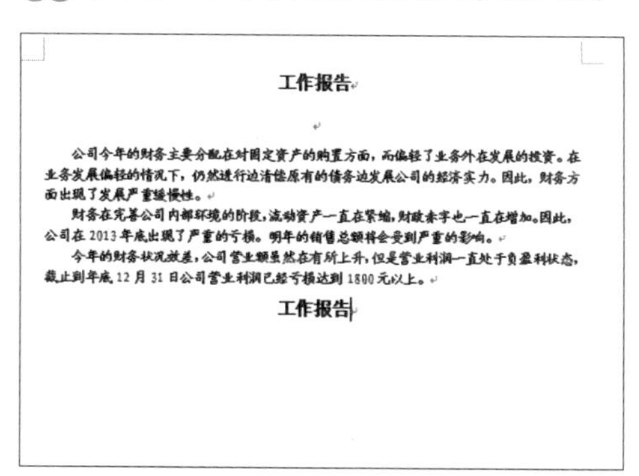

04 按【Ctrl+Z】组合键撤销上一步的操作，选中需要移动的文本，按住鼠标左键进行拖曳，即可看到光标变成黑粗线形状，并随着鼠标指针移动，鼠标指针下方也出现一个虚线的方框。

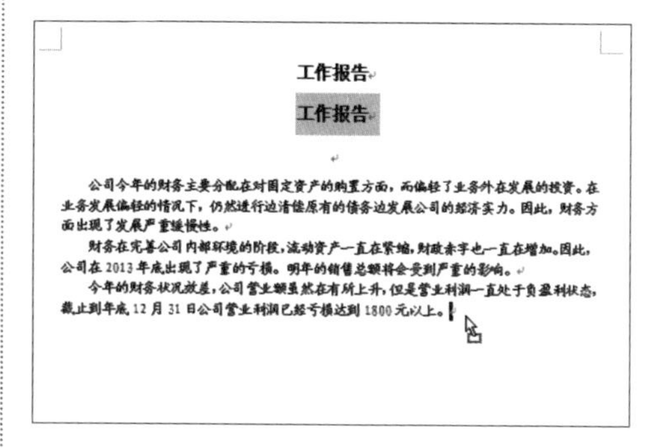

05 选好要移动到的位置后，松开鼠标左键，即可完成文本的移动。

工作报告

公司今年的财务主要分配在对固定资产的购置方面，而偏轻了业务外在发展的投资。在业务发展偏轻的情况下，仍然进行边清偿原有的债务边发展公司的经济实力。因此，财务方面出现了发展严重缓慢性。

财务在完善公司内部环境的阶段，流动资产一直在紧缩，财政赤字也一直在增加。因此，公司在2013年底出现了严重的亏损。明年的销售总额将会受到严重的影响。

今年的财务状况欠佳，公司营业额虽然在有所上升，但是营业利润一直处于负盈利状态，

截止到年底12月31日公司营业利润已经亏损达到1800元以上。工作报告

(Ctrl)

选中要删除的文本，按【Delete】键即可将其删除。

4.5 输入的字为什么总是被“吃”掉

极简时光

关键词：修改Word文档/【Insert】键/改写模式/正常输入

一分钟

在修改Word文档时，有时需要在文字中间插入一些文字，可是在输入要插入的文字时，却发现后面的文字被删除了。例如，要在“工作报告”文档的倒数第二行“今年”后面加上“公司”两个字，当输入“公司”两个字时，其后面的“的财”两个字被挤掉了，如下图所示。

工作报告

公司今年的财务主要分配在对固定资产的购置方面，而偏轻了业务外在发展的投资。在业务发展偏轻的情况下，仍然进行边清偿原有的债务边发展公司的经济实力。因此，财务方面出现了发展严重缓慢性。

财务在完善公司内部环境的阶段，流动资产一直在紧缩，财政赤字也一直在增加。因此，公司在2013年底出现了严重的亏损。明年的销售总额将会受到严重的影响。

今年的财务状况欠佳，公司营业额虽然在有所上升，但是营业利润一直处于负盈利状态，截止到年底12月31日公司营业利润已经亏损达到1800元以上。

工作报告

公司今年的财务主要分配在对固定资产的购置方面，而偏轻了业务外在发展的投资。在业务发展偏轻的情况下，仍然进行边清偿原有的债务边发展公司的经济实力。因此，财务方面出现了发展严重缓慢性。

财务在完善公司内部环境的阶段，流动资产一直在紧缩，财政赤字也一直在增加。因此，公司在2013年底出现了严重的亏损。明年的销售总额将会受到严重的影响。

今年公司务状况欠佳，公司营业额虽然在有所上升，但是营业利润一直处于负盈利状态，截止到年底12月31日公司营业利润已经亏损达到1800元以上。

这是因为按到键盘上的【Insert】键，开启了改写模式，只需要在Word文档中再次按【Insert】键，退出改写模式，即可正常输入文本。

工作报告

公司今年的财务主要分配在对固定资产的购置方面，而偏轻了业务外在发展的投资。在业务发展偏轻的情况下，仍然进行边清偿原有的债务边发展公司的经济实力。因此，财务方面出现了发展严重缓慢性。

财务在完善公司内部环境的阶段，流动资产一直在紧缩，财政赤字也一直在增加。因此，公司在2013年底出现了严重的亏损。明年的销售总额将会受到严重的影响。

今年公司的财务状况欠佳，公司营业额虽然在有所上升，但是营业利润一直处于负盈利状态，截止到年底12月31日公司营业利润已经亏损达到1800元以上。

牛人干货

1. 字音不会读？Word来帮你

当遇到不会读的汉字时，可以Word提供的拼音指南功能，为汉字添加拼音，具体操作步骤如下。

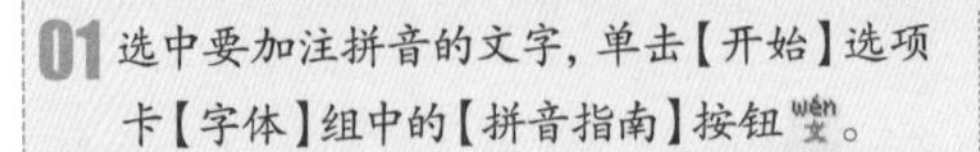

01 选中要加注拼音的文字，单击【开始】选项卡【字体】组中的【拼音指南】按钮wén文。

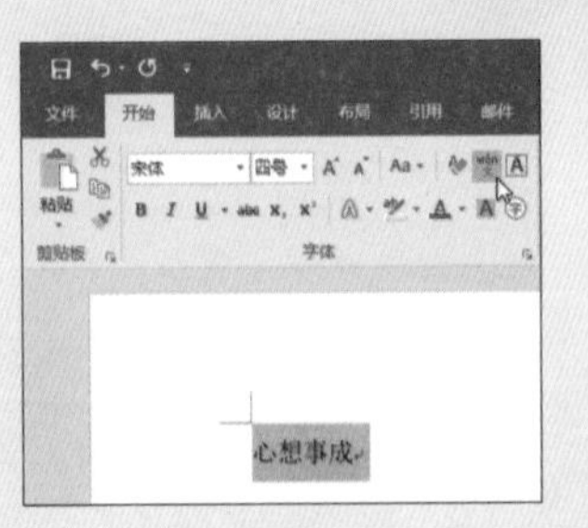

02 在弹出的【拼音指南】对话框中，单击【组合】按钮。

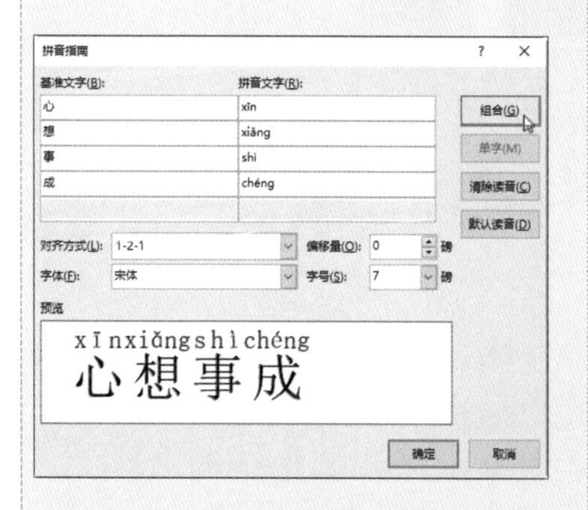

03 即可把汉字组合成一行，单击【确定】按钮。

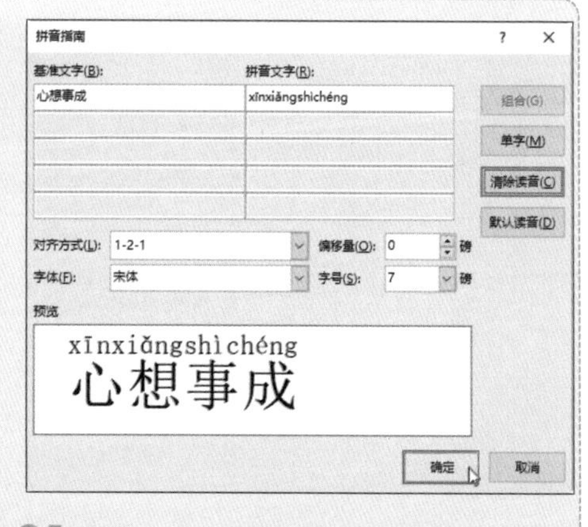

04 即可为汉字添加上拼音，效果如下图所示。

xīnxiǎngshìchéng
心想事成

2. 处理网上复制的文字

在 Word 中编辑文档时，有时会遇到需要将在网上查找的资料粘贴到 Word 中，但是网上的文字格式不统一，使用【Ctrl+V】组合键直接粘贴到 Word 文档中，会出现多种字体格式，这样文档版式会显得特别乱，如下图所示。

狮子

狮子，雄性体长可达 260 厘米，体重 200～300 千克，颈部有鬃毛，雌兽体形较小，一般只及雄兽的三分之二，是唯一雌雄两态和群居的猫科动物。分布于非洲的大部分地区和亚洲的印度等地，生活于开阔的草原疏林地区或半荒漠地带，习性与虎、豹等其他猛兽有很多显著不同之处，是进化程度最高的猫科动物。雌兽的怀孕期为 105～116 天，每胎产 2～5 仔，也有多达 7 仔的，多生于草丛或岩洞中。狮子的寿命为 20～25 年。

狮子爱吼叫，而且其会经常性的吼叫，并不是愤怒，其实它的吼叫主要为了宣誓其领地，

威慑其它狮子或食肉动物使它们不敢进入自己领地，显示它的威风，狮子是所有猫科动物

中，吼声最大，也是次声波传播最远的猫科动物，因为它的喉软骨最发达。有新的狮王打

败老狮王后，会长时间大吼，甚至能连续吼几夜，以宣示它是新的狮王诞生了。

(Ctrl)

在粘贴网上复制的文字时，用户可以使用 Word 2016 提供的粘贴功能来处理。Word 2016 的粘贴功能分 3 种类型，即保留源格式、合并格式及只保留文本。

保留源格式，即保留原来文本中的格式，将复制的文本完全粘贴至目标区域。

合并格式，即将复制的文本应用要粘贴的目标位置处的格式。

只保留文本，即将复制的文本内容完全以文本的形式粘贴至目标位置。

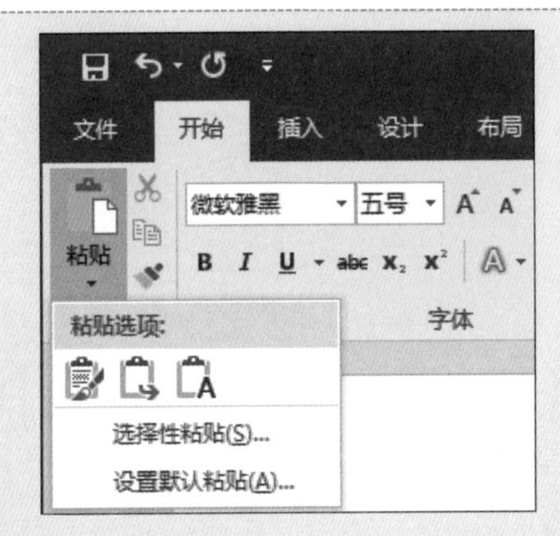

01 先从网上复制所需的文字，然后打开随书光盘中的“素材 \ch04\ 处理网上复制的文字 .docx”文档，将鼠标光标定位至要粘贴的位置，按【Ctrl+V】组合键，将复制的文字粘贴到文档中。

狮子

狮子，雄性体长可达 260 厘米，体重 200~300 千克，颈部有鬃毛，雌兽体形较小，一般只及雄兽的三分之二，是唯一雌雄两态和群居的猫科动物。分布于非洲的大部分地区和亚洲的印度等地，生活于开阔的草原疏林地区或半荒漠地带，习性与虎、豹等其他猛兽有很多显著不同之处，是进化程度最高的猫科动物。雌兽的怀孕期为 105~116 天，每胎产 2~5 仔，也有多达 7 仔的，多生于草丛或岩洞中。狮子的寿命为 20~25 年。

狮子爱吼叫，而且其会经常性的吼叫，并不是愤怒，其实它的吼叫主要为了宣誓其领地，

威慑其它狮子或食肉动物使它们不敢进入自己领地，显示它的威风，狮子是所有猫科动物

中，吼声最大，也是次声波传播最远的猫科动物，因为它的喉软骨最发达。有新的狮王打

败老狮王后，会长时间大吼，甚至能连续吼几夜，以宣示它是新的狮王诞生了。

(Ctrl)

02 单击文字后面【粘贴选项】下拉按钮，在弹出的下拉列表中单击【只保留文本】按钮。

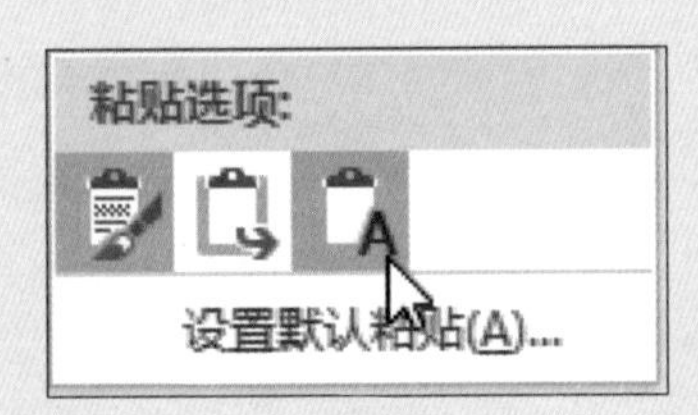

03 即可将网上复制的文字的字体格式与原文档中的字体格式相统一。

狮子

狮子，雄性体长可达 260 厘米，体重 200~300 千克，颈部有鬃毛，雌兽体形较小，一般只及雄兽的三分之二，是唯一雌雄两态和群居的猫科动物。分布于非洲的大部分地区和亚洲的印度等地，生活于开阔的草原疏林地区或半荒漠地带，习性与虎、豹等其他猛兽有很多显著不同之处，是进化程度最高的猫科动物。雌兽的怀孕期为 105~116 天，每胎产 2~5 仔，也有多达 7 仔的，多生于草丛或岩洞中。狮子的寿命为 20~25 年。
狮子爱吼叫，而且其会经常性的吼叫，并不是愤怒，其实它的吼叫主要为了宣誓其领地，威慑其它狮子或食肉动物使它们不敢进入自己领地，显示它的威风，狮子是所有猫科动物中，吼声最大，也是次声波传播最远的猫科动物，因为它的喉软骨最发达。有新的狮王打败老狮王后，会长时间大吼，甚至能连续吼几夜，以宣示它是新的狮王诞生了。

第 5 课 文本和段落格式的设置

字体外观的设置，直接影响文本内容的阅读效果，美观大方的文本样式可以给人以简洁、清新、赏心悦目的阅读感觉。段落样式是指以段落为单位所进行的格式设置，合适的文本和段落样式会提高整篇文档的观赏性。

人们总是习惯将目光停留在美的事物上。

如何设置字体和段落格式，使你的文档更加具有观赏性，吸引读者的注意力呢?

5.1 文本字体的千变万化

在 Word 中编辑文档时，用户可以根据需要设置文本的字体、字号和字形等，具体操作步骤如下。

01 打开随书光盘中的“素材\ch05\个人工作报告.docx”文档，选中文档中的标题，单击【开始】选项卡【字体】组中的【字体设置】按钮。

02 在弹出的【字体】对话框中选择【字体】选项卡，单击【中文字体】文本框后的下拉按钮，在弹出的下拉列表中选择【华文楷体】选项，在【字号】列表框中选择【二号】选项，单击【字体颜色】文本框后的下拉按钮，在弹出的下拉列表中选择一种字体颜色，这里选择【蓝色】选项，设置完成后，单击【确定】按钮。

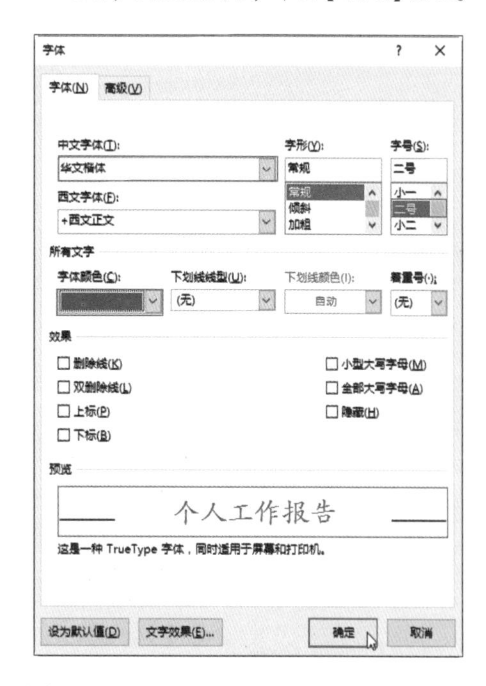

03 设置后的字体效果如下图所示。

04 根据需要设置其他标题和正文的字体，设置完成后效果如下图所示。

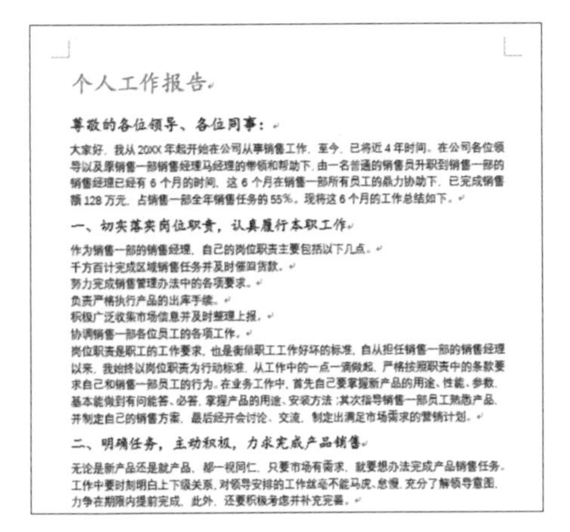

个人工作报告

尊敬的各位领导、各位同事：

大家好，我从 20XX 年起开始在公司从事销售工作，至今，已将近 4 年时间。在公司各位领导以及原销售一部销售经理马经理的带领和帮助下，由一名普通的销售员升职到销售一部的销售经理已经有 6 个月的时间，这 6 个月在销售一部所有员工的鼎力协助下，已完成销售额 128 万元，占销售一部全年销售任务的 55%。现将这 6 个月的工作总结如下。

一、切实落实岗位职责，认真履行本职工作

作为销售一部的销售经理，自己的岗位职责主要包括以下几点。
千方百计完成区域销售任务并及时催回货款。
努力完成销售管理办法中的各项要求。
负责严格执行产品的出库手续。
积极广泛收集市场信息并及时整理上报。
协调销售一部各位员工的各项工作。
岗位职责是职工的工作要求，也是衡量职工工作好坏的标准，自从担任销售一部的销售经理以来，我始终以岗位职责为行动标准，从工作中的一点一滴做起，严格按照职责中的条款要求自己和销售一部员工的行为。在业务工作中，首先自己要掌握新产品的用途、性能、参数，基本能做到有问能答、必答，掌握产品的用途、安装方法；其次指导销售一部员工熟悉产品，并制定自己的销售方案，最后经开会讨论、交流，制定出满足市场需求的营销计划。

二、明确任务，主动积极，力求完成产品销售

无论是新产品还是就产品，都一视同仁，只要市场有需求，就要想办法完成产品销售任务。工作中要时刻明白上下级关系，对领导安排的工作丝毫不能马虎、怠慢，充分了解领导意图，力争在期限内提前完成，此外，还要积极考虑并补充完善。

单击【开始】选项卡【字体】组中字体框的下拉按钮，也可以设置字体格式，单击字号框的下拉按钮，在弹出的字号列表中也可以选择字号。

5.2 设置文本对齐方式

Word 2016 的段落格式命令适用于整个段落，将光标置于任意位置都可以选定段落并设置段落格式。设置段落对齐的具体操作步骤如下。

01 将光标放置在要设置对齐方式段落中的任意位置，单击【开始】选项卡【段落】组中的【段落设置】按钮。

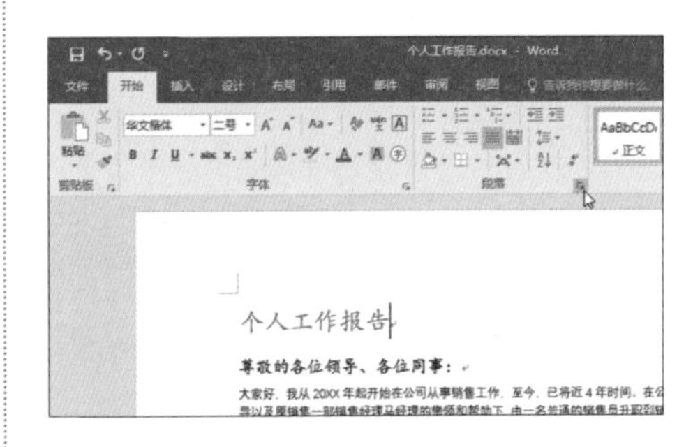

02 在弹出的【段落】对话框中选择【缩进和间距】选项卡，在【常规】选项区域中单击【对齐方式】右侧的下拉按钮，在弹出的下拉列表中选择【居中】选项，设置完成后单击【确定】按钮。

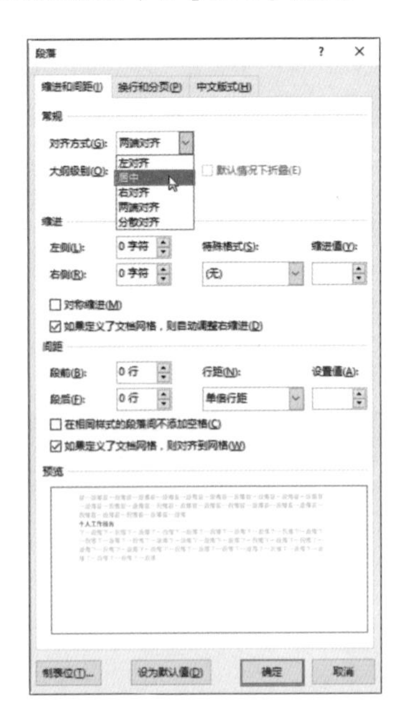

03 即可将文档中第一段内容设置为居中对齐方式，效果如下图所示。

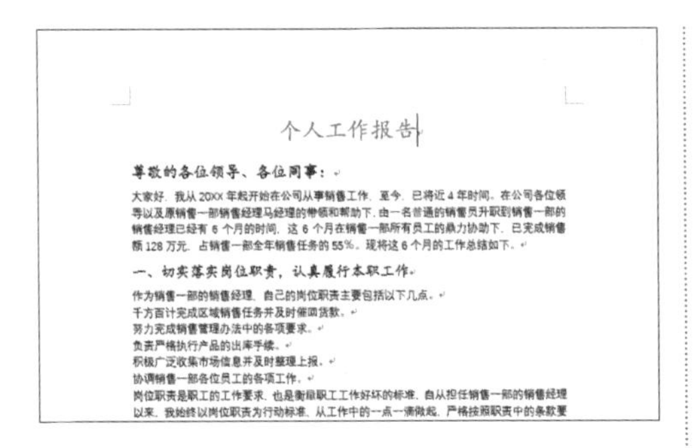

个人工作报告

尊敬的各位领导、各位同事：

大家好，我从20XX年起开始在公司从事销售工作，至今，已将近4年时间。在公司各位领导以及原销售一部销售经理马经理的带领和帮助下，由一名普通的销售员升职到销售一部的销售经理已经有6个月的时间，这6个月在销售一部所有员工的鼎力协助下，已完成销售额128万元，占销售一部全年销售任务的55%。现将这6个月的工作总结如下。

一、切实落实岗位职责，认真履行本职工作。

作为销售一部的销售经理，自己的岗位职责主要包括以下几点。
千方百计完成区域销售任务并及时催回货款。
努力完成销售管理办法中的各项要求。
负责严格执行产品的出库手续。
积极广泛收集市场信息并及时整理上报。
协调销售一部各位员工的各项工作。
岗位职责是职工的工作要求，也是衡量职工工作好坏的标准，自从担任销售一部的销售经理以来，我始终以岗位职责为行动标准，从工作中的一点一滴做起，严格按照职责中的条款要

04 将鼠标光标放置在文档末尾处的日期后，重复步骤 01，在【段落】对话框中【缩进和间距】选项卡【常规】组中单击【对齐方式】右侧的下拉按钮，在弹出的下拉列表中选择【右对齐】选项。

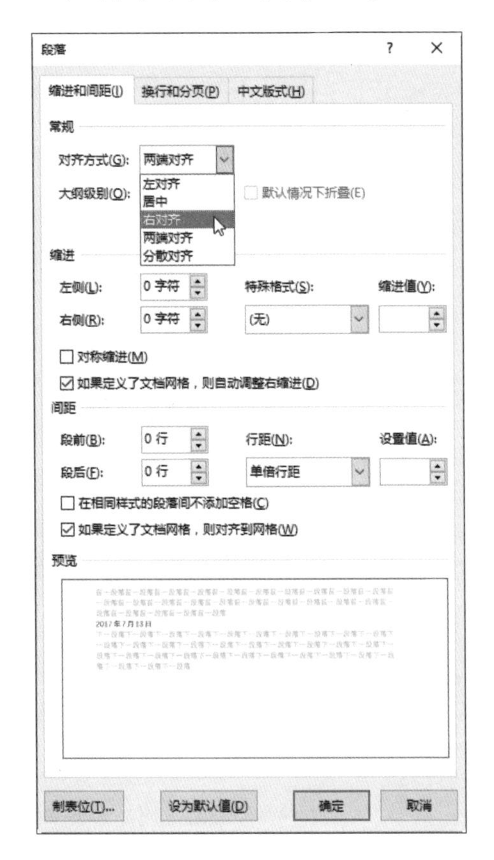

05 利用同样的方法，将“报告人：张 XX”设置为“右对齐”，效果如下图所示。

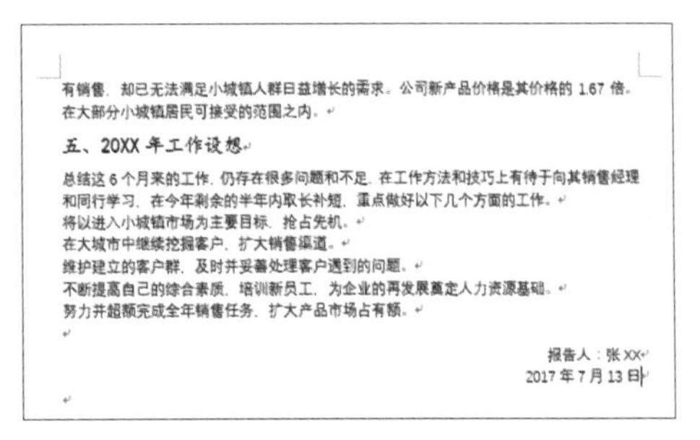

有销售，却已无法满足小城镇人群日益增长的需求。公司新产品价格是其价格的 1.67 倍，在大部分小城镇居民可接受的范围之内。

五、20XX 年工作设想

总结这 6 个月来的工作，仍存在很多问题和不足，在工作方法和技巧上有待于向其销售经理和同行学习，在今年剩余的半年内取长补短，重点做好以下几个方面的工作。
将以进入小城镇市场为主要目标，抢占先机。
在大城市中继续挖掘客户，扩大销售渠道。
维护建立的客户群，及时并妥善处理客户遇到的问题。
不断提高自己的综合素质，培训新员工，为企业的再发展奠定人力资源基础。
努力并超额完成全年销售任务，扩大产品市场占有额。

报告人：张 XX
2017 年 7 月 13 日

5.3 段前如何“空”两格

极简时光

关键词：【开始】选项卡 /【段落】对话框 / 设置段落缩进

一分钟

段落缩进是指段落到左右页边距的距离。根据中文的书写形式，通常情况下，正文中的每个段落前都会空两格，即缩进两个汉字。设置段落缩进的具体操作步骤如下。

01 选择文档中正文第一段内容，单击【开始】选项卡【段落】组中的【段落设置】按钮。

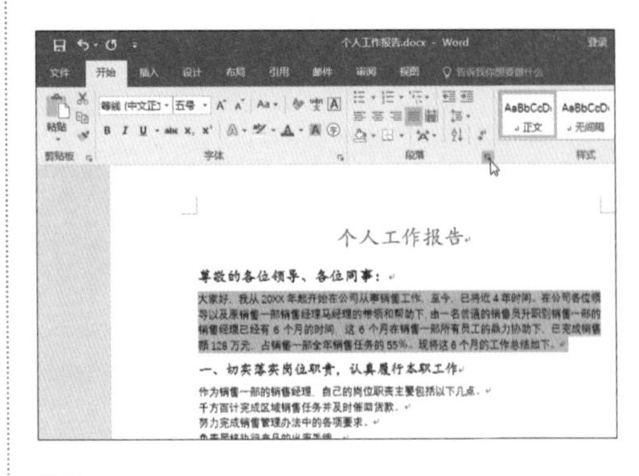

个人工作报告

尊敬的各位领导、各位同事：

大家好，我从20XX年起开始在公司从事销售工作，至今，已将近4年时间。在公司各位领导以及原销售一部销售经理马经理的带领和帮助下，由一名普通的销售员升职到销售一部的销售经理已经有6个月的时间，这6个月在销售一部所有员工的鼎力协助下，已完成销售额128万元，占销售一部全年销售任务的55%。现将这6个月的工作总结如下。

一、切实落实岗位职责，认真履行本职工作。

作为销售一部的销售经理，自己的岗位职责主要包括以下几点。
千方百计完成区域销售任务并及时催回货款。
努力完成销售管理办法中的各项要求。

02 在弹出的【段落】对话框中选择【缩进和间距】选项卡，单击【特殊格式】文本框后的下拉按钮，在弹出的下拉列表

中选择【首行缩进】选项，并设置【缩进值】为【2字符】，可以单击其后的微调按钮设置，也可以直接输入，设置完成后单击【确定】按钮。

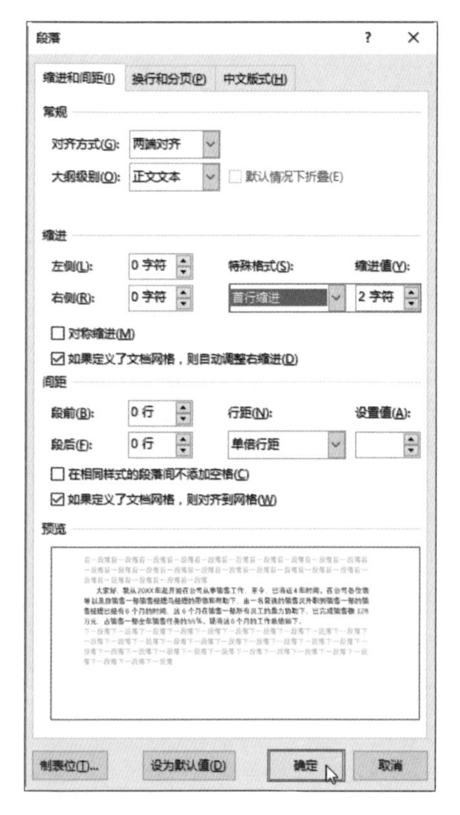

03 即可看到为所选段落设置段落缩进后的效果。

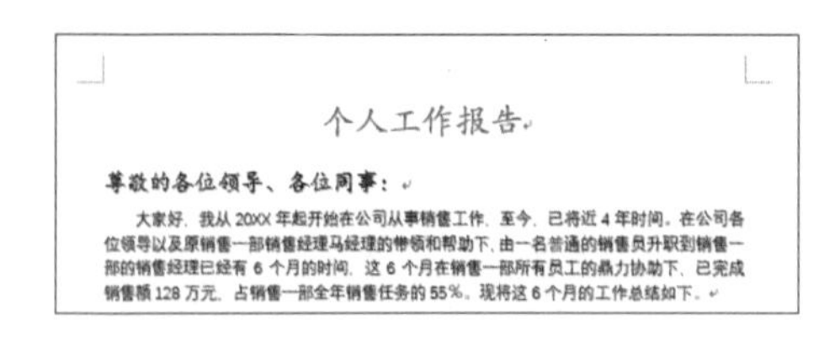
个人工作报告

尊敬的各位领导、各位同事：

大家好，我从20XX年起开始在公司从事销售工作，至今，已将近4年时间。在公司各位领导以及原销售一部销售经理马经理的带领和帮助下，由一名普通的销售员升职到销售一部的销售经理已经有6个月的时间，这6个月在销售一部所有员工的鼎力协助下，已完成销售额128万元，占销售一部全年销售任务的55%。现将这6个月的工作总结如下。

04 使用同样的方法为工作报告中其他正文段落设置首行缩进。

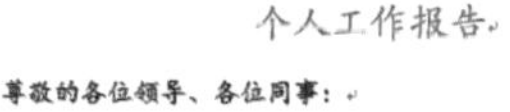

尊敬的各位领导、各位同事：

大家好，我从20XX年起开始在公司从事销售工作，至今，已将近4年时间。在公司各位领导以及原销售一部销售经理马经理的带领和帮助下，由一名普通的销售员升职到销售一部的销售经理已经有6个月的时间，这6个月在销售一部所有员工的鼎力协助下，已完成销售额128万元，占销售一部全年销售任务的55%。现将这6个月的工作总结如下。

一、切实落实岗位职责，认真履行本职工作

作为销售一部的销售经理，自己的岗位职责主要包括以下几点。

千方百计完成区域销售任务并及时催回货款。

努力完成销售管理办法中的各项要求。

负责严格执行产品的出库手续。

积极广泛收集市场信息并及时整理上报。

协调销售一部各位员工的各项工作。

岗位职责是职工的工作要求，也是衡量职工工作好坏的标准，自从担任销售一部的销售经理以来，我始终以岗位职责为行动标准，从工作中的一点一滴做起，严格按照职责中的条款要求自己和销售一部员工的行为。在业务工作中，首先自己要掌握新产品的用途、性能、参数，基本能做到有问能答、必答，掌握产品的用途、安装方法；其次指导销售一部员工熟悉产品，并制定自己的销售方案，最后经开会讨论、交流，制定出满足市场需求的营销计划。

二、明确任务，主动积极，力求完成产品销售

无论是新产品还是老产品，都一视同仁，只要市场有需求，就要想办法完成产品销售任务。工作中要时刻明白上下级关系，对领导安排的工作丝毫不能马虎、怠慢，充分了解领导意图，力争在期限内提前完成，此外，还要积极考虑并补充完善。

在【段落】对话框中除了设置首行缩进外，还可以设置文本的悬挂缩进。

5.4 行间距太小，调一调

行距是指行与行之间的距离，段落间距是指文档中段落与段落之间的距离。若行距和段落间距太小，会显得整篇文档看起来比较拥挤。设置行间距的具体操作步骤如下。

01 选中文档中第一段正文内容，单击【开始】选项卡【段落】组中的【段落设置】按钮。

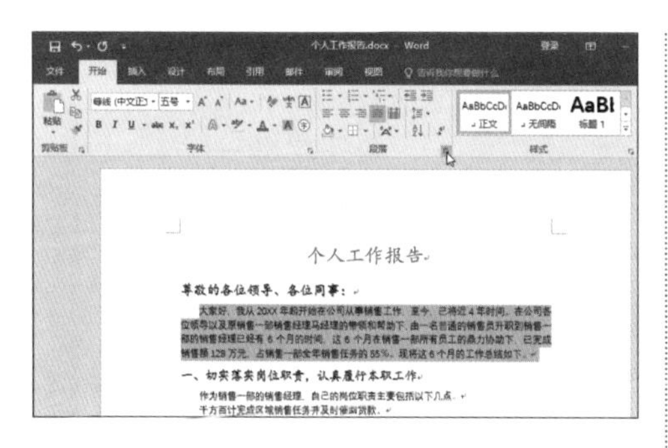

02 在弹出的【段落】对话框中选择【缩进和间距】选项卡，在【间距】选项区域的【段前】微调框中输入“0.5 行”，在【段后】微调框中输入“0.5 行”，在【行距】下拉列表中选择【多倍行距】选项，在【设置值】微调框中输入“1.2”，设置完成后单击【确定】按钮。

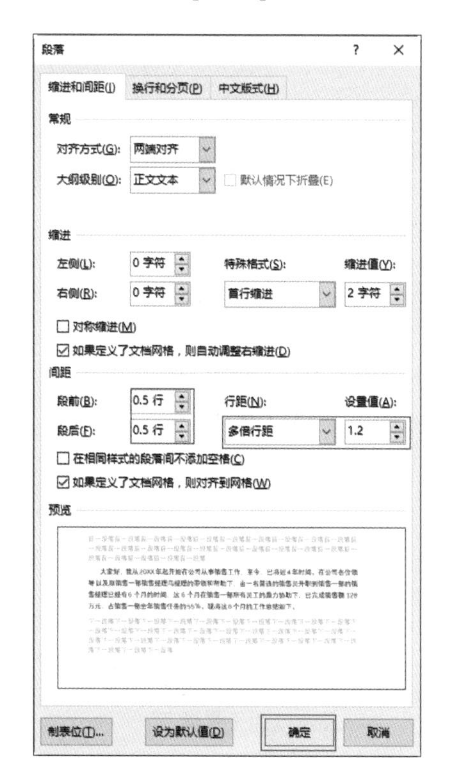

03 即可完成第一段行距的调整，效果如下图所示。

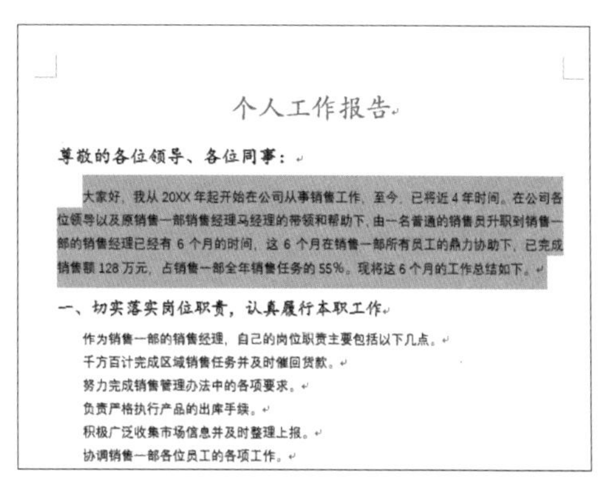

个人工作报告

尊敬的各位领导、各位同事：

大家好，我从 20XX 年起开始在公司从事销售工作，至今，已将近 4 年时间。在公司各位领导以及原销售一部销售经理马经理的带领和帮助下，由一名普通的销售员升职到销售一部的销售经理已经有 6 个月的时间，这 6 个月在销售一部所有员工的鼎力协助下，已完成销售额 128 万元，占销售一部全年销售任务的 55%。现将这 6 个月的工作总结如下。

一、切实落实岗位职责，认真履行本职工作。

作为销售一部的销售经理，自己的岗位职责主要包括以下几点。

千方百计完成区域销售任务并及时催回货款。

努力完成销售管理办法中的各项要求。

负责严格执行产品的出库手续。

积极广泛收集市场信息并及时整理上报。

协调销售一部各位员工的各项工作。

04 使用同样的方法为文档中其他正文段落设置相同的行间距，最终效果如下图所示。

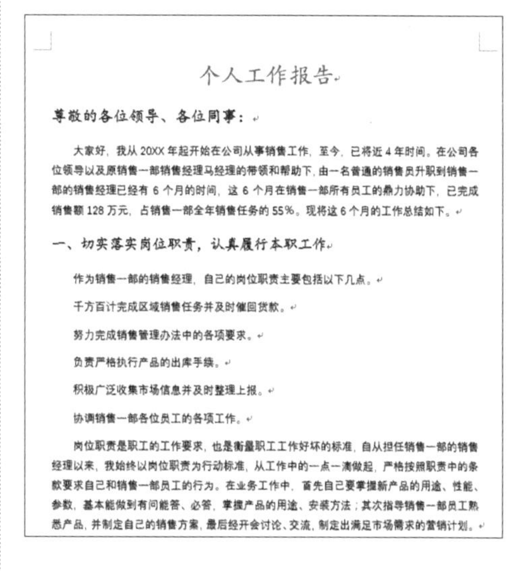

个人工作报告

尊敬的各位领导、各位同事：

大家好，我从 20XX 年起开始在公司从事销售工作，至今，已将近 4 年时间。在公司各位领导以及原销售一部销售经理马经理的带领和帮助下，由一名普通的销售员升职到销售一部的销售经理已经有 6 个月的时间，这 6 个月在销售一部所有员工的鼎力协助下，已完成销售额 128 万元，占销售一部全年销售任务的 55%。现将这 6 个月的工作总结如下。

一、切实落实岗位职责，认真履行本职工作。

作为销售一部的销售经理，自己的岗位职责主要包括以下几点。

千方百计完成区域销售任务并及时催回货款。

努力完成销售管理办法中的各项要求。

负责严格执行产品的出库手续。

积极广泛收集市场信息并及时整理上报。

协调销售一部各位员工的各项工作。

岗位职责是职工的工作要求，也是衡量职工工作好坏的标准，自从担任销售一部的销售经理以来，我始终以岗位职责为行动标准，从工作中的一点一滴做起，严格按照职责中的条款要求自己和销售一部员工的行为。在业务工作中，首先自己要掌握新产品的用途、性能、参数，基本能做到有问能答、必答，掌握产品的用途、安装方法；其次指导销售一部员工熟悉产品，并制定自己的销售方案，最后经开会讨论、交流，制定出满足市场需求的营销计划。

5.5 自动编号太讨厌，那是因为你不会用

在编辑 Word 文档时，使用自动编号功

能可快速为文档添加编号。在输入文字之前，单击【开始】选项卡【段落】组中的【编号】按钮，系统即可自动输入第一个编号，在编号后可直接输入文本内容，然后按【Enter】键即可自动生成第二个编号，以此类推。下面先来举一个例子，来详细了解一下 Word 的自动编号及其使用方法。

01 启动 Word 2016，并新建一个空白文档，单击【开始】选项卡【段落】组中的【编号】按钮。

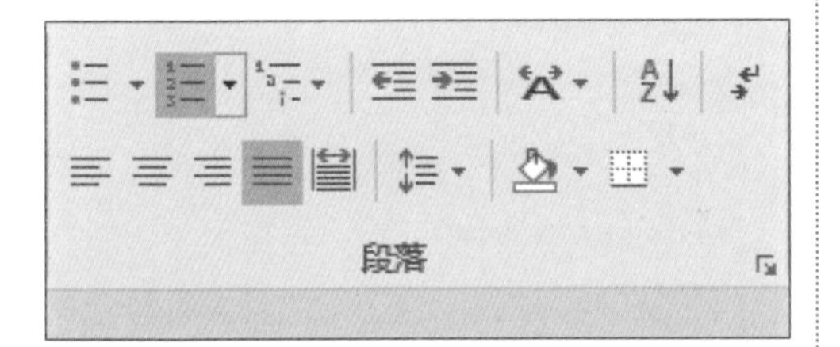

02 系统即可自动输入第一个编号，接着在编号后输入文本内容，这里输入“今天星期一”。

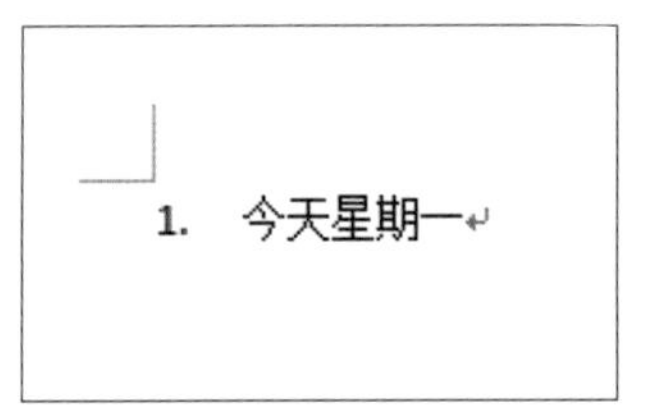

03 按【Enter】键，即可自动产生编号“2”。

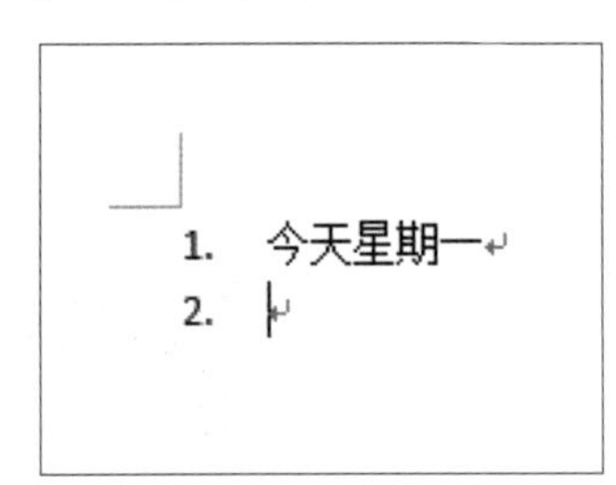

04 接着在光标处输入“明天星期二”，按【Enter】键，即可自动产生编号“3”。

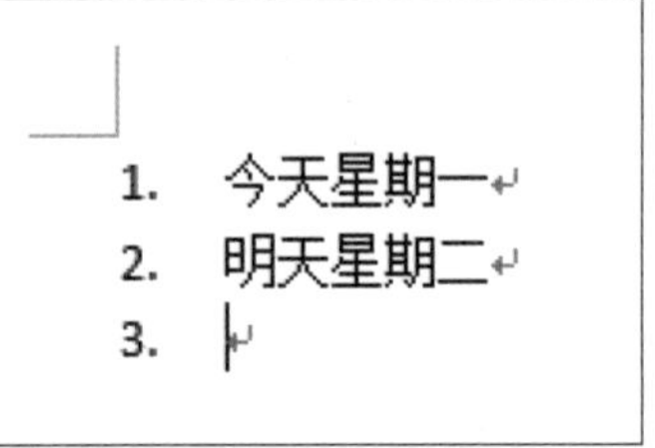

05 如果需要继续编号，按【Enter】键，会接着上文编号的序号一直往下排。若想取消编号“3”，只需要在光标处再按一次【Enter】键，即可取消自动编号。

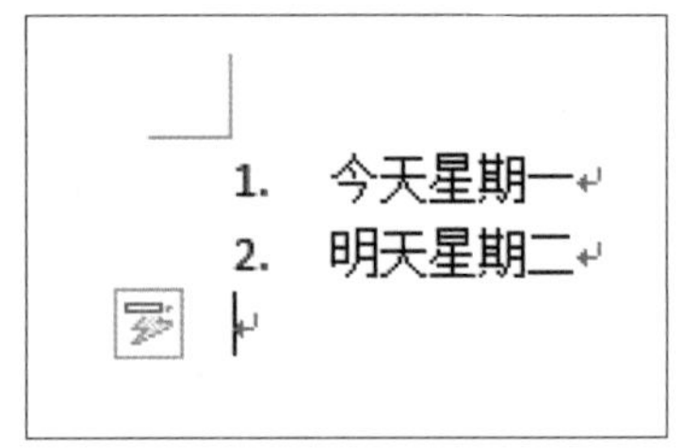

06 取消自动编号后，在光标处输入文字即可。若想继续使用自动编号，按【Enter】键输入“3. 后天星期三”。

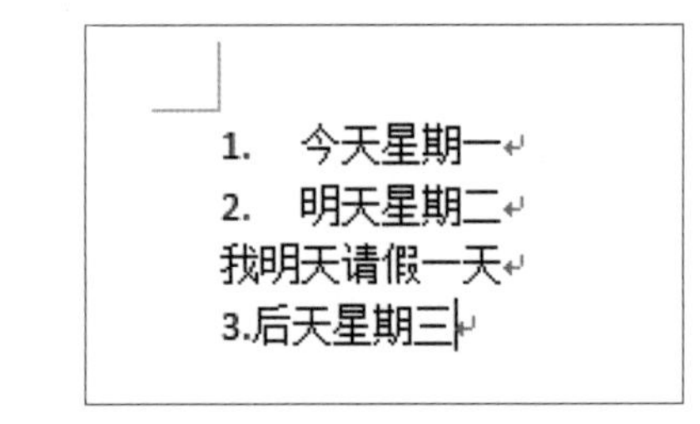

07 按【Enter】键即可继续自动编号。

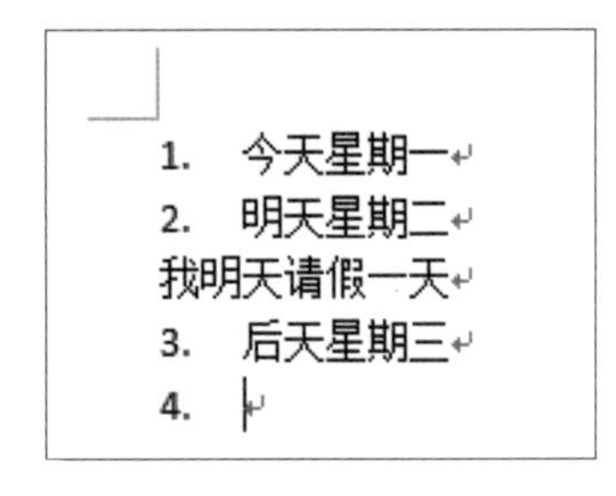

08 如果需要重新编号，可以先按【Enter】键，取消自动编号，然后输入“1. 今天周一”，

按【Enter】键，即可重新自动编号。

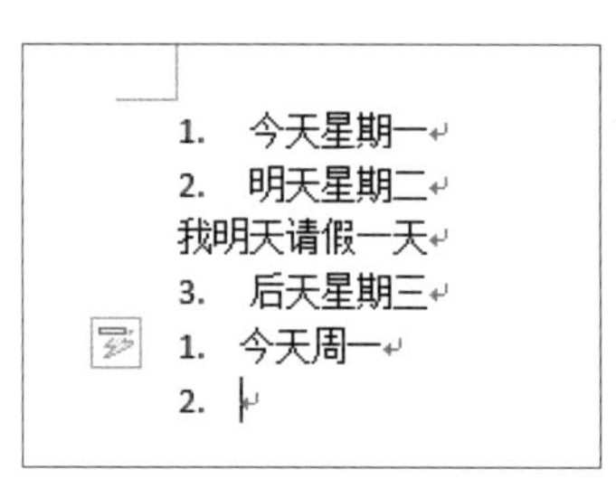

牛人干货

1. 快速清除段落格式

如果对某个使用了正文样式的段落设置了段落样式，如增加了左右缩进。若想去除这类信息，可以将光标置于该段落中，然后按【Ctrl+Q】组合键。如果有多个段落需做类似的调整，可以首先选定多个段落，然后按【Ctrl+Q】组合键即可。

2. 输入上标和下标

在编辑文档的过程中，输入一些公式定理、单位或数学符号时，经常需要输入上标或下标，下面具体讲述输入上标和下标的方法。

（1）输入上标。输入上标的具体操作步骤如下。

01 在文档中输入一段文字，如这里输入“A2+B=C”，选择字符中的数字“2”，单击【开始】选项卡【字体】组中的【上标】按钮 x^2。

02 即可将数字“2”变成上标格式。

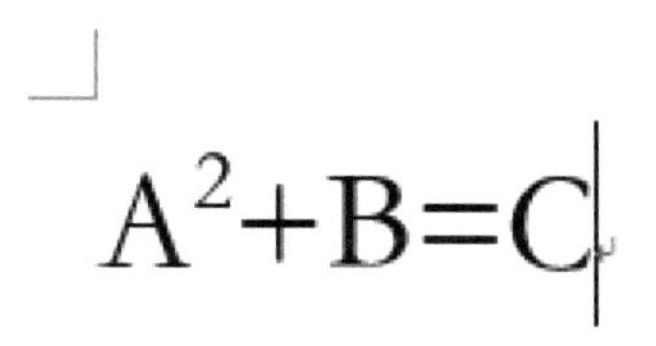

（2）输入下标。输入下标的方法与输入上标的方法类似，具体操作步骤如下。

01 在文档中输入“H2O”字符，选择字符中的数字“2”，单击【开始】选项卡【字体】组中的【下标】按钮 x_2。

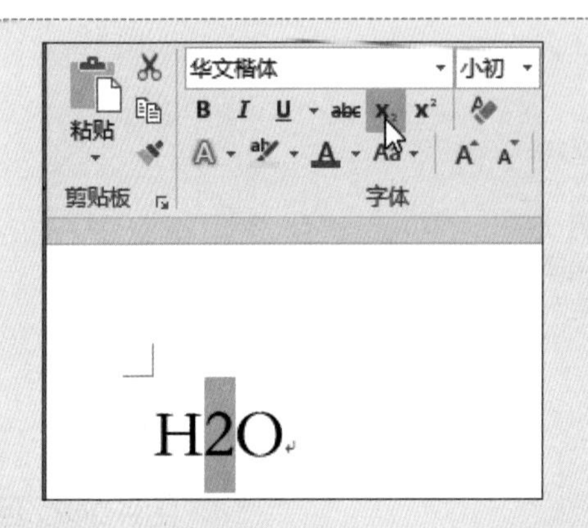

02 即可将数字“2”变成下标格式。

第 6 课
强大的查找与替换

在 Word 2016 中，查找功能可以帮助用户定位到目标位置以便快速找到想要的信息，替换功能可以帮助用户快捷地更改查找到的错误的文本内容。将两者结合在一起使用，可以发挥出巨大的威力。

强大的查找和替换都能做些什么呢？下面一起来体验一下两者结合起来的强大功能吧。

6.1 批量查找与替换错误内容

在 Word 2016 中，使用查找替换功能可以批量修改错误的内容，具体操作步骤如下。

01 打开随书光盘中的“素材 \ch06\ 工作安排 .docx”文档，可看到文档中将“2017”错写成了“2013”。

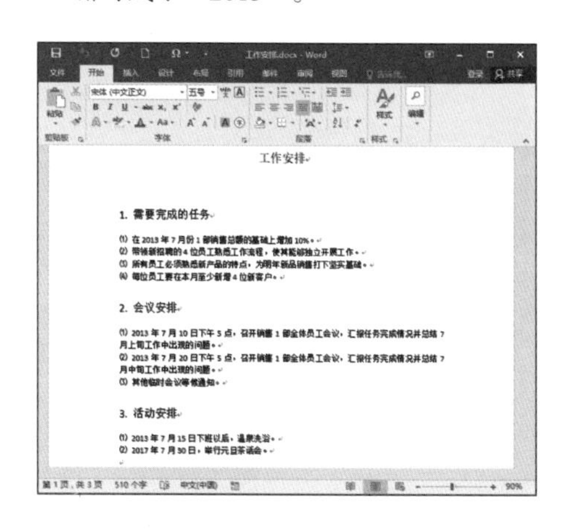

02 单击【开始】选项卡【编辑】组中的【替换】按钮。

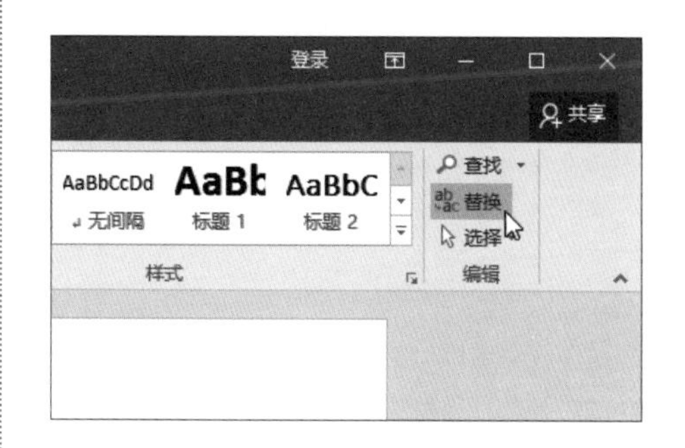

03 弹出【查找和替换】对话框，选择【替换】选项卡，在【查找内容】文本框中输入“2013”，在【替换为】文本框中输入“2017”，输入完成后单击【全部替换】按钮。

04 弹出【Microsoft Word】提示框，显示全部替换的数量，单击【确定】按钮。

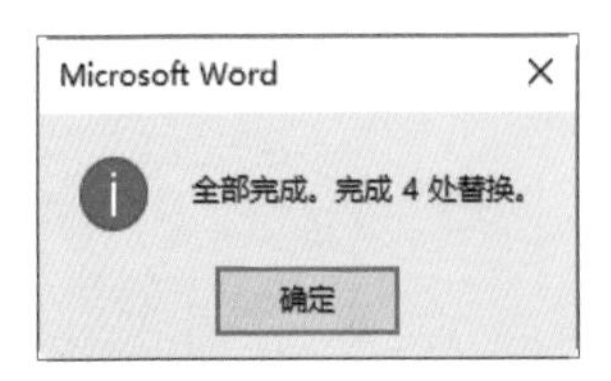

05 返回【查找和替换】对话框，单击【关闭】按钮，即可完成对错误内容的查找替换。

06 此时可看到文档中的“2013”全都被修改为“2017”，效果如下图所示。

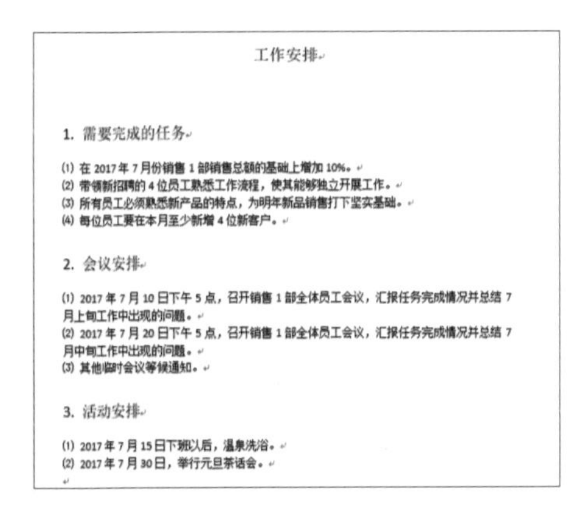

工作安排

1. 需要完成的任务

(1) 在 2017 年 7 月份销售 1 部销售总额的基础上增加 10%。
(2) 带领新招聘的 4 位员工熟悉工作流程，使其能够独立开展工作。
(3) 所有员工必须熟悉新产品的特点，为明年新品销售打下坚实基础。
(4) 每位员工要在本月至少新增 4 位新客户。

2. 会议安排

(1) 2017 年 7 月 10 日下午 5 点，召开销售 1 部全体员工会议，汇报任务完成情况并总结 7 月上旬工作中出现的问题。
(2) 2017 年 7 月 20 日下午 5 点，召开销售 1 部全体员工会议，汇报任务完成情况并总结 7 月中旬工作中出现的问题。
(3) 其他临时会议等候通知。

3. 活动安排

(1) 2017 年 7 月 15 日下班以后，温泉洗浴。
(2) 2017 年 7 月 30 日，举行元旦茶话会。

6.2 给替换的结果添加特殊格式

Word 的查找替换功能不仅可以帮助用户批量修改错误的文本内容，还可以为替换的结果添加特殊格式，具体操作步骤如下。

01 接着 6.1 节的操作，在打开的“工作安排”文档中，单击【开始】选项卡【编辑】组中的【替换】按钮 替换。

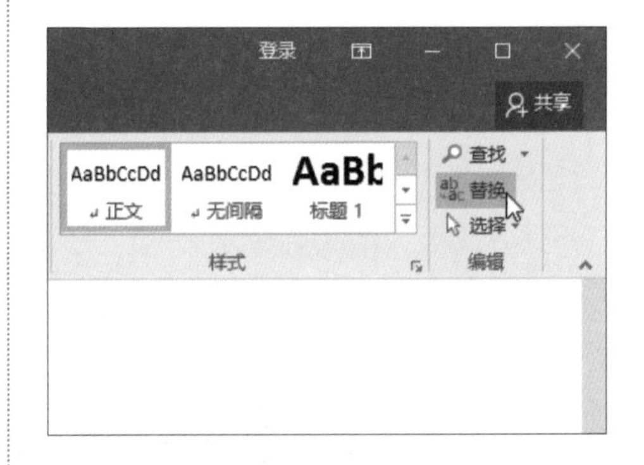

02 弹出【查找和替换】对话框，选择【替换】选项卡，在【查找内容】文本框中输入“销售 1 部”，在【替换为】文本框中输入“销售一部”，将鼠标光标定位在【替换为】文本框中，然后单击【更多】按钮。

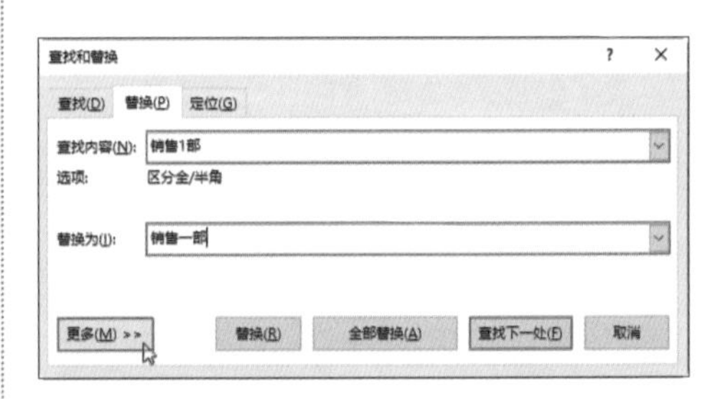

03 在弹出的界面中，单击【替换】选项区域中的【格式】按钮，在弹出的下拉菜单中选择【字体】选项。

04 弹出【替换字体】对话框，设置【中文字体】为【华文楷体】,【字形】为【常规】,【字号】为【五号】，在【字体颜色】下拉列表框中选择【红色】选项，此时在下方的【预览】区域中可看到设置的字体效果，单击【确定】按钮。

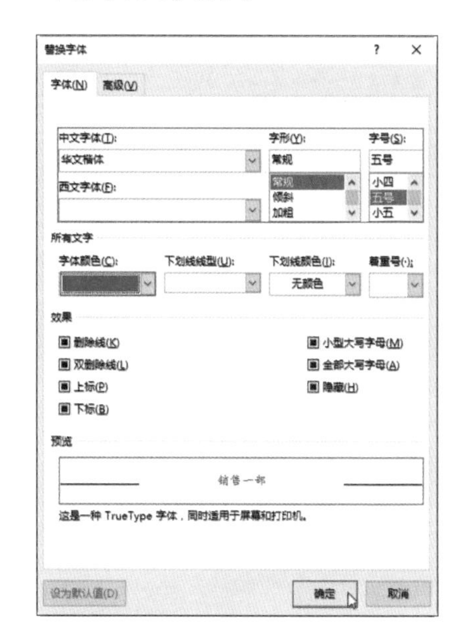

05 返回【查找和替换】对话框，即可看到在【替换为】文本框下面出现设置的字体格式的参数，单击【全部替换】按钮。

06 弹出【Microsoft Word】提示框，显示全部替换的数量，单击【确定】按钮。

07 返回【查找和替换】对话框，单击【关闭】按钮，即可完成替换。

08 此时可看到文档中的“销售 1 部”被替换为“销售一部”，并带有特殊格式。

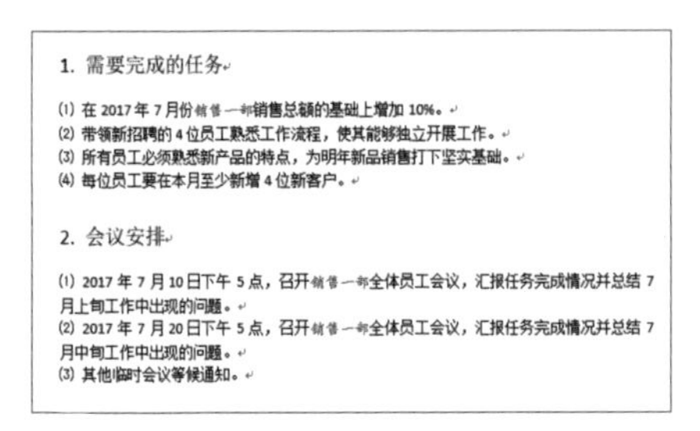

1. 需要完成的任务

(1) 在 2017 年 7 月份销售一部销售总额的基础上增加 10%。
(2) 带领新招聘的 4 位员工熟悉工作流程，使其能够独立开展工作。
(3) 所有员工必须熟悉新产品的特点，为明年新品销售打下坚实基础。
(4) 每位员工要在本月至少新增 4 位新客户。

2. 会议安排

(1) 2017 年 7 月 10 日下午 5 点，召开销售一部全体员工会议，汇报任务完成情况并总结 7 月上旬工作中出现的问题。
(2) 2017 年 7 月 20 日下午 5 点，召开销售一部全体员工会议，汇报任务完成情况并总结 7 月中旬工作中出现的问题。
(3) 其他临时会议等候通知。

6.3 替换文本中的特殊格式

Word 2016 不仅能根据指定的文本查找和替换，还能根据指定的格式进行查找和替换，以满足复杂的查询条件。下面就以将段落标记统一替换为手动换行符为例，介绍如何替换文本中的特殊格式，具体操作步骤如下。

01 在打开的“工作安排”文档中，单击【开始】选项卡【编辑】组中的【替换】按钮 替换，弹出【查找和替换】对话框，单击【更多】按钮。

02 在弹出的【搜索选项】选项区域中可以选择需要查找的条件。将光标定位在【查找内容】文本框中，在【替换】选项区域中单击【特殊格式】按钮，在弹出的下拉菜单中选择【段落标记】命令。

03 将光标定位在【替换为】文本框中，在【替换】选项区域中单击【特殊格式】按钮，在弹出的下拉菜单中选择【手动换行符】命令。

04 单击【全部替换】按钮，弹出【Microsoft Word】提示框，显示全部替换的数量。单击【确定】按钮即可完成文档的替换。

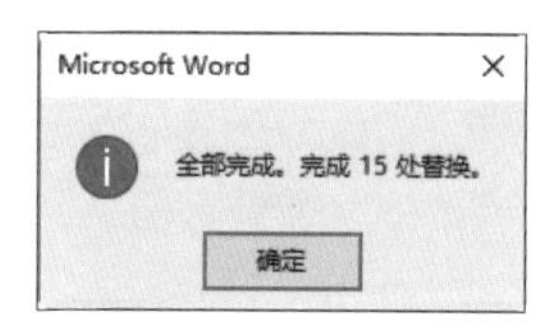

05 返回【查找和替换】对话框，单击【关闭】按钮。

06 即可将文档中的所有段落标记替换为手动换行符，效果如下图所示。

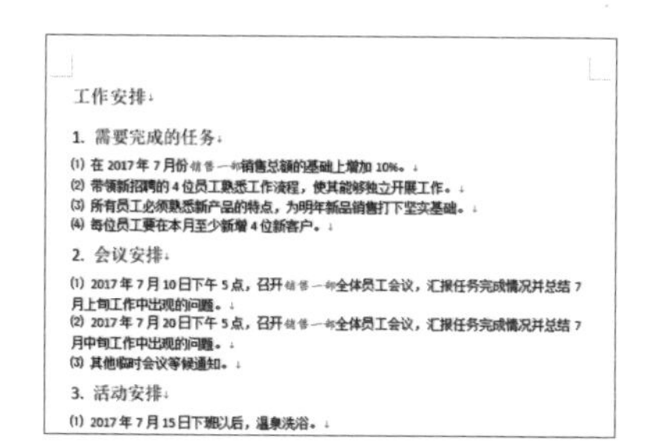

6.4 去掉文本中多余的空格

极简时光

关键词： 多余空格 /【开始】选项卡 /【查找和替换】对话框 /【Microsoft Word】提示框

一分钟

在检查文档时，若发现文档中有多余的空格，可以使用 Word 的查找和替换功能，快速清除文档中多余的空格，具体操作步骤如下。

01 打开随书光盘中的“素材 \ch06\ 调查问卷 .docx”文档，单击【开始】选项卡【编辑】组中的【替换】按钮 替换。

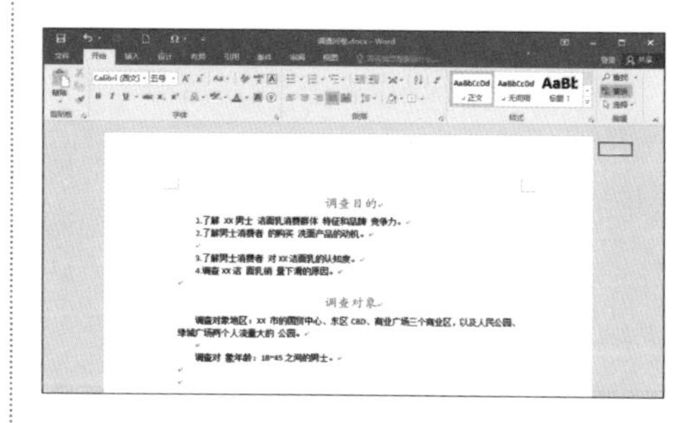

02 弹出【查找和替换】对话框，选择【替换】选项卡，在【查找内容】文本框中输入一个空格，单击【全部替换】按钮。

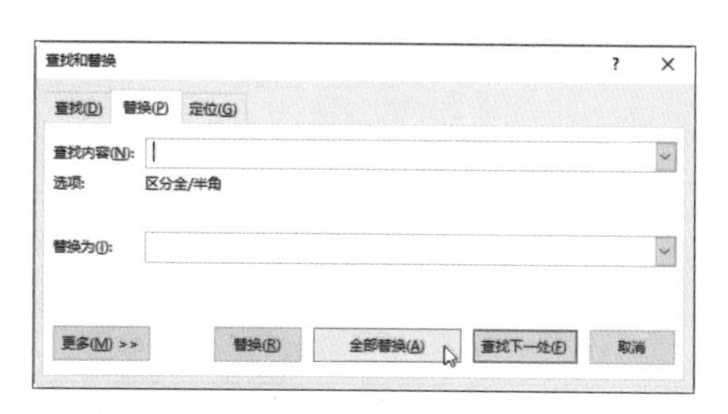

03 弹出【Microsoft Word】提示框，显示全部替换的数量，单击【确定】按钮。

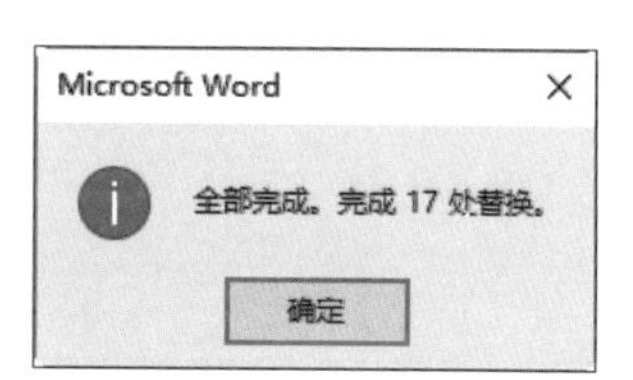

04 返回【查找和替换】对话框，单击【关闭】按钮。

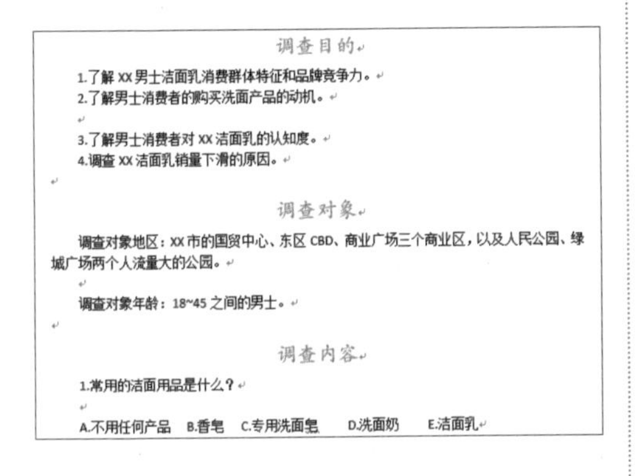

05 即可看到文档中多余的空格已全部被删除，效果如下图所示。

调查目的

1.了解 XX 男士洁面乳消费群体特征和品牌竞争力。

2.了解男士消费者的购买洗面产品的动机。

3.了解男士消费者对 XX 洁面乳的认知度。

4.调查 XX 洁面乳销量下滑的原因。

调查对象

调查对象地区：XX 市的国贸中心、东区 CBD、商业广场三个商业区，以及人民公园、绿城广场两个人流量大的公园。

调查对象年龄：18~45 之间的男士。

调查内容

1.常用的洁面用品是什么？

A.不用任何产品 B.香皂 C.专用洗面皂 D.洗面奶 E.洁面乳

6.5 去掉文本中多余的空行

极简时光

关键词： 多余空行 /【开始】选项卡 /【查找和替换】对话框 /【Microsoft Word】提示框

一分钟

如果 Word 文档中包含大量不连续的空白行，手动删除既麻烦又浪费时间，可以使用 Word 的查找替换功能快速删除文档中多余的空行，具体操作步骤如下。

01 接着 6.4 节的操作，在打开的“调查问卷”文档中，单击【开始】选项卡【编辑】组中的【替换】按钮 替换 。

02 弹出【查找和替换】对话框，将鼠标光标定位至【查找内容】文本框中，单击【更多】按钮。

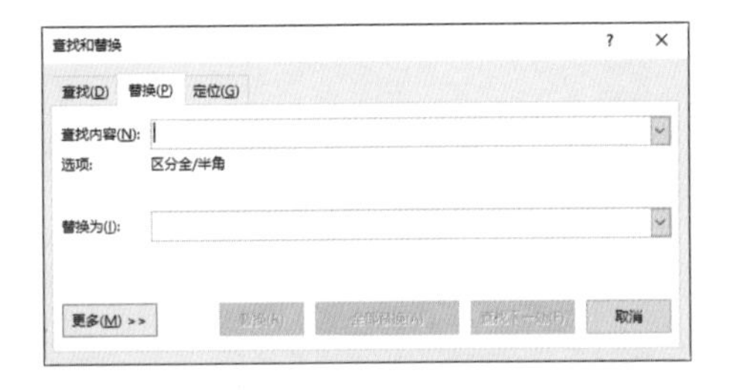

03 在弹出的【搜索选项】选项区域中可以选择需要查找的条件。在【替换】选项区域中单击【特殊格式】按钮，在弹出的下拉菜单中选择【段落标记】命令。

04 即可在【查找内容】文本框中输入一个段落标记符号，再次选择【特殊格式】下拉列表中的【段落标记】选项，即可在【查找内容】文本框中输入两个段落标记符号。

05 将鼠标光标定位至【替换为】文本框中，使用同样的方法，在【替换为】文本框中输入一个段落标记符号，单击【全部替换】按钮。

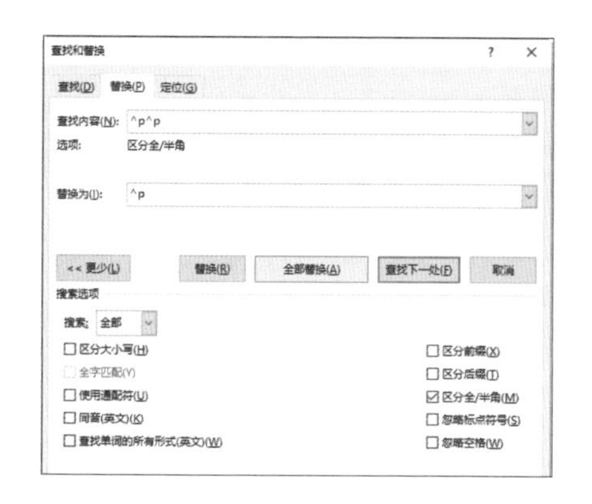

06 弹出【Microsoft Word】提示框，显示全部替换的数量，单击【确定】按钮。

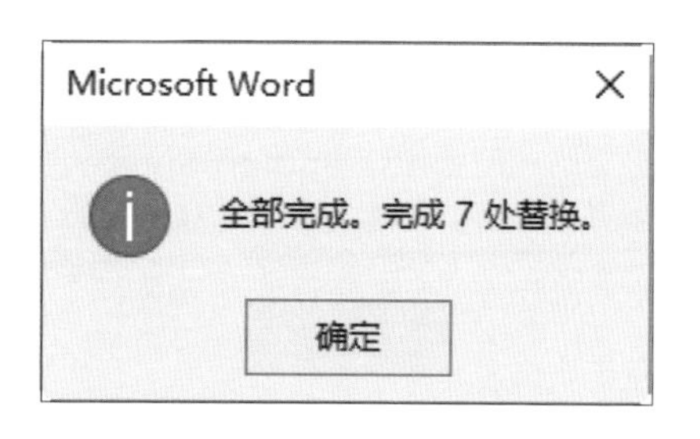

07 关闭【查找和替换】对话框，即可将文档中多余的空行删除，效果如下图所示。

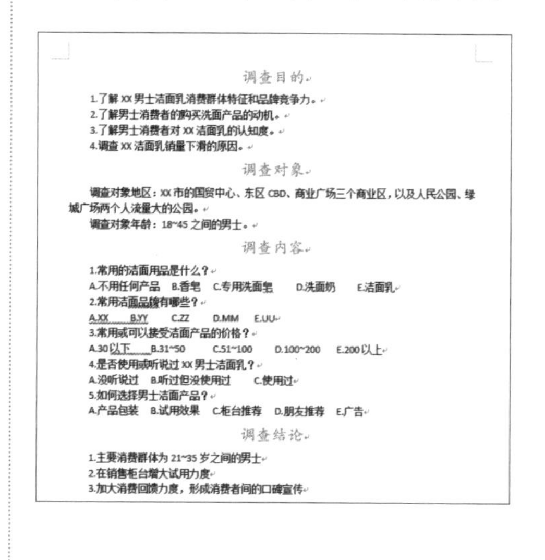

调查目的

1.了解 xx 男士洁面乳消费群体特征和品牌竞争力。
2.了解男士消费者的购买洗面产品的动机。
3.了解男士消费者对 xx 洁面乳的认知度。
4.调查 xx 洁面乳销量下滑的原因。

调查对象

调查对象地区：xx 市的国贸中心、东区 CBD、商业广场三个商业区，以及人民公园、绿城广场两个人流量大的公园。
调查对象年龄：18~45 之间的男士。

调查内容

1.常用的洁面用品是什么？
A.不用任何产品 B.香皂 C.专用洗面皂 D.洗面奶 E.洁面乳
2.常用洁面品牌有哪些？
A.XX B.YY C.ZZ D.MM E.UU
3.常用或可以接受洁面产品的价格？
A.30 以下 B.31~50 C.51~100 D.100~200 E.200 以上
4.是否使用或听说过 xx 男士洁面乳？
A.没听说过 B.听过但没使用过 C.使用过
5.如何选择男士洁面产品？
A.产品包装 B.试用效果 C.柜台推荐 D.朋友推荐 E.广告

调查结论

1.主要消费群体为 21~35 岁之间的男士
2.在销售柜台增大试用力度
3.加大消费回馈力度，形成消费者间的口碑宣传

牛人干货

使用替换功能设置大纲级别

Word 2016 中的查找替换功能不仅能够批量修改错误的内容，还可以快速为文档中的标题设置大纲级别，具体操作步骤如下。

01 打开随书光盘中的“素材 \ch06\ 公司材料管理制度 .docx”文档，单击【开始】选项卡【编辑】组中的【替换】按钮 替换。

02 弹出【查找和替换】对话框，在【查找内容】文本框中输入“[一二三四]@、”，单击【更多】按钮。

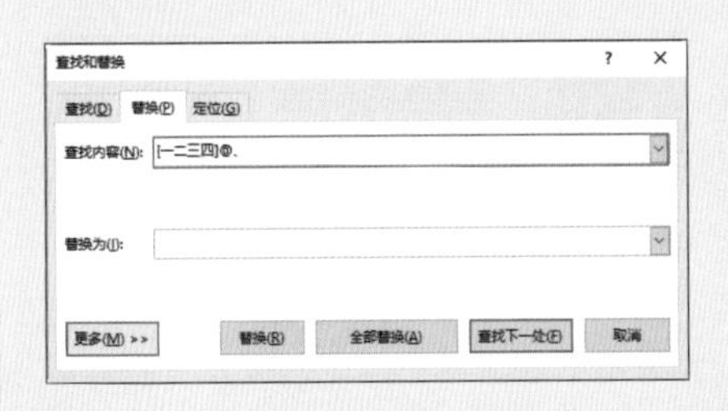

03 将鼠标光标定位至【替换为】文本框中，在弹出的界面中单击【替换】选项区域中的【格式】按钮，在弹出的下拉菜单中选择【样式】选项。

04 弹出【替换样式】对话框，在【替换样式】列表框中选择一种样式，这里选择【标题 2】选项，单击【确定】按钮。

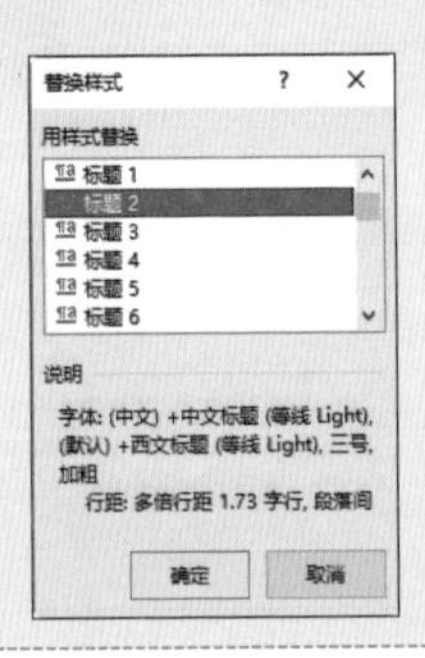

05 返回【查找和替换】对话框，即可看到“标题 2”的样式出现在【替换为】文本框的下方。选中【搜索选项】选项区域中的【使用通配符】复选框，单击【全部替换】按钮。

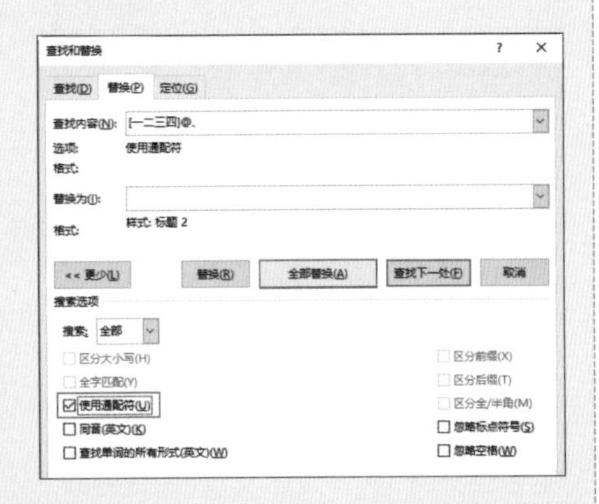

06 弹出【Microsoft Word】提示框，显示全部替换的数量，单击【确定】按钮。

07 关闭【查找和替换】对话框，返回 Word 操作界面，选中【视图】选项卡【显示】组中的【导航窗格】复选框，即可在弹出【导航】窗格的【标题】组下看到为文档中的标题应用的大纲级别。

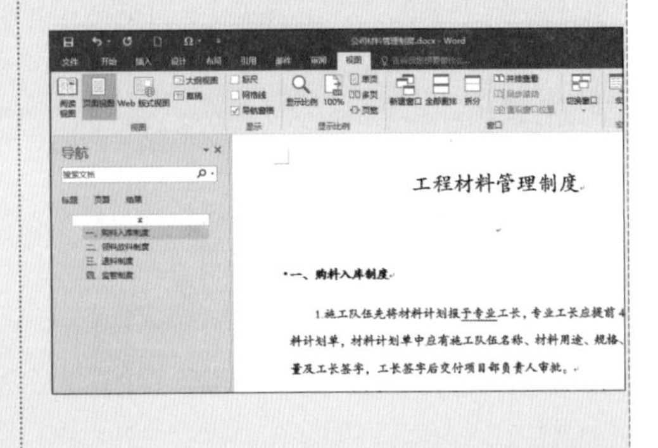

第 7 课 玩转图片，轻松排版

在文档中添加图片元素，犹如向一潭清池中掷入石子，水纹一圈圈向外扩散，平静的水面瞬间开出了花。在 Word 文档中，图片就像这石子，是整个版式灵动多变的关键。在 Word 文档中插入图片，可以使整篇文档看起来更加生动、形象、充满活力。Word 文档有了图片的点缀，显得更加熠熠生辉。

如何快速插入和编辑图片？

图片的位置如何调整？

7.1 快速插入图片

在 Word 文档中插入一些图片可以使文档更加生动形象，插入的图片可以是一张剪贴画、一张照片或一幅图画。Word 2016 支持更多的图片格式，如“.jpg”“.jpeg”“.jfif”“.jpe”“.png”“.bmp”“.dib”和“.rle”等。在文档中插入图片的具体操作步骤如下。

01 打开随书光盘中的“素材\ch07\合欢花.docx”文档，单击【插入】选项卡【插图】组中的【图片】按钮 。

02 弹出【插入图片】对话框，找到要插入图片的位置，选择要插入的图片，单击【插入】按钮。

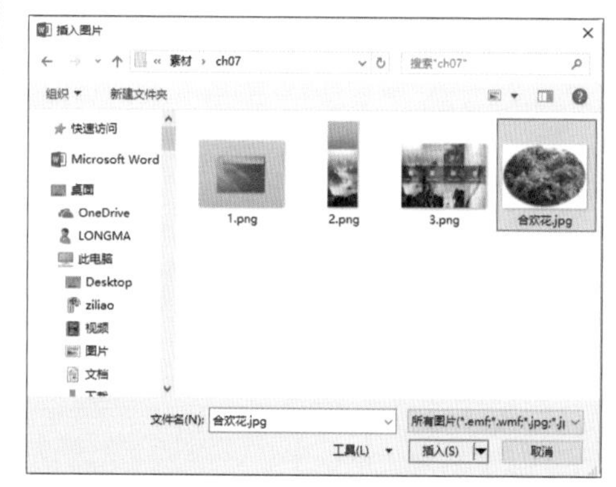

03 即可将计算机中的图片插入 Word 文档中，调整图片的大小，效果如下图所示。

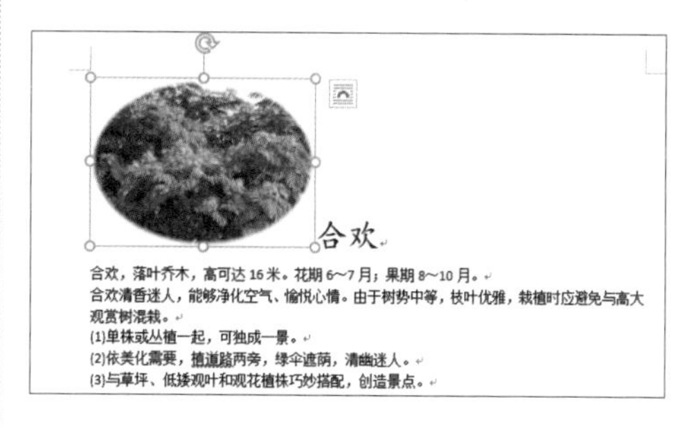

7.2 调整图片的位置

调整图片在文档中位置的方法有两种：一是使用鼠标拖曳，移动至目标位置；二是使用【布局】对话框来调整图片位置。第一种方法比较简单，下面介绍使用【布局】对话框调整图片的位置，具体操作步骤如下。

01 接着7.1节的操作，在打开的“合欢花”文档中，选中要调整位置的图片，单击【图片工具/格式】选项卡【排列】组中的【位置】按钮，在弹出的下拉列表中选择【其他布局选项】选项。

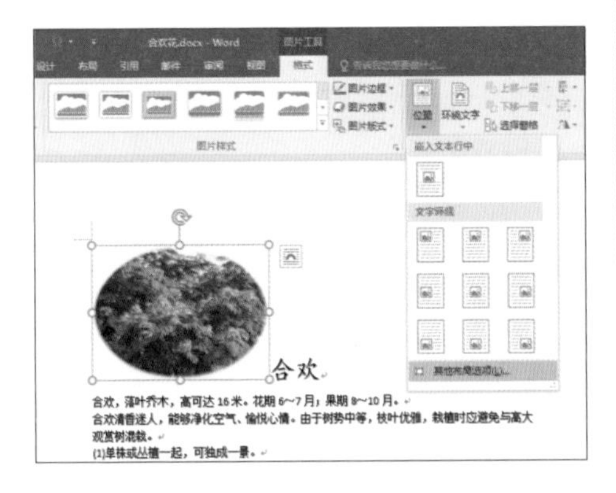

02 弹出【布局】对话框，选择【文字环绕】选项卡，选中【环绕方式】选项区域中的【四周型】环绕方式。

03 选择【位置】选项卡，在【水平】和【垂直】选项区域中分别设置图片的水平对齐方式和垂直对齐方式。这里在【水平】选项区域中选中【对齐方式】单选按钮，在其下拉列表框中选择【左对齐】选项，在【垂直】选项区域中选中【对齐方式】单选按钮，在其下拉列表框中选择【内部】选项，设置完成后单击【确定】按钮。

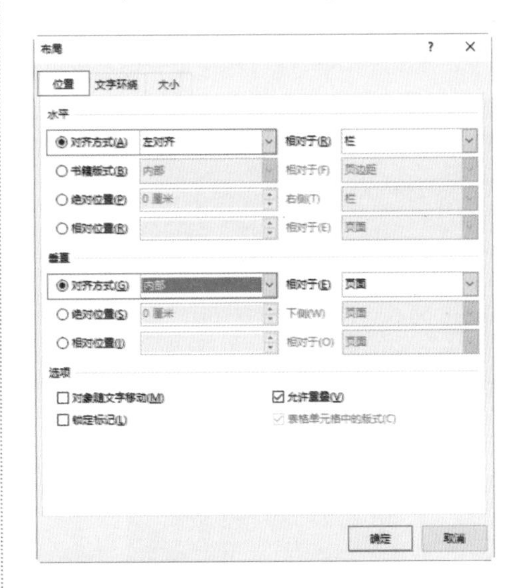

04 即可完成图片位置的调整，效果如下图所示。

7.3 裁剪图片的多余部分

极简时光

关键词： 裁剪图片 /【格式】选项卡 / 拖动控制点 / 裁剪模式

一分钟

在 Word 文档中插入的图片，不仅可以调整其位置，还可以对其进行裁剪，使其与文档中的图片更好地融合在一起。在 Word 中裁剪图片的具体操作步骤如下。

01 接着 7.2 节的操作，在打开的"合欢花"文档中，选中要裁剪的图片，单击【图片工具 / 格式】选项卡【大小】组中的【裁剪】下拉按钮，在弹出的下拉列表中选择【裁剪】选项。

02 即可看到图片的四周出现 8 个控制点，拖动 4 个角的控制点，可以等比例地裁剪图片，拖动 4 条边上的控制点，可以在纵向或横向上裁剪图片。

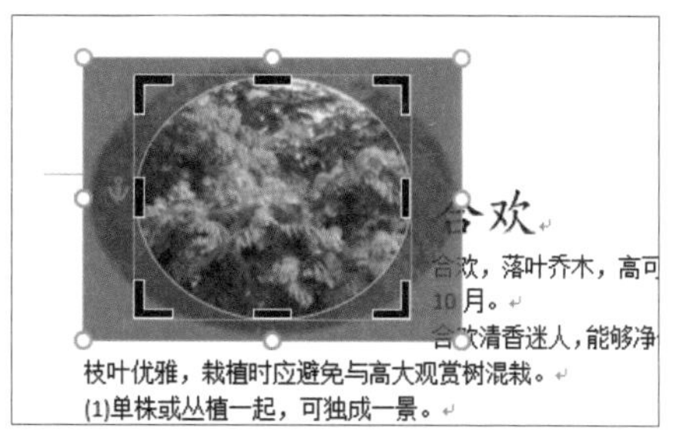

03 裁剪完成后单击【图片工具 / 格式】选项卡【大小】组中的【裁剪】按钮，即可退出裁剪模式，完成图片的裁剪，适当调整图片的位置，最终效果如下图所示。

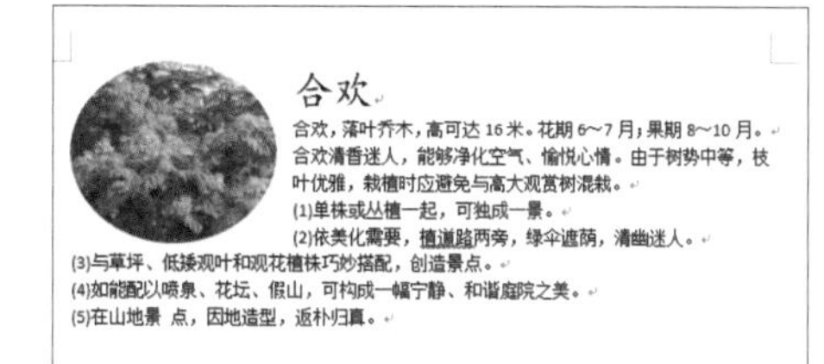

7.4 插入的图片不清晰

极简时光

关键词： 启动 Word 2016 /【插入图片】对话框 /【布局】对话框 /【格式】选项卡

一分钟

在 Word 文档中插入图片时会遇到这样的情况：图片本身是清晰的，但插入 Word 文档中后，就变得不清晰了。

01 启动 Word 2016，并新建一个空白文档，单击【插入】选项卡【插图】组中的【图片】按钮。

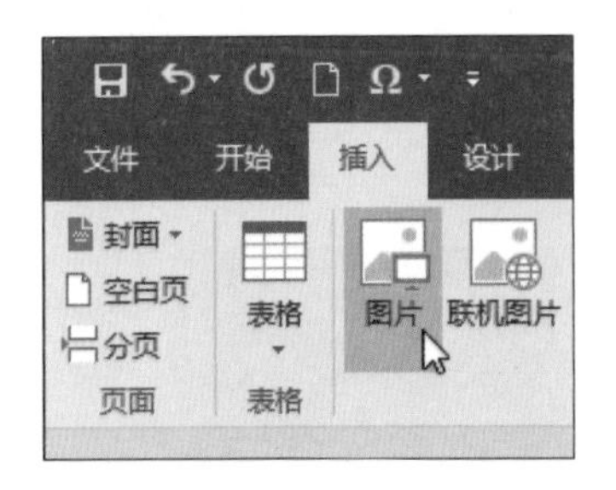

02 弹出【插入图片】对话框，选择要插入的图片，单击【插入】按钮。

03 即可将图片插入到文档中，但图片已被压缩，图片中的文字也变得有些模糊不清。

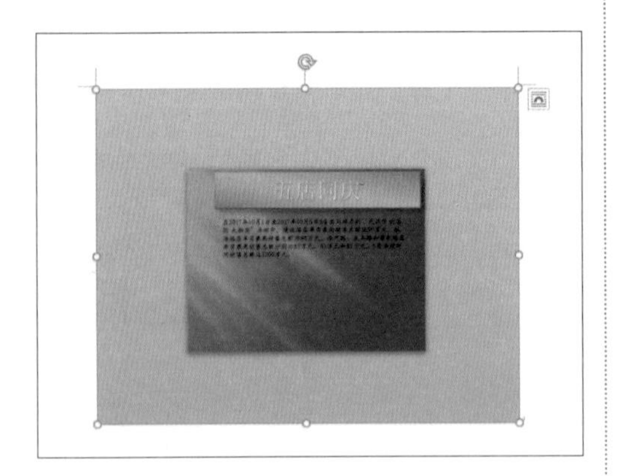

04 在插入的图片上右击，在弹出的快捷菜单中选择【大小和位置】选项。

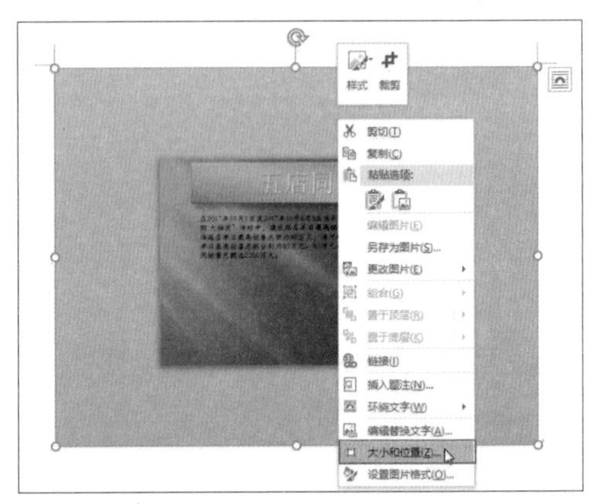

05 弹出【布局】对话框，选择【大小】选项卡，从【缩放】选项区域中的【高度】和【宽度】微调框中的数值可看到图片已被压缩，单击【重置】按钮。

06 将图片100%显示，单击【确定】按钮。

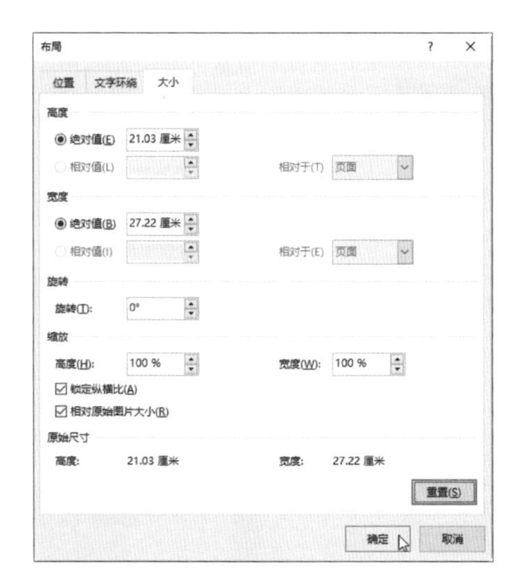

07 可看到文档中的图片被放大显示，单击【图片工具 / 格式】选项卡【大小】组中的【裁剪】按钮，对图片进行裁剪，保留需要的部分即可，最终效果如下图所示。

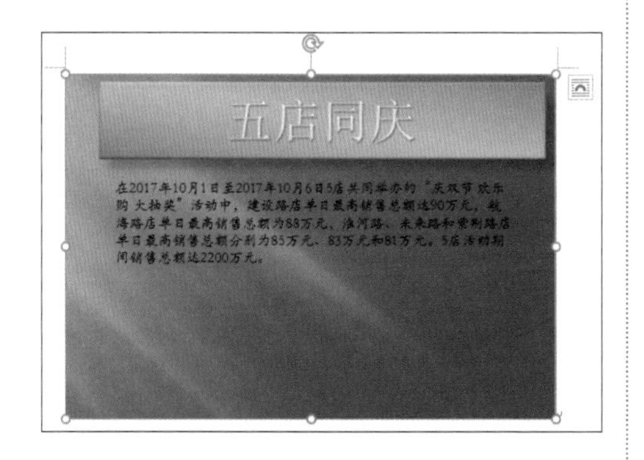

7.5 “淘气”的图片“乱跑”

在制作 Word 文档时，想在文字中间插入一张图片，但插入的图片总是放不好，图片上面的版式一动，图片就跟着乱跑，怎样才能让插入的图片“不乱动”呢？在 Word 2016 中，用户可以先绘制一块画布，在画布中插入图片，图片就变得“听话多了”，具体操作步骤如下。

01 启动 Word 2016，并新建一个空白文档，单击【插入】选项卡【插图】组中的【形状】按钮，在弹出的下拉列表中选择【新建绘图画布】选项。

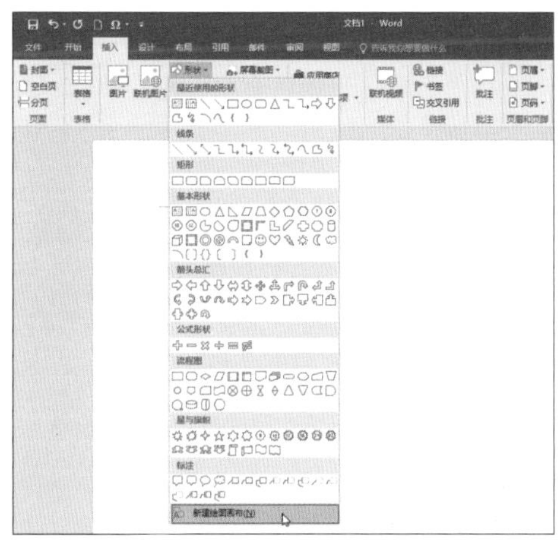

02 即可在文档中插入一个画布，选中插入的画布，单击【插入】选项卡【插图】组中的【图片】按钮。

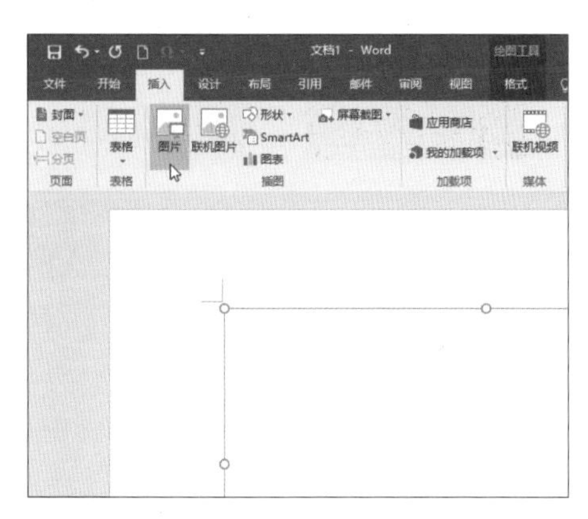

03 弹出【插入图片】对话框，选择要插入的图片，单击【插入】按钮。

04 即可将图片插入画布中，调整图片的位置和大小，以及画布的大小，效果如下图所示。

05 单击【插入】选项卡【文本】组中的【文本框】按钮，在弹出的下拉列表中选择【绘制横排文本框】选项。

06 在画布的空白处绘制一个文本框，打开随书光盘中的“素材\ch07\峨眉山.txt”文件，按【Ctrl+A】组合键选中所有内容，按【Ctrl+C】组合键复制内容，返回Word文档，按【Ctrl+V】组合键，将所有内容粘贴到绘制的文本框中，并适当调整文本框的大小及位置。

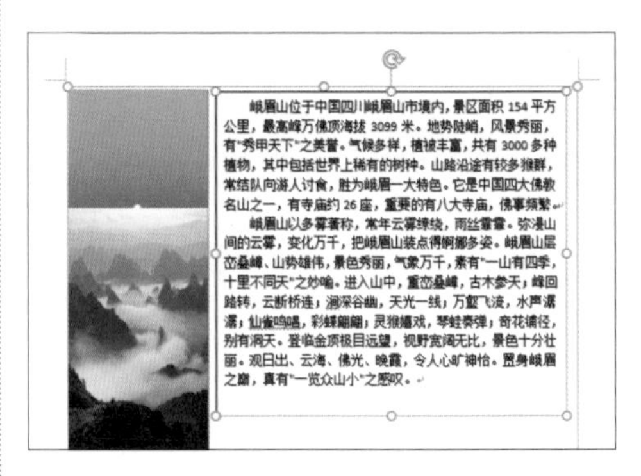

07 选中文字文本框，单击【绘图工具/格式】选项卡【形状样式】组中的【形状轮廓】下拉按钮 形状轮廓 ▾，在弹出的下拉列表中选择【无轮廓】选项。

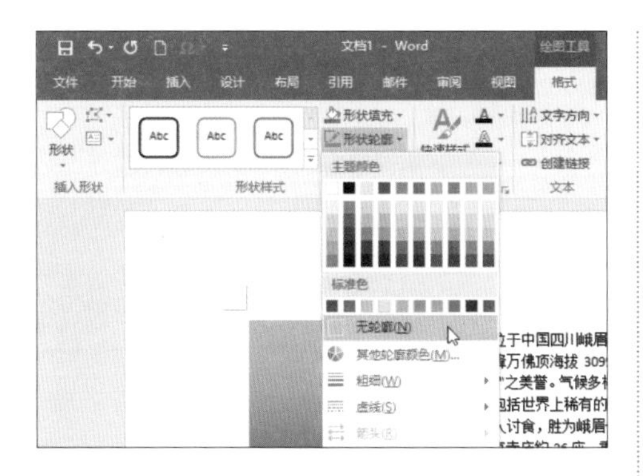

08 即可去除文本框的边框，使用相同的方法也可在图片上输入文字，最终效果如下图所示。

提示

另外还有一种更为快捷的方法，选中图片，单击【图片工具/格式】选项卡【排列】组中的【环绕文字】按钮，在弹出的下拉列表中选择【四周型】环绕方式，即可随意移动图片，再也不怕图片“乱跑”了。

牛人干货

从 Word 中导出清晰的图片

Word 中的图片可以单独导出保存到计算机中，方便用户使用，具体操作步骤如下。

01 打开随书光盘中的“素材\ch07\导出清晰图片.docx”文件，选中文档中的图片。

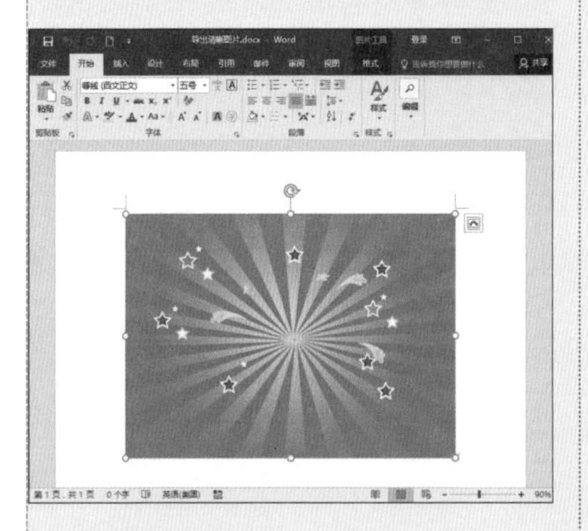

02 在图片上右击，在弹出的快捷菜单中选择【另存为图片】选项。

03 在弹出的【保存文件】对话框中将【文件名】命名为【导出清晰的图片】，【保存类型】设置为【JPEG 文件交换格式】，单击【保存】按钮，即可将图片从 Word 中导出。

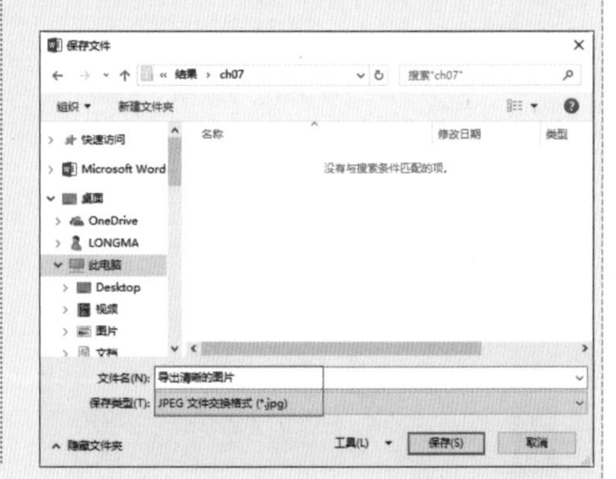

第 8 课 表格的插入与使用

提到表格，人们最先想到的是 Excel 表格，殊不知在 Word 中，也可以制作简单的表格。在 Word 中通过插入表格的方法展示文本或数据内容，不仅能够令文本内容一目了然，也能使文本的展现形式更加丰富多样。

没有做不到的，只有想不到的！

在 Word 中插入表格的方法，你会吗？

如何快速装修表格？

8.1 只有两种表格——手绘不规则表格与自动生成规则表格

在 Word 中插入的表格，按照最终效果分，分为手动绘制表格和自动插入表格两种。

1. 手动绘制表格

在 Word 文档中，手动绘制表格不仅可以决定行数和列数，还可以自定义每一行的行高和每一列的列宽。

01 启动 Word 2016，并创建一个新的空白文档，单击【插入】选项卡【表格】组中的【表格】按钮，在弹出的下拉列表中选择【绘制表格】选项。

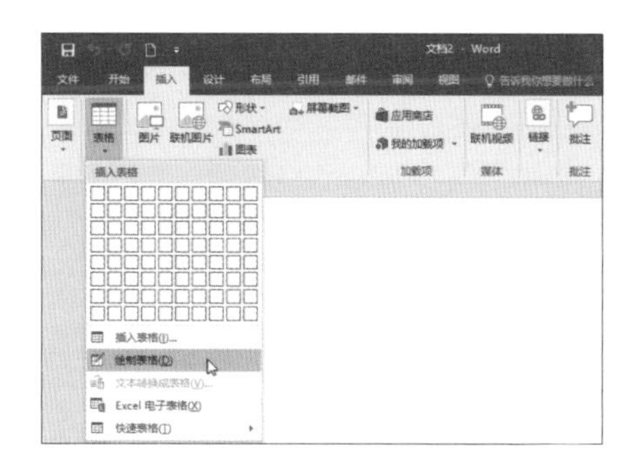

02 即可看到鼠标指针变成了 形状，然后按住鼠标左键进行拖曳，即可在文档中绘制表格。用户可以根据需要进行绘制，效果如下图所示。

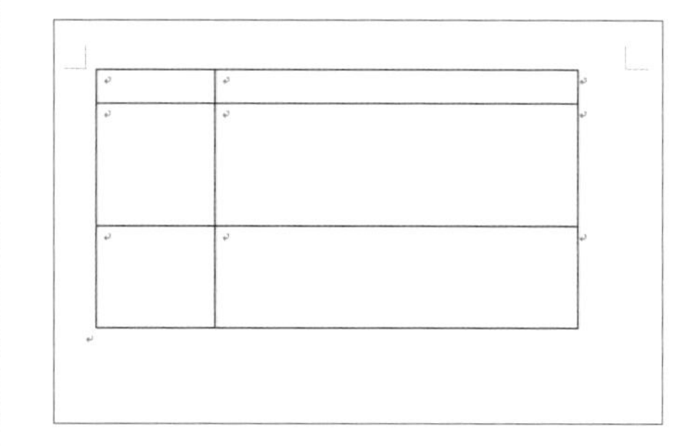

2. 自动插入表格

在 Word 文档中，自动插入表格可以根据用户设置的行数和列数快速插入有着固定行高和列宽的规则表格。Word 2016 提供有多种插入表格的方法，用户可根据需要选择。

（1）创建快速表格。可以利用 Word 2016 提供的内置表格模型来快速创建表格，但提供的表格类型有限，只适用于建立特定格式的表格。

01 在 Word 文档中，将鼠标光标定位至需要插入表格的位置。单击【插入】选项卡【表格】组中的【表格】按钮，在弹出的下拉列表中选择【快速表格】选项，在弹出的级联列表中选择需要的表格类型，这里选择【带副标题 1】选项。

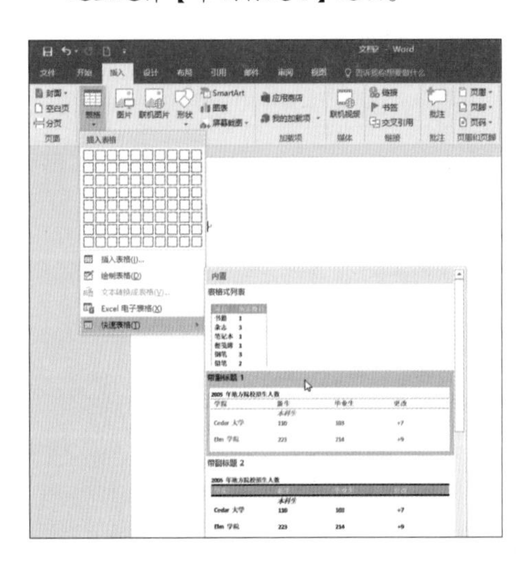

02 即可插入选择的表格类型，用户可根据需要替换模板中的数据。

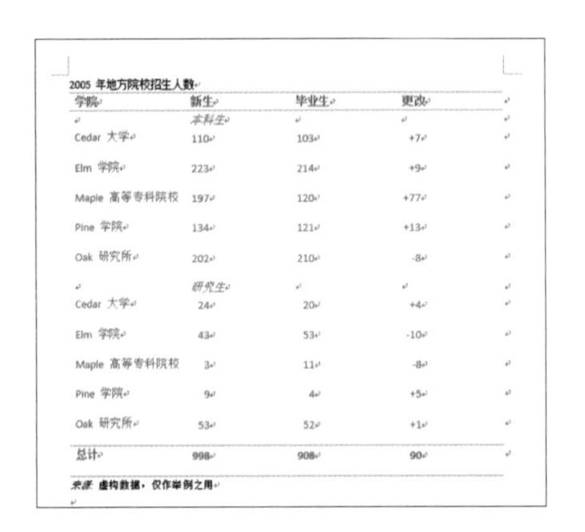

2005 年地方院校招生人数

学院	新生	毕业生	更改
	本科生		
Cedar 大学	110	103	+7
Elm 学院	223	214	+9
Maple 高等专科院校	197	120	+77
Pine 学院	134	121	+13
Oak 研究所	202	210	-8
	研究生		
Cedar 大学	24	20	+4
Elm 学院	43	53	-10
Maple 高等专科院校	3	11	-8
Pine 学院	9	4	+5
Oak 研究所	53	52	+1
总计	998	908	90

来源：虚构数据，仅作举例之用

提示

插入表格后，单击表格左上角的按钮，选择所有表格并右击，在弹出的快捷菜单中选择【删除表格】命令，即可将表格删除。

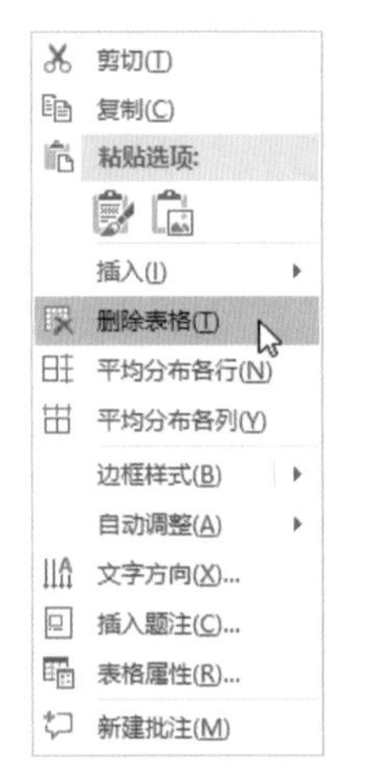

（2）使用表格菜单创建表格。使用表格菜单适合创建规则的、行数和列数较少的表格，最多可以创建 8 行 10 列的表格。

将鼠标光标定位在需要插入表格的位置。单击【插入】选项卡【表格】组中的【表格】按钮，在【插入表格】区域内选择要插入表格的行数和列数，即可在指定位置插入表格。选中的单元格将以橙色显示，并在名称区域显示选中的行数和列数。

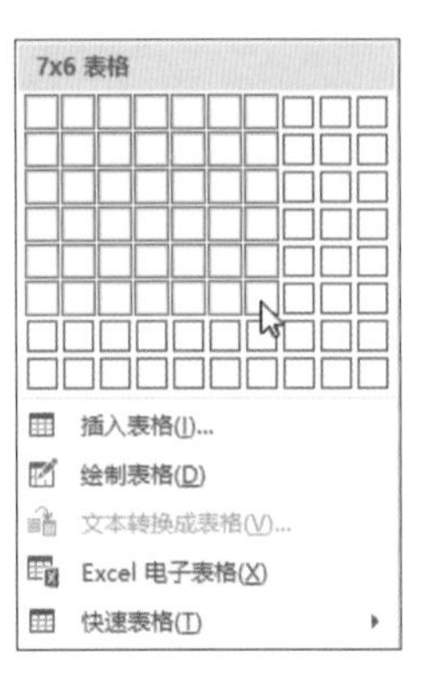

（3）使用【插入表格】对话框创建表格。使用表格菜单创建表格固然方便，但是由于表格菜单所提供的单元格数量有限，只能创建有限的行数和列数。而使用【插入表格】对话框创建表格，则可以不受行数和列数的限制。

01 将鼠标光标定位至需要插入表格的位置。单击【插入】选项卡【表格】组中的【表格】按钮，在其下拉列表中选择【插入表格】选项。

02 弹出【插入表格】对话框，在【表格尺寸】选项区域中设置表格的行数和列数，这里在【列数】微调框中输入“3”，在【行数】微调框中输入“5”，设置完成后单击【确定】按钮。

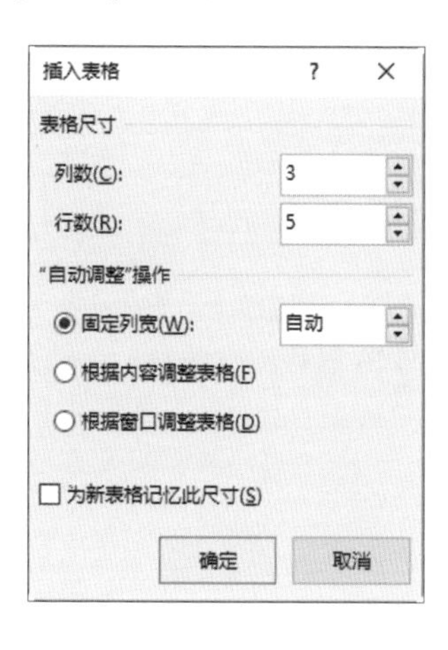

【“自动调整”操作】选项区域中各个单选按钮的含义如下。

【固定列宽】单选按钮：设定列宽的具体数值，单位是厘米。当选择为自动时，表示表格将自动在窗口填满整行，并平均分配各列为固定值。

【根据内容调整表格】单选按钮：根据单元格的内容自动调整表格的列宽和行高。

【根据窗口调整表格】单选按钮：根据窗口大小自动调整表格的列宽和行高。

03 即可在文档中插入一个 3 列 5 行的表格，效果如下图所示。

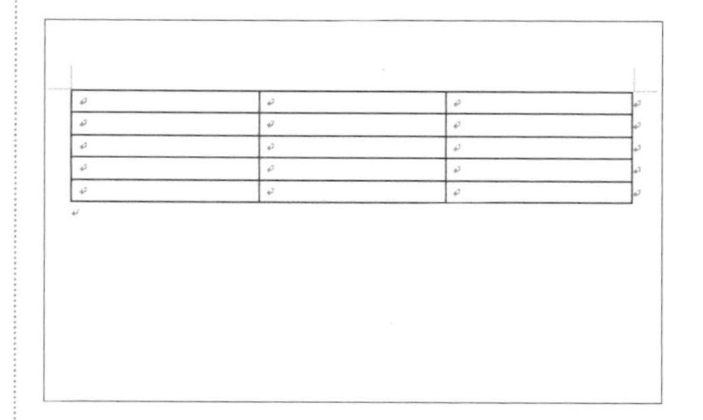

8.2 表格的快速装修

Word 2016 中内置多种表格样式，用户可以根据需要选择要设置的表格样式，将其应用到表格中，即可快速美化表格。

01 打开随书光盘中的“素材\ch08\产品折扣.docx”文档。在表格的任意位置单击，即可看到功能区出现【表格工具/设计】和【表格工具/布局】选项卡。

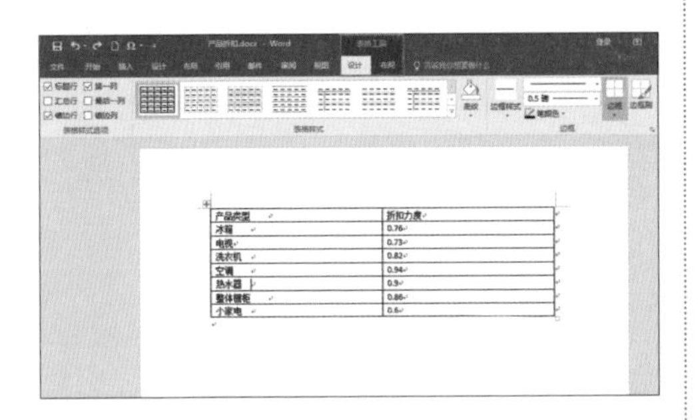

02 单击【表格工具/设计】选项卡【表格样式】组中的【其他】按钮，在弹出的下拉列表中选择一种表格样式，这里选择【网格表4-着色6】选项。

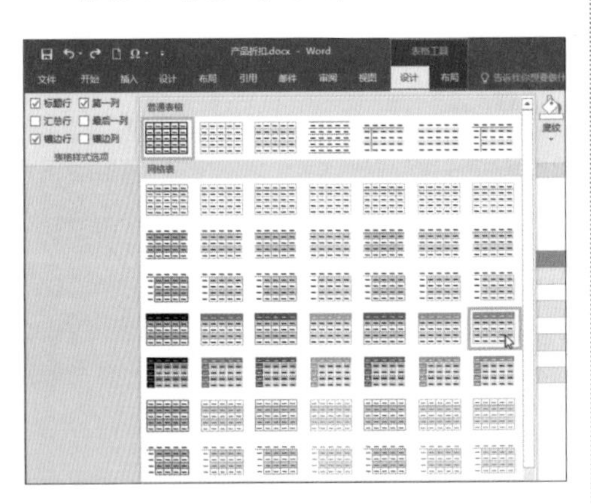

03 即可将此样式应用到表格中，效果如下图所示。

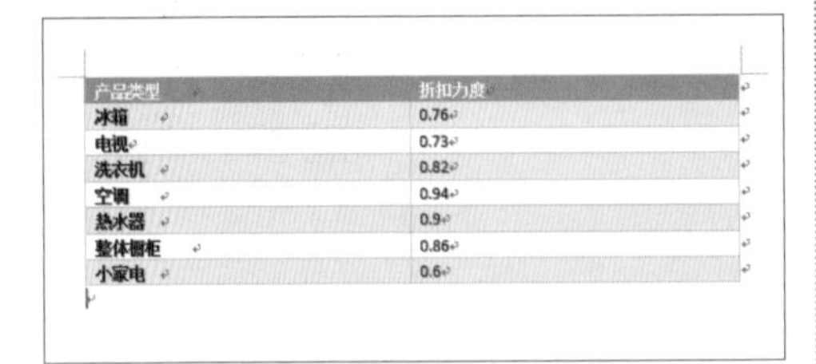

产品类型	折扣力度
冰箱	0.76
电视	0.73
洗衣机	0.82
空调	0.94
热水器	0.9
整体橱柜	0.86
小家电	0.6

8.3 表头的处理

极简时光

关键词：表头的处理/【开始】选项卡/【设计】选项卡/【边框和底纹】对话框

一分钟

表头是表格中的第一个或第一行单元格，表头设计应根据调查内容的不同有所区别，表头所列项目是分析结果时不可或缺的基本项目。处理表头的具体操作步骤如下。

01 打开随书光盘中的“素材\ch08\产品折扣.docx”文档，选中表头内容，单击【开始】选项卡【字体】组中的【字体】文本框右侧的下拉按钮，在弹出的下拉列表中选择一种字体，这里选择【华文楷体】选项。

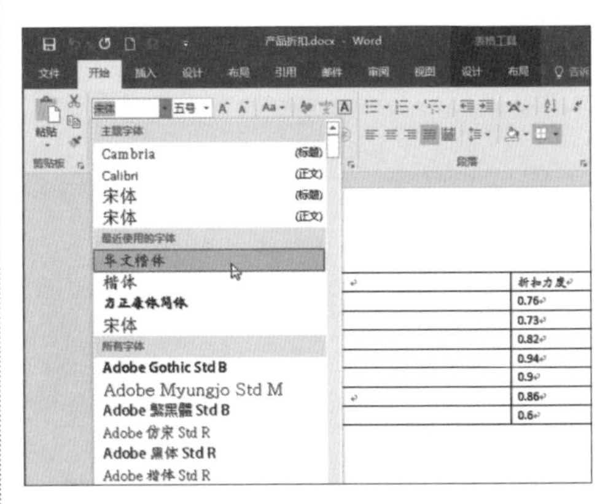

02 单击【开始】选项卡【字体】组中【字号】文本框右侧的下拉按钮，在弹出的下拉列表中选择一种字号，这里选择【四号】选项。

03 设置后的字体效果如下图所示。

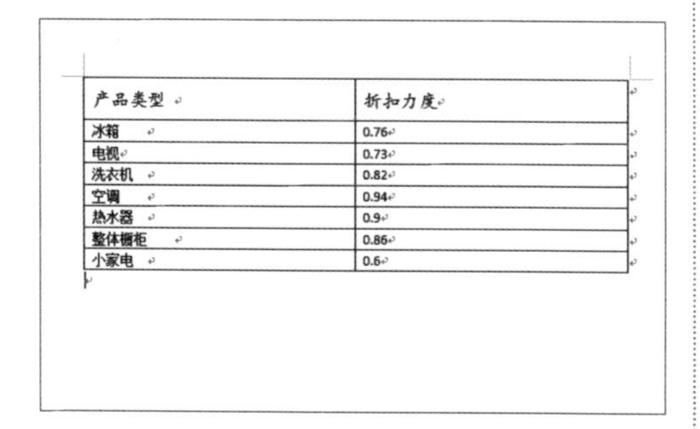

产品类型	折扣力度
冰箱	0.76
电视	0.73
洗衣机	0.82
空调	0.94
热水器	0.9
整体橱柜	0.86
小家电	0.6

04 选中表头内容，单击【表格工具 / 设计】选项卡【表格样式】组中的【底纹】下拉按钮，在弹出的下拉列表中选择一种颜色，这里选择【深蓝，文字 2，淡色 60%】选项。

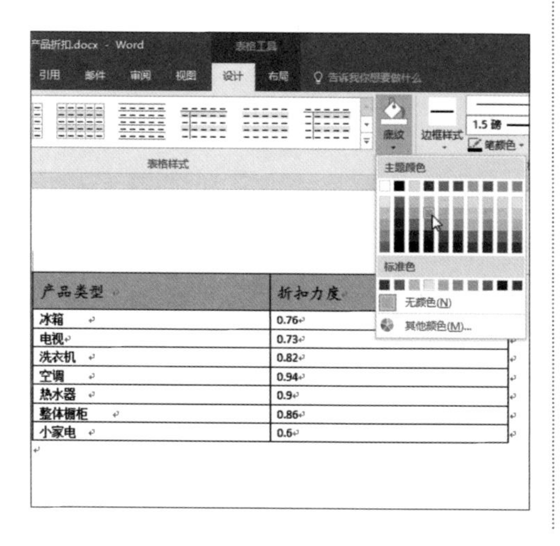

05 选中表头文字，单击【表格工具 / 设计】选项卡【边框】组中的【边框和底纹】按钮。

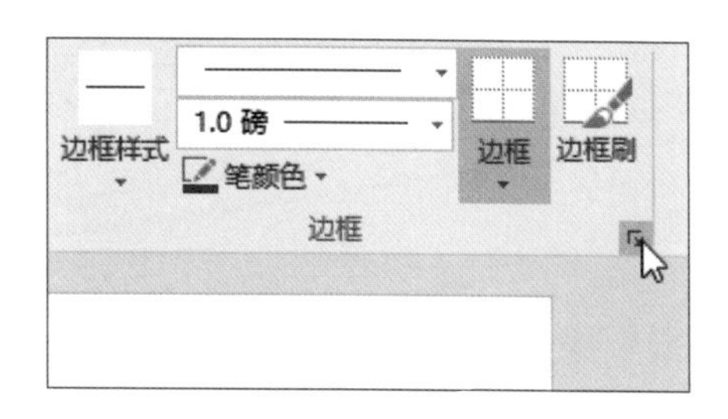

提示

在 Word 2010 中【边框和底纹】按钮在【表格工具 / 设计】选项卡【绘制边框】组中。

06 弹出【边框和底纹】对话框，选择【边框】选项卡，在【设置】选择区域中选择【全部】选项，在【样式】列表框中选择一种边框样式，在【颜色】下拉面板中选择一种边框颜色，这里选择【紫色】选项，在【宽度】下拉列表中选择【1.0 磅】选项。设置完成后单击【确定】按钮。

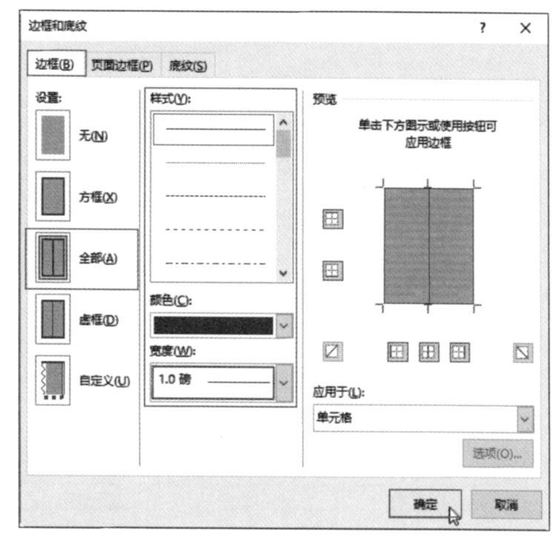

07 即可看到设置好的表头样式，效果如下图所示。

产品类型	折扣力度
冰箱	0.76
电视	0.73
洗衣机	0.82
空调	0.94
热水器	0.9
整体橱柜	0.86
小家电	0.6

8.4 表头添加斜线与文字输入

极简时光

关键词：表头添加斜线 / 启动 Word 2016 / 【设计】选项卡 / 调整行高 / 【插入】选项卡

一分钟

表格的表头通常会出现分项目的情况，如果有两个分项目，就需要在单元格中添加一条斜线；如果表格中分有多个项目，就需要在单元格中绘制多条斜线。表头添加斜线并输入文字的具体操作步骤如下。

1. 绘制单斜线表头

01 启动 Word 2016，新建一个空白文档并插入一个表格，适当调整第一行的行高。

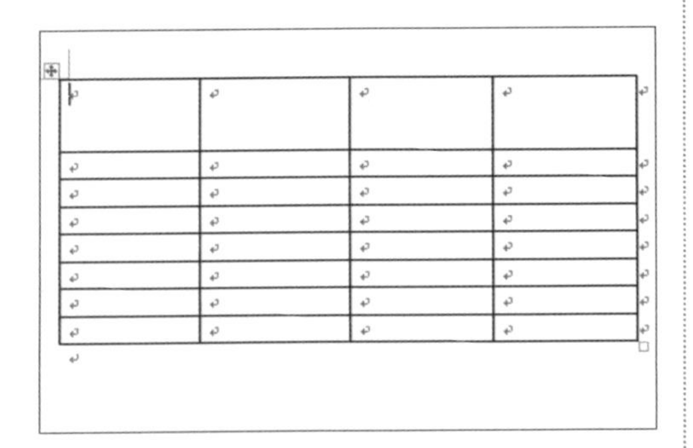

02 将鼠标光标定位至第一个单元格中，单击【表格工具 / 设计】选项卡【边框】组中的【边框】下拉按钮，在弹出的下拉列表中选择【斜下框线】选项。

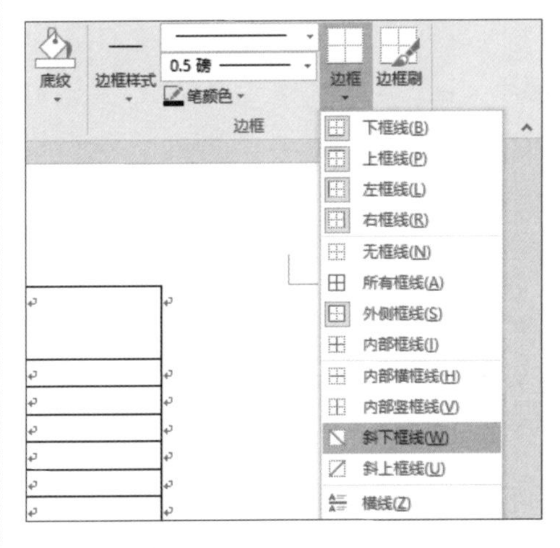

> **提示**
>
> 在 Word 2010 中【边框】按钮在【表格工具 / 设计】选项卡【表格样式】组中。

03 即可完成表头斜线的添加，效果如下图所示。

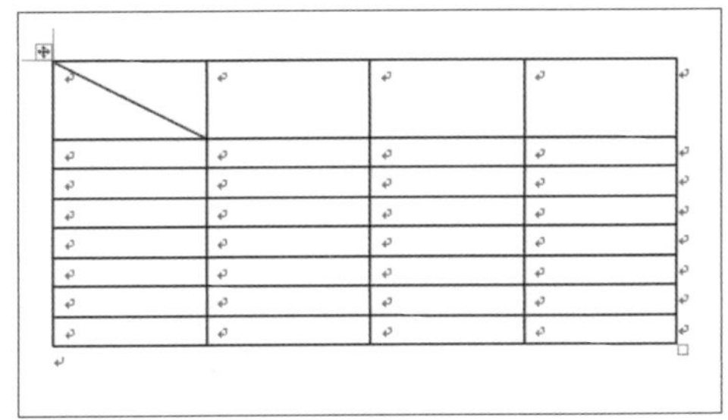

04 在表头中输入文本“项目”，然后将其移动到右上角的位置，按【Enter】键，输入“姓名”，将其移动到左下角的位置，最终效果如下图所示。

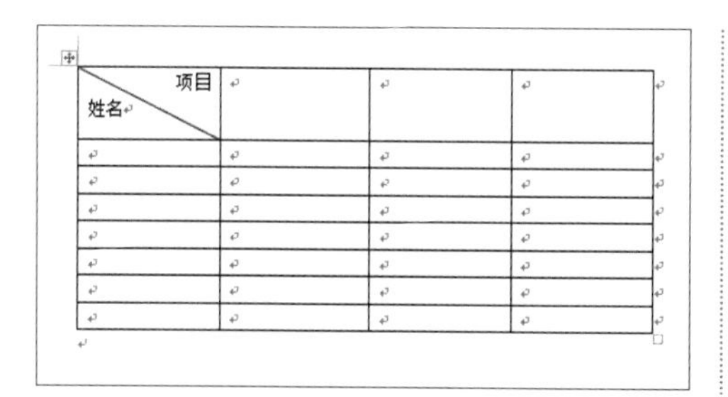

2. 绘制多斜线表头

01 启动 Word 2016，新建一个空白文档，使用 8.1 节的方法插入一个表格，并适当调整第一行的行高。

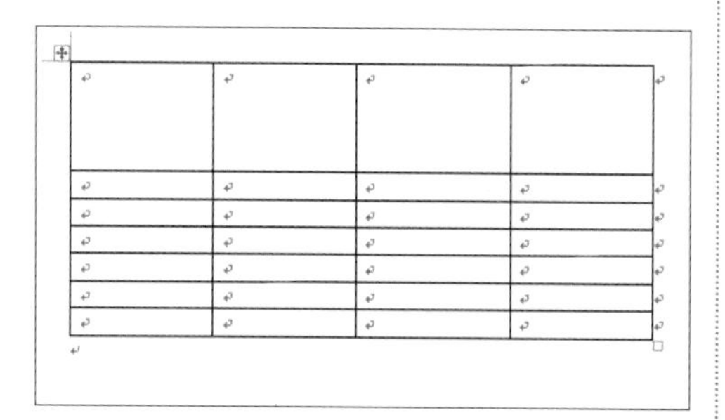

02 将鼠标光标定位至表格的第一个单元格中，单击【插入】选项卡【插图】组中的【形状】按钮，在弹出的下拉列表中选择【线条】选项组中的【直线】形状。

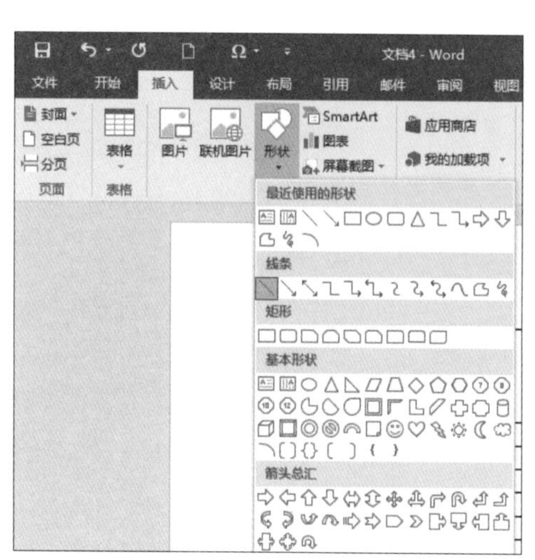

03 按住鼠标左键进行拖曳，在第一个单元格中绘制一条斜线。

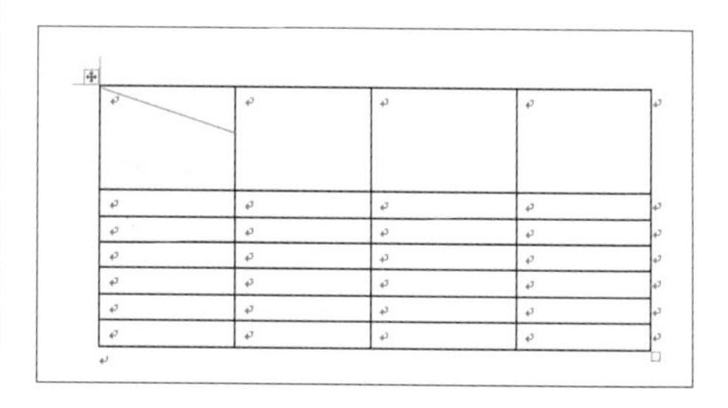

04 使用相同的方法在第一个单元格中再绘制一条斜线，效果如下图所示。

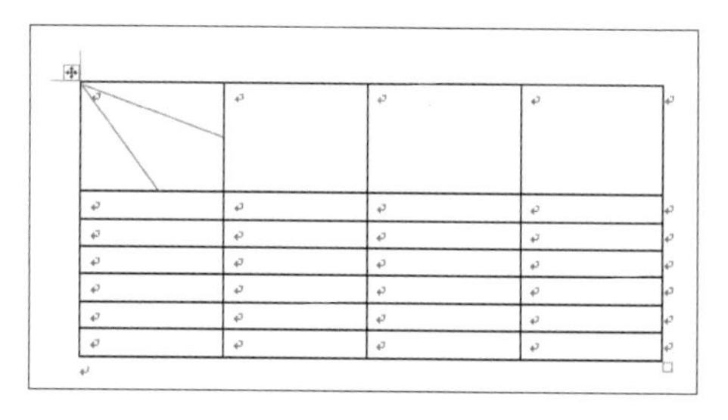

05 在表头中输入文本“项目”，按【Enter】键换行，接着输入文本“销量”，再按【Enter】键换行，然后输入文本“姓名”，输入完成后，调整文本的位置，以及单元格的行高和列宽，最终效果如下图所示。

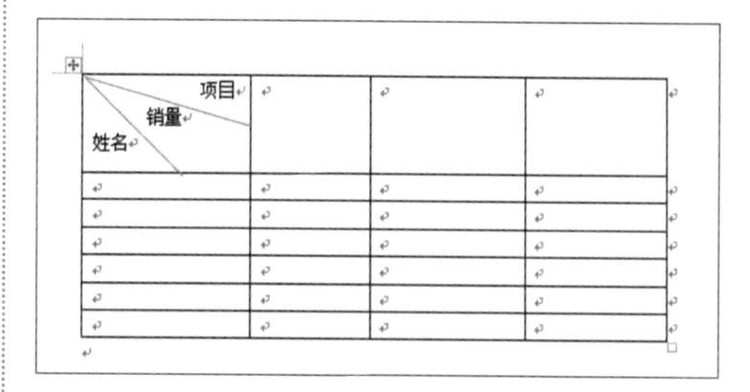

8.5 表格与普通文本之间的转换

在Word文档中普通文本可以转换为表格的形式，而表格也可以转换为普通的文本，这样就省去了大量的复制粘贴的时间，提高用户的工作效率。

01 打开随书光盘中的“素材\ch08\办公室礼仪.docx”文档，选中要转换为表格的文本内容，单击【插入】选项卡【表格】组中的【表格】按钮，在弹出的下拉列表中选择【文本转换成表格】选项。

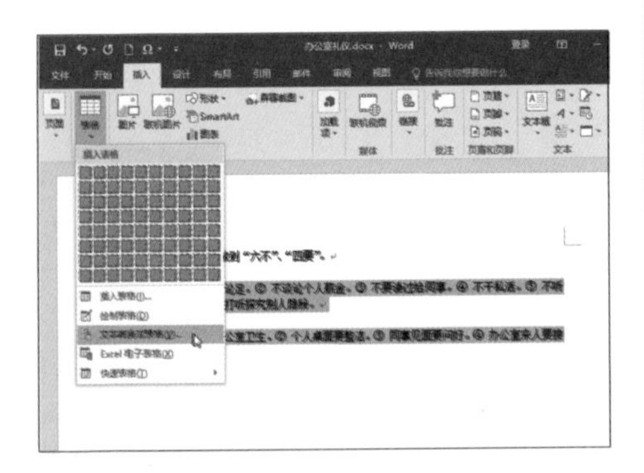

提示

转换为表格的文本格式需要满足以下条件，即使用分隔符分隔文本，常用的分隔符号有段落标记、逗号、空格、制表符等。除此之外，用户还可以自定义分隔符号。

02 弹出【将文字转换成表格】对话框，在【文字分隔位置】选项区域中选中【段落标记】单选按钮，表示将文本中的“段落标记”作为分隔符来分隔文本。在【表格尺寸】选项区域的【列数】微调框中输入“2”，设置完成后单击【确定】按钮。

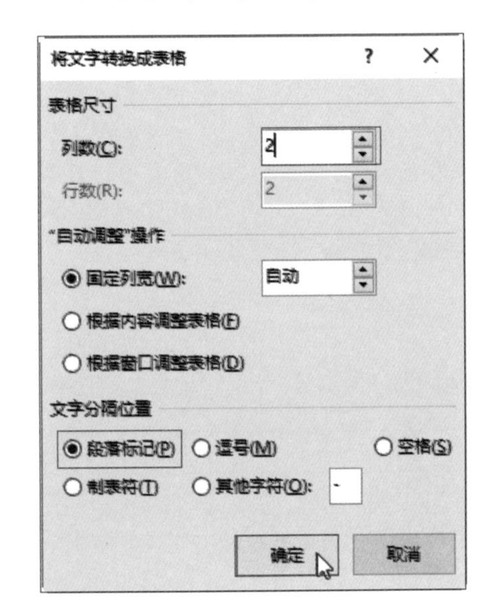

提示

若用户使用的分隔符不在【文字分隔位置】选项区域中，可以选中【其他字符】单选按钮，并在后面的文本框中输入文本中使用的分隔符即可。

03 即可快速将文本内容转换为表格的形式，效果如下图所示。

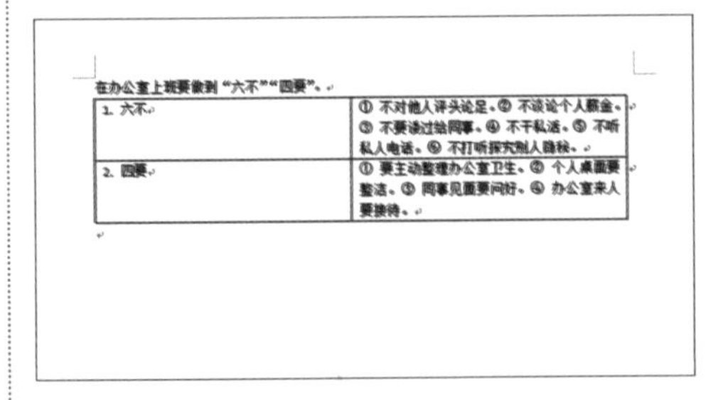

在办公室上班要做到“六不”“四要”。

1. 六不	① 不对他人评头论足。② 不谈论个人薪金。③ 不要诿过给同事。④ 不干私活。⑤ 不听私人电话。⑥ 不打听探究别人隐私。
2. 四要	① 要主动整理办公室卫生。② 个人桌面要整洁。③ 同事见面要问好。④ 办公室来人要接待。

04 选中表格，单击【表格工具 / 布局】选项卡【数据】组中的【转换为文本】按钮 转换为文本 。

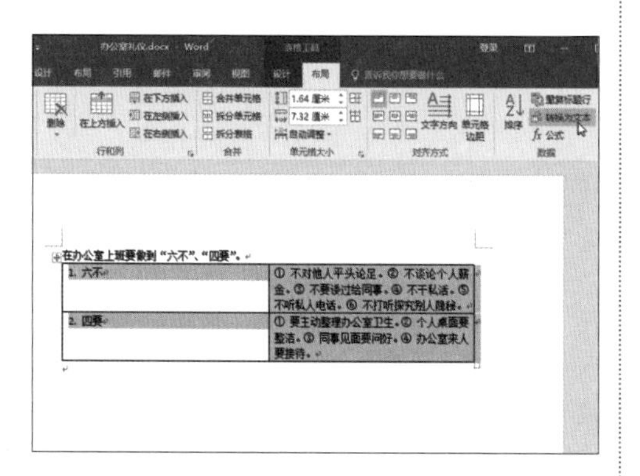

05 弹出【表格转换成文本】对话框，在【文字分隔符】选项区域中选中【段落标记】单选按钮，单击【确定】按钮。

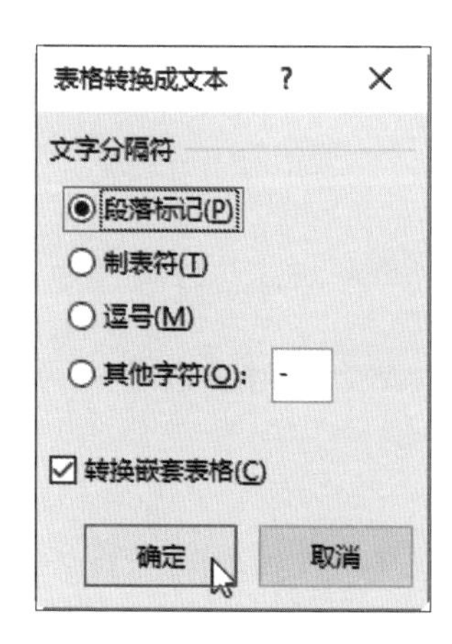

06 即可快速将表格转换为普通的文本，效果如下图所示。

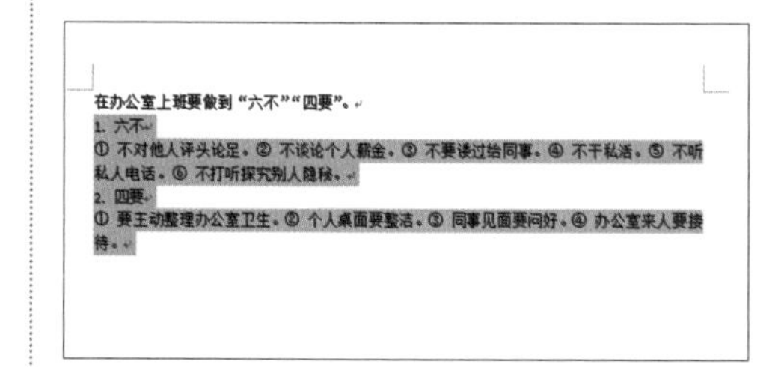

牛人干货

给跨页的表格添加表头

如果表格的内容较多，会自动在下一个 Word 页面显示表格内容，但是表头却不会在下一页显示，当表格跨页时，可以通过设置自动在下一页添加表头，具体操作步骤如下。

01 打开随书光盘中的“素材\ch08\跨页表格.docx”文档，选中表头行，单击【表格工具 / 布局】选项卡【表】组中的【属性】按钮 属性 。

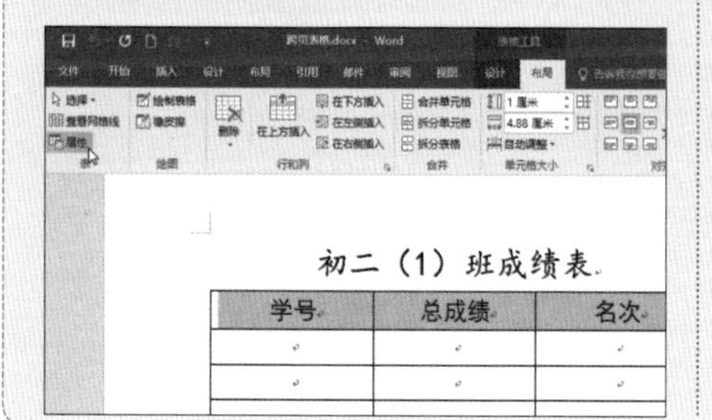

02 在弹出的【表格属性】对话框中选择【行】选项卡，选中【选项】选项区域中的【在各页顶端以标题形式重复出现】复选框，然后单击【确定】按钮。

表格属性

表格(T) 行(R) 列(U) 单元格(E) 可选文字(A)

行

尺寸

指定高度(S): 1厘米 行高值是(I): 最小值

选项(O)

允许跨页断行(K)

在各页顶端以标题行形式重复出现(H)

上一行(P) 下一行(N)

确定 取消

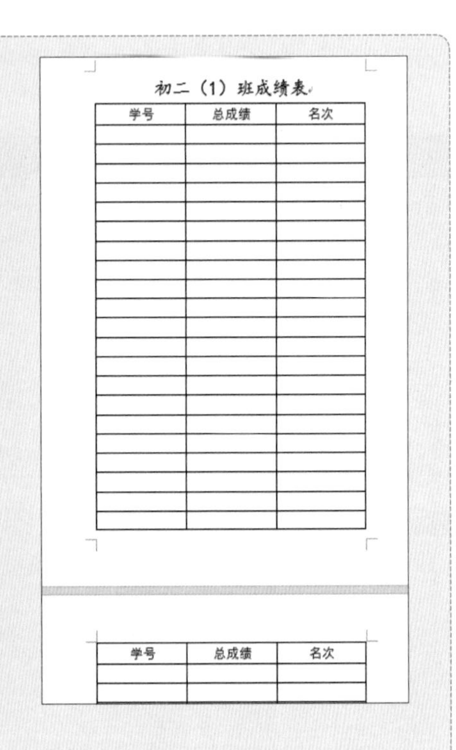

03 返回Word文档，即可看到每一页的表格前均添加了表头。

第 9 课 得样式者得 Word 天下

样式包含字符样式和段落样式，字符样式的设置是以单个字符为单位的，段落样式的设置是以段落为单位的。样式是特定格式的集合，它规定了文本和段落的格式，并以不同的样式名称标记。通过样式不仅可以简化操作、节约时间，还有助于保持整篇文档的一致性。

得样式者得 Word 天下，学会样式是熟练应用 Word 的关键。

你真的懂样式吗?

如何使用样式排版长文档?

9.1 你真的懂样式吗

样式是 Word 中最强有力的工具之一。理解什么是样式，学会创建、应用和修改样式，对于更好地使用 Word 是非常必要的。因为它可以简化操作，同时可以使用户很容易地保持整篇文档格式和风格的一致，使版面更加整齐、美观。Word 2016 提供了多种标准样式，用户可以很方便地使用已有的样式对文档进行格式化，快速地建立层次分明的文档。

样式是被命名并保存的特定格式的集合，它规定了文档中正文和段落等的格式。段落样式应用于整个文档，包括字体、行间距、对齐方式、缩进格式、制表位、边框和编号等;字符样式可以应用于任何文字，包括字体、字体大小和修饰等。

Word 2016 中内置多种样式，如下图所示。

9.2 神奇的格式刷

Word 2016 中的格式刷工具可以将特定文本的格式复制到其他文本中，当用户需要为不同文本重复设置相同格式时，使用格式刷工具可以大大提高工作效率，具体操作步骤如下。

01 打开随书光盘中的“素材\ch09\电器销售报告.docx”文档，选择复制格式的文本。

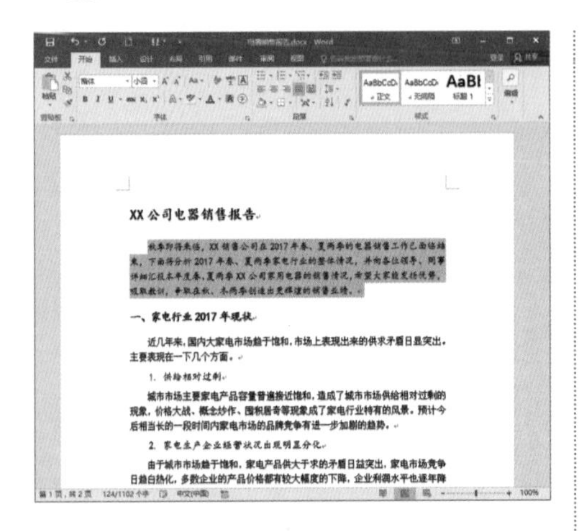

02 双击【开始】选项卡【剪贴板】组中的【格式刷】按钮 。将鼠标指针移动至 Word 文档文本区域，鼠标指针已经变成刷子形状。按住鼠标左键拖选需要设置格式的文本，释放鼠标左键，则格式刷刷过的文本将应用被复制的格式。再次拖选其他文本实现同一种格式的多次复制，效果如下图所示。

XX 公司电器销售报告

秋季即将来临，XX 销售公司在 2017 年春、夏两季的电器销售工作已面临结束，下面将分析 2017 年春、夏两季家电行业的整体情况，并向各位领导、同事详细汇报本年度春、夏两季 XX 公司家用电器的销售情况，希望大家能发扬优势，吸取教训，争取在秋、冬两季创造出更辉煌的销售业绩。

一、家电行业 2017 年现状

近几年来，国内大家电市场趋于饱和，市场上表现出来的供求矛盾日显突出。主要表现在一下几个方面。

1. 供给相对过剩

城市市场主要家电产品容量普遍接近饱和，造成了城市市场供给相对过剩的现象，价格大战、概念炒作、囤积居奇等现象成了家电行业特有的风景。预计今后相当长的一段时间内家电市场的品牌竞争有进一步加剧的趋势。

2. 家电生产企业经营状况出现明显分化

由于城市市场趋于饱和，家电产品供大于求的矛盾日益突出，家电市场竞争日趋白热化，多数企业的产品价格都有较大幅度的下降，企业利润水平也逐年降低，最终导致家电生产企业利润持续下滑，但家电企业目前面临的困难只是暂时的，如果能够及早进行有力的兼并重组并加大产品开发的力度，家电行业仍是一个非常有希望的行业。

3. 家电销售渠道和价格决定机制发生了根本变化

伴随着生产厂家间的激烈竞争，家电销售网络也在迅速发生着变化，家电销售网络中传统的百货商场数量逐渐减少，家电专卖和超级市场则异军突起。目前多数家电经销网点经营状况平平，而家电零售巨头的崛起，家电产品的价格决定机制也随之发生了深刻的变化。随着网上销售、会员直销等先进销售方式的逐步开展，家电产品的价格决定机制仍将不断改变。

如果单击【格式刷】按钮，则格式刷记录的文本格式只能被复制一次，不能实现同一种格式的多次复制。

9.3 使用系统自带的样式

用户可以套用 Word 2016 中内置的样式，快速设置文本字体段落样式。套用样式的方法有以下两种。

1. 使用功能区设置样式

01 接着 9.2 节的内容继续操作，在打开的“电器销售报告”文档中，选择要应用样式的文本，这里选择“XX 公司电器销售报告”文本，单击【开始】选项卡【样式】组中的【其他】按钮 。

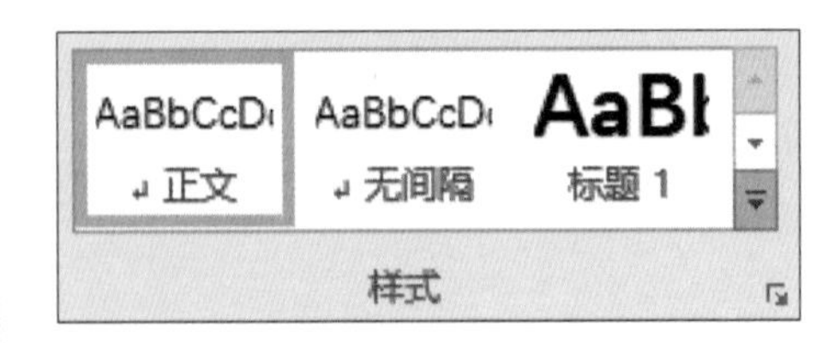

02 在弹出的下拉列表中选择一种样式，这里选择【标题】选项。

03 即可将此样式应用到文档中，效果如下图所示。

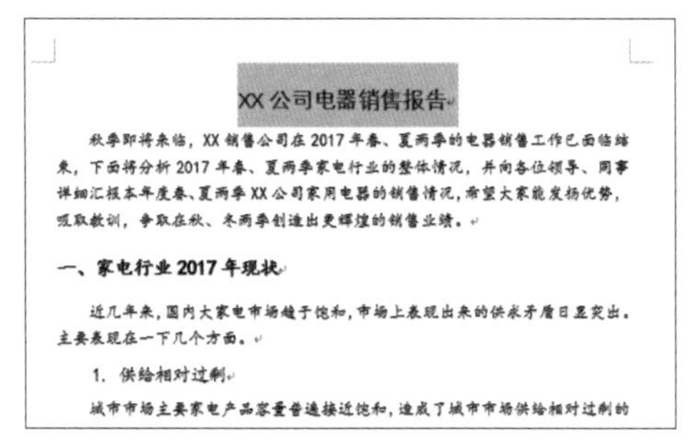
XX 公司电器销售报告

秋季即将来临，XX 销售公司在 2017 年春、夏两季的电器销售工作已面临结束，下面将分析 2017 年春、夏两季家电行业的整体情况，并向各位领导、同事详细汇报本年度春、夏两季 XX 公司家用电器的销售情况，希望大家能发扬优势，吸取教训，争取在秋、冬两季创造出更辉煌的销售业绩。

一、家电行业 2017 年现状

近几年来，国内大家电市场趋于饱和，市场上表现出来的供求矛盾日显突出。主要表现在一下几个方面。

1. 供给相对过剩

城市市场主要家电产品容量普遍接近饱和，造成了城市市场供给相对过剩的

2. 使用右键快捷菜单设置样式

01 接着上面的继续操作，选中第 1 段文本内容并右击，在弹出的快捷菜单中单击【样式】按钮。

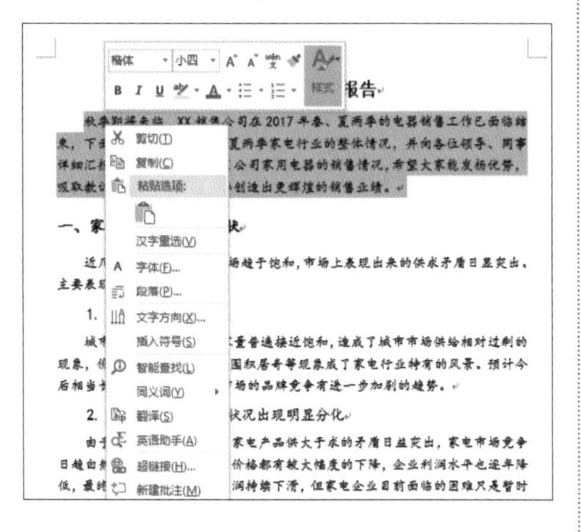

02 在弹出的下拉列表中选择一种样式，这里选择【明显强调】选项。

03 即可将此样式应用到文本中，效果如下图所示。

XX 公司电器销售报告

秋季即将来临，XX 销售公司在 2017 年春、夏两季的电器销售工作已面临结束，下面将分析 2017 年春、夏两季家电行业的整体情况，并向各位领导、同事详细汇报本年度春、夏两季 XX 公司家用电器的销售情况，希望大家能发扬优势，吸取教训，争取在秋、冬两季创造出更辉煌的销售业绩。

一、家电行业 2017 年现状

近几年来，国内大家电市场趋于饱和，市场上表现出来的供求矛盾日显突出。主要表现在一下几个方面。

在 Word 2010 无法使用右键快捷菜单设置样式，只能通过功能区设置样式。

9.4 自定义样式

极简时光

关键词：自定义样式 /【开始】选项卡 /【样式】任务窗格 /【段落】对话框

一分钟

Word 2016 内置的样式能够满足一般文档格式化的需要。但用户在实际工作中常常会遇到一些特殊格式的文档，这时就需要自定义段落样式或字符样式，具体操作步骤如下。

01 打开随书光盘中的“素材\ch09\电器销售报告.docx”文档，将鼠标指针移动至要设置样式的文本的任意位置，这里将鼠标指针移动到文档的标题处。单击【开始】选项卡【样式】组中的【样式】按钮。

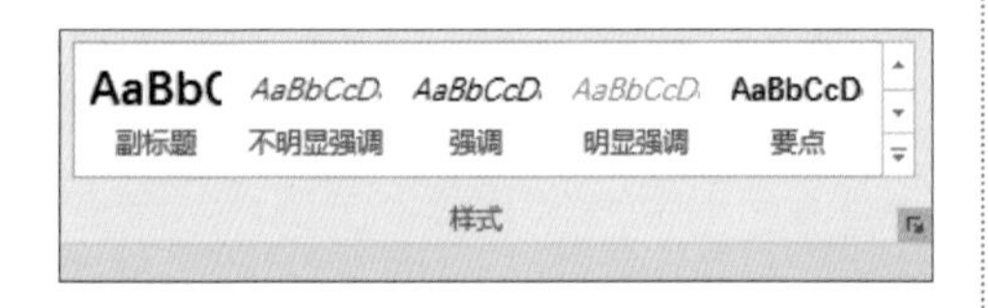

02 弹出【样式】任务窗格，单击下方的【新建样式】按钮。

03 弹出【根据格式设置创建新样式】对话框，在【属性】选项区域的【名称】文本框中输入新建样式的名称。在【格式】选项区域中可以对字符样式进行简单的设置，这里选择设置字符的字体为【方正楷体简体】，字号为【20】，对齐方式为【居中】，设置【加粗】效果，设置【字体颜色】为【蓝色】。然后单击【格式】按钮，在弹出的下拉菜单中选择【段落】选项。

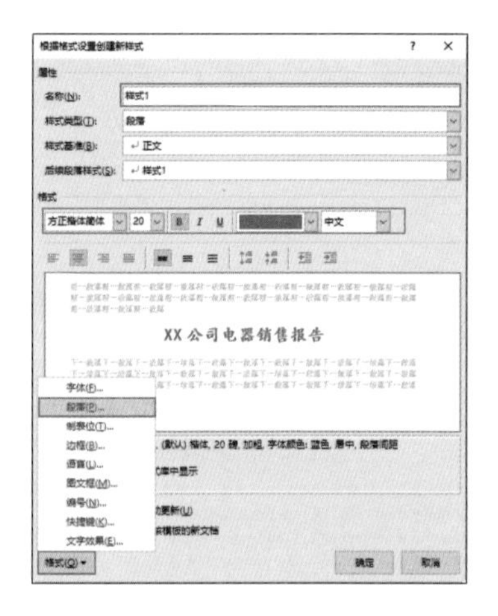

04 弹出【段落】对话框，选择【缩进和间距】选项卡，在【间距】选项区域的【段后】微调框中输入“2行”，单击【确定】按钮。

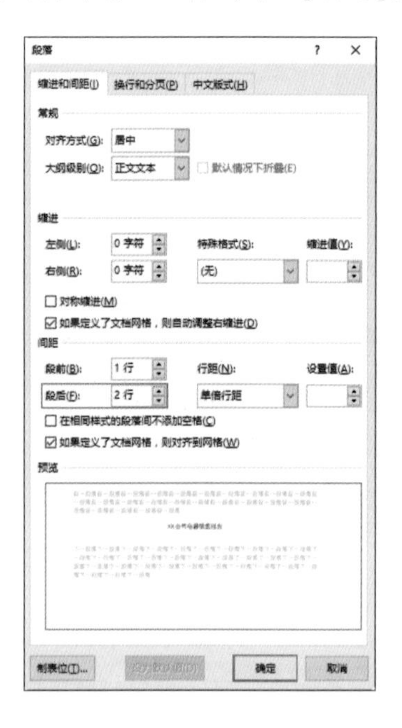

05 返回【根据格式设置创建新样式】对话框，单击【确定】按钮。

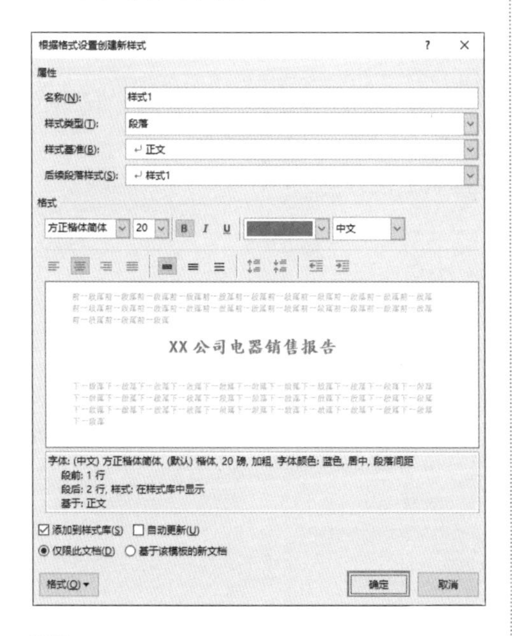

06 标题文本就会按照新建样式的要求显示在文档中。新建样式也会自动地添加到【样式】任务窗格的下拉列表框中。

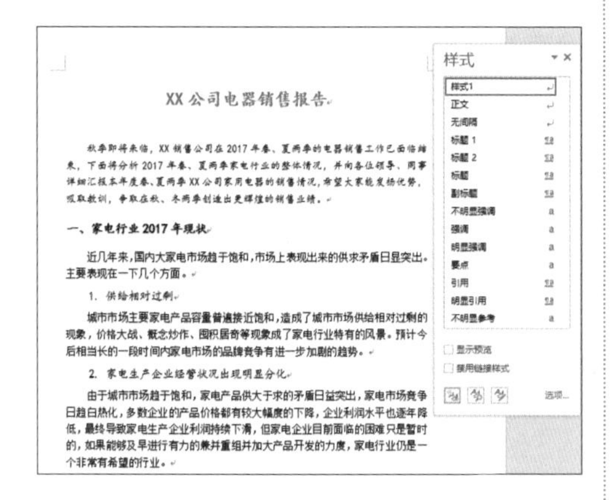

9.5 文档直接样式的大挪移

极简时光

关键词：【开始】选项卡 /【样式】任务窗格 /【管理样式】对话框 /【管理器】对话框

一分钟

在 Word 2016 中，一篇文档中设置好的样式，可以应用到另一篇文档中。下面就以“奖励细则 .docx”和“电器销售报告(1).docx”两篇文档为例，将“电器销售报告(1).docx”文档中的“标题样式”这个样式复制到“奖励细则 .docx”文档中。

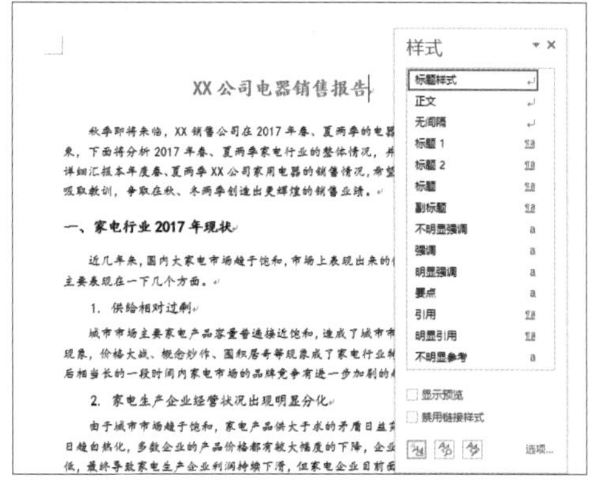

01 打开随书光盘中的“素材\ch09\奖励细则 .docx”文档，单击【开始】选项卡【样式】组中的【样式】按钮。

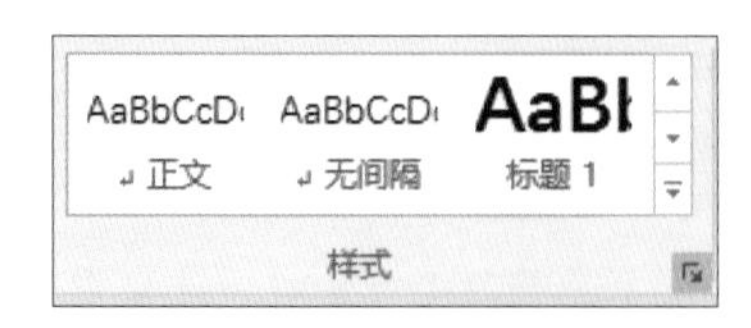

02 弹出【样式】任务窗格，单击下方的【管理样式】按钮。

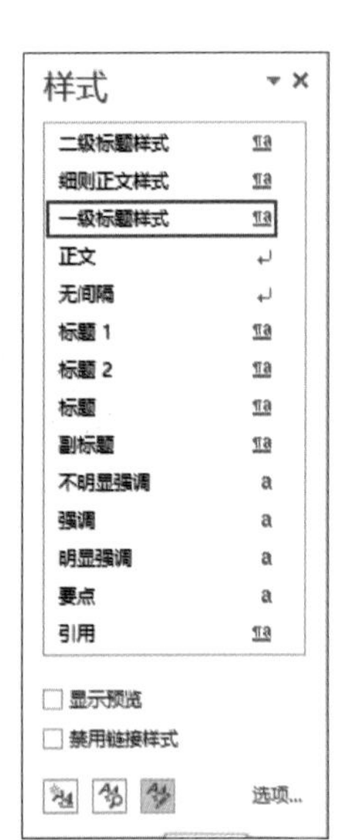

03 弹出【管理样式】对话框，单击【导入/导出】按钮。

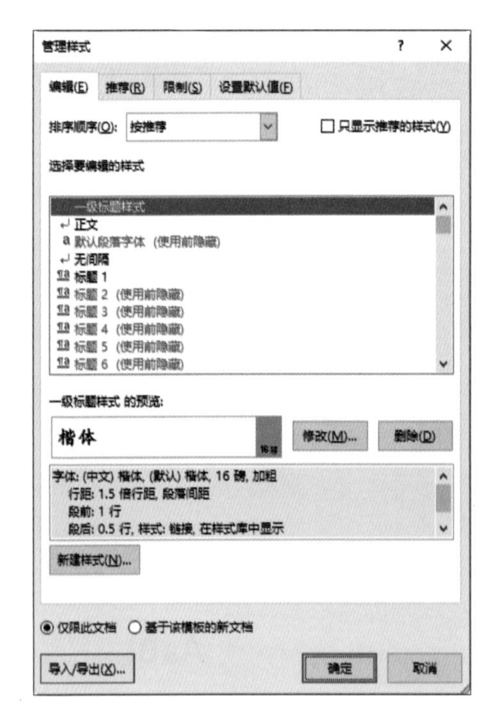

04 弹出【管理器】对话框，选择【样式】选项卡，即可看到在左侧【在 奖励细则.docx 中】列表框中“奖励细则”文档中应用的所有样式，单击右侧的【关闭文件】按钮，将“Normal.dotm（共用模板）”文件关闭。

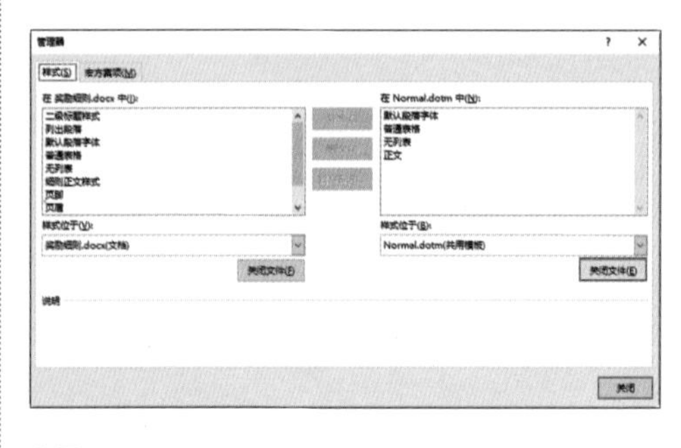

05 单击右侧的【打开文件】按钮。

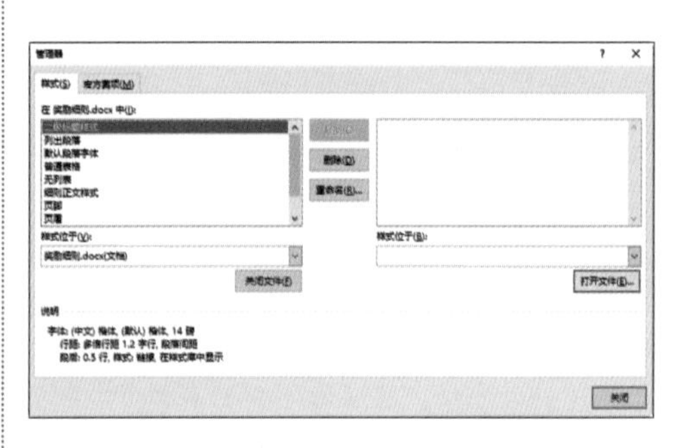

06 弹出【打开】对话框，选择要打开文件的位置，在【文件类型】列表框中选择【所有文件】选项。

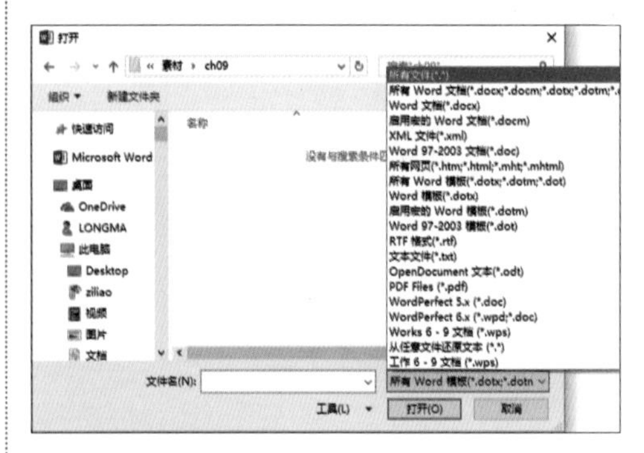

07 选中要打开的文件，这里选择“电器销售报告（1）.docx”文档，单击【打开】按钮。

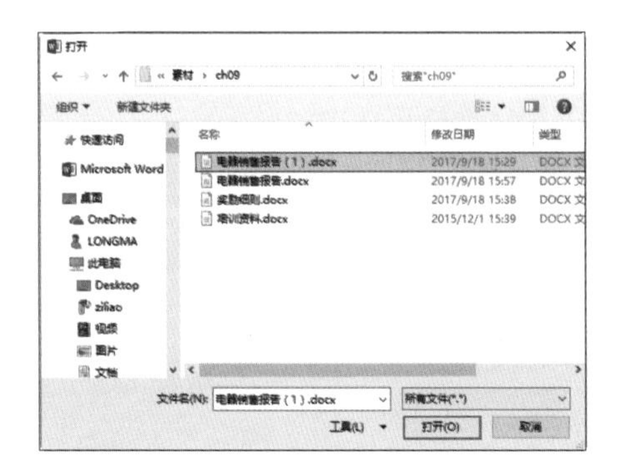

08 返回【管理器】对话框，可看到添加的“电器销售报告（1）”文档，在【在电器销售报告(1).docx 中】列表框中选择【标题样式】选项，单击【复制】按钮。

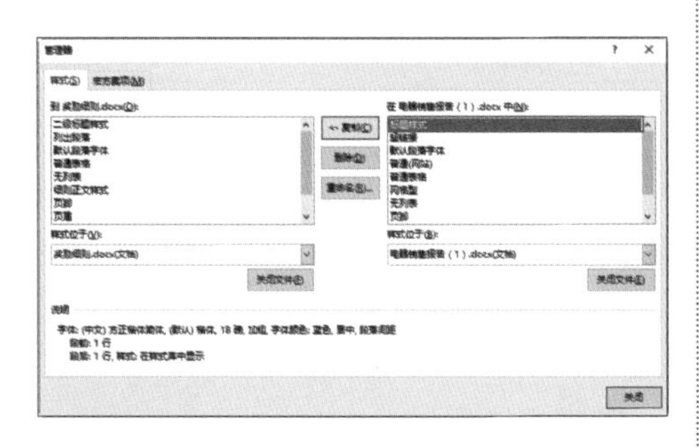

09 即可将【标题样式】选项添加到【在奖励细则.docx 中】样式列表框中，单击【关闭】按钮。

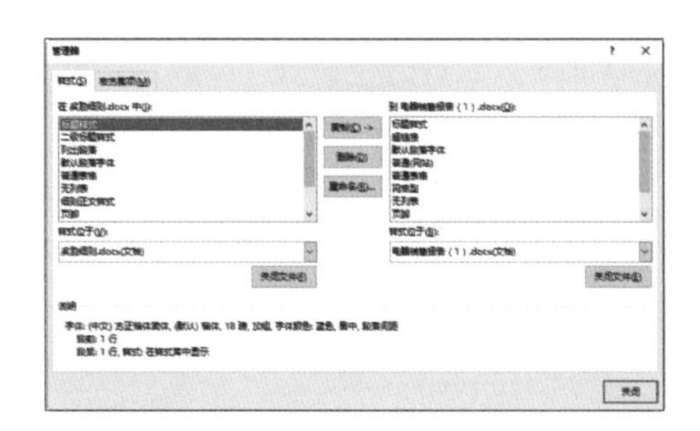

10 返回 Word 文档中，即可看到【标题样式】选项出现在【样式】任务窗格的列表框中，将鼠标光标定位至标题“奖励细则”文本前，选择【样式】任务窗格中的【标题样式】选项，即可将此样式应用到文档中，最终效果如下图所示。

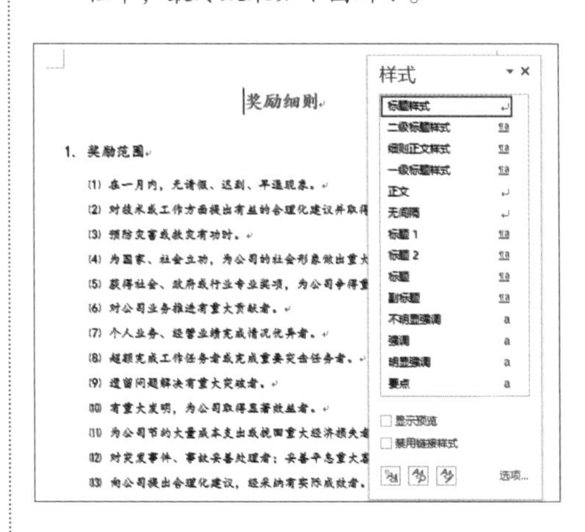

9.6 用样式排版

在对公司培训资料这类长文档排版时，需要设置多种样式类型，然后将相同级别的文本使用同一样式，快速完成长文档的排版，具体操作步骤如下。

01 打开随书光盘中的“素材\ch09\培训资料.docx”文档，选中“一、个人礼仪”文本。

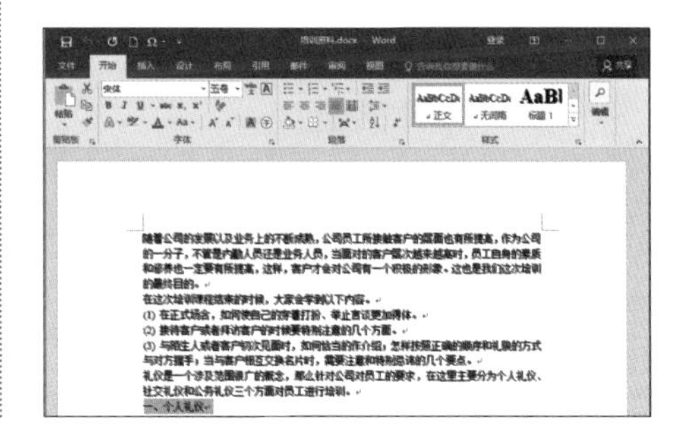

02 使用9.4节介绍的方法，为其新建一个样式，设置样式的【名称】为【一级标题】，【字体】为【华为隶书】，【字号】为【三号】，并设置【加粗】效果。单击【格式】按钮，在弹出的下拉列表中选择【段落】选项。

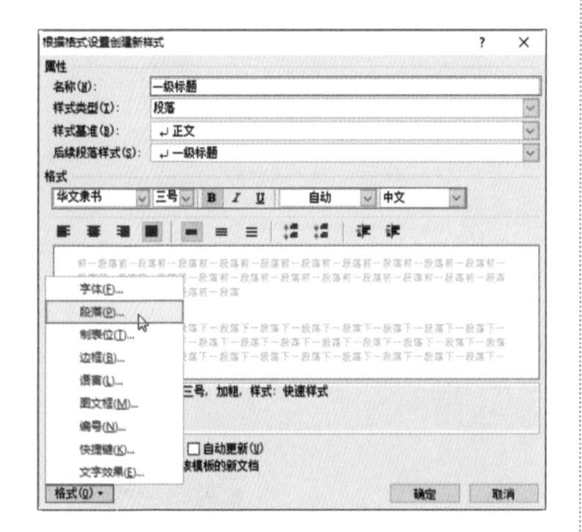

03 弹出【段落】对话框，选择【缩进和间距】选项卡，设置【对齐方式】为【两端对齐】，【大纲级别】为【1级】，【段前】为【1行】，【段后】为【1行】，单击【确定】按钮。

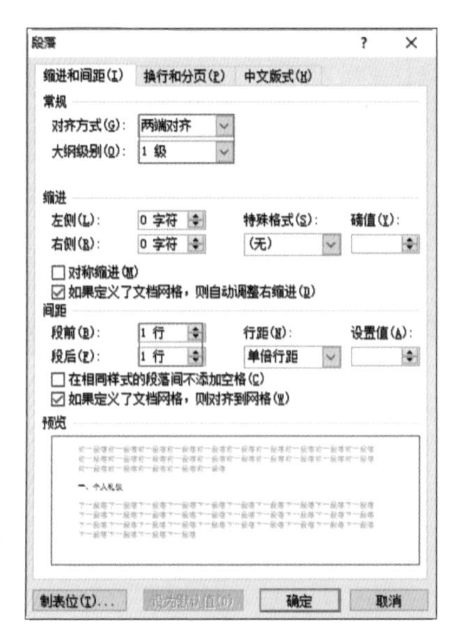

04 即可应用此样式，效果如下图所示。

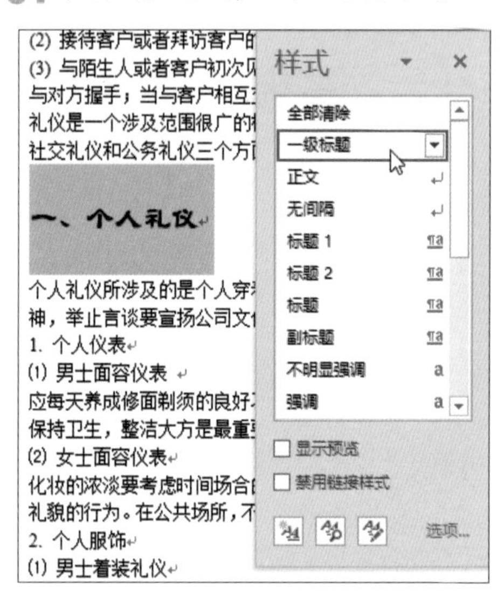

05 使用同样的方法选择"1. 个人仪表"文本，并将其样式命名为"二级标题"，设置其【字体】为【华文楷体】，【字号】为【四号】，并设置【加粗】效果。

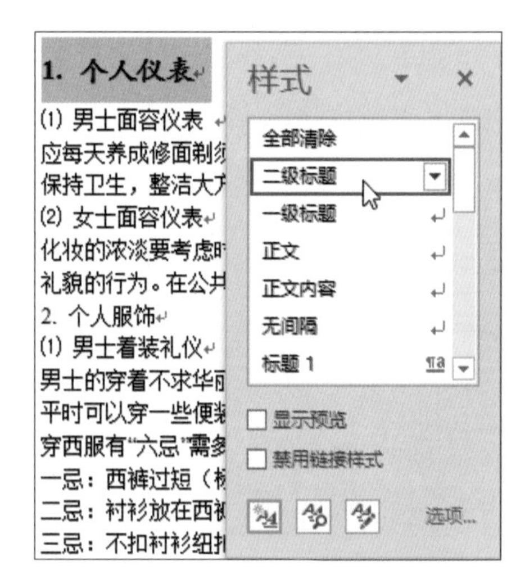

06 选择第一段正文内容，将其样式命名为"正文内容"，设置其【字体】为【楷体】，【字号】为【11】，【特殊格式】为【首行缩进】，【缩进值】为【2字符】，【段前】为【0.5行】，【段后】为【0.5行】。

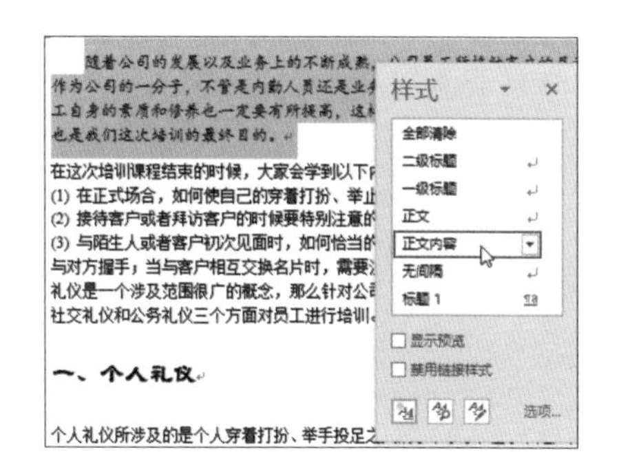

07 样式设置完成后，选中要设置样式的文本，然后在【样式】任务窗格中选择相应的样式，如选择“二、社交礼仪”文本，在【样式】任务窗格中选择【一级标题】样式，即可为此文本快速应用此样式。

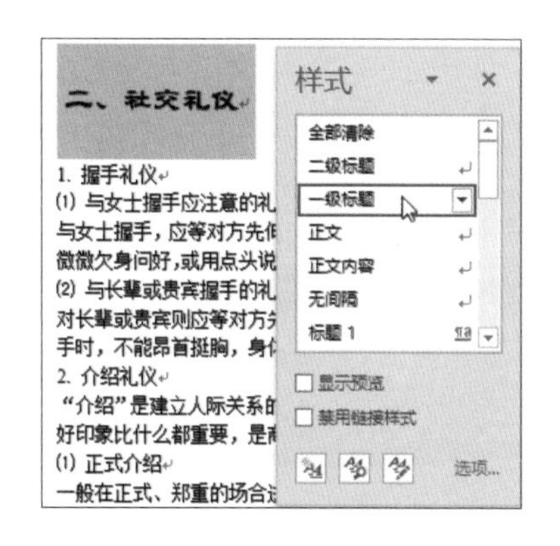

08 使用相同的方法，为文档中要设置相同样式的文本快速应用样式，应用样式后的最终效果如下图所示。

一、个人礼仪

个人礼仪所涉及的是个人穿着打扮、举手投足之类的小节小事，但小节之处需要体现公司精神，举止言谈要宣扬公司文化。

1. 个人仪表

(1) 男士面容仪表

应每天养成修面剃须的良好习惯。如果要留须，首先要考虑工作是否允许，并且要经常修剪，保持卫生，整洁大方是最重要的。

(2) 女士面容仪表

化妆的浓淡要考虑时间场合的问题，在白天，一般女士略施粉黛即可。正式场合不化妆是不礼貌的行为。在公共场所，不能当众化妆或补妆。尤其职业女性，以淡雅、清新、自然为宜。

2. 个人服饰

(1) 男士着装礼仪

男士的穿着不求华丽、鲜艳，衣着不宜有过多的色彩变化，大致以不超过三种颜色为原则。平时可以穿一些便装，但是参加正式、隆重的场合，则应穿礼服或西服。

穿西服有“六忌”需多多注意。

牛人干货

1. 为样式设置快捷键

在创建样式时，可以为样式指定快捷键，只需要选择要应用样式的段落并按快捷键即可应用样式。

01 在【样式】任务窗格中单击要指定快捷键样式后的下拉按钮，在弹出的下拉列表中选择【修改】选项。

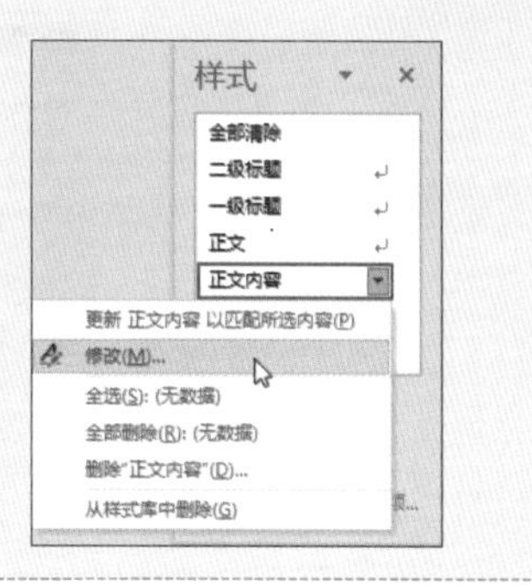

02 打开【修改样式】对话框，单击【格式】按钮，在弹出的下拉列表中选择【快捷键】选项。

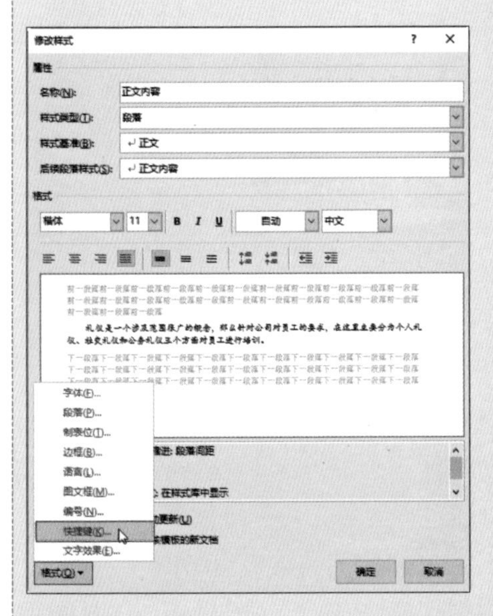

03 弹出【自定义键盘】对话框，将鼠标光标定位至【请按新快捷键】文本框中，并在键盘上按要设置的快捷键，如按【Alt+C】组合键，单击【指定】按钮，即完成了指定样式快捷键的操作。

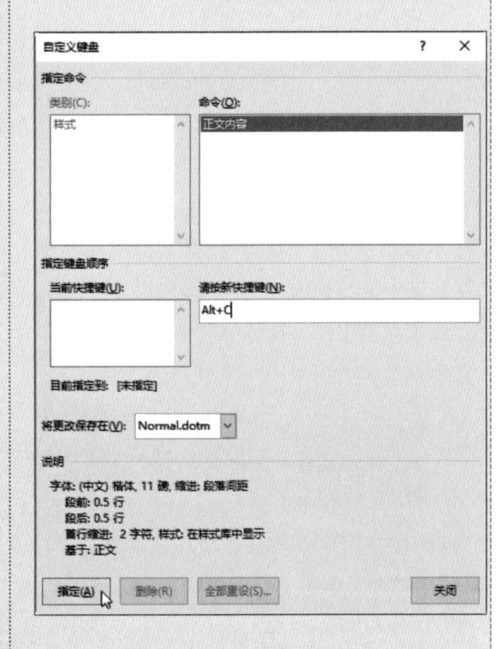

2. 如何通过样式快速选择多处文本

如果一篇文章中应用了好多样式，可以通过下面的方法把相同样式的段落挑选出来。

在【开始】选项卡【样式】组中，右击要选择的段落样式，在弹出的快捷菜单中选择【选择所有15个实例】命令即可。

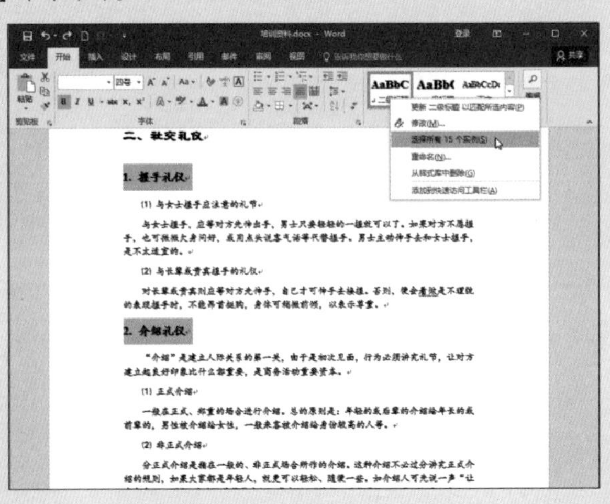

第 10 课
搞定目录只需 4 步

在 Word 文档前插入目录，可以方便查找文档内容。但看着别人制作的整齐、简洁的目录，自己怎么做也达不到想要的效果，真的好难啊！

难者不会，会者不难。4 步就可轻松搞定目录。

自动提取目录之前，需要做好哪些准备工作？

提取目录前需要适当地美化！

10.1 第 1 步：设置标题的大纲级别

在 Word 2013 中设置标题的大纲级别是提取文档目录的前提，设置标题的大纲级别通常有以下两种方法。

01 打开随书光盘中的“素材\ch10\奖惩制度.docx”文档，选中“第一条 总则”文本。单击【引用】选项卡【目录】组中的【添加文字】下拉按钮 添加文字 。在弹出的下拉列表中选择【1 级】选项。

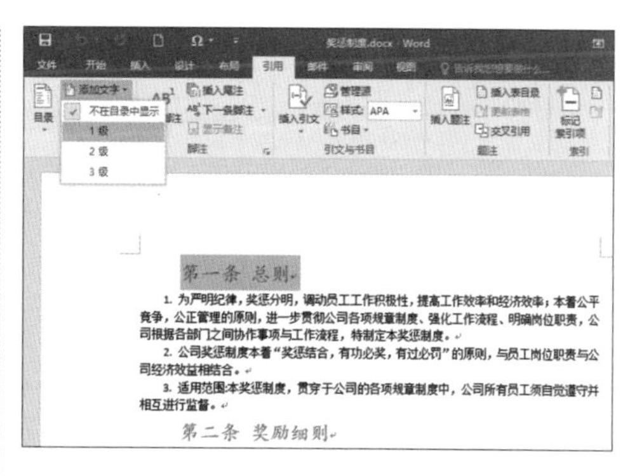

02 在【视图】选项卡【显示】组中选中【导航窗格】复选框，在打开的【导航窗格】中即可看到设置大纲级别后的文本显示在【标题】选项卡下。

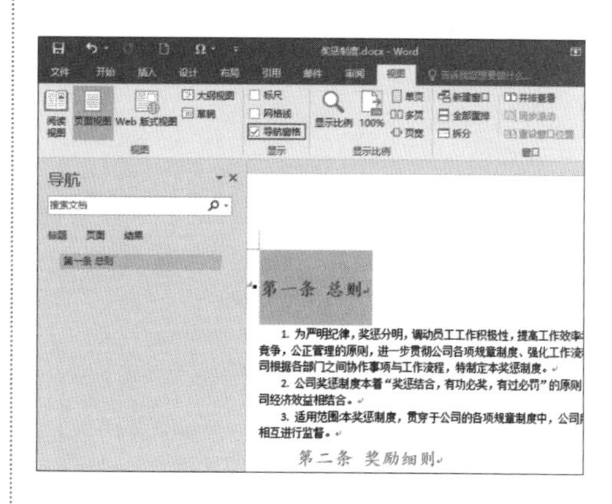

03 使用同样的方法，为其他标题设置大纲级别，最终效果如下图所示。

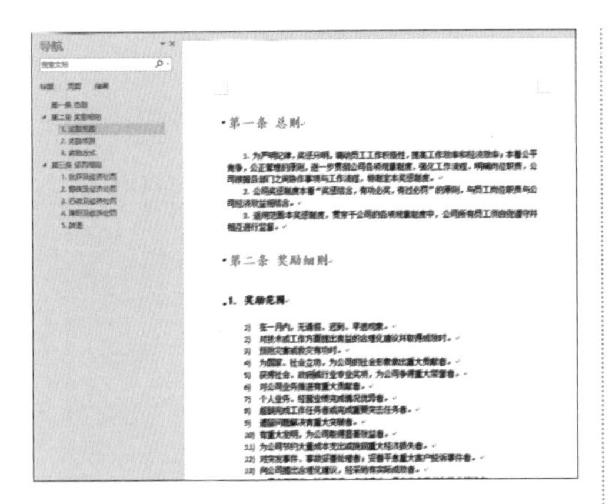

提示

另外还可以在【段落】对话框中进行设置。选中需要设置大纲级别的文本并右击，在弹出的快捷菜单中选择【段落】选项。打开【段落】对话框，在【缩进和间距】选项卡【常规】选项区域中单击【大纲级别】文本框后的下拉按钮，在弹出的下拉列表中选择大纲级别，单击【确定】按钮，即可完成设置。

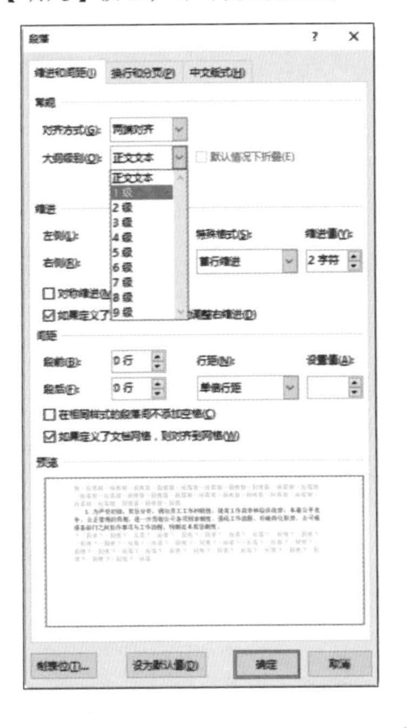

10.2 第 2 步：给文档添加页码

极简时光

关键词：文档添加页码 /【插入】选项卡 /【页码格式】对话框 /【设计】选项卡

一分钟

在文档中插入页码，可以更方便地查找文档。给文档添加页码的具体操作步骤如下。

01 接着 10.1 节的内容继续操作，在打开的“奖惩制度”文档中，单击【插入】选项卡【页眉和页脚】组中的【页码】按钮，在弹出的下拉列表中选择【页面底端】→【普通数字 3】选项。

02 即可为文档添加页码，如下图所示。

选，具体评选标准和
理者、创新奖、优秀

1

03 如果对设置的页码格式不满意，可以单击【页眉和页脚工具 / 设计】选项卡【页眉和页脚】组中的【页码】按钮，在弹出的下拉列表中选择【设置页码格式】选项。

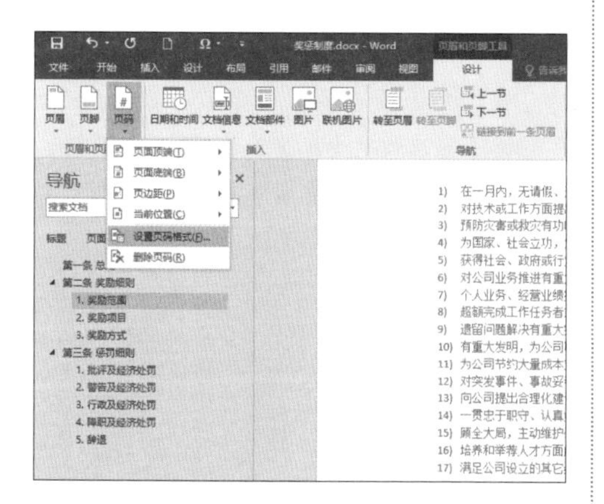

04 弹出【页码格式】对话框，在【编号格式】下拉列表框中选择一种样式，单击【确定】按钮。

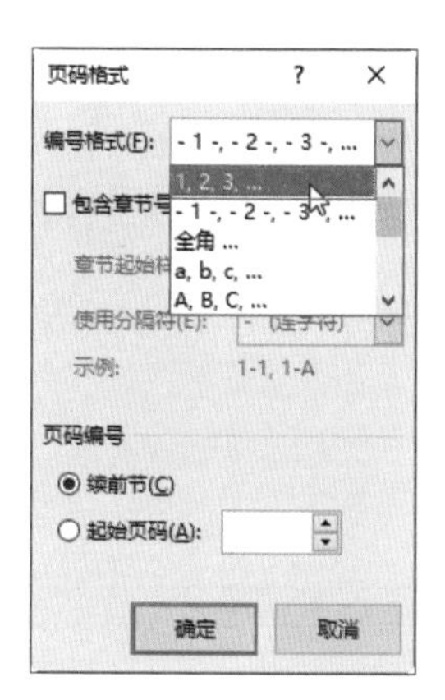

05 返回 Word 文档，单击【页眉和页脚工具 / 设计】选项卡【关闭】组中的【关闭页眉和页脚】按钮。

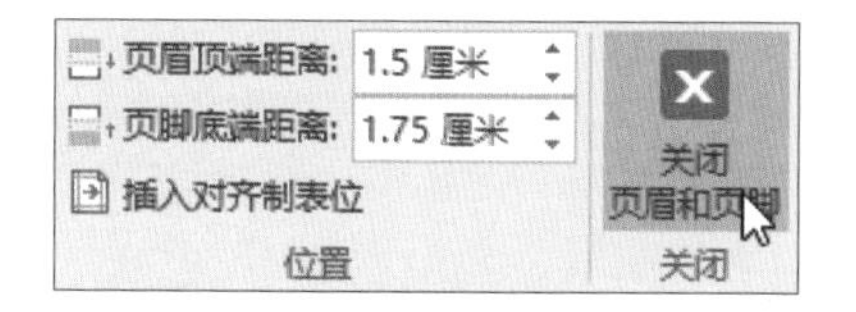

06 即可完成页码格式的设置，最终效果如下图所示。

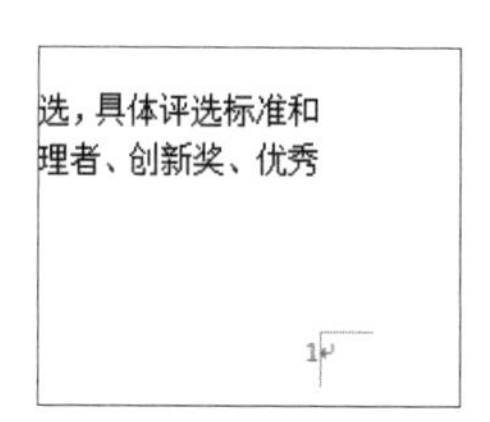

10.3 第 3 步：自动创建目录

为文档设置大纲级别和插入页码后，就可以自动创建目录了，具体操作步骤如下。

01 接着 10.2 节的内容继续操作，在打开的“奖惩制度”文档中，将鼠标光标定位至“第一条”文本前，单击【插入】选项卡【页面】组中的【空白页】按钮 空白页。

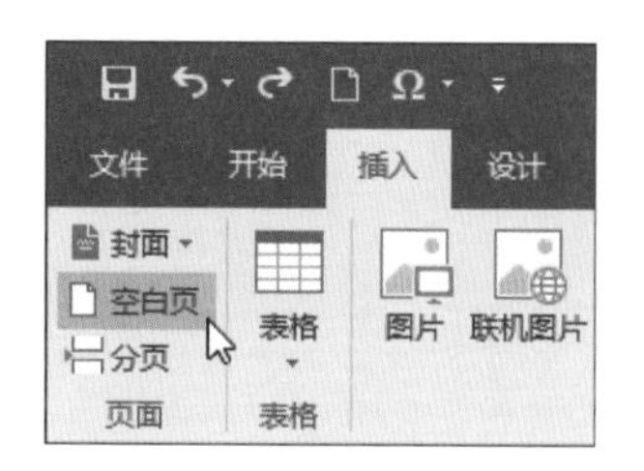

02 即可在正文内容前插入一张空白页，将鼠标光标定位至空白页中，单击【开始】选项卡【样式】组中的【其他】按钮，在弹出的下拉列表中选择【清除格式】选项。

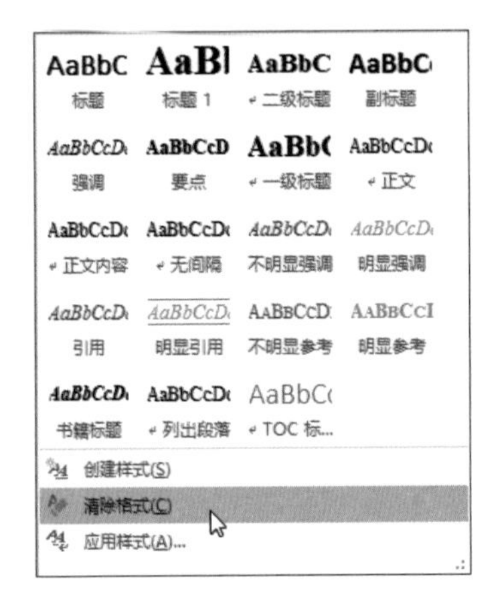

03 然后输入文本“目录”，并根据需要设置字体样式。

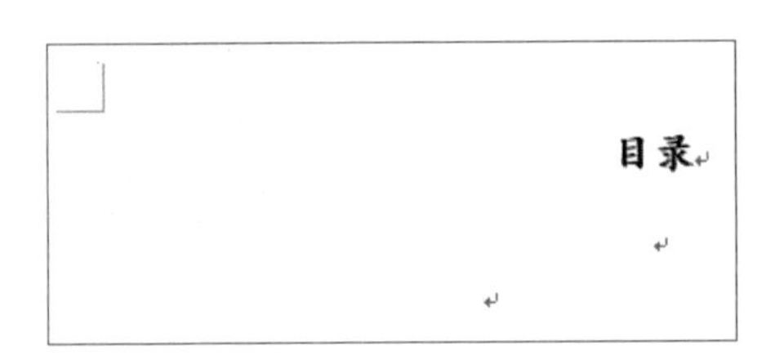

04 单击【引用】选项卡【目录】组中的【目录】按钮，在弹出的下拉列表中可以选择系统自带的目录样式，也可以选择自定义目录，这里选择【自定义目录】选项。

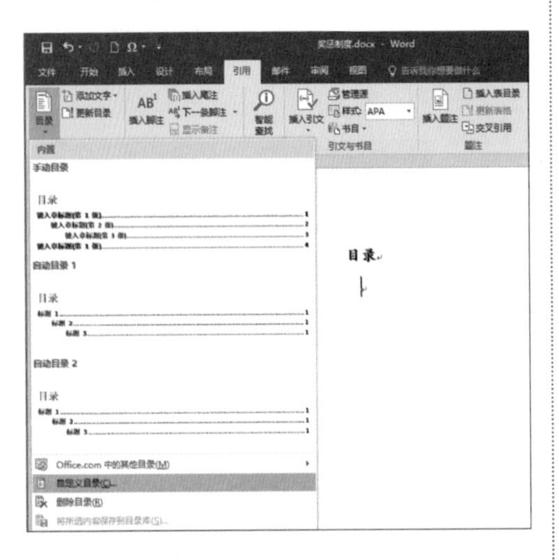

在 Word 2010 中要自定义目录时，选择【目录】下拉列表中的【插入目录】选项即可。

05 弹出【目录】对话框，选择【目录】选项卡，在【格式】下拉列表中选择【正式】选项，将【显示级别】设置为【2】，在预览区域可以看到设置后的效果，单击【确定】按钮。

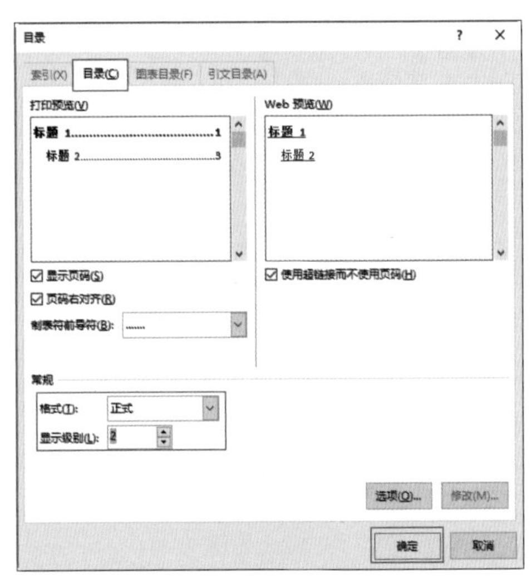

06 即可完成目录的创建，效果如下图所示。

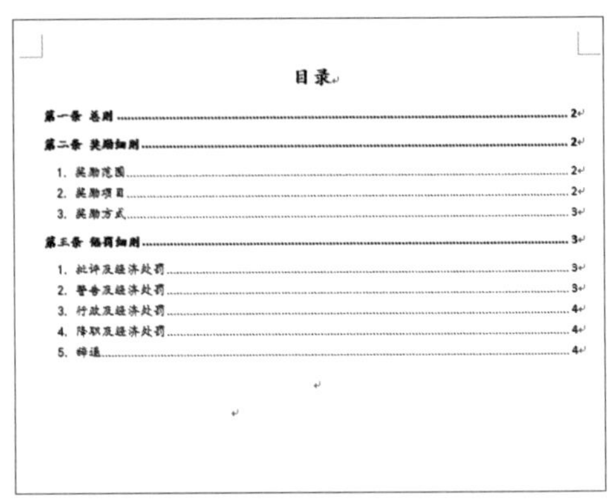

提取目录时，Word 会自动将插入的页码显示在标题后。在建立目录后，还可以利用目录快速地查找文档中的内容。将鼠标指针移动到目录中要查看的内容上，按【Ctrl】键，鼠标指针就会变为👆形状，单击鼠标即可跳转到文档中的相应标题处。

10.4 第 4 步：必要的美化更好看

极简时光

关键词：美化文档 /【开始】选项卡 / 设置字体 / 设置段落样式

一分钟

目录是文章的导航型文本，目录创建完成后，可以根据需要，适当地对其进行美化，具体操作步骤如下。

01 选中除“目录”文本外的所有目录内容，选择【开始】选项卡，在【字体】组中的【字体】下拉列表中选择【黑体】选项，将【字号】设置为【10】。

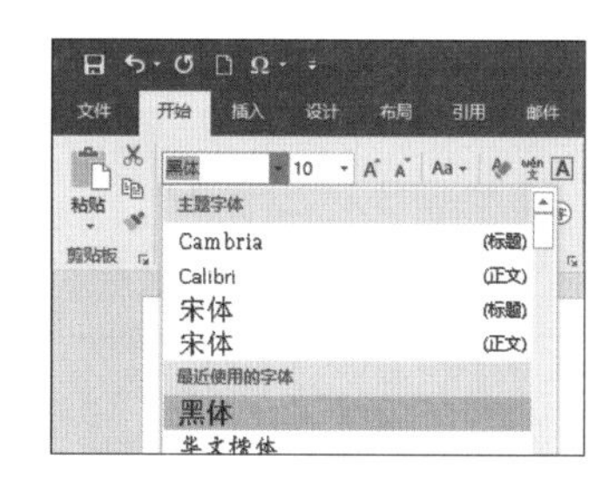

02 单击【段落】组中的【行和段落间距】按钮，在弹出的下拉列表中选择【1.5】选项。

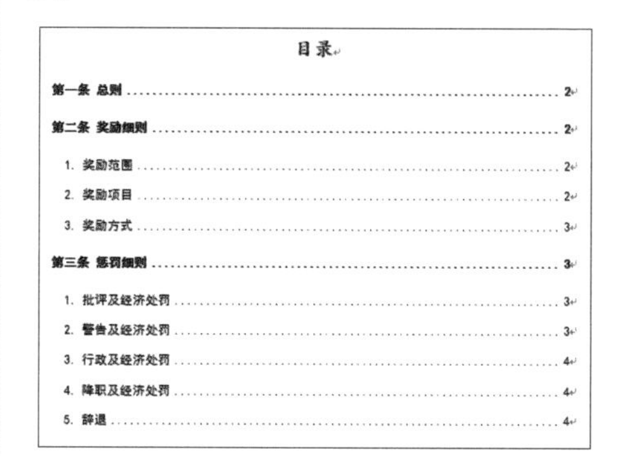

03 设置完成后效果如下图所示。

目录

牛人干货

1. 为何更新目录时会出现：“错误！未定义书签”

如果在 Word 目录中遇到“错误！未定义书签”的提示，出现这种错误可能由于原来的标题被无意修改了，可以采用下面的方法来解决。

01 在目录的任意位置右击，在弹出的快捷菜单中选择【更新域】选项。

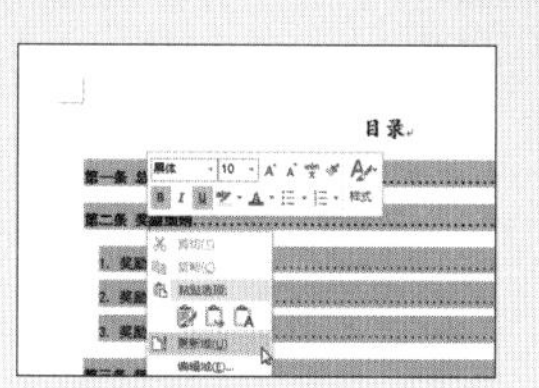

02 弹出【更新目录】对话框，选中【更新整个目录】单选按钮，单击【确定】按钮，完成目录的更新，即可解决目录中“错误！未定义书签”的问题。

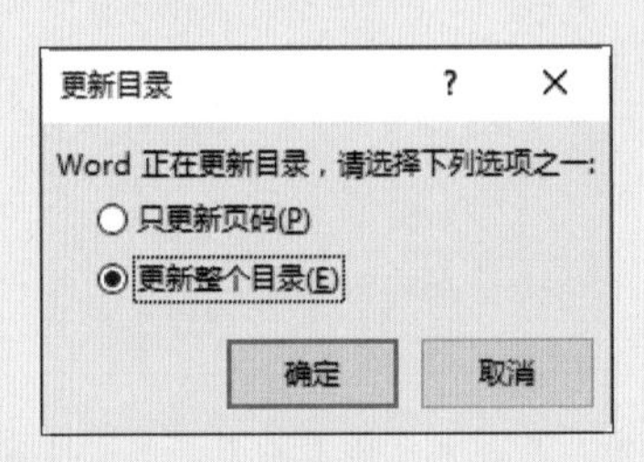

提取目录后按【Ctrl+F11】组合键可以锁定目录。

2. 取消目录的链接功能

目录的链接功能是指将鼠标指针移动到目录中要查看的内容上，按【Ctrl】键，鼠标指针就会变为👆形状，单击鼠标即可跳转到文档中的相应标题处。当用户不想使用此功能时，可以使用下面的方法取消此功能，具体操作步骤如下。

01 单击【引用】选项卡【目录】组中的【目录】按钮，在弹出的下拉列表中选择【自定义目录】选项。

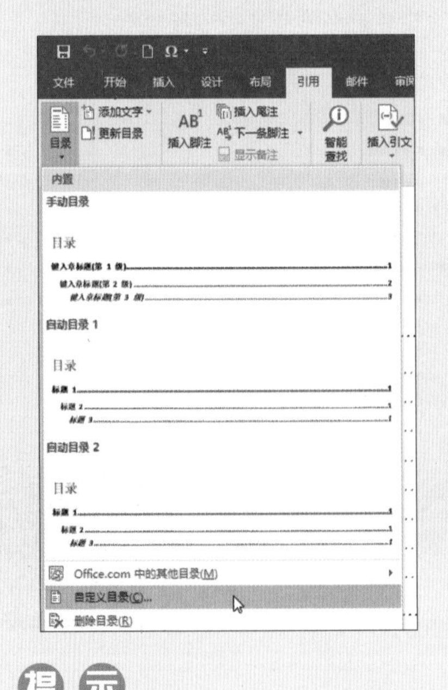

提示

在 Word 2010 中选择的是【插入目录】选项。

02 弹出【目录】对话框，选择【目录】选项卡，取消选中【使用超链接而不使用页码】复选框，单击【确定】按钮。

03 弹出【Microsoft Word】提示框，单击【是】按钮，即可取消目录的链接功能。

Microsoft Word

要替换此目录吗?

是(Y) 否(N) 取消

第 3 篇

Excel 表格的处理

第 11 课

神奇的 Excel

很多人认为 Excel 只是一个简单的数据表格，其实不然， Excel 的神奇作用在众人面前展现出来的只是其冰山下的一角。

下面就让我们一起来探索 Excel，发现 Excel 隐藏在冰山下的神奇之处。

你了解 Excel 吗?

Excel 的三大元素是什么?

11.1 Excel 的数据之美

极简时光

关键词：设计出精美的表格 / 快速计算数据 / 创建图表 / 创建数据透视表 / 一键排序和筛选

一分钟

Excel 不仅是一个数据表格，它还具有强大的数据分析功能，帮助用户快速准确地分析数据。下面就来一起发现 Excel 的数据之美吧!

1. 使用 Excel 设计出精美的表格

制作表格是 Excel 的基本功能，在大多数人的印象中，表格就是统一的白底黑线，殊不知，利用 Excel 提供的多种多样的表格制作功能，可以对表格进行装饰，从而制作出外表美观的令人赏心悦目的表格。

员工资料归档管理表

序号	工号	姓名	所属部门	最高学历	性别	年龄	职位
1	1001	张珊	行政部	大专	女	30	普通员工
2	1002	高珍珍	行政部	本科	女	28	普通员工
3	1003	肯扎提	行政部	本科	男	49	普通员工
4	1004	杨秀凤	编辑部	本科	女	24	编辑
5	1005	许姗	编辑部	本科	女	39	编辑
6	1006	于娇	编辑部	本科	女	42	编辑
7	1007	江洲	编辑部	本科	男	35	编辑
8	1008	黄达然	技术部	研究生	男	27	项目经理
9	1009	冯欢	技术部	本科	男	28	技术员
10	1010	杜志辉	技术部	本科	男	23	技术员

2. 使用公式和函数快速计算数据

Excel 中提供了多种公式和函数，满足用户对数据计算的需求。利用 Excel 的函数和公式计算数据，使数据分析更加便捷。

D15 =LOOKUP(B15,A3:F12)

账务明细查询表

凭证号	所属月份	总账科目	科目代码	科目名称	支出余额	日期
1	1	101	101	应付账款	¥89,760.00	2017/1/24
2	3	102	109	应交税金	¥31,500.00	2017/3/12
3	3	203	203	营业费用	¥66,000.00	2017/3/27
4	5	205	205	短期借款	¥23,780.00	2017/5/10
5	6	114	114	短期借款	¥95,000.00	2017/6/17
6	6	504	504	员工工资	¥125,500.00	2017/6/24
7	6	301	301	广告费	¥40,000.00	2017/6/29
8	7	302	302	法律顾问费	¥42,000.00	2017/7/3
9	7	401	401	员工工资	¥38,700.00	2017/7/12
10	8	106	106	员工工资	¥89,460.00	2017/8/15
总计					¥641,700.00	
检索信息	6	检索结果	125500			

3. 创建图表，使用户的数据更有说服力

在 Excel 中只有一排排的数据，未免显得有些凄凉。使用 Excel 的图表功能，可以让数据以图表的形式展现出来，使数据变得形象立体化。根据不同的主题选择合适的图

表类型，让用户的数据更有说服力。

项目预算分析表		
促销项目	预计费用	实际费用
产品A	¥7,800.00	¥8,700.00
产品B	¥7,580.00	¥6,994.00
产品C	¥18,240.00	¥17,248.00
产品D	¥10,530.00	¥9,880.00

预算分析

4. 创建数据透视表，快速汇总分析数据

在 Excel 中可以根据已有的数据，快速创建数据透视表，对数据进行重新汇总与组合，在数据透视表中，可以对数据进行筛选，显示出要查看的数据，以便分析数据。

求和项:销售量	列标签	
行标签	大连	总计
草莓	52342	52342
火龙果	76343	76343
苹果	45689	45689
香蕉	65500	65500
总计	239874	239874

求和项:销售金额	列标签	
行标签	大连	总计
草莓	21355	21355
火龙果	42321	42321
苹果	23445	23445
香蕉	43023	43023
总计	130144	130144

5. 一键排序和筛选，帮助用户整理和分析数据

面对数据量如此大的表格，看着都让人摸不着头绪，如何分析数据？别担心，使用 Excel 的排序和筛选功能，厘清数据内在的特性和规律，以便查看与分析数据。

员工销售报表					
工号	姓名	性别	所属部门	类别	产品
1001	张珊	女	销售部	电器	空调
1002	肯扎提	女	销售部	电器	冰箱
1003	杜志辉	男	销售部	电器	电视
1004	杨秀凤	女	销售部	电器	摄像机
1005	冯欢	男	销售部	办公耗材	A3复印纸
1006	王红梅	女	销售部	办公耗材	传真纸
1007	陈涛	男	销售部	办公耗材	打印纸
1008	江洲	男	销售部	办公耗材	硒鼓
1009	杜志辉	男	销售部	办公设备	喷墨式打印机
1010	高静	女	销售部	办公设备	扫描仪
1011	常留	女	销售部	办公设备	复印机
1012	冯玲	女	销售部	办公设备	针式打印机

11.2 Excel 难在哪儿

极简时光

关键词： 表格 / 设计与美化 / 创建与美化 / 排序、筛选、分类汇总 / 函数与公式

一分钟

Excel 2016 中的功能有很多，用户可以根据自己的需求有针对性地进行学习，下面列举了几个在学习 Excel 的过程中需要掌握的重难点。

1. 表格的设计与美化

表格的制作是 Excel 最基本的功能，Excel 提供了多种制作和美化表格的功能，在制作表格的过程中，如何根据自己的需求，将这些功能发挥得淋漓尽致，是学习 Excel 的一个重要关卡。

人事变更表					
序号	工号	姓名	变更事项说明	变更日期	备注
1	1001	张珊	升职	2017/1/1	
2	1002	高珍珍	离职	2017/1/13	
3	1003	肯扎提	调换部门	2017/2/4	
4	1004	杨秀凤	离职	2017/2/24	
5	1005	许姗	离职	2017/3/18	
6	1006	于娇	离职	2017/3/27	
7	1007	江洲	升职	2017/5/20	
8	1008	黄达然	离职	2017/5/22	
9	1009	冯欢	离职	2017/5/29	
10	1010	杜志辉	离职	2017/6/5	

2. 图表的创建与美化

Excel 2016 中提供了多种图表类型，每一种类型的图表都有其适用的范围，如折线图通常用来描绘连续的数据，对于显示数据趋势很有用。根据不同的主题和不同特点的数据选择一种合适的图表类型，这样会使用户的数据更有说服力。另外 Excel 还提供了多种美化图表的功能，如果说选择合适的图表类型体现的是图表的内在美，美化图表则是为了提升图表的外在美，如此一个内外兼修的图表，还担心你的 BOSS 不会对你另眼相看吗?

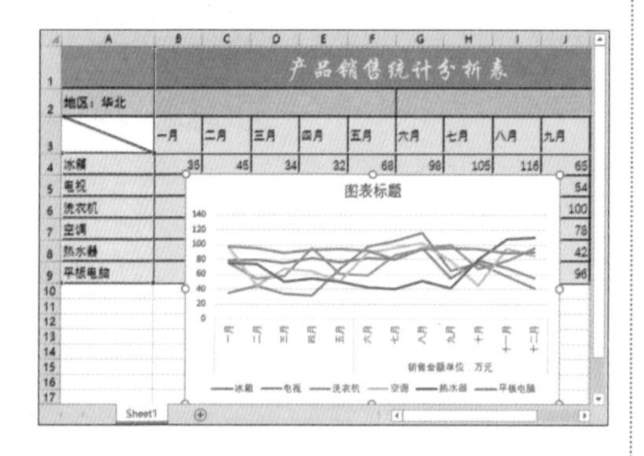

3. 常用的数据分析工具——排序、筛选、分类汇总

数据分析功能是Excel重要的功能之一，常用的数据分析工具有排序、筛选、分类汇总等，学会使用这些常用的数据分析工具，可以让用户的数据变得整齐有条理性，以便更好地分析数据。

商品库存明细表

序号	商品编号	商品名称	单位	上月结余	本月入库	本月出库	领取单位
20	MN0020	直尺	把	36	40	56	初中部
9	MN0009	计算器	个	45	65	102	初中部
7	MN0007	钢笔	支	62	110	170	初中部
14	MN0014	铅笔	支	112	210	296	初中部
							初中部 汇总
4	MN0004	订书机	个	12	10	15	高中部
5	MN0005	复写纸	包	52	20	60	高中部
12	MN0012	毛笔	支	12	20	28	高中部
1	MN0001	笔筒	个	25	30	43	高中部
3	MN0003	档案袋	个	52	240	280	高中部
							高中部 汇总
18	MN0018	小刀	把	54	40	82	后勤部
							后勤部 汇总
11	MN0011	胶水	瓶	30	20	35	教研组
13	MN0013	起钉器	个	6	20	21	教研组
2	MN0002	大头针	盒	85	25	60	教研组
8	MN0008	回形针	盒	69	25	80	教研组
10	MN0010	胶带	卷	29	31	50	教研组
17	MN0017	文件夹	个	48	60	98	教研组
19	MN0019	荧光笔	支	34	80	68	教研组
6	MN0006	复印纸	包	206	100	280	教研组
16	MN0016	文件袋	个	59	160	203	教研组
15	MN0015	签字笔	支	86	360	408	教研组
							教研组 汇总
							总计

4. 函数与公式

Excel 2016 中提供了多种函数类型，满足不同类型数据的计算需求，但很多人对函数和公式既好奇又敬畏，甚至有些人会把公式代码与 VBA 程序混为一谈，甚至还流行这样一句话“平生不会用函数，便称高手也枉然”，可见函数与公式在 Excel 所有功能中的地位。事实上函数并没有想象中的那么可怕，学会一些常用的函数，会使 Excel 的数据计算变得更为简单。

C6 =VLOOKUP($A6,工资表!$A$3:$H$12,COLUMN(),0)

员工工资条

序号	员工编号	员工姓名	工龄	工龄工资	应发工资	个人所得税	实发工资
1	101001	张XX	10	1000	11585	1062	10523
序号	员工编号	员工姓名	工龄	工龄工资	应发工资	个人所得税	实发工资
2	101002	王XX	9	900	8722	489.4	8232.6
序号	员工编号	员工姓名	工龄	工龄工资	应发工资	个人所得税	实发工资
3	101003	李XX	9	900	14362	1710.5	12651.5
序号	员工编号	员工姓名	工龄	工龄工资	应发工资	个人所得税	实发工资
4	101004	赵XX	7	700	9650	675	8975
序号	员工编号	员工姓名	工龄	工龄工资	应发工资	个人所得税	实发工资
5	101005	钱XX	7	700	9472	639.4	8832.6
序号	员工编号	员工姓名	工龄	工龄工资	应发工资	个人所得税	实发工资
6	101006	孙XX	5	500	14038	1629.5	12408.5
序号	员工编号	员工姓名	工龄	工龄工资	应发工资	个人所得税	实发工资
7	101007	李XX	3	300	5960	141	5819
序号	员工编号	员工姓名	工龄	工龄工资	应发工资	个人所得税	实发工资
8	101008	胡XX	3	300	6062	151.2	5910.8

另外在学习 Excel 的过程中，初学者容易走入误区，以下列举 Excel 的常见误区及一些建议。

误区 1：盲目地购买学习资料，而不注重操作和消化。Excel 主要应用于办公实战中，所以读者还是需要多做案例。

误区 2：盲目地学习，脱离实际工作的需求。Excel 软件的功能和技巧非常多，如果每个都去学习，会耗费大量的精力和时间，所以建议读者以实际工作需求为原则，目的要明确。

误区 3：为了学习而学习，舍近求远。有的读者会深入研究 VBA 代码，其实有些功能是 Excel 已经内置好的，借助一些简单的辅助工具，再结合内置功能就能够轻易实现，根本没有必要花费大量的时间去研究 VBA 代码。

误区 4：解决问题总是喜欢一步到位，不会多角度思考。很多情况下，Excel 高级功能的实现，是几个基本功能的巧妙组合。建议读者在遇到问题时要多角度思考，对不能直接实现的功能，可以用几个基本功能组合使用，分成几步解决问题。

11.3 怎样学好 Excel

极简时光

关键词： Excel 表格 / 设计与美化 / 分析数据 / 了解宏与 VBA

一分钟

如果用户每天都要跟数据打交道，学好 Excel 是很有必要的。学好 Excel 需要具备以下 3 个要素。

（1）从易到难，循序渐进。任何事物的学习都需要有一个从易到难，循序渐进的过程，学习 Excel 也不例外。

第一步，学习 Excel 的表格设计与美化。在学习表格的设计和美化的过程中，熟练掌握 Excel 表格的基本操作，这对进一步学习 Excel 有很大的帮助。

第二步，学会使用 Excel 进行简单的分析数据。Excel 常用的分析工具有排序、筛选、分类汇总、数据透视表等。

第三步，学会一些常用的函数公式。Excel 丰富多样的函数和公式是为其赢得良好赞誉的功能之一。学会一些常用的函数公式，可以方便计算和分析数据。

第四步，学会创建图表。选择合适的图表类型及美化图表。

第五步，了解宏与 VBA。

（2）善于利用周围的资源。当遇到不会的操作时，可以按【F1】键调出 Excel 的联机帮助，或者向他人求助。另外也可以在网上搜索，网上有很多讲解 Excel 实用技巧的文章和案例，还有相关的免费视频；或者买一本介绍学习 Excel 的书籍，可以随时翻看。这些资源都可以利用起来，以便更好地学习 Excel。

（3）要多练习。在掌握学习 Excel 的理论知识的同时，还需要多练习，达到能够熟练运用 Excel 的各项功能的程度。

11.4 Excel 的三大元素

极简时光

关键词： Excel 的三大元素 / 工作簿 / 工作表 / 单元格

一分钟

Excel 的三大元素：工作簿、工作表、单元格。

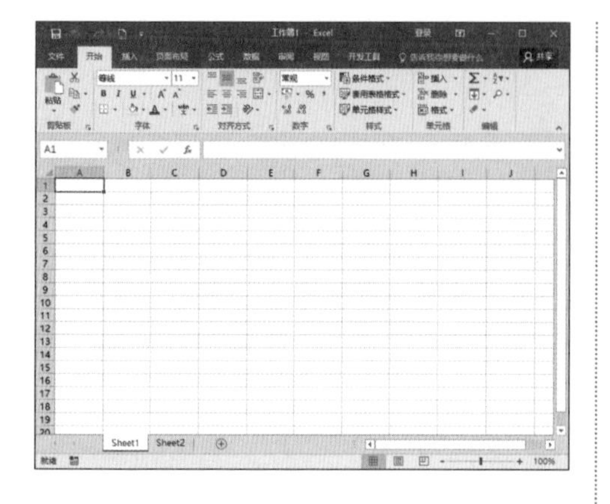

1. 工作簿

工作簿是指在Excel中用来存储并处理工作数据的文件，其扩展名是.xlsx。在Excel中无论是数据还是图表都是以工作表的形式存储在工作簿中的。通常所说的Excel文件指的就是工作簿文件。

在Excel中，一个工作簿就类似一本书，其中包含许多工作表，工作表中可以存储不同类型的数据。

当启动Excel时，系统会自动创建一个新的工作簿文件，名称为“工作簿1”，以后创建工作簿的名称默认为“工作簿2”“工作簿3”……

2. 工作表

工作表是Excel存储和处理数据的最重要的部分，是显示在工作簿窗口中的表格。一个工作表最多可以由1048576行和16384列构成。行的编号从1到1048576，列的编号依次用字母A、B…AA…XFD表示。行号显示在工作簿窗口的左边，列号显示在工作簿窗口的上边。

工作表是工作簿中的一页，工作表由单元格组成。通常把相关的工作表放在一个工作簿中。例如，可以把全班学生成绩放在一个工作簿中，将每个学生的成绩放在各自的工作表中，将全班学生成绩的统计分析放在一个工作表中。

Excel 2016的一个工作簿中默认有一个工作表，用户可以根据需要添加工作表，每一个工作簿最多可以包括255个工作表。

Excel 2010中默认打开的工作簿中包含3个工作表。

3. 单元格

工作表中行列交汇处的区域称为单元格，是存储数据的基本单位，它可以存放文字、数字、公式和声音等信息。在一个工作簿中，无论有多少个工作表，将其保存时，都将会保存在同一个工作簿文件中，而不是按照工作表的个数保存。

默认情况下，Excel用列序号字母和行序号数字来表示一个单元格的位置，称为单元格地址。在工作表中，每个单元格都有其固定的地址，一个地址也只表示一个单元格，如A3就表示位于A列与第3行的单元格。

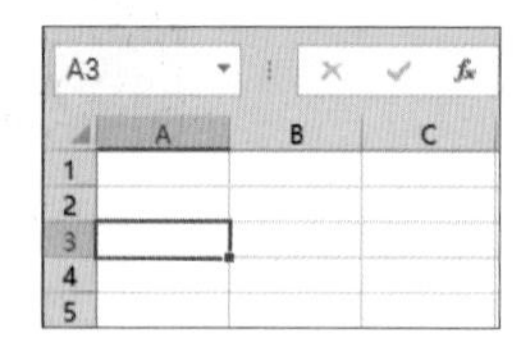

如果要表示一个连续的单元格区域，用“该区域左上角的一个单元格地址+冒号+该区域右下角的一个单元格地址”来表示。例如，A1:C5表示从单元格A1到单元格C5的整个区域。

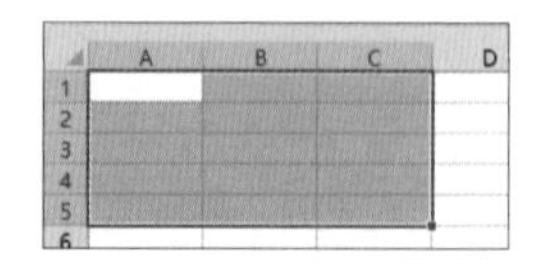

由于一个工作簿文件可能会包含多个工作表，为了区分不同工作表的单元格，可以在地址前面增加工作表的名称。例如，“Sheet1！A1”，就表示了该单元格是工作表“Sheet1”中的单元格“A1”，“！”是工作表名与单元格之间的分隔符。如果在不同的工作簿中工作表名相同可以这样表示：[工作簿名称] 工作表名称！单元格地址。“[]”是工作簿名与工作表名之间的分隔符。

牛人干货

如何安排 Excel 的工作环境

在使用 Excel 进行办公的过程中，有时觉得 Excel 的默认设置用着不顺手，用户可以通过下面的操作步骤，按照自己的习惯来更改 Excel 的默认设置。

01 启动 Excel 2016，并新建一个空白工作簿，单击快速访问工具栏中的【自定义快速访问工具栏】按钮。

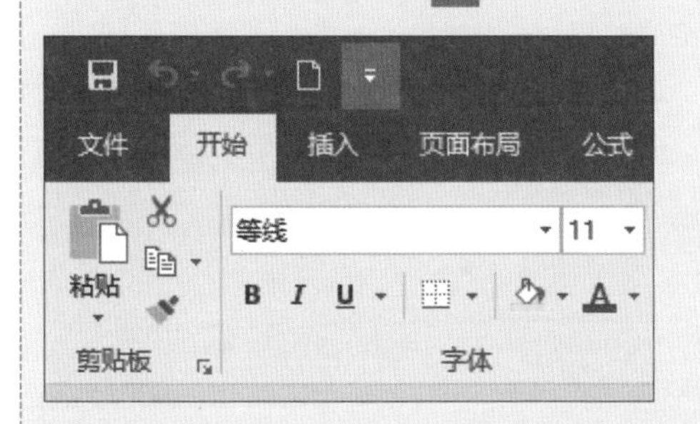

02 在打开的下拉菜单中可以任意选择所需要的快速访问工具，如选择【打开】选项。

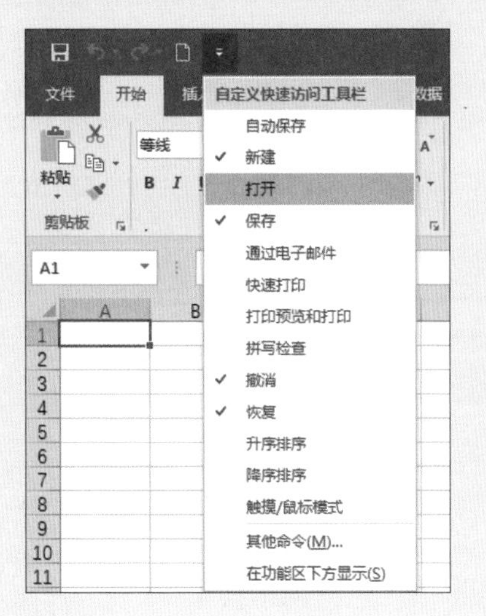

03 即可将【打开】按钮添加到快速访问工具栏中。

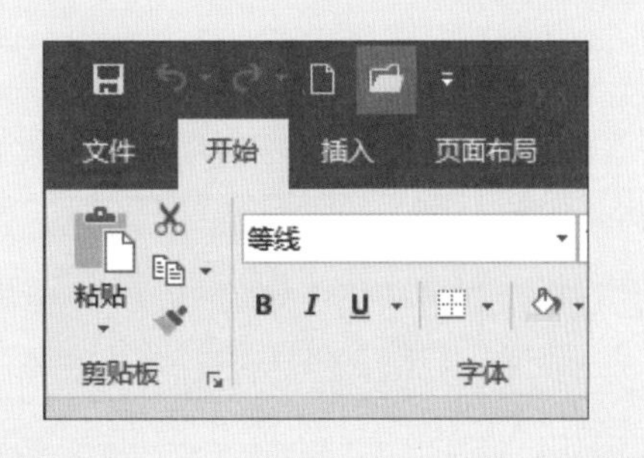

04 还可以选择【文件】选项卡，在弹出的界面中选择左侧列表中的【选项】选项。

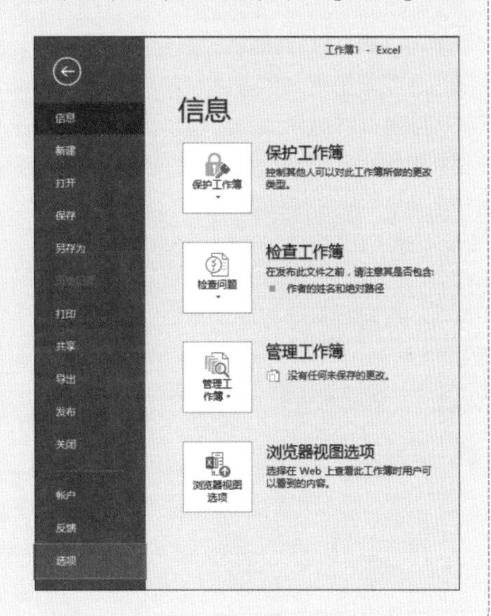

05 弹出【Excel 选项】对话框，在【Excel 选项】对话框中可以选择设置便于工作的常规选项、语言等，以及其他高级选项。例如，设置默认字体为【正文字体】。设置包含的工作表数为【3】。

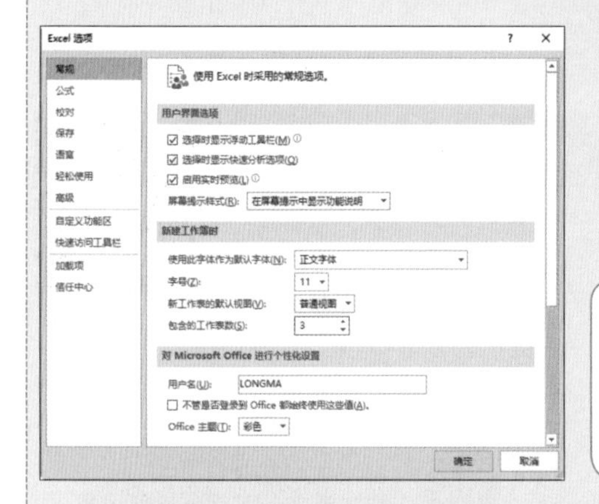

在这里并不局限于这几种设置方式，用户可以根据自己的习惯来更改设置。

第 12 课 Excel 三大元素之工作簿

工作簿作为 Excel 的三大元素之一，是学会 Excel 的第一步。掌握工作簿的基本操作就相当于掌握了打开 Excel 大门的钥匙。

下面就让我们一起来学习工作簿中的必备知识吧！

需要掌握的工作簿基本操作有哪些？

如何将工作簿分享给更多人？

12.1 自动保存工作簿不丢失

在工作中经常会因为忘记保存而导致工作表中数据丢失，为了避免悲剧再次发生，可以在使用 Excel 之前，先对 Excel 进行设置，使其自动保存工作簿，具体操作步骤如下。

01 启动 Excel 2016，并创建一个新的工作簿，选择【文件】选项卡，在弹出的界面中选择【选项】命令。

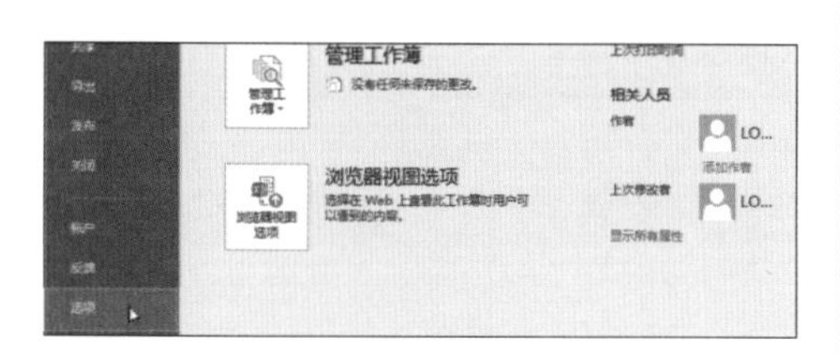

02 弹出【Excel 选项】对话框，在左侧列表框中选择【保存】选项，在右侧【保存工作簿】选项区域中选中【保存自动恢复信息时间间隔】复选框和【如果我没保存就关闭，请保留上次自动恢复的版本】复选框，并设置间隔时间和自动恢复文件的位置。

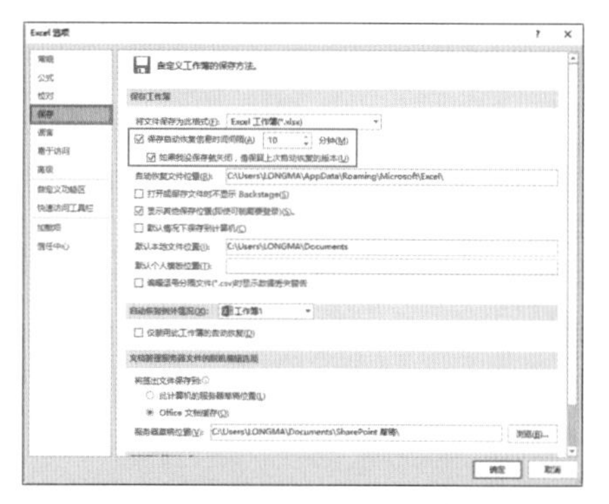

这样通过自动恢复文件的位置，就可以找到丢失的文件。

12.2 工作簿版本和格式转换

Excel 的版本由 2003 更新到 2016，新版本的软件可以直接打开低版本软件创建的文档。如果要使用低版本软件打开高版本软件创建的文档，可以先将高版本软件创建的文档另存为低版本类型，再使用低版本软件打开即可对其进行编辑，具体操作步骤如下。

1. Excel 2016 打开低版本文档

使用 Excel 2016 可以直接打开 2003、2007、2010、2013 格式的文档。将 2003 格式的文档在 Excel 2016 文档中打开时，标题栏中则会显示出【兼容模式】字样。

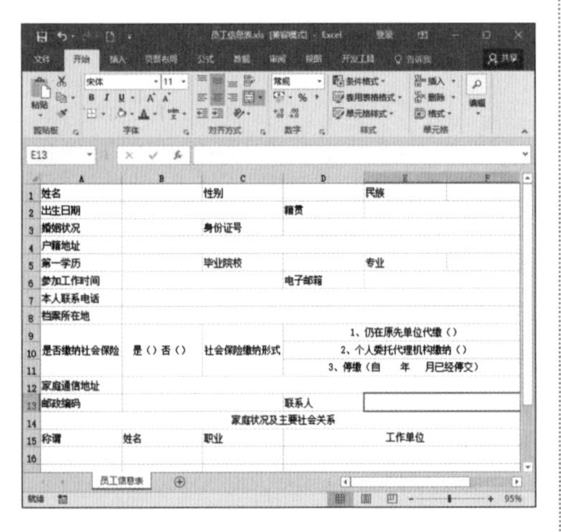

2. 低版本 Excel 软件打开 Excel 2016 文档

使用低版本 Excel 软件也可以打开 Excel 2016 创建的文档，只需要将其文档格式更改为低版本格式即可，具体操作步骤如下。

01 使用 Excel 2016 创建一个 Excel 工作簿，选择【文件】选项卡，在弹出的界面左侧选择【另存为】选项，在右侧【这台电脑】选项下单击【浏览】按钮。

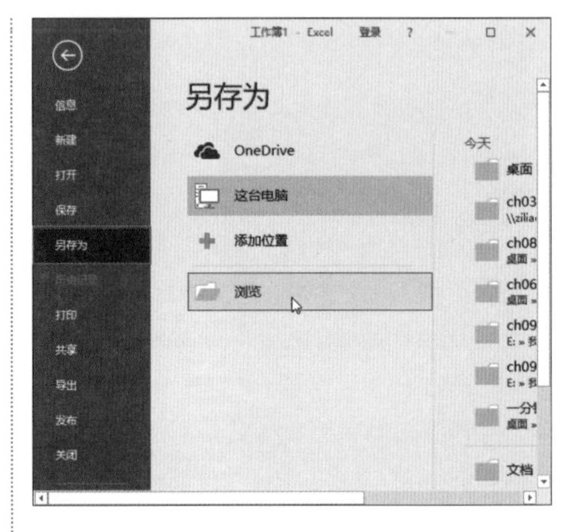

提示

在 Excel 2010 中选择【文件】→【另存为】选项，会直接弹出【另存为】对话框。

02 弹出【另存为】对话框，在【保存类型】下拉列表中选择【Excel 97-2003 工作簿】选项，单击【保存】按钮即可将其转换为低版本。之后，即可使用 Excel 2003 打开。

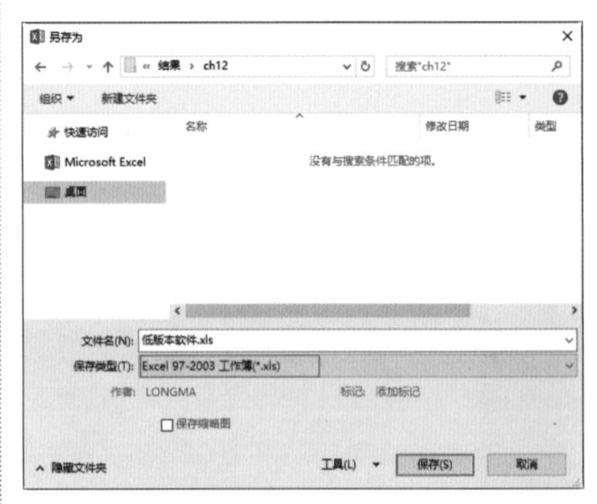

3. 工作簿的格式转换

将 Excel 工作簿另存为 PDF 格式，不仅方便不同用户阅读，也可以防止数据被更改，具体操作步骤如下。

01 打开随书光盘中的“素材\ch12\员工考勤表.xls”工作簿，选择【文件】选项卡，在弹出的界面中，选择左侧列表中的【另存为】选项，在右侧【这台电脑】选项下单击【浏览】按钮。

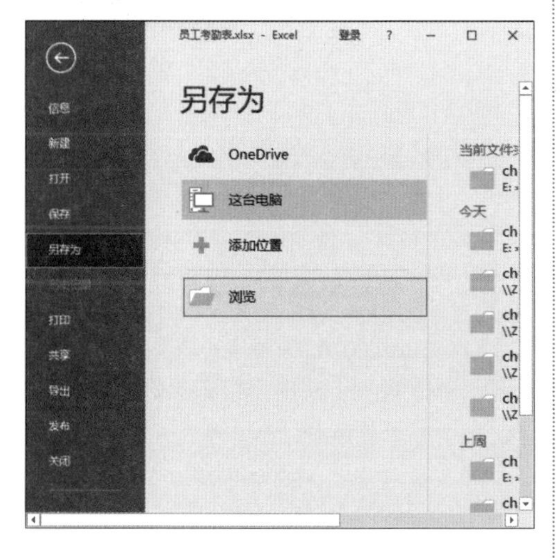

02 在弹出的【另存为】对话框中选择文件要保存的位置，并在【文件名】文本框中输入“员工考勤表”。

03 单击【保存类型】文本框右侧的下拉按钮，在弹出的下拉列表中选择【PDF（*.pdf）】选项。

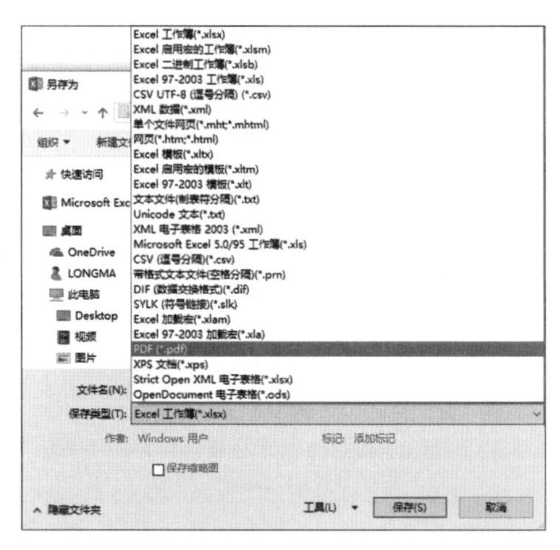

04 返回【另存为】对话框，单击【选项】按钮。

05 弹出【选项】对话框，选中【发布内容】选项区域中的【整个工作簿】单选按钮。然后单击【确定】按钮。

选项

页范围

◉ 全部(A)
○ 页(G) 从(F): 1 到(T): 1

发布内容

○ 所选内容(S) ◉ 整个工作簿(E)
○ 活动工作表(V) ○ 表(B)
☐ 忽略打印区域(O)

包括非打印信息

☑ 文档属性(R)
☑ 辅助功能文档结构标记(M)

PDF 选项

☐ 符合 PDF/A

确定 取消

06 返回【另存为】对话框，单击【保存】按钮。

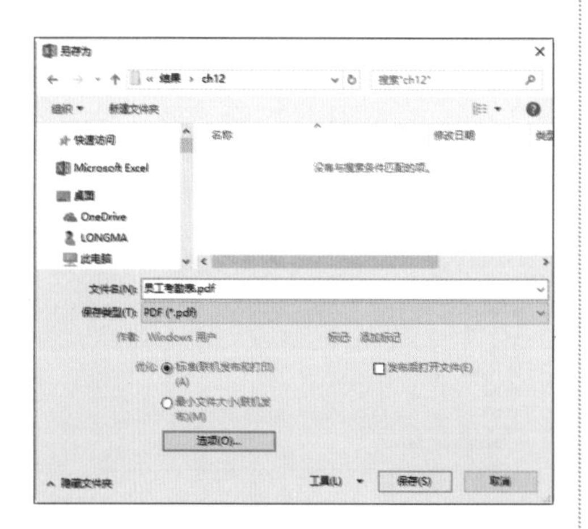

07 即可把“员工考勤表”另存为 PDF 格式。

新起点员工考勤表

序号	姓名	周一	周二	周三	周四	周五	本周出勤天数
1	[illegible]	√	√	√	×	√	4天
2	王红梅	√	△	√	√	√	4天
3	冯欢	√	√	√	√	×	4天
4	[illegible]	√	×	√	√	√	4天
5	陈涛	√	√	√	√	√	5天
6	[illegible]	√	√	△	√	√	4天
7	[illegible]	√	√	√	√	√	5天
8	[illegible]	√	×	√	√	×	3天

12.3 恢复未保存的工作簿

极简时光

关键词：【恢复未保存工作簿】按钮 / 启动 Excel 2016 /【打开】对话框 /【另存为】对话框

一分钟

在 12.1 节中已经设置了工作簿的自动保存，下面可以直接通过单击【恢复未保存的工作簿】按钮，快速恢复未保存的工作簿，具体操作步骤如下。

01 启动 Excel 2016，并创建一个新的工作簿，选择【文件】选项卡。在弹出界面的左侧列表中选择【打开】选项，在右侧【打开】选项区域下选择【最近】选项，单击右下方的【恢复未保存的工作簿】按钮。

提示

在 Excel 2010 中可以选择【文件】→【最近所用文件】选项，在弹出的界面中选择右下角的【恢复未保存的工作簿】选项。

02 弹出【打开】对话框，选择要恢复的工作簿，单击【打开】按钮。

03 即可打开未保存的工作簿，在标题栏中显示出【只读】字样，单击功能区下方的【另存为】按钮。

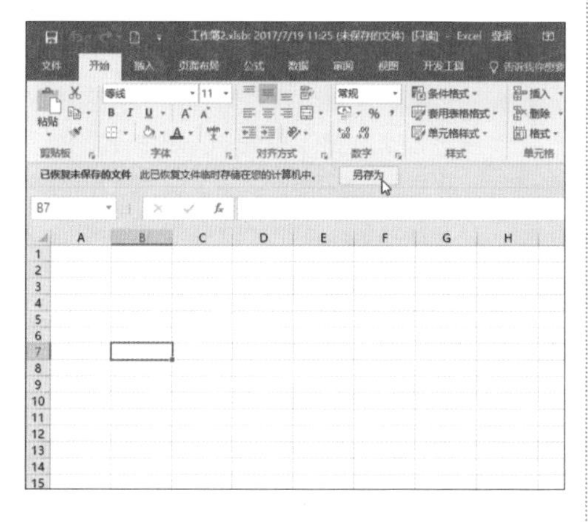

04 弹出【另存为】对话框，选择文件保存的位置，并在【文件名】文本框中输入文件的名称，单击【保存】按钮即可。

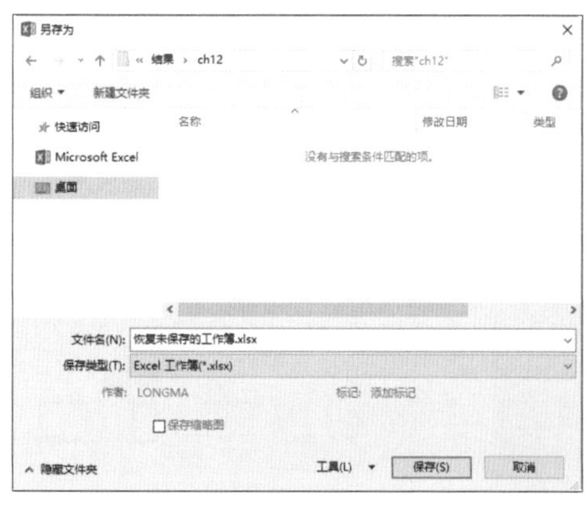

12.4 分享给更多人

在办公中，使用 Excel 的共享功能将工作簿分享给其他人，可实现资源共享，提高整个团队的工作效率，具体操作步骤如下。

01 打开随书光盘中的“素材\ch12\员工信息表.xlsx”工作簿，选择【文件】选项卡。在弹出的界面左侧列表中选择【共享】选项，单击右侧【共享】区域中的【与人共享】→【保存到云】按钮。

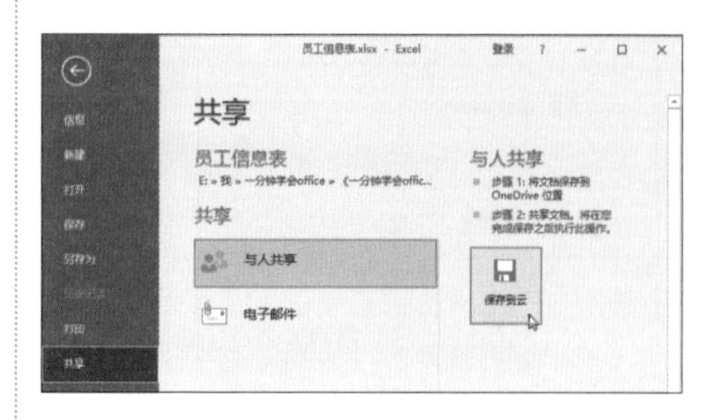

02 弹出【另存为】界面，选择【OneDrive】选项，在弹出的【OneDrive】界面中单击【登录】按钮。

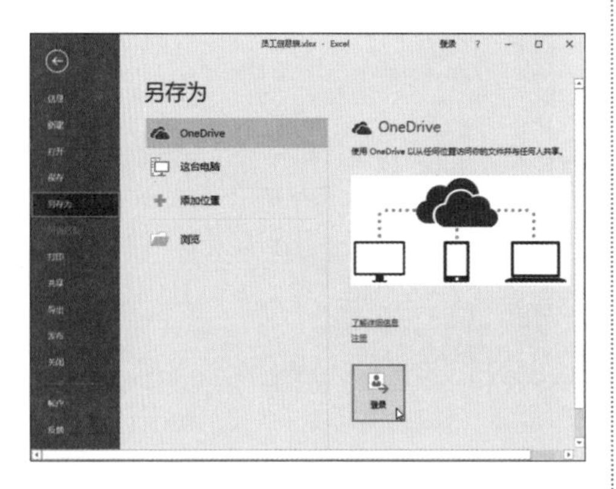

03 弹出【登录】对话框，输入 Microsoft 账号（若没有 Microsoft 账号，单击【创建一个】链接，在打开的界面中输入信息即可），单击【下一步】按钮。

04 弹出【输入密码】对话框，输入密码，单击【登录】按钮。

05 返回【另存为】对话框，即可将账户信息显示在【OneDrive- 个人】中，在对话框中选择【OneDrive- 个人】选项，在弹出的右侧区域中选择【OneDrive- 个人】文件。

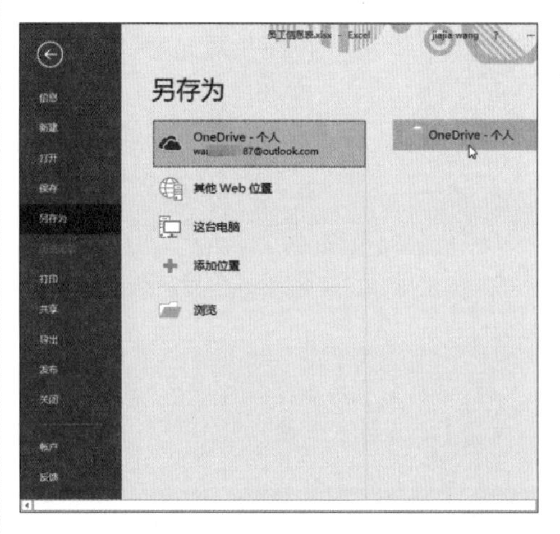

06 弹出【另存为】对话框，单击【保存】按钮，即可将此工作簿上传到【OneDrive】中。

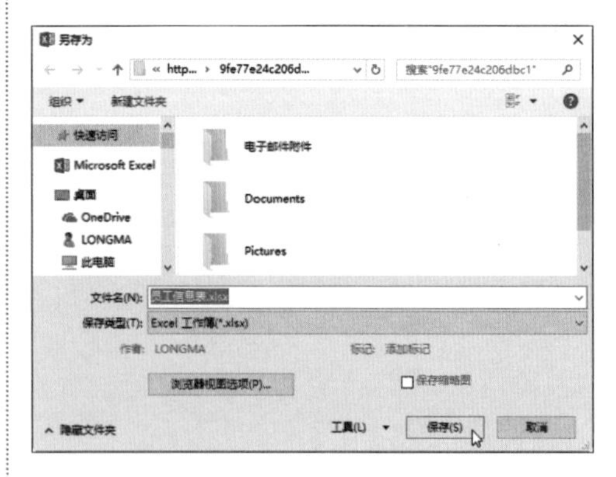

07 然后返回【文件】选项卡下的【信息】界面，在左侧列表中选择【共享】选项。

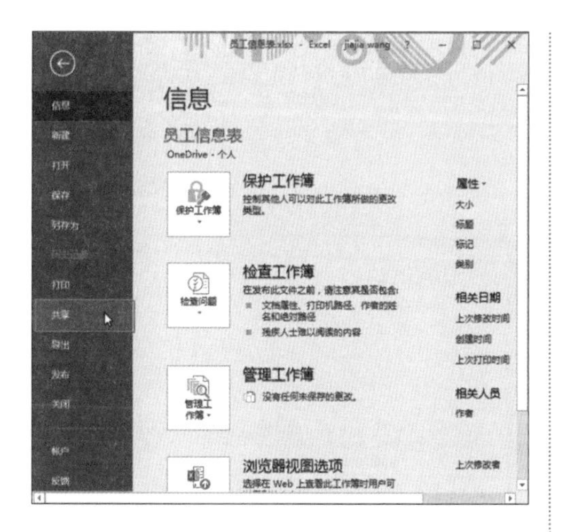

08 在弹出的【共享】界面中单击【与人共享】→【与人共享】按钮。

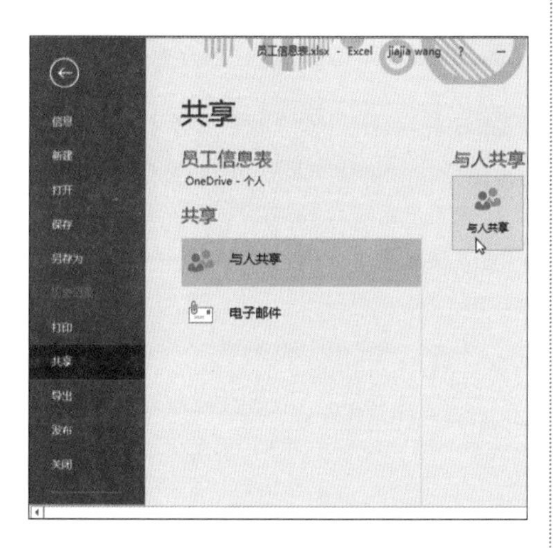

09 返回【员工信息表】工作界面，并弹出【共享】任务窗格，在【邀请人员】文本框中输入联系人的邮件地址，在下方的下拉列表框中选择【可编辑】选项，设置完成后，单击【共享】按钮，即可将此工作簿共享给他人。

提示

单击【共享】任务窗格下方的【获取共享链接】链接，获取共享链接，然后可以通过发送链接的方式将此工作簿分享给更多人。

在 Excel 2010 中共享工作簿的方法是：单击【审阅】选项卡下【更改】组中的【共享工作簿】按钮，即可实现工作簿的共享。

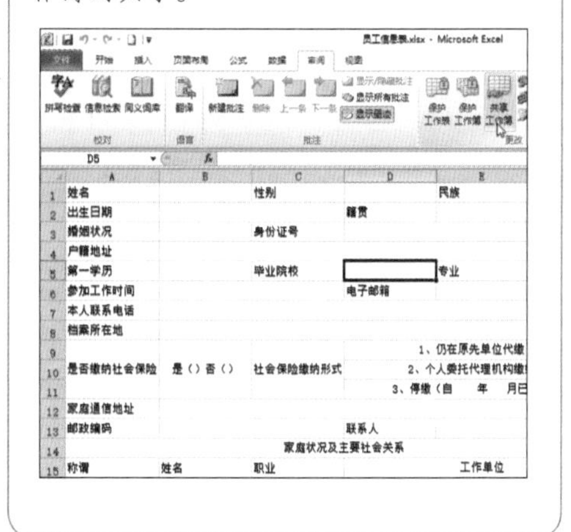

牛人干货

修复损坏的 Excel 工作簿

对于已经损坏的工作簿，可以利用 Excel 2016 修改它，具体操作步骤如下。

01 启动 Excel 2016，并新建一个空白工作簿，选择【文件】选项卡，在弹出的界面中，选择左侧列表中的【打开】选项，在右侧的【打开】界面中单击【浏览】按钮。

02 弹出【打开】对话框，选择要打开的工作簿文件。单击【打开】下拉按钮，在弹出的下拉菜单中选择【打开并修复】选项。

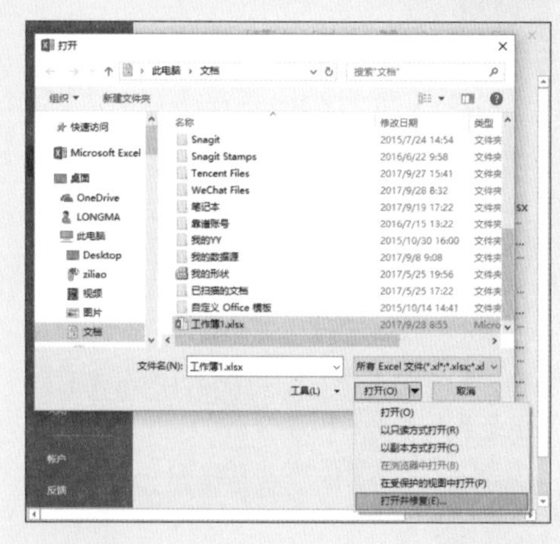

03 弹出一个信息提示框，单击【修复】按钮，Excel 将修复工作簿并打开，如果修复不能完成，则单击【提取数据】按钮，只将工作簿中的数据提取出来。

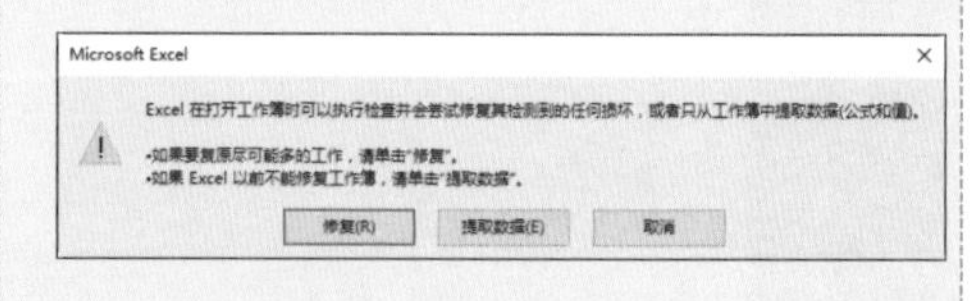

第 13 课 Excel 三大元素之工作表

面对 Excel 工作表操作界面中的这些繁杂的功能按钮，你是否觉得烦躁且无从下手呢？不要急，任何事情的学习都需要一个过程。

下面就让我们先从工作表的基本操作开始，一步步地熟悉并学会使用 Excel。

如何快速选择工作表？

怎样冻结窗口查看大表格？

13.1 默认工作表不够用怎么办

Excel 2016 中默认打开的工作簿中只包含一张工作表，当一张工作表不够用时，就需要插入新的工作表，插入工作表的方法有以下 3 种。

1. 使用功能区

01 启动 Excel 2016，并创建一个新的工作簿。单击【开始】选项卡下【单元格】组中的【插入】下拉按钮，在弹出的下拉列表中选择【插入工作表】选项。

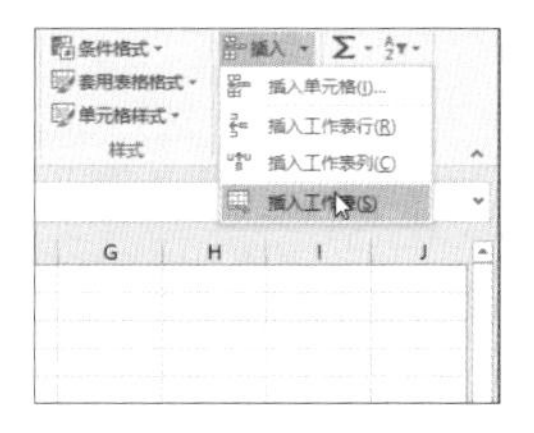

02 即可在工作表的前面创建一个新工作表。

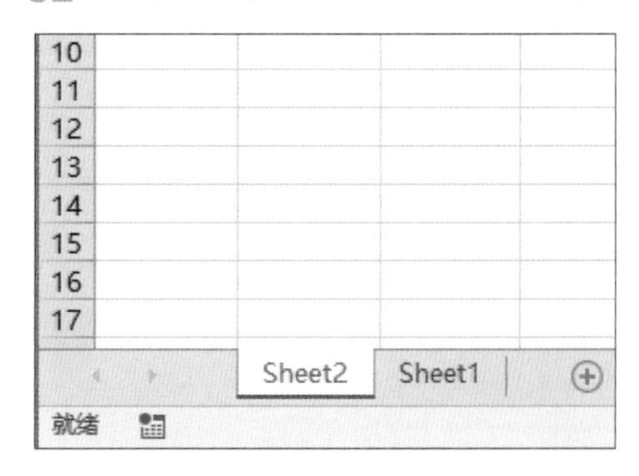

2. 使用快捷菜单插入工作表

01 在 Sheet1 工作表标签上右击，在弹出的快捷菜单中选择【插入】选项。

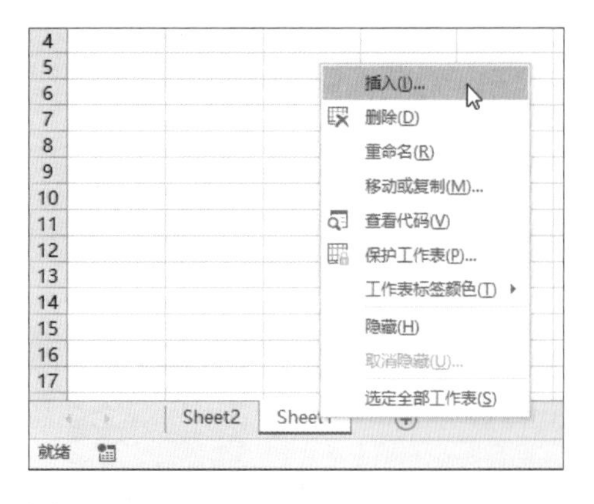

02 弹出【插入】对话框，选择【工作表】图标，单击【确定】按钮。

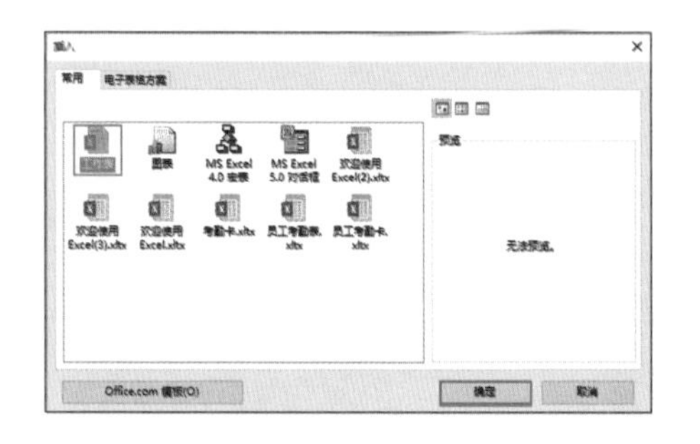

03 即可在当前工作表的前面插入一个新工作表。

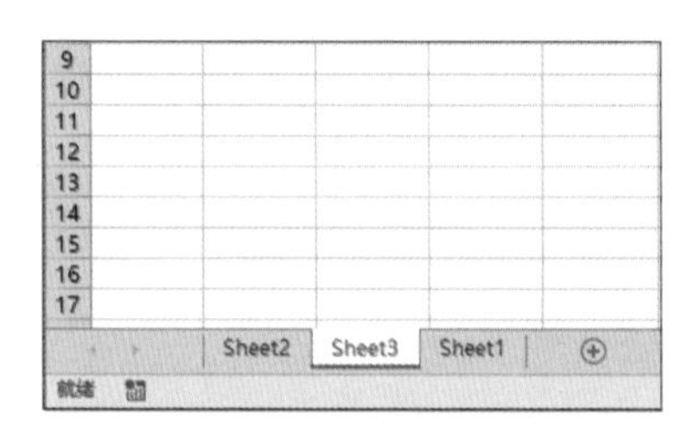

3. 使用【新工作表】按钮

单击工作表名称后的【新工作表】按钮，也可以快速插入新工作表。

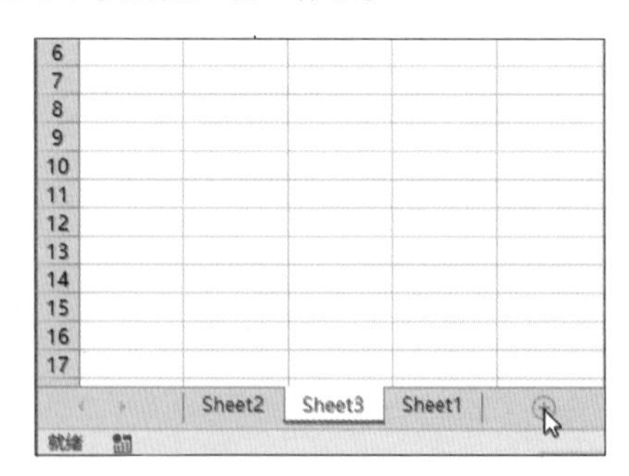

13.2 快速选择工作表

关键词：快速选择工作表 / 使用快捷键 / 使用工作表导航按钮 /【激活】对话框

一分钟

Excel 中一个工作簿最多可容纳 255 张工作表，若 Excel 中包含多张工作表，如何才能快速选择需要的工作表呢?

下面就以随书光盘中的“素材 \ch13\ 考勤表 .xlsx”工作簿为例，来介绍快速选择工作表的 4 种方法。

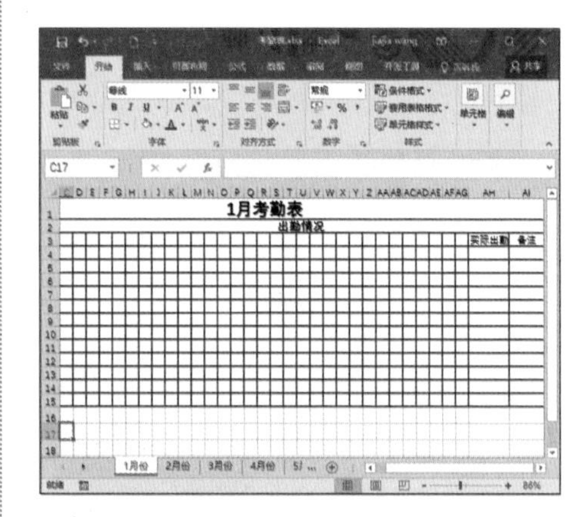

1. 在工作表标签上单击

在工作表标签上单击要查看的工作表，即可切换至此工作表。

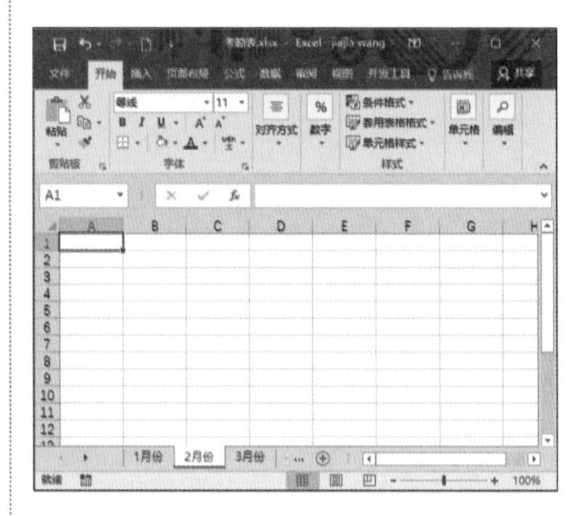

2. 使用快捷键

在相邻的工作表之间，可以按【Ctrl+PageUp】组合键或【Ctrl+PageDown】组合键，快速选择工作表。

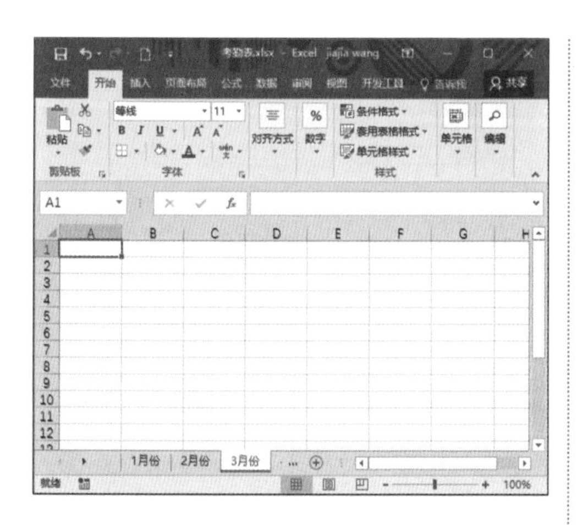

3. 使用工作表导航按钮

单击工作簿窗口左下角工作表导航按钮区域的【左】◀或【右】▶按钮，快速选择工作表。

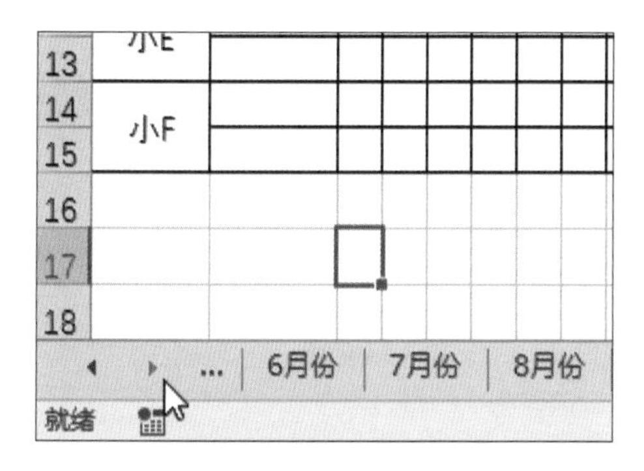

4. 右击工作表导航按钮区域任一位置

01 在工作簿窗口左下角的工作表导航按钮区域任一位置右击，弹出【激活】对话框，在【活动文档】下拉列表框中选择要查看的工作表，这里选择查看“10 月份”工作表，单击【确定】按钮。

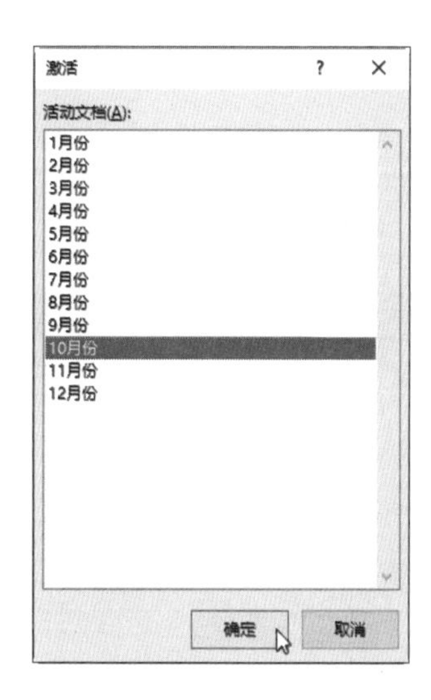

02 即可快速定位至“10 月份”工作表中。

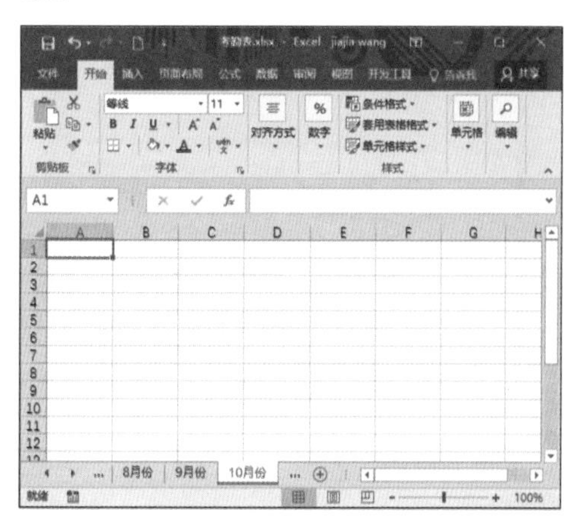

13.3 将工作表插入另一个工作簿中

使用 Excel 2016 可以将一张工作表插

入另一个工作簿中，具体操作步骤如下。

01 打开随书光盘中的“素材\ch13\考勤表.xlsx”工作簿，单击快速访问工具栏中的【新建】按钮。

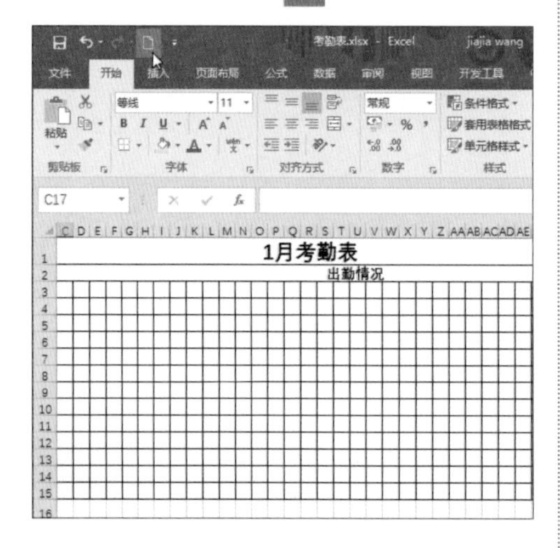

02 即可新建一个空白工作簿，并自动将其命名为“工作簿1”。

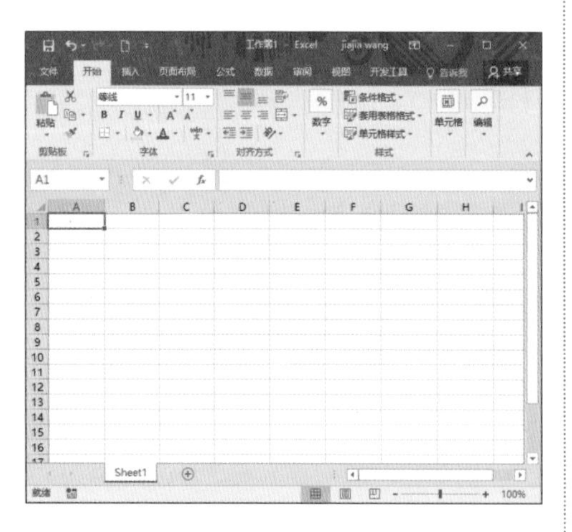

03 选择“考勤表”工作簿，在“1月份”工作表标签上右击，在弹出的快捷菜单中选择【移动或复制】选项。

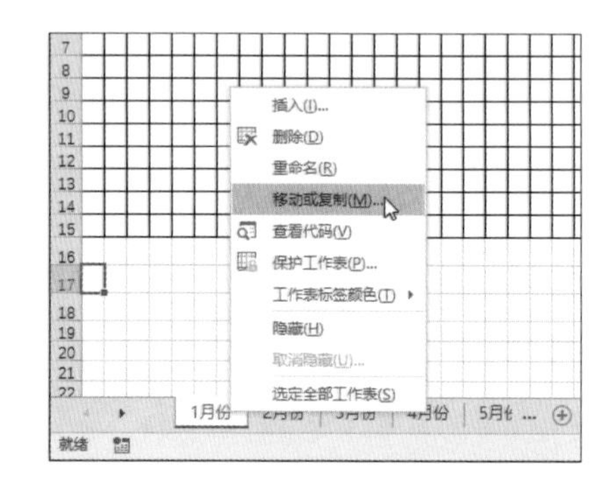

04 弹出【移动或复制工作表】对话框，单击【工作簿】文本框右侧的下拉按钮，在弹出的下拉列表中选择【工作簿1】选项。

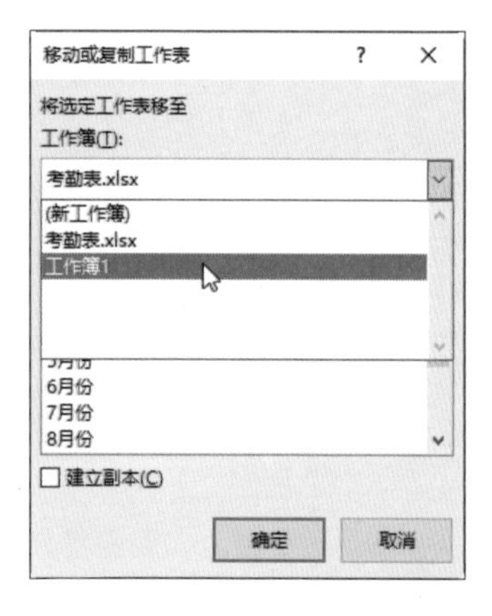

05 在【下列选定工作表之前】列表框中选择【Sheet1】选项，并选中【建立副本】复选框，单击【确定】按钮。

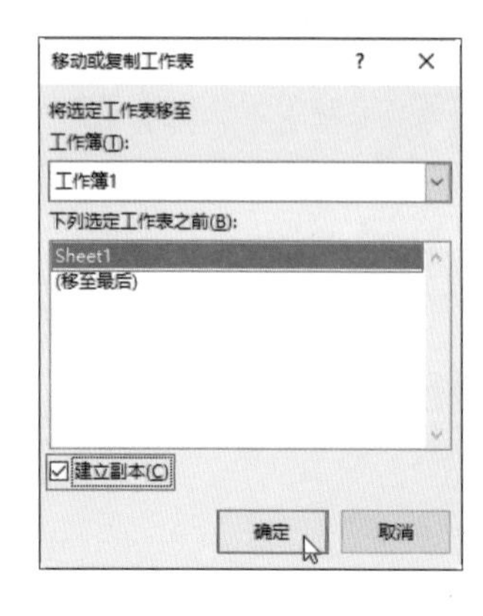

06 即可将“1 月份”工作表插入“工作簿 1”中，并插在 Sheet1 工作表前。

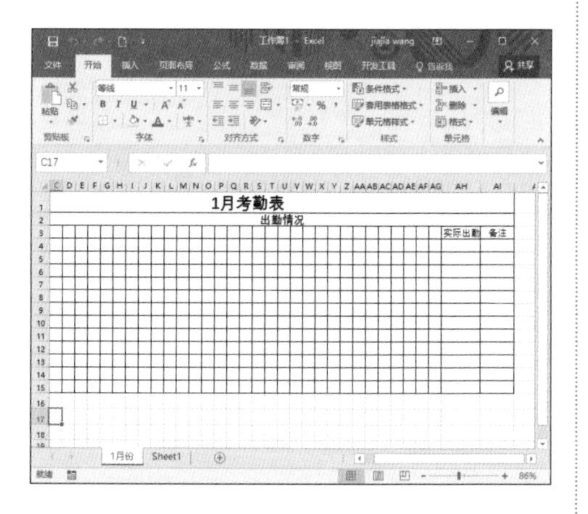

13.4 改变工作表标签颜色

极简时光

关键词：设置标签颜色 / 【主题颜色】面板 / 设置完成工作表标签颜色

一分钟

Excel 中可以对工作表的标签设置不同的颜色，来区分工作表的内容分类及重要级别等，可以使用户更好地管理工作表，具体操作步骤如下。

01 打开随书光盘中的“素材 \ch13\ 考勤表 .xlsx”工作簿，选择要设置标签颜色的工作表，在工作表标签上右击，在弹出的快捷菜单中选择【工作表标签颜色】选项。

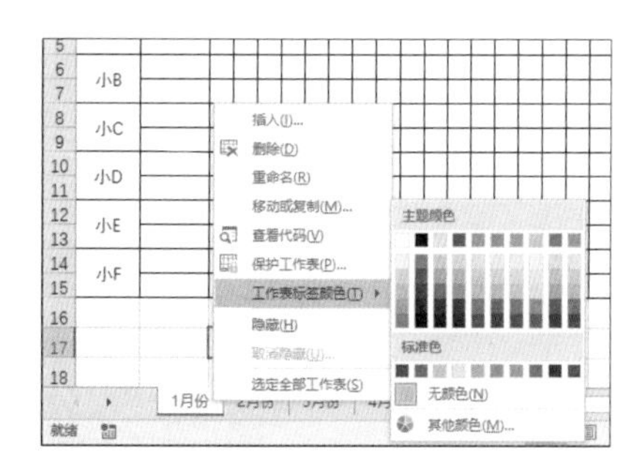

02 在弹出的【主题颜色】面板中，选择【标准色】选项组中的【红色】选项。

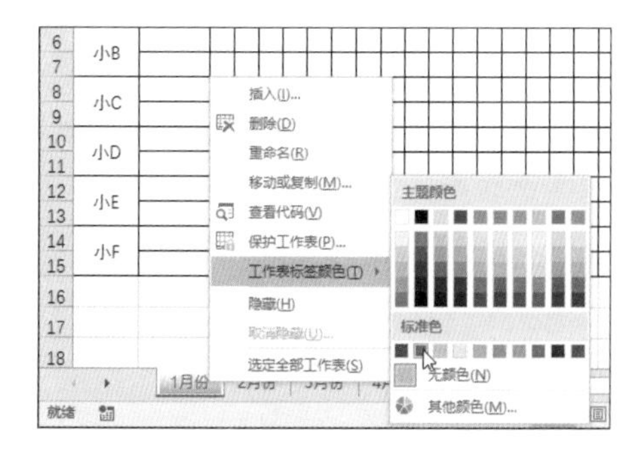

03 即可看到工作表的标签颜色已经更改为“红色”。

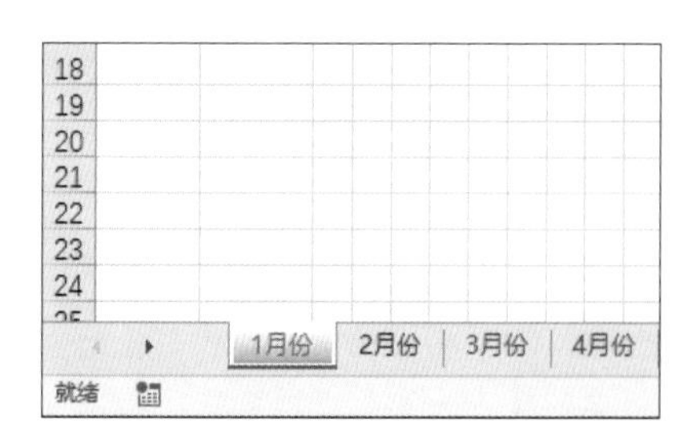

04 使用同样的方法为其他工作表标签设置颜色，效果如下图所示。

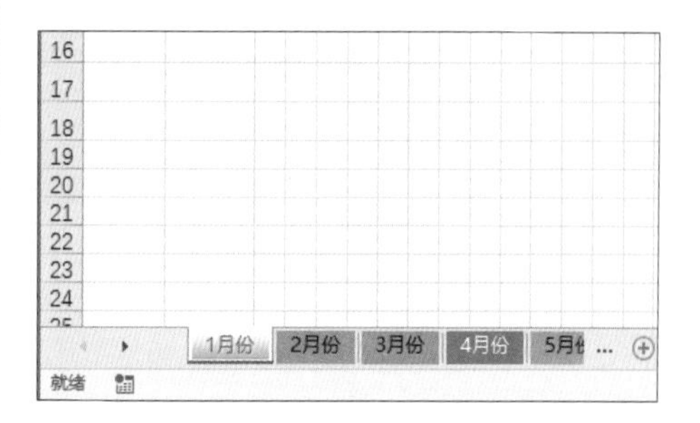

13.5 冻结窗口查看大表格

冻结查看是指将指定区域冻结、固定，滚动条只对其他区域的数据起作用，以便在信息众多的表格中查看数据。冻结窗口的具体操作步骤如下。

01 打开随书光盘中的“素材\ch13\客户表.xlsx”工作簿，单击【视图】选项卡下【窗口】组中的【冻结窗格】下拉按钮，在弹出的下拉列表中选择【冻结首行】选项。

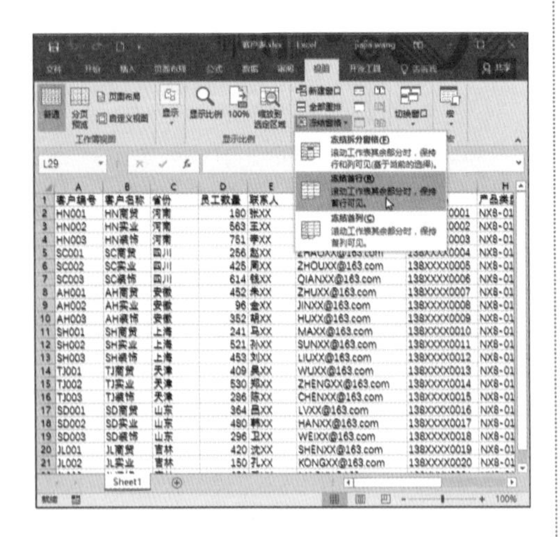

02 在首行下方会显示一条黑线，并固定首行，向下拖动垂直滚动条，首行一直会显示在当前窗口中。

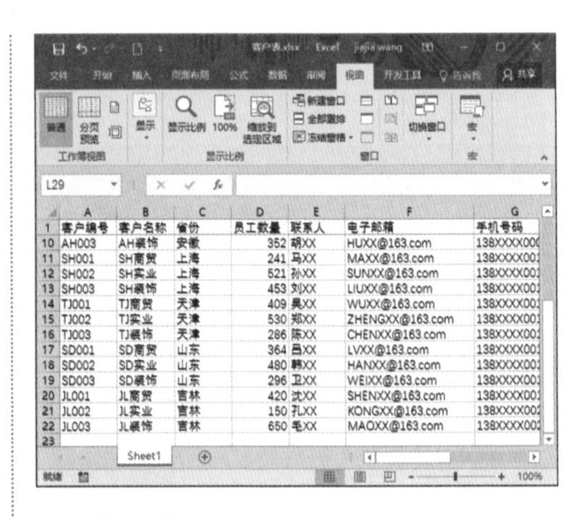

提示

在【冻结窗格】下拉列表中选择【取消冻结窗格】选项，即可恢复到普通状态。

03 单击【视图】选项卡下【窗口】组中的【冻结窗格】下拉按钮，在弹出的下拉列表中选择【冻结首列】选项。

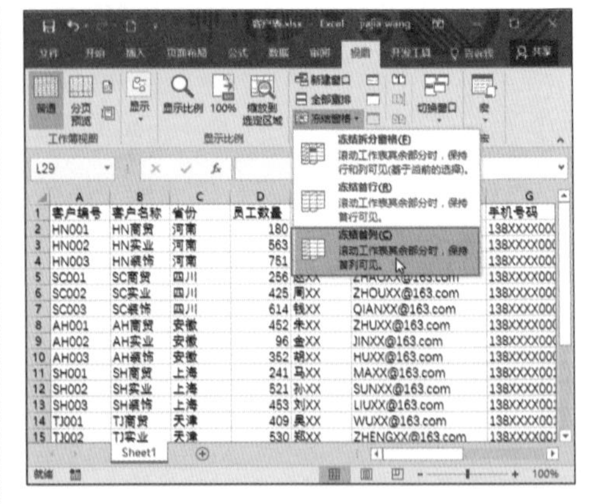

04 在首列右侧会显示一条黑线，并固定首列，拖曳下方的水平滚动条，首列将一直显示在当前窗口中。

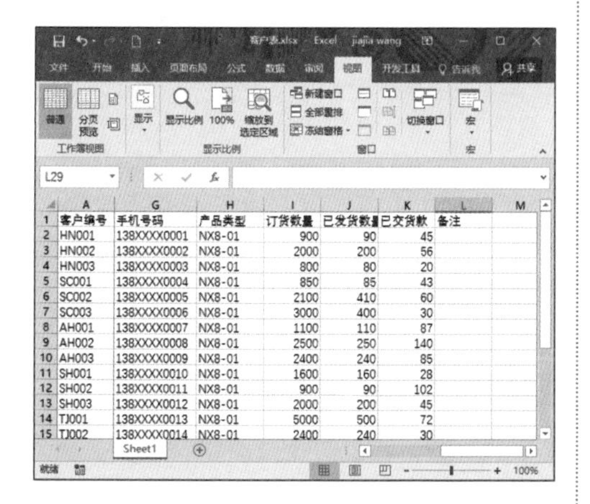

05 如果要同时冻结首行和首列，则选择 B2 单元格。

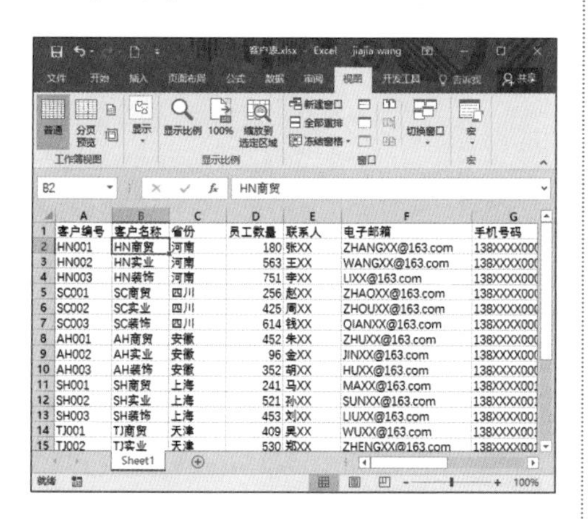

06 单击【视图】选项卡下【窗口】组中的【冻结窗格】下拉按钮 ，在弹出的下拉列表中选择【冻结拆分窗格】选项。

07 则将会同时冻结首行和首列，拖曳下方的水平滚动条或者右侧的垂直滚动条，首行和首列将一直显示在当前窗口中。

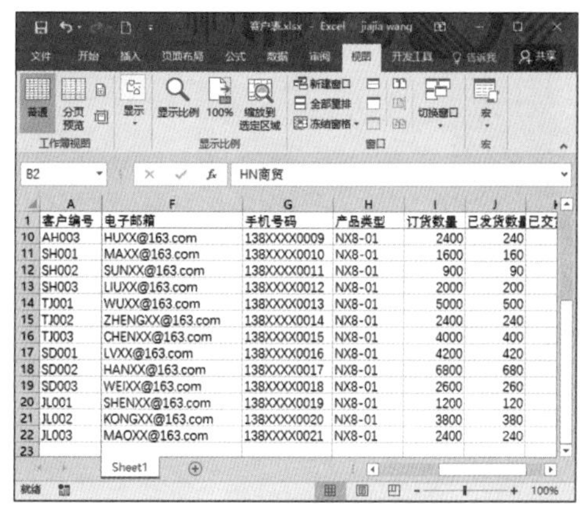

提示

如果锁定多行或多列，则同时选择多行或多列，选择【冻结拆分窗格】命令。

牛人干货

增加工作簿中工作表的默认数量

上面已经介绍了很多添加新工作表的方法，但如果每次打开工作簿都要先添加几张新的工作表，还是觉得有些麻烦，下面就来介绍一种一劳永逸的方法——增加工作簿中工作表的默认数量，具体操作步骤如下。

01 启动 Excel 2016，并创建一个新的工作簿，选择【文件】选项卡，在弹出的界面中，选择左侧列表中的【选项】选项。

02 弹出【Excel 选项】对话框，在左侧列表中选择【常规】选项卡，在右侧【新建工作簿时】选项区域中【包含的工作表数】文本框中输入想要设置的数量，这里输入“6”，单击【确定】按钮。

03 返回 Excel 工作簿界面，单击快速访问工具栏中的【新建】按钮，新建一个空白工作簿，即可看到在新建的“工作簿 2”中包含有 6 张工作表。

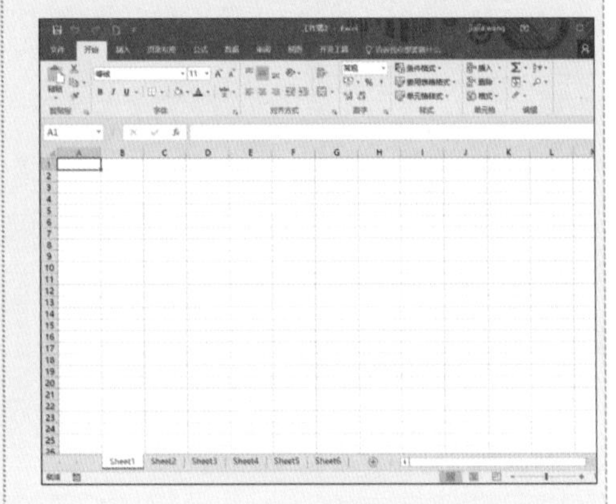

第 14 课 Excel 三大元素之单元格

作为 Excel 的三大元素之一，单元格是组成表格的最小单位，单元格的选取与定位是编辑 Excel 表格的第一步，准确并勇敢地走出第一步，才能在 Excel 的道路上越走越远。

选择合适的道路，才能越走越顺。

如何选择合适的单元格或单元格区域？

如何快速定位单元格？

14.1 选择单元格

对单元格进行编辑操作，首先要选择单元格或单元格区域。启动 Excel 并创建新的工作簿时，默认情况下单元格 A1 处于自动选定状态。

单击某一单元格，若单元格的边框线变成绿色矩形边框，则此单元格处于选定状态。当前单元格的地址显示在名称框中，在工作表格区内，鼠标指针会呈白色“✣”字形状。

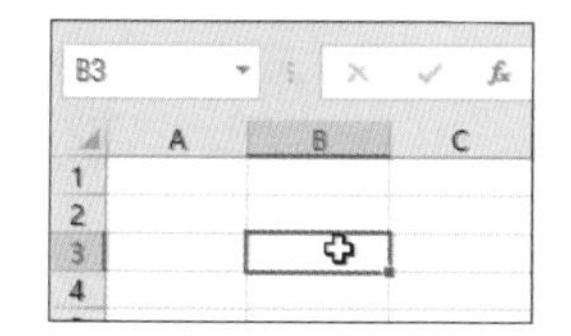

在名称框中输入目标单元格的地址，如“C4”，按【Enter】键即可选定第 C 列和第 4 行交汇处的单元格。

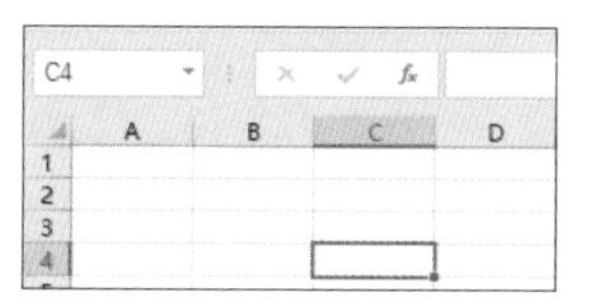

14.2 选择单元格连续区域

单元格区域是多个单元格组成的区域，根据单元格组成区域的相互联系情况，分为连续区域和不连续区域。

1. 选择连续单元格区域

连续单元格区域是多个单元格之间相互连续，紧密衔接，连接的区域形状呈规则的矩形。连续区域的单元格地址标识一般使用“左上角单元格地址：右下角单元格地址”表示。

如果要选择连续单元格区域，主要常用的方法如下。

（1）选定一个单元格，按住鼠标左键

在工作表中拖曳鼠标选取相邻的区域。

（2）选定一个单元格，按住【Shift】键，使用方向键选取相邻的区域。

（3）选定左上角的单元格，按住【Shift】键的同时单击该区域右下角的单元格，即可选中该单元格区域。

（4）选定一个单元格，按【F8】键，进入“扩展”模式，此时状态栏中显示“扩展式选定”字样，用鼠标单击另一个单元格区域，即可选中该单元格区域。再次按【F8】键或【Esc】键，退出“扩展”模式。

（5）在工作表名称框中输入连续区域的单元格地址，按【Enter】键，即可选取该区域。

（6）选定一个单元格，然后按【Ctrl+Shift+End】组合键将单元格选定区域扩展至工作表中最后一个所用单元格（右下角）。

（7）选定一个单元格，然后按【Ctrl+Shift+Home】组合键将单元格选定区域扩展至工作表开头。

如下图所示，即为一个连续区域，单元格地址为 A1:C5，包含了从 A1 单元格到 C5 单元格区域，共 15 个单元格。

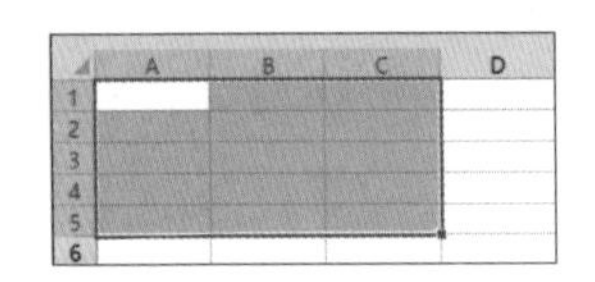

2. 选择连续的整行或整列

除选择连续单元格区域外，还可以选择单行、单列或者连续的多行和多列。

将鼠标指针放在行标签或列标签上，当出现向右的箭头 或向下的箭头 时单击，即可选中该行或该列。

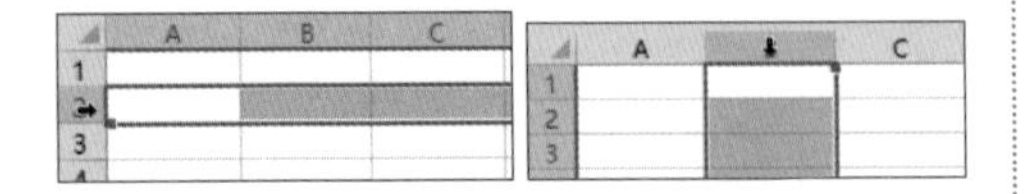

选中整行或整列后，在行标签或列标签上拖曳鼠标指针可以选择连续的多行或多列；也可以选择一行或一列后，按住【Shift】键选择其他行或列，那么就可选中连续的多行或多列。

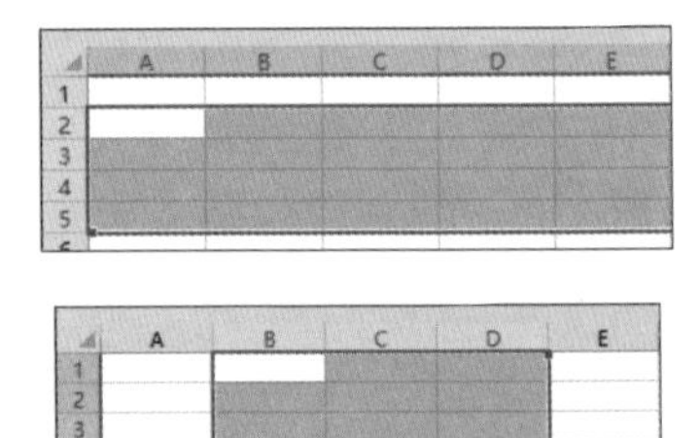

14.3 选择单元格不连续区域

有时需要选择不连续的单元格区域或者不连续的整行和整列，选择方法如下。

1. 选择不连续单元格区域

不连续单元格区域是指选择不相邻的单元格或单元格区域，不连续区域的单元格地址主要由单元格或单元格区域的地址组成，以“,”分隔，如“A1:B4,C7:C9，G10”即为一个不连续区域的单元格地址，表示该不连续区域包含了 A1:B4、C7:C9 两个连续区域和一个 G10 单元格，如下图所示。

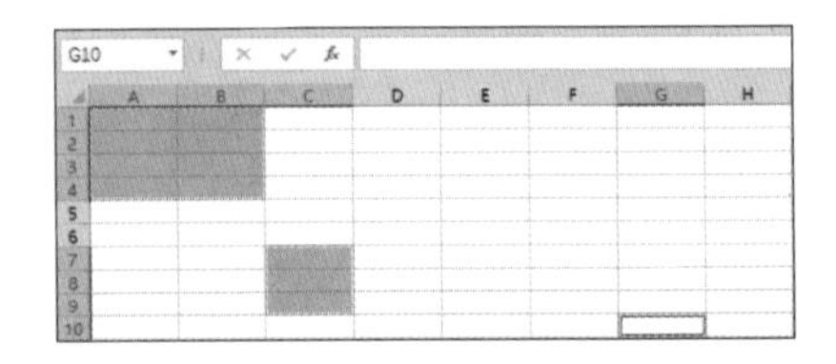

不连续区域的选择，可以使用以下 3 种方法。

（1）选定一个单元格或连续单元格区域，按住【Ctrl】键不放，使用鼠标单击或者拖曳鼠标选择多个单元格或连续单元格区域，选择完毕后，松开【Ctrl】键即可。

（2）选定一个单元格或连续单元格区域，按住【Shift+F8】组合键，可以进入“添加”模式，与【Ctrl】键效果相同，使用鼠标单击或者拖曳鼠标选择多个单元格或连续单元格区域，选择完毕后，按【Esc】键或【Shift+F8】组合键退出“添加”模式。

（3）在工作表名称栏中，输入不连续区域的单元格地址，按【Enter】键，即可选取该单元格区域。

2. 选择不连续的整行或整列

使用鼠标选中整行或整列后，按住【Ctrl】键选择其他行或列，就可选择不连续的多行或多列。

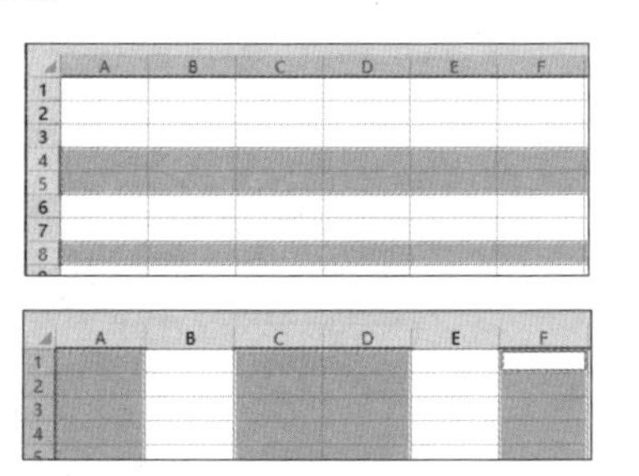

14.4 一次性选择所有单元格

如果要选择所有单元格，即选择整个工作表，方法有以下两种。

（1）单击工作表左上角行号与列标相交处的【选定全部】按钮，即可选定整个工作表。

（2）按【Ctrl+A】组合键也可选定整个工作表。

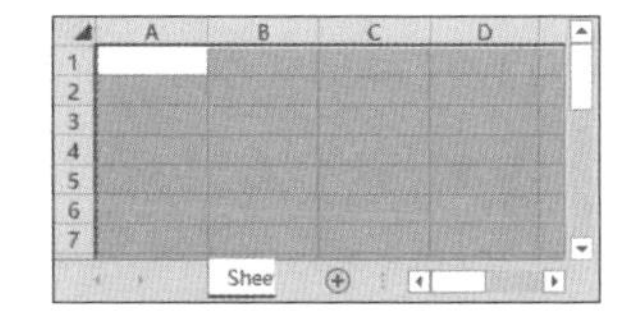

14.5 一键搞定单元格合并与拆分

极简时光

关键词： 合并单元格 /【合并后居中】按钮 / 拆分单元格 /【取消单元格合并】选项

一分钟

合并与拆分单元格是最常用的单元格操作，可以满足用户编辑表格中数据的需求。

1. 合并单元格

合并单元格是指在 Excel 工作表中，将两个或多个选定的相邻单元格合并成一个单元格，具体操作步骤如下。

01 选择单元格区域 A1:C1，单击【开始】选项卡下【对齐方式】组中【合并后居中】下拉按钮，在弹出的下拉列表中选择【合并单元格】选项。

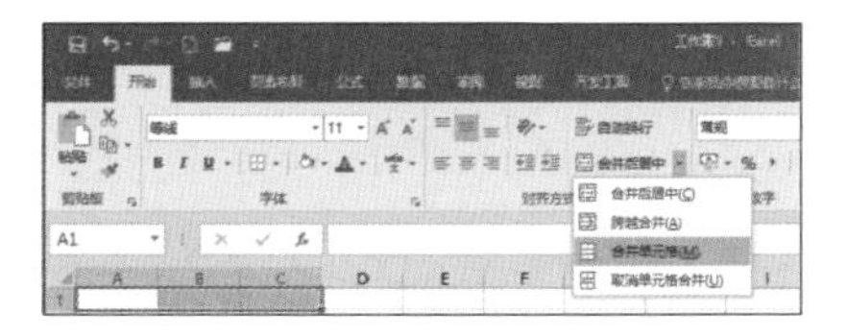

02 即可将选择的单元格区域合并。单元格合并后，将使用原始区域左上角的单元格地址来表示合并后的单元格地址。

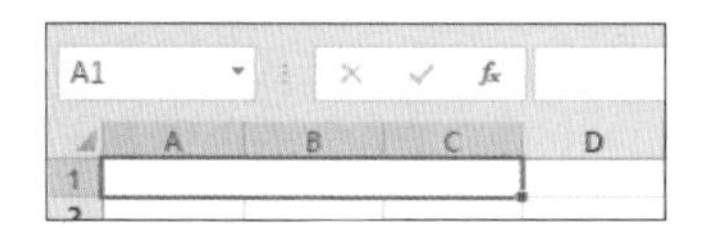

如果要将单元格合并后并让内容居中显示，可以选择【合并后居中】选项。

2. 拆分单元格

合并单元格后，还可以将合并后的单元格拆分成多个单元格。

选择合并后的单元格，单击【开始】选项卡下【对齐方式】组中【合并后居中】下拉按钮，在弹出的下拉列表中选择【取消单元格合并】选项，即可取消单元格区域的合并，恢复成合并前的单元格。

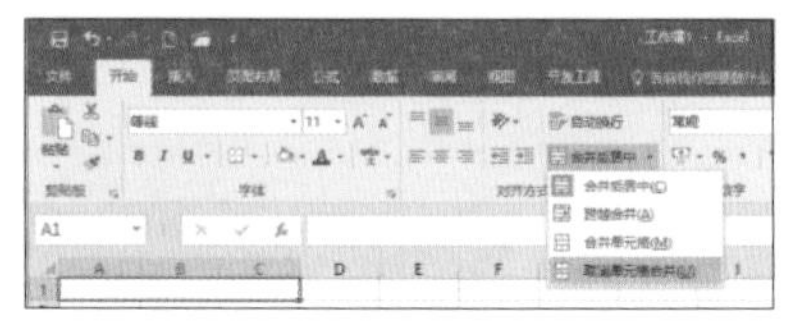

在合并后的单元格上右击，在弹出的快捷菜单中选择【设置单元格格式】选项，弹出【设置单元格格式】对话框，在【对齐】选项卡下取消选中【合并单元格】复选框，然后单击【确定】按钮，也可拆分合并后的单元格。

牛人干货

利用快捷键轻松选取单元格

除了本章介绍的选择单元格的方法外，还可以使用键盘上的按键选定单元格，具体如下表所示。

按键名称	作用
向上方向键	移动至向上一行单元格
向下方向键	移动至向下一行单元格
向左方向键	移动至向左一列单元格
向右方向键	移动至向右一列单元格
【Ctrl】+ 方向键	移动到当前数据的边缘
【Shift】方向键	将单元格的选定范围扩大一个单元格
【Page Up】键	移动至向上一屏单元格
【Page Down】键	移动至向下一屏单元格
【Alt+Page Up】组合键	移动至向左一屏单元格
【Alt+Page Down】组合键	移动至向右一屏单元格
【Ctrl+Home】组合键	选择 Excel 表格中的第一个单元格
【Ctrl+End】组合键	选择 Excel 表格中的最后一个单元格

第 15 课
快速输入数据

速度造就了成功，没有速度就没有成功。在 Excel 中同样如此，快速地输入数据，是在工作中不可或缺的法宝。

提高输入数据的速度，是提升工作效率的有效方法。

如何快速输入相同的信息？

如何保证输入的信息无误？

15.1 批量输入相同信息

极简时光

关键词： 批量输入相同信息 / 输入内容 /【Ctrl+Enter】组合键 / 选择多个工作表

一分钟

如果要在 Excel 的不同单元格中输入相同的内容，可以通过复制、粘贴或填充的方法来提高速度，但在单元格数量多或单元格区域不工整的情况下，效率并不会太高，那么如何才能在不同单元格中批量输入相同的数据信息呢？

1. 在同一个工作表中输入相同信息

在同一个工作表的多个单元格中批量输入相同信息的具体操作步骤如下。

01 选择要输入相同信息的单元格区域。

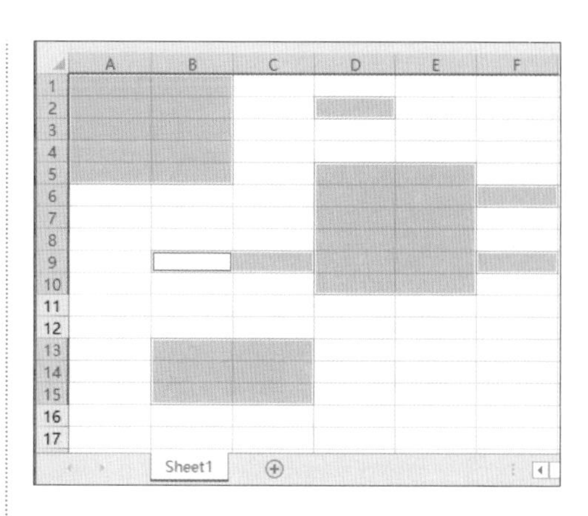

02 输入要输入的内容，如这里输入“Excel”。

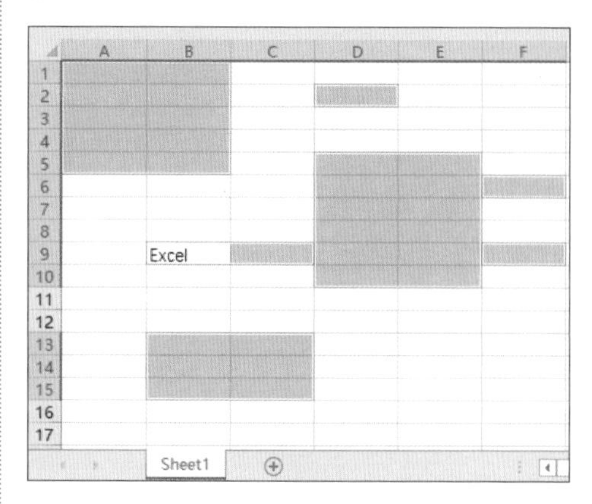

默认会在最后一个选择的单元格内显示输入的内容。

03 按【Ctrl+Enter】组合键，即可看到选择的单元格区域内，均输入了“Excel”。

	A	B	C	D	E	F
1	Excel	Excel				
2	Excel	Excel		Excel		
3	Excel	Excel				
4	Excel	Excel				
5	Excel	Excel		Excel	Excel	
6				Excel	Excel	Excel
7				Excel	Excel	
8				Excel	Excel	
9		Excel	Excel	Excel	Excel	Excel
10				Excel	Excel	
11						
12						
13		Excel	Excel			
14		Excel	Excel			
15		Excel	Excel			
16						
17						

Sheet1

2. 在不同工作表中输入相同信息

如果在一个工作簿的多个工作表中需要输入相同的数据，如相同的行标题，列标题等，也可快速一次输入，具体操作步骤如下。

01 按住【Ctrl】键，同时选择多个工作表，可以在标题栏中看到显示“组”，表明选择了多个工作表。

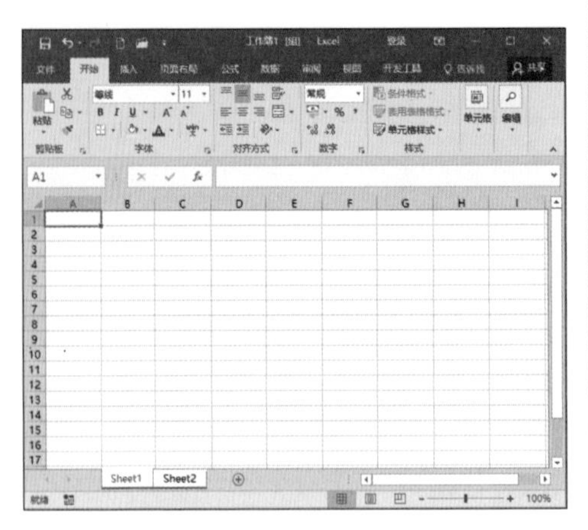

提示

在 Excel 2010 中同时选中多个工作表时，标题栏显示的是“工作组”。

02 然后根据需要在 A1 单元格中输入行标题“学号”。

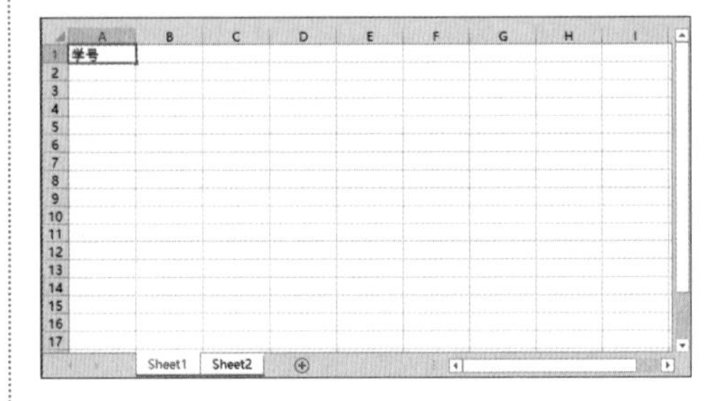

03 根据需要选择其他单元格并输入相应的内容。

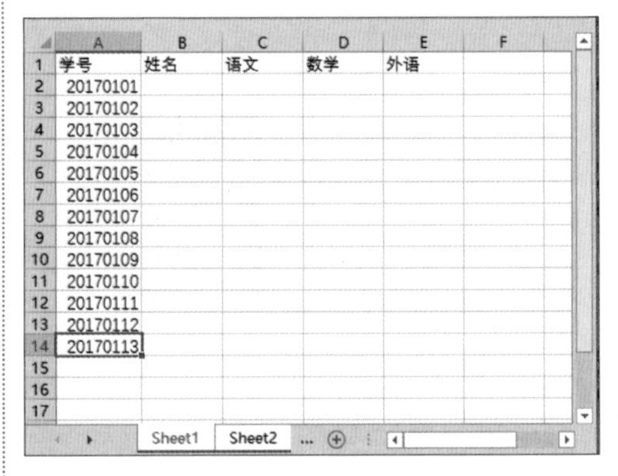

04 输入完成，选择【Sheet2】工作表，可以看到其中也输入了相同的内容。

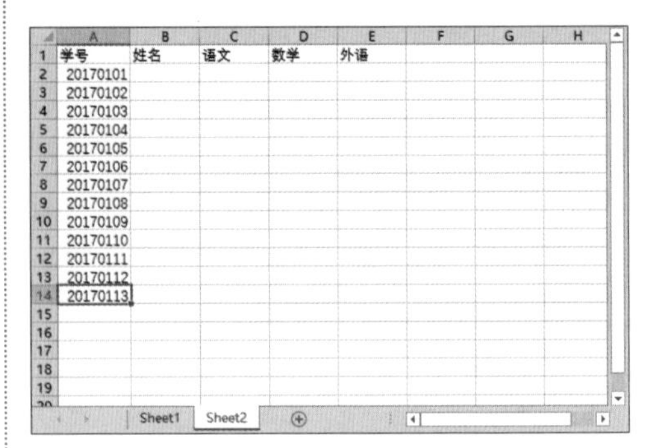

同时选择两个工作表中要输入相同内容的单元格，并同时选择两个工作表，按【Ctrl+Enter】组合键，可以同时在两个工作表选择的单元格区域中输入相同的内容。

15.2 输入数据时自动添加小数点

关键词： 自动添加小数点 /【Excel 选项】对话框 / 自动插入小数点 / 设置位数

对于一些从事会计、财务工作的人员来说，输入的数据中经常要包含小数点，如果小数点的位数是固定的，可以设置输入数据为自动添加小数点，具体操作步骤如下。

01 选择【文件】→【选项】命令。

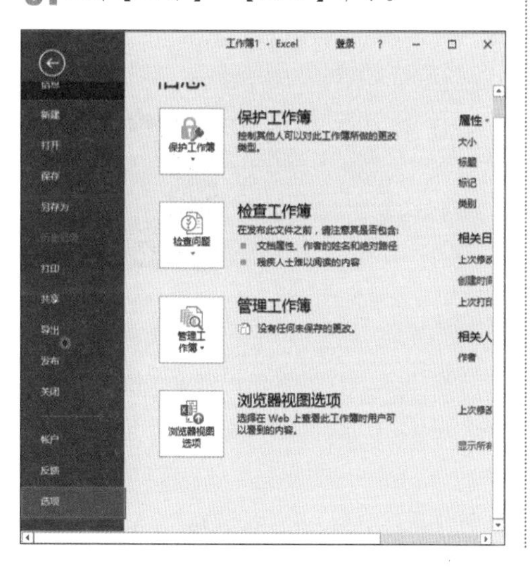

02 打开【Excel 选项】对话框，选择【高级】选项，在右侧【编辑选项】选项区域中选中【自动插入小数点】复选框，在【位数】微调框中输入“2”，单击【确定】按钮。

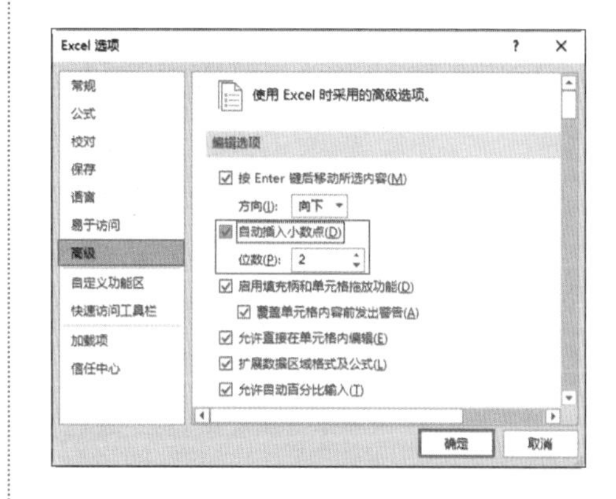

03 选择 A1 单元格，如果要输入“100.05”，可以直接输入“10005”，按【Enter】键，即可显示为 100.05。

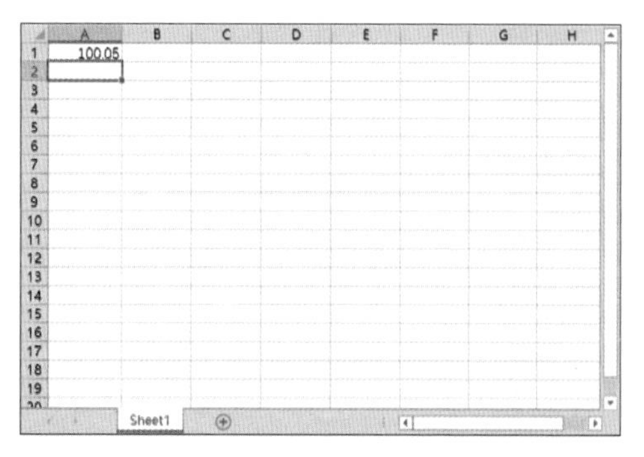

04 使用同样的方法，输入其他数据。

	A	B	C	D	E
1	100.05				
2	0.8				
3	5.05				
4	100				

15.3 输入数据时自动放大 100 倍

输入数据时，自动添加两位小数点，相当于将数据缩小了 1%，那么如何让输入的数据自动放大 100 倍呢?

具体操作步骤如下。

01 选择【文件】→【选项】命令。

02 打开【Excel 选项】对话框，选择【高级】选项，在右侧【编辑选项】选项区域中选中【自动插入小数点】复选框，在【位数】微调框中输入“– 2”，单击【确定】按钮。

03 选择 A1 单元格，再次输入“100”，按【Enter】键，即可显示为 10000。

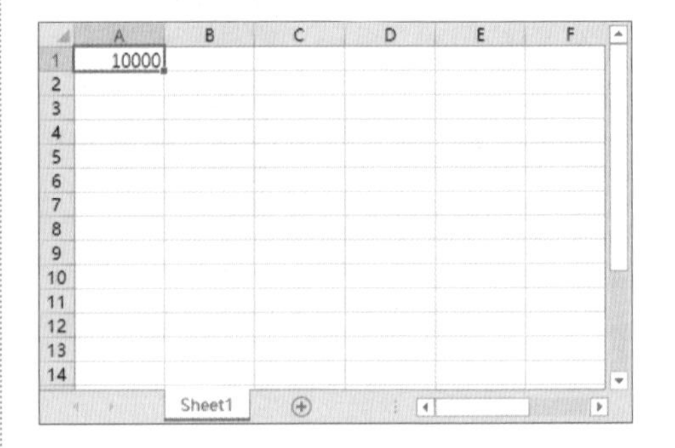

15.4 利用自动更正快速输入

在输入一个经常使用但字数较多的名称或内容时，如输入“河南省郑州市金水区花园北路”文本，就可以利用自动更正快速输入，具体操作步骤如下。

01 选择【文件】→【选项】命令。

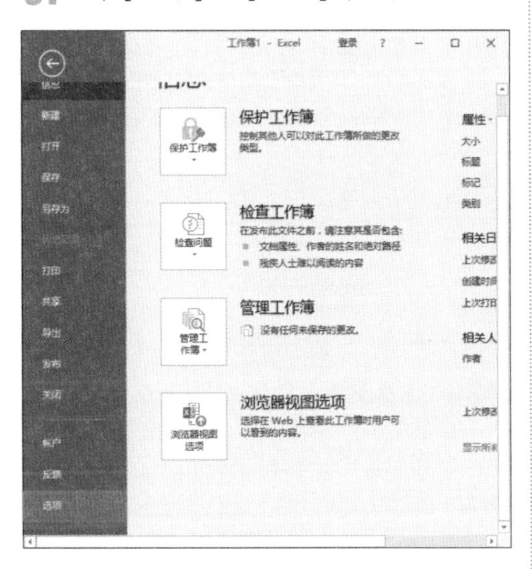

02 打开【Excel 选项】对话框，选择【校对】选项，在右侧【自动更正选项】选项区域中单击【自动更正选项】按钮。

03 弹出【自动更正】对话框，选择【自动更正】选项卡，在下方【替换】文本框中输入“hzj”，在【为】文本框中输入“河南省郑州市金水区花园北路”，单击【替换】按钮，并单击【确定】按钮。

04 返回【Excel 选项】对话框，再次单击【确定】按钮。在 A1 单元格中输入“hzj”。

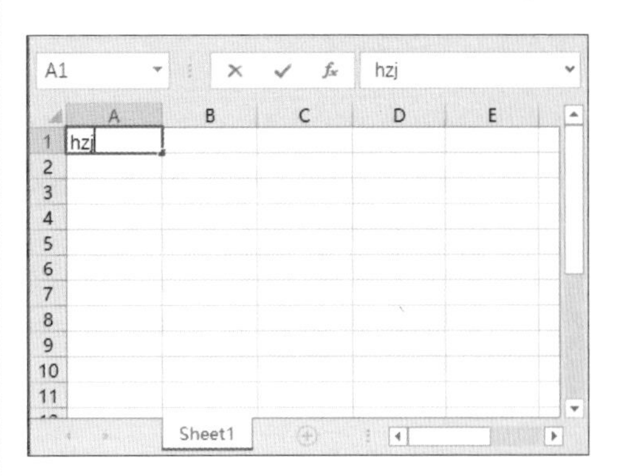

05 按【Enter】键，即可显示为“河南省郑州市金水区花园北路”。

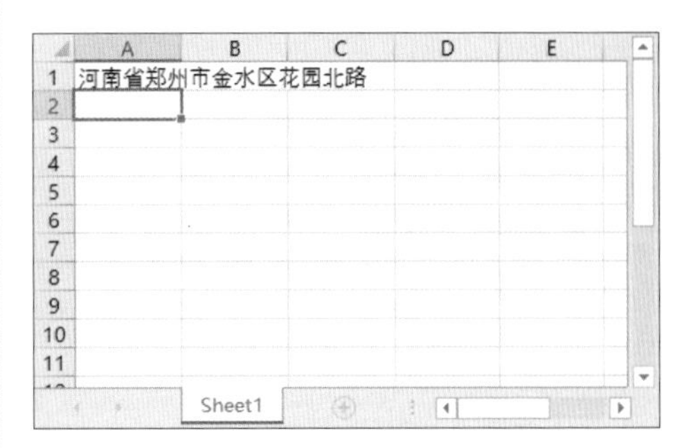

15.5 如何输入身份证号码

极简时光

关键词：输入身份证号码 / 输入英文“'” / 设置单元格格式 / 选择【文本】选项

一分钟

常用的身份证号码为 18 位，在输入身份证号码，单元格的宽度不足时，将会以科学计数法的形式显示数据，可以通过以下两种方法输入身份证号码。

1. 输入英文“'”

在输入身份证号码之前，先输入英文状态下的单引号“'”，然后再输入身份证号码。

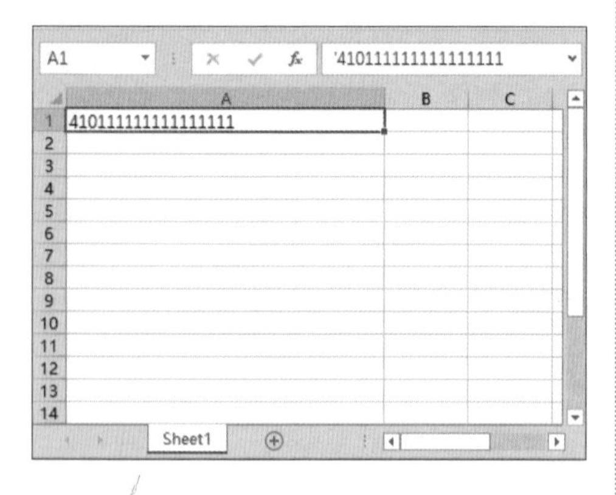

2. 设置单元格格式为“文本”

除了输入英文单引号外，还可以将单元格格式设置为“文本”格式，之后再输入身份证号码，具体操作步骤如下。

01 选择要输入身份证号码的单元格或单元格区域并右击，在弹出的快捷菜单中选择【设置单元格格式】命令。

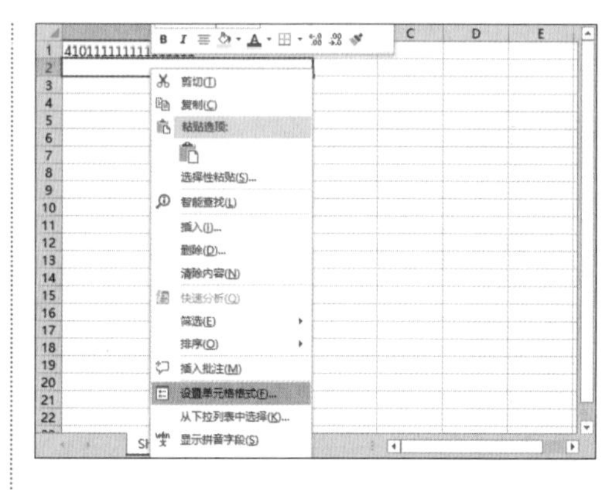

02 弹出【设置单元格格式】对话框，选择【数字】选项卡，在【分类】列表框中选择【文本】选项，单击【确定】按钮。

03 即可在单元格中输入身份证号码。

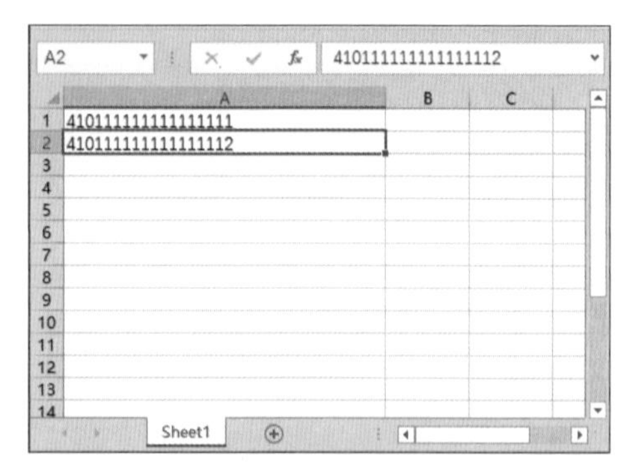

牛人干货

1. 分数怎么变成日期了

在 Excel 中输入分数时，如输入“4/5”，按【Enter】键，将会显示为“4 月 5 日”。这是因为输入日期时，默认使用“/”“-”分割年月日，如果必须要输入分数，有以下两种方法。

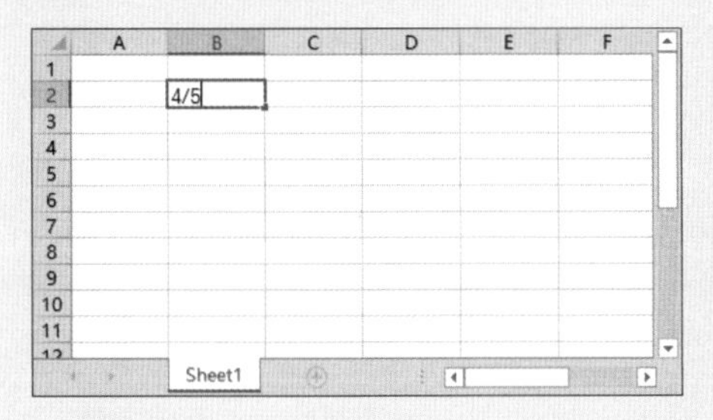

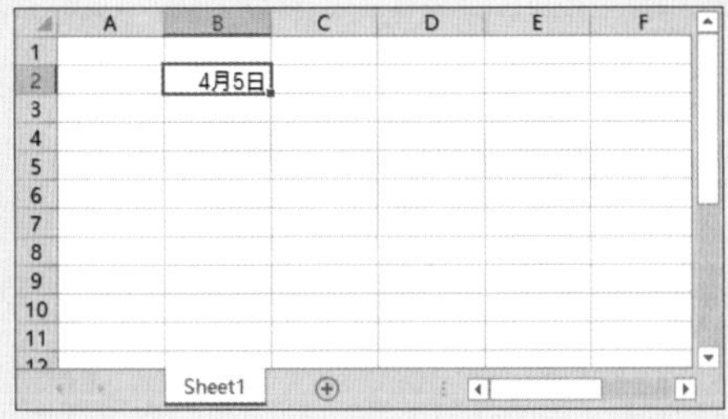

方法一

在输入分数时，先输入一个空格，再输入“4/5”，即可显示为分数形式。

	A	B	C	D	E	F
1						
2						
3		4/5				
4						
5						
6						
7						
8						
9						
10						
11						

Sheet1

方法二

具体操作步骤如下。

01 选择要输入分数的单元格或单元格区域并右击，在弹出的快捷菜单中选择【设置单元格格式】命令，弹出【设置单元格格式】对话框，选择【数字】选项卡，在【分类】列表框中选择【分数】选项，在右侧【类型】列表框中选择一种分数类型，单击【确定】按钮。

02 即可在单元格中输入分数。

	A	B	C	D	E	F
1	4/7					
2						
3		4/5				

Sheet1

2. 输入的0跑哪儿去了

在单元格中输入以0开头的数字时，如“012”，或者输入带小数点数字，当小数点后几位均为0时，如“21.00”，可以看到此时输入的0会消失。如何才能将这些0显示出来呢？

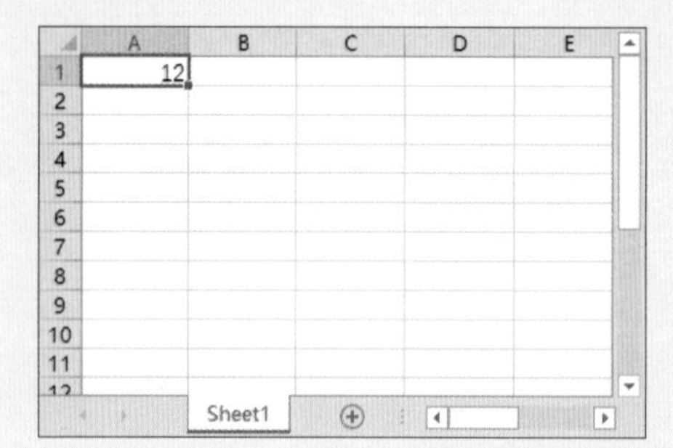

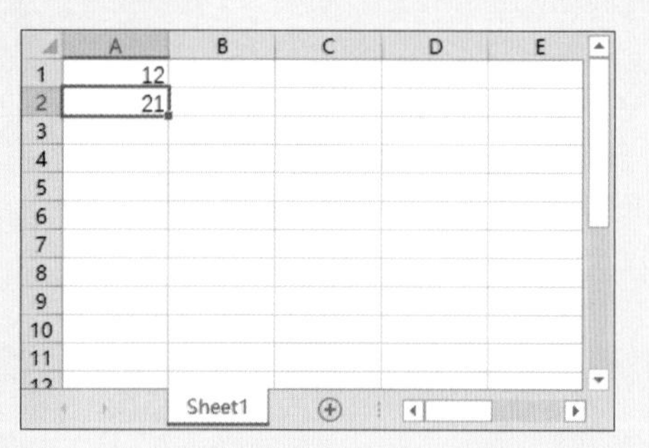

如果要解决上述问题，有两种方法：一种是输入这类数字时，在前面输入英文状态下的单引号“'”；另一种是设置单元格格式为“文本”，具体操作步骤这里不再赘述。

第 16 课
设置单元格格式

我们惊叹于赵州桥上姿态万千的石狮子，苏州园林中样式独特、造型各异的建筑，不同的样式，不同的风格在同一景色中相得益彰、竞相绽放。当然，只有熟知各种风格样式的特点，再加上多次的实践及精益求精的精神，才能创造出如此令人折服的建筑。

单元格的格式多种多样，要想将这些格式恰当地运用到 Excel 表格中，必须先对每种格式有充分的了解。

你知道的单元格格式有哪些？

又如何将其运用到 Excel 表格中呢？

16.1 单元格格式知多少

Excel 工作簿中提供了多种单元格格式设置的功能，满足用户多样的需求。单击【开始】选项卡下【单元格】组的【格式】下拉按钮，在弹出的下拉列表中选择【设置单元格格式】选项，打开【设置单元格格式】对话框，在对话框中包含【数字】【对齐】【字体】【边框】【填充】和【保护】选项卡。

1.【数字】选项卡

在【数字】选项卡下可以对单元格中的数据类型进行设置。在【分类】列表框中包含的数据类型有常规、数值、货币、会计专用、日期、时间、百分比、分数、科学记数、文本、特殊、自定义。

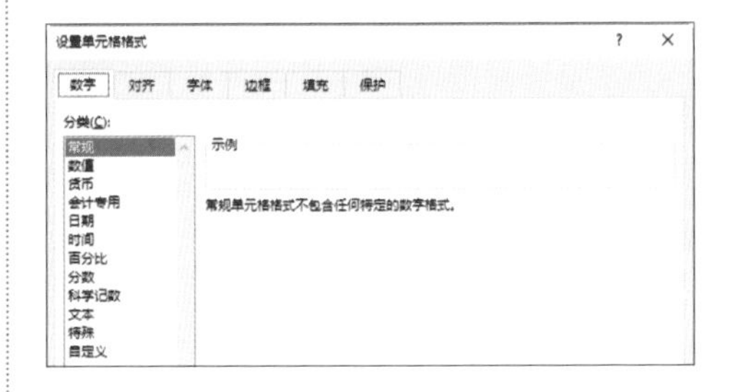

2.【对齐】选项卡

在【对齐】选项卡下，可以设置文本对齐方式、文本方向、文本控制及文字方向。

3.【字体】选项卡

在【字体】选项卡下可以设置文本的字体、字形、字号、下画线、字体颜色及添加删除线等特殊效果。

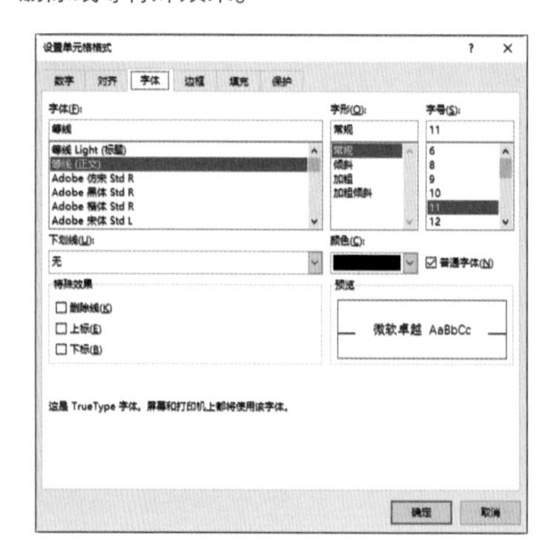

4.【边框】选项卡

在【边框】选项卡下可以给工作簿中的表格添加边框，设置边框样式、边框颜色及添加边框的位置。

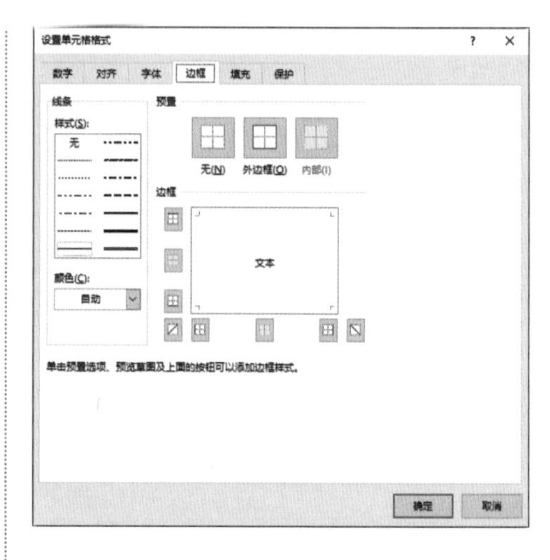

5.【填充】选项卡

在【填充】选项卡下可以设置单元格的背景色、填充效果、填充的图案样式及图案颜色等。

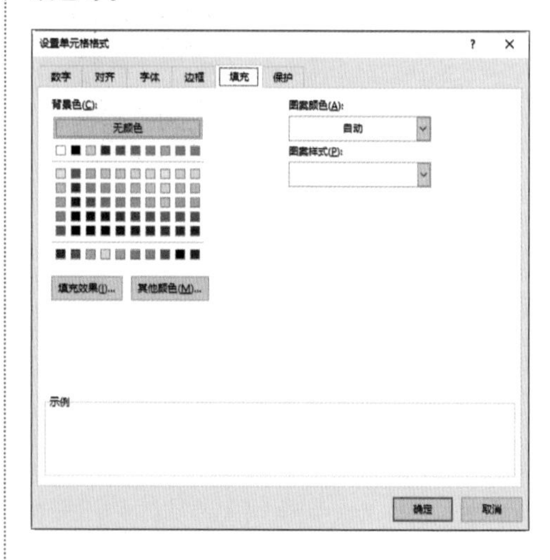

6.【保护】选项卡

在【保护】选项卡下可以对单元格进行锁定或者隐藏单元格中的内容。但是只有在【审阅】选项卡下的【更改】组中，单击【保护工作表】按钮后，锁定单元格或隐藏公式才有效。

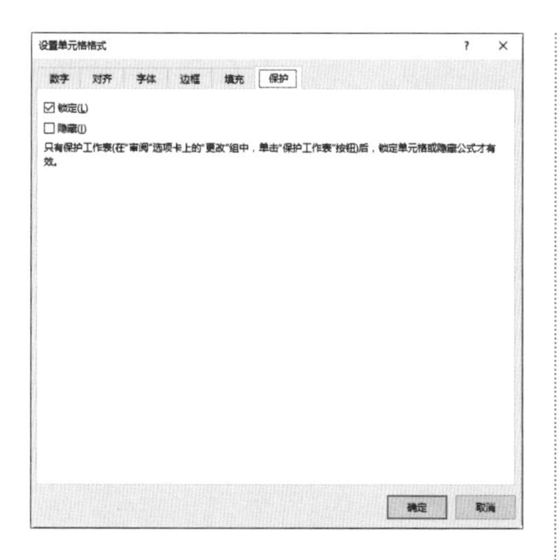

16.2 设置字符格式

在 Excel 工作表中输入内容时，默认的是白底黑字，这样制作出来的表格未免显得单调。用户可以使用 Excel 的功能区，设置表格中的字体格式，使表格更加美观。设置表格中字体格式的具体操作步骤如下。

01 打开随书光盘中的“素材 \ch16\ 账单明细 .xlsx”工作簿，选择 A1:F2 单元格区域。

科目代码	科目名称	月初余额	本月发生额		月末余额
			借方	贷方	
1001	现金	28000	0	6000	12000
1002	银行存款	50000000	67000	21000	2500000
1004	短期投资	10000	0	0	1000
1005	应收票据	-	0	0	-
1006	应收账款	6000	2000	0	3000
1007	坏账准备	-	0	0	-

02 单击【开始】选项卡下【字体】组中【字体】文本框右侧的下拉按钮，在弹出的下拉列表中选择【华文新魏】选项。

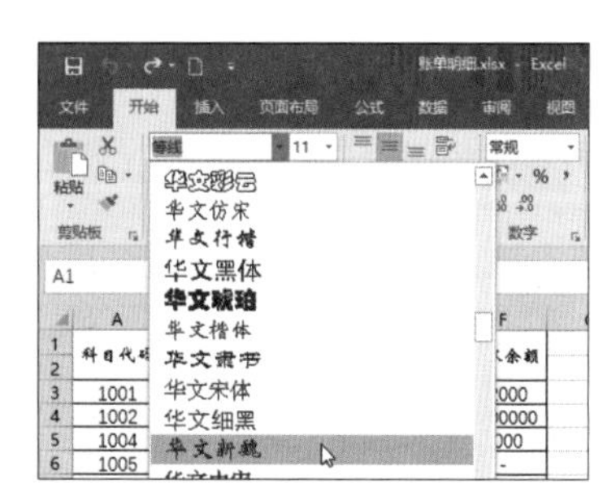

03 单击【开始】选项卡下【字体】组中【字号】文本框右侧的下拉按钮，在弹出的下拉列表中选择【12】选项。

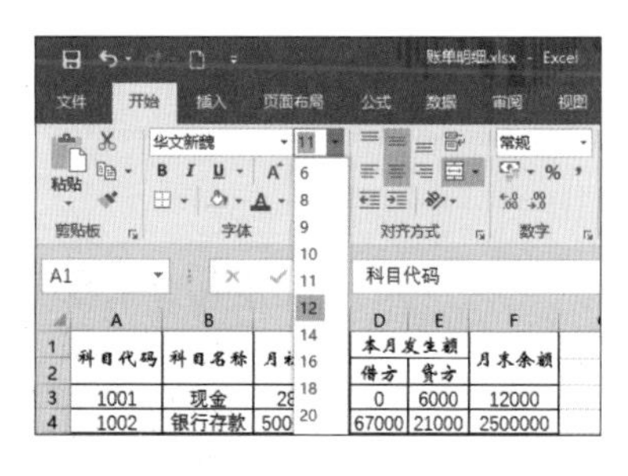

04 单击【开始】选项卡下【字体】组中【颜色】右侧的下拉按钮 A ▾，在弹出的【主题颜色】面板中选择【蓝色】选项。

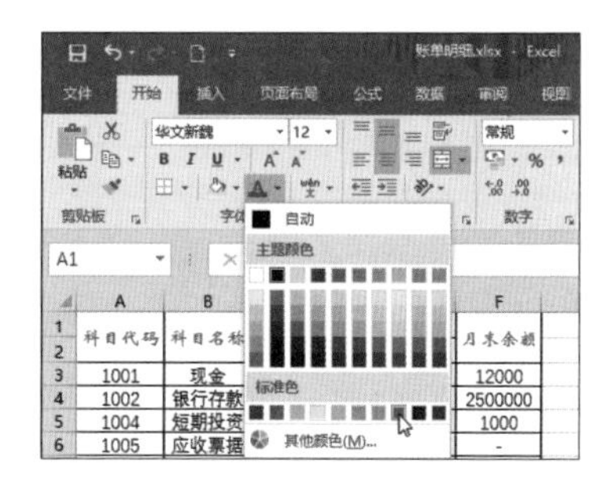

05 单击任意一单元格，即可看到设置后的字体效果。

科目代码	科目名称	月初余额	本月发生额		月末余额
			借方	贷方	
1001	现金	28000	0	6000	12000
1002	银行存款	50000000	67000	21000	2500000
1004	短期投资	10000	0	0	1000
1005	应收票据	-	0	0	-
1006	应收账款	6000	2000	0	3000
1007	坏账准备	-	0	0	-

06 使用同样的方法，选择 A3:F8 单元格区

域，将【字体】设置为【宋体】，【字号】设置为【11】，【字体颜色】设置为【红色】，最终效果如下图所示。

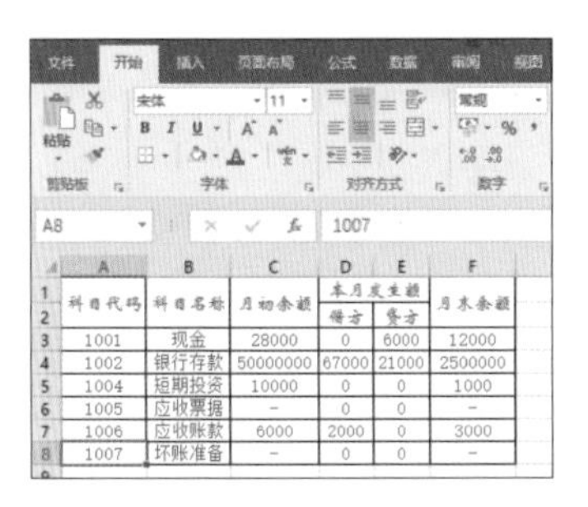

科目代码	科目名称	月初余额	本月发生额		月末余额
			借方	贷方	
1001	现金	28000	0	6000	12000
1002	银行存款	50000000	67000	21000	2500000
1004	短期投资	10000	0	0	1000
1005	应收票据	-	0	0	-
1006	应收账款	6000	2000	0	3000
1007	坏账准备	-	0	0	-

16.3 设置单元格对齐方式

极简时光

关键词：单元格对齐方式/选择单元格区域/【居中】按钮

一分钟

在 Excel 2016 中，单元格对齐方式有左对齐、右对齐、居中、减少缩进量、增加缩进量、顶端对齐、底端对齐、垂直居中、自动换行、方向、合并后居中。用户根据需求选择相应的对齐方式即可，具体操作步骤如下。

01 打开随书光盘中的“素材\ch16\装修预算表.xlsx”工作簿，选择 A1:F14 单元格区域。

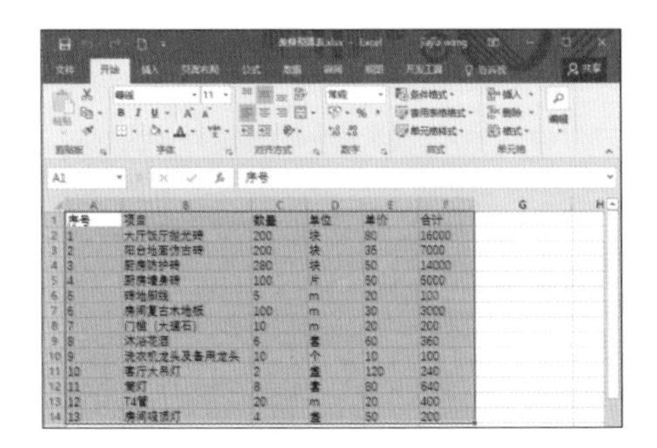

02 单击【开始】选项卡下【对齐方式】组中的【居中】按钮。

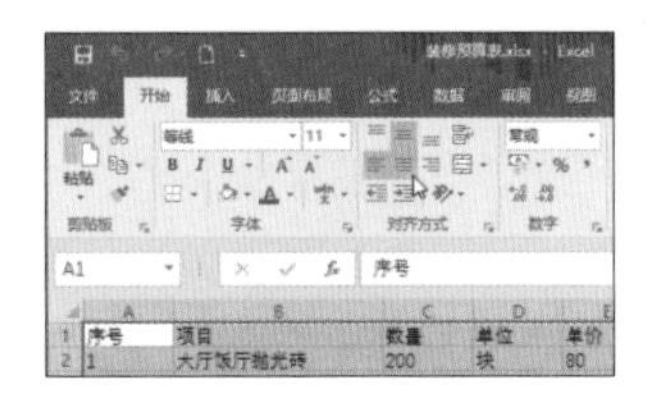

03 即可将单元格中的内容全部居中显示，效果如下图所示。

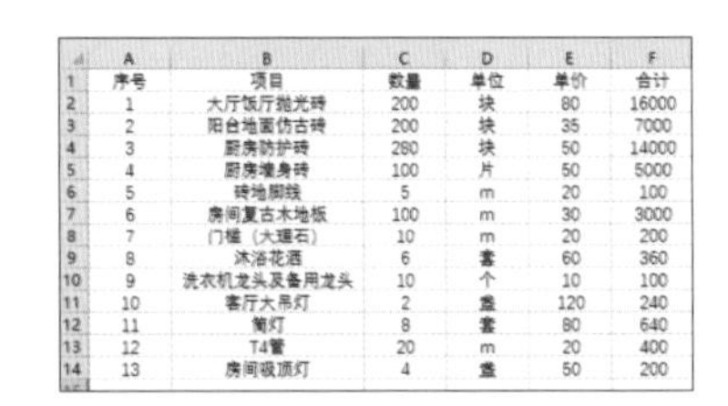

序号	项目	数量	单位	单价	合计
1	大厅饭厅抛光砖	200	块	80	16000
2	阳台地面仿古砖	200	块	35	7000
3	厨房防护砖	280	块	50	14000
4	厨房墙身砖	100	片	50	5000
5	砖地脚线	5	m	20	100
6	房间复古木地板	100	m	30	3000
7	门槛（大理石）	10	m	20	200
8	沐浴花洒	6	套	60	360
9	洗衣机龙头及备用龙头	10	个	10	100
10	客厅大吊灯	2	盏	120	240
11	筒灯	8	套	80	640
12	T4管	20	m	20	400
13	房间吸顶灯	4	盏	50	200

16.4 设置自动换行

极简时光

关键词：自动换行/新建空白工作簿/输入内容/【自动换行】按钮

一分钟

Excel 表格中每个单元格的行高和列宽是系统默认的，如果文字太长，单元格列宽容纳不下文字内容，多余的文字会在相邻单元格中显示，若相邻的单元格中已有数据内容，就截断显示，如下图所示。在这种情况下，就需要设置自动换行，具体操作步骤如下。

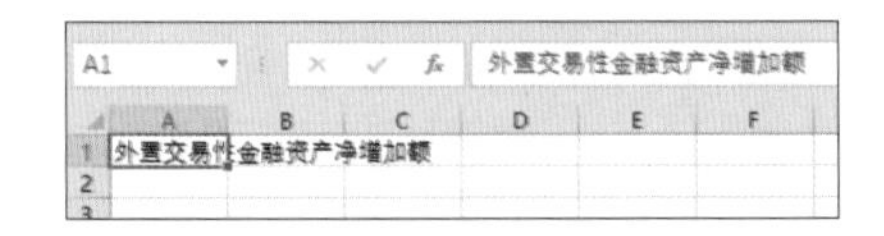

01 启动 Excel 2016，新建一个空白工作簿，选择 A1 单元格，并输入如下图所示内容。

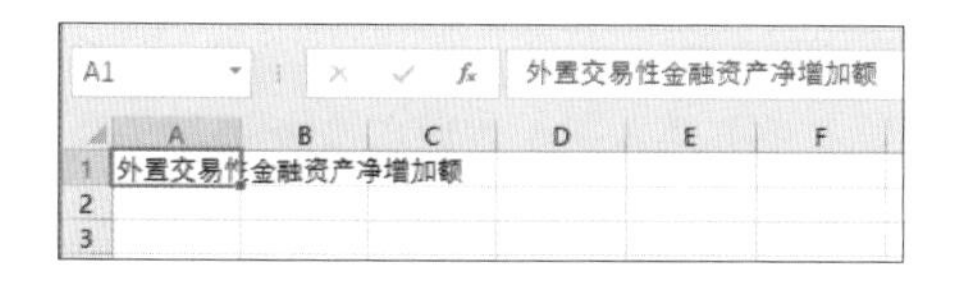

02 单击【开始】选项卡下【对齐方式】组中的【自动换行】按钮 自动换行 。

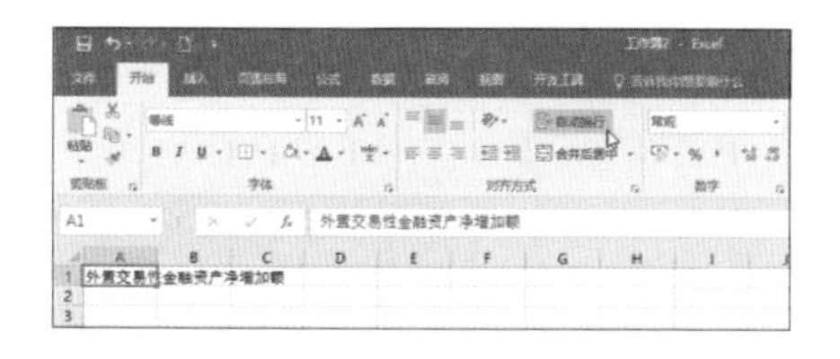

03 即可看到 A1 单元格中的文本内容已自动换行，并集中显示在 A1 单元格中。

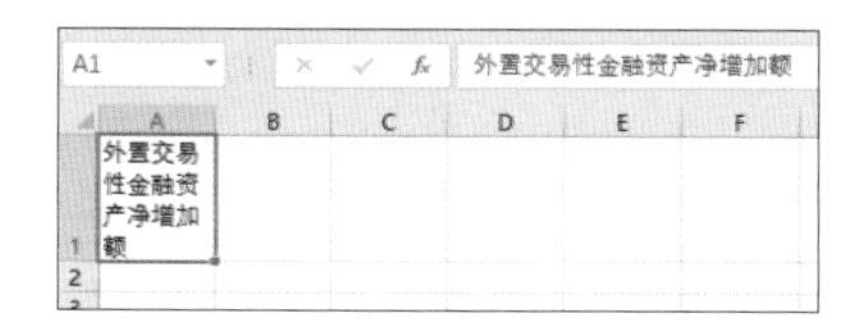

16.5 设置数字格式

极简时光

关键词：数字格式 / 选择单元格区域 /【设置单元格格式】选项 / 功能区 /【时间】选项

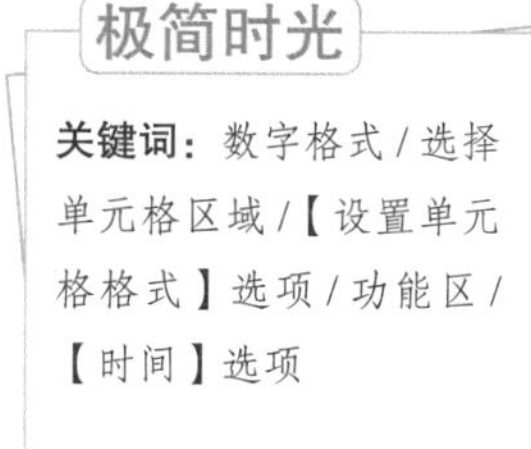

一分钟

Excel 2016 的单元格默认是没有格式的，若想在单元格中输入时间和日期，就需要对单元格的格式进行设置。

设置数字格式的方法有两种。

1. 最常用的方法——通过右击设置数字格式

具体操作步骤如下。

01 打开随书光盘中的“素材\ch16\员工上下班打卡时间记录表.xlsx”工作簿，选择 C3:C14 单元格区域。

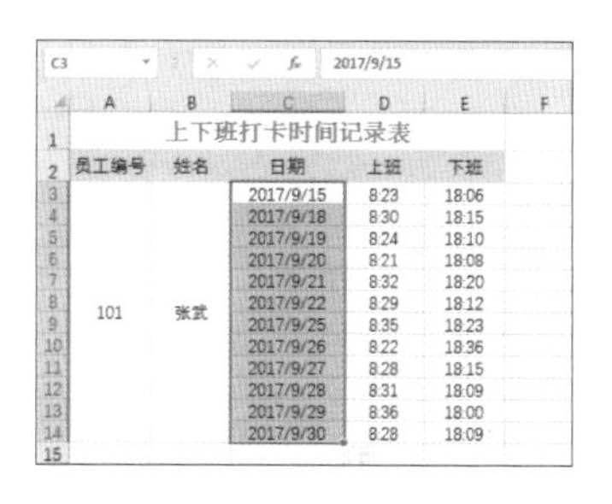

02 在选择的区域上右击，在弹出的快捷菜单中选择【设置单元格格式】选项。

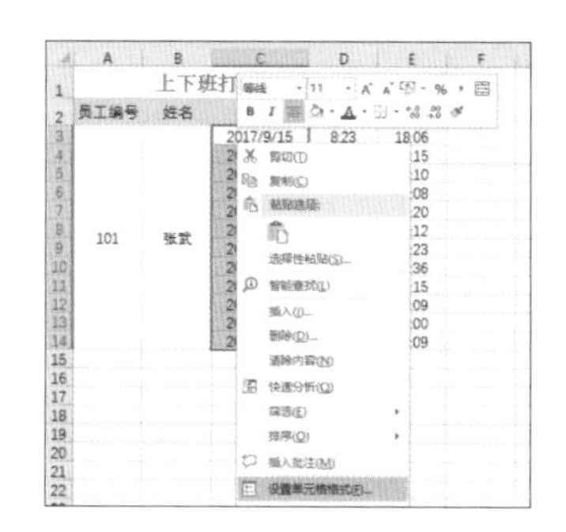

03 弹出【设置单元格格式】对话框，选择【数字】选项卡，在【分类】列表框中选择【日期】选项，在右侧【类型】列表框中选择一种日期类型，单击【确定】按钮。

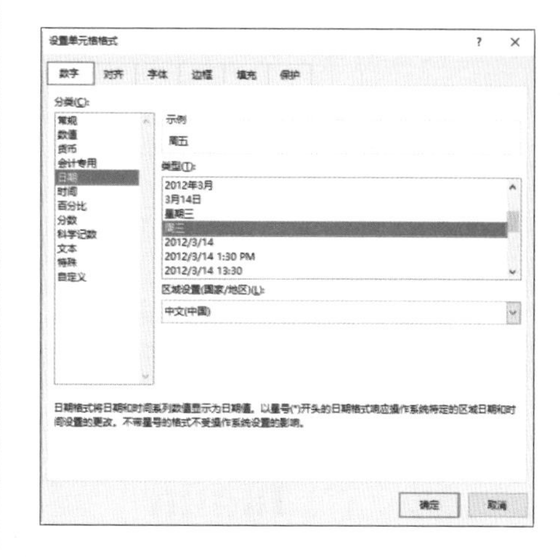

04 返回 Excel 工作表界面，即可看到设置

后的日期格式。

	A	B	C	D	E
1	上下班打卡时间记录表				
2	员工编号	姓名	日期	上班	下班
3	101	张武	周五	8:23	18:06
4			周一	8:30	18:15
5			周二	8:24	18:10
6			周三	8:21	18:08
7			周四	8:32	18:20
8			周五	8:29	18:12
9			周一	8:35	18:23
10			周二	8:22	18:36
11			周三	8:28	18:15
12			周四	8:31	18:09
13			周五	8:36	18:00
14			周六	8:28	18:09

2. 最便捷的方法——通过功能区设置数字格式

具体操作步骤如下。

01 在打开的“员工上下班打卡时间记录表”中，选择D3:E14单元格区域。

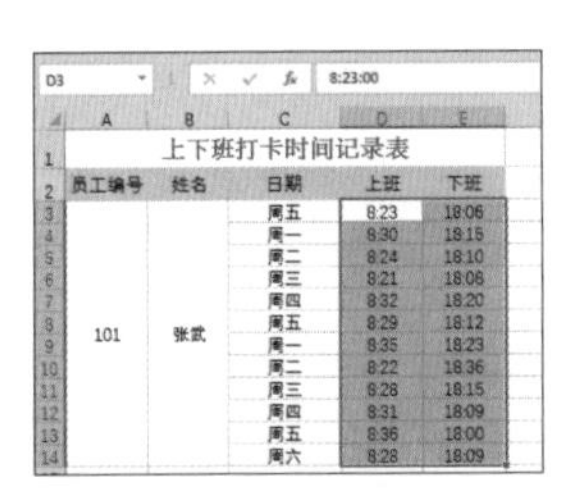

02 单击【开始】选项卡下【数字】组中的【自定义】文本框右侧的下拉按钮，在弹出的下拉列表中选择【时间】选项。

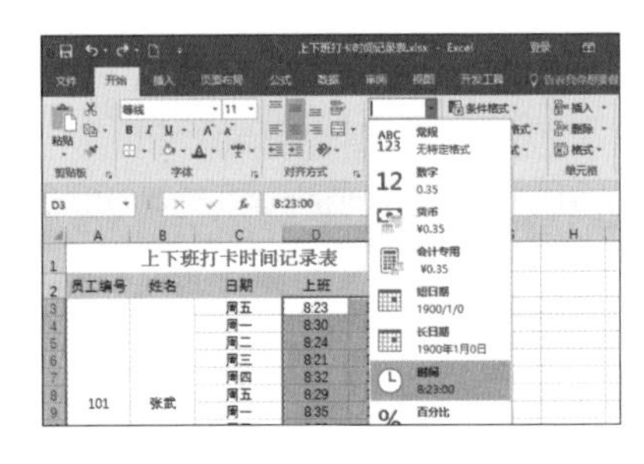

03 最终效果如下图所示。

	A	B	C	D	E
1	上下班打卡时间记录表				
2	员工编号	姓名	日期	上班	下班
3	101	张武	周五	8:23:00	18:06:00
4			周一	8:30:00	18:15:00
5			周二	8:24:00	18:10:00
6			周三	8:21:00	18:08:00
7			周四	8:32:00	18:20:00
8			周五	8:29:00	18:12:00
9			周一	8:35:00	18:23:00
10			周二	8:22:00	18:36:00
11			周三	8:28:00	18:15:00
12			周四	8:31:00	18:09:00
13			周五	8:36:00	18:00:00
14			周六	8:28:00	18:09:00
15					

牛人干货

【F4】键的妙用

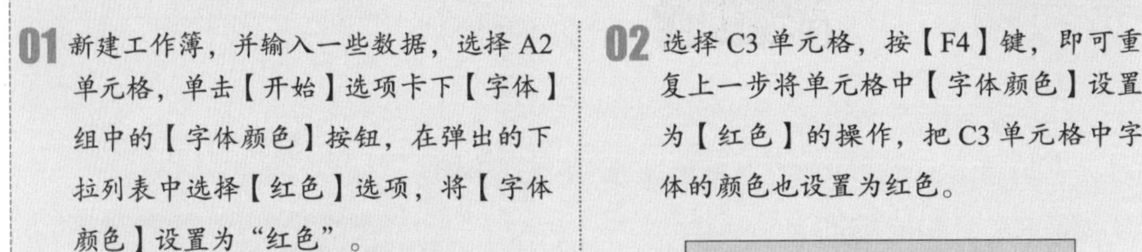

在Excel中，对表格中的数据进行操作之后，按【F4】键可以重复上一次的操作，具体操作步骤如下。

01 新建工作簿，并输入一些数据，选择A2单元格，单击【开始】选项卡下【字体】组中的【字体颜色】按钮，在弹出的下拉列表中选择【红色】选项，将【字体颜色】设置为“红色”。

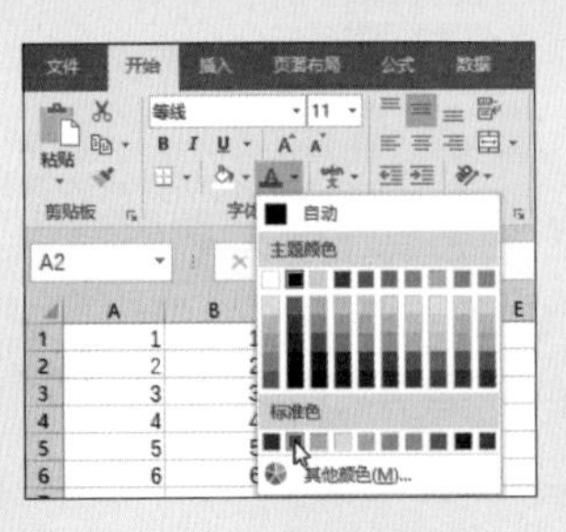

02 选择C3单元格，按【F4】键，即可重复上一步将单元格中【字体颜色】设置为【红色】的操作，把C3单元格中字体的颜色也设置为红色。

	A	B	C	D
1	1	1	1	
2	2	2	2	
3	3	3	3	
4	4	4	4	
5	5	5	5	
6	6	6	6	
7				
8				
9				

第 17 课 工作表的美化

俗话说：人靠衣装，马靠鞍。一件得体的衣装不仅能够展现出对他人的尊重，而且也会给对方留下好的印象。下面就来为工作表选一件得体的“衣装”，让你的领导对你刮目相看！

17.1 设置表格的边框

极简时光

关键词： 选择单元格区域 / 【所有框线】选项 / 【字体设置】按钮 / 【边框】选项卡 / 边框效果

一分钟

Excel 的单元格边框系统默认是浅灰色的，而打印出来是没有边框的，为了使表格更加规范、美观，可以为表格设置边框。设置单元格边框的方法有两种。

1. 使用功能区设置边框

01 打开随书光盘中的“素材\ch17\现金收支明细表.xlsx”工作簿，选择 A1:I24 单元格区域。

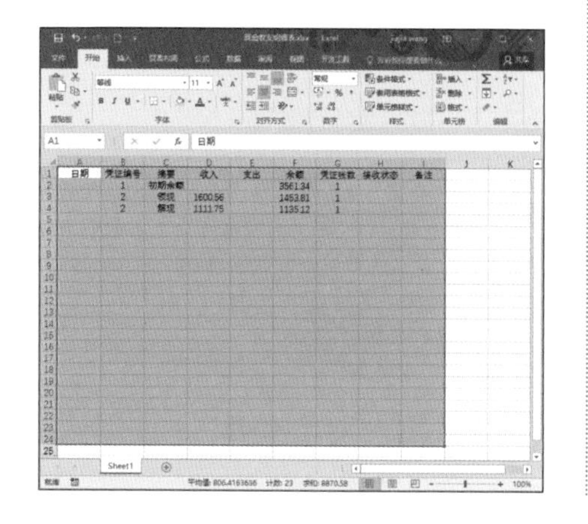

02 单击【开始】选项卡下【字体】选项组中的【边框】下拉按钮，在弹出的下拉列表中选择【所有框线】选项。

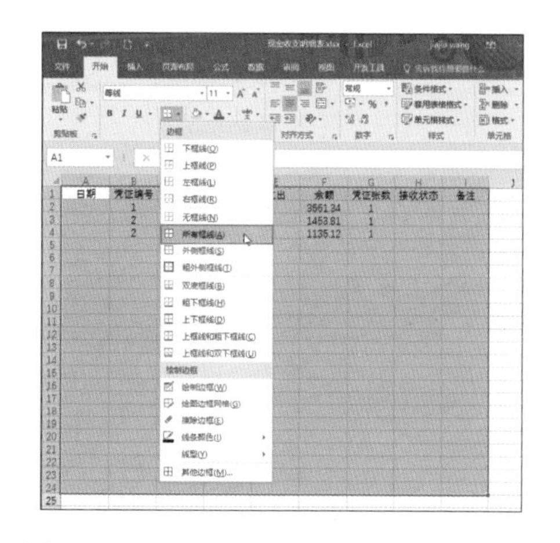

03 即可完成表格边框的添加，效果如下图所示。

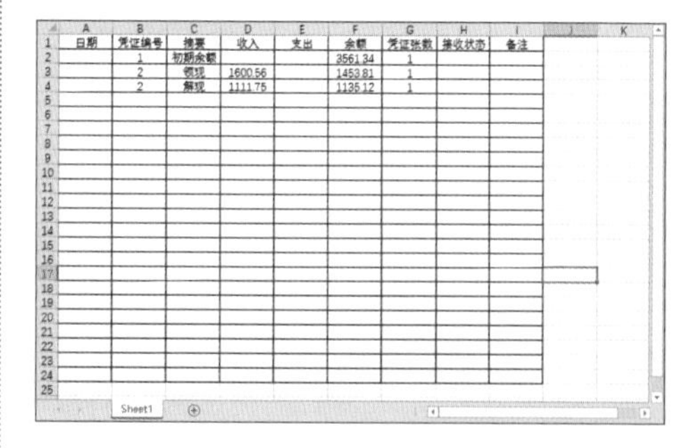

2. 在【设置单元格格式】对话框中设置边框

01 打开随书光盘中的“素材\ch17\现金收

支明细表.xlsx”工作簿，选择 A1:I24 单元格区域。

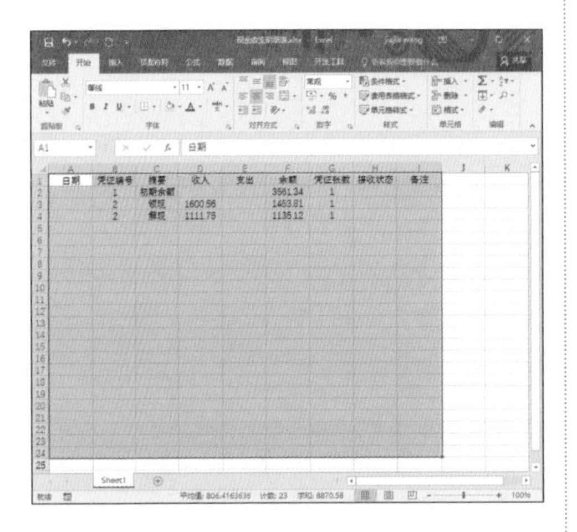

02 单击【开始】选项卡下【字体】选项组中的【字体设置】按钮 。

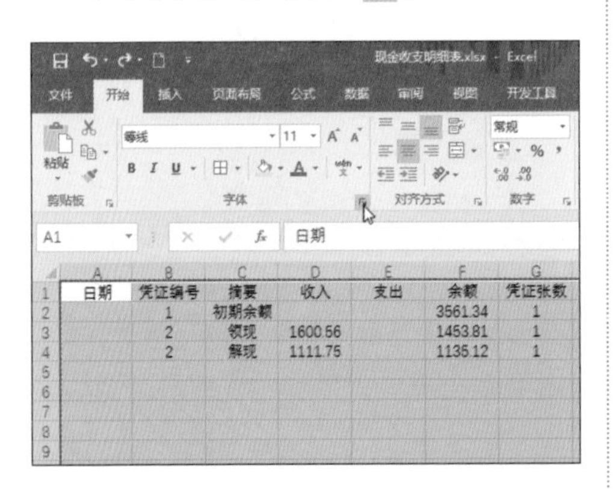

03 弹出【设置单元格格式】对话框，选择【边框】选项卡，在【线条】选项区域的【样式】列表框中选择一种边框样式，在【颜色】下拉列表框中选择一种颜色，这里选择【蓝色】选项。

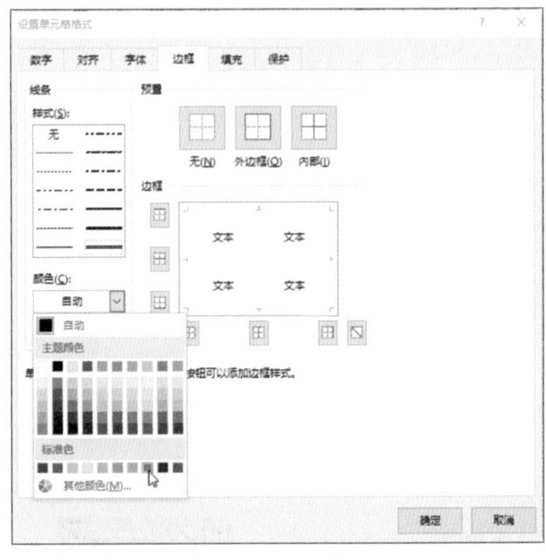

04 在【预置】选项区域选择【外边框】和【内部】选项，为表格添加外边框和内部边框，在【边框】选项区域中可以预览添加的边框效果，设置完成后单击【确定】按钮。

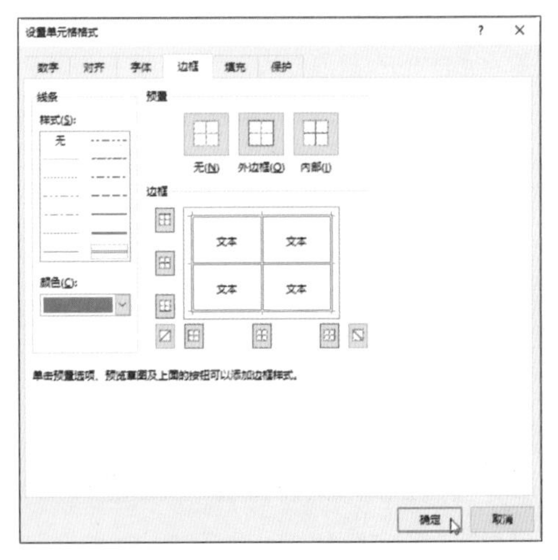

05 返回 Excel 工作表界面，即可看到设置后的边框效果。

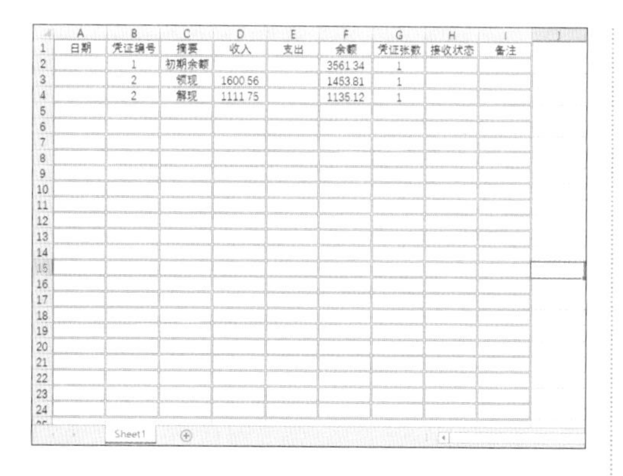

17.2 设置单元格样式

关键词：【新建单元格样式】选项 /【样式】对话框 / 选择边框样式

一分钟

单元格样式是一组已定义的格式特征，使用 Excel 2016 中的内置单元格样式可以快速改变文本样式、标题样式、背景样式和数字样式等。直接选择要使用的样式，即可美化选择的单元格。在工作表中设置自定义单元格样式的具体操作步骤如下。

01 打开随书光盘中的“素材\ch17\市场工作周计划报表.xlsx”工作簿。

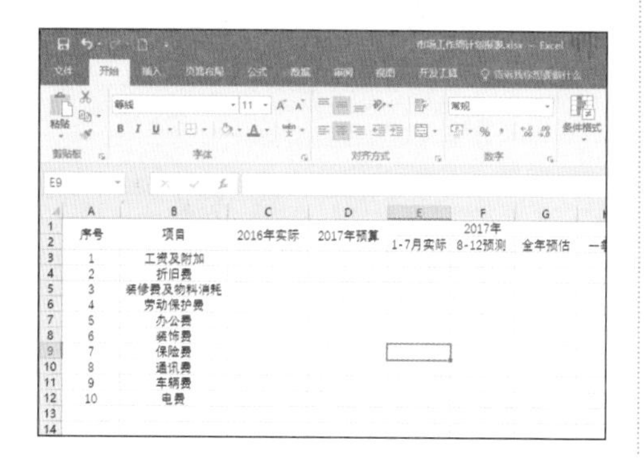

02 单击【开始】选项卡下【样式】选项组中的【单元格样式】按钮，在弹出的下拉列表中选择【新建单元格样式】选项。

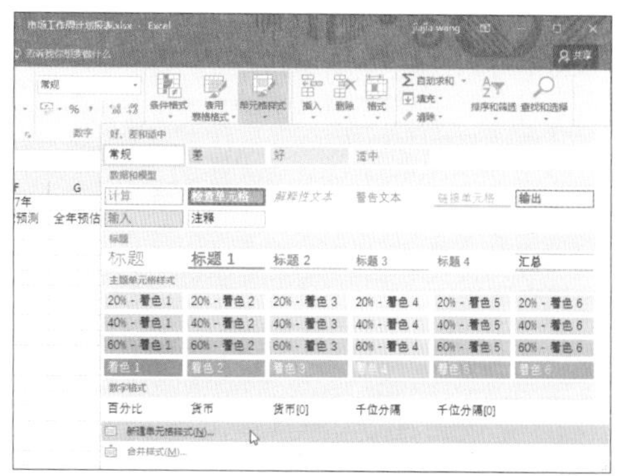

03 弹出【样式】对话框，在【样式名】文本框中输入样式的名称，这里输入“新建样式”，然后单击【格式】按钮。

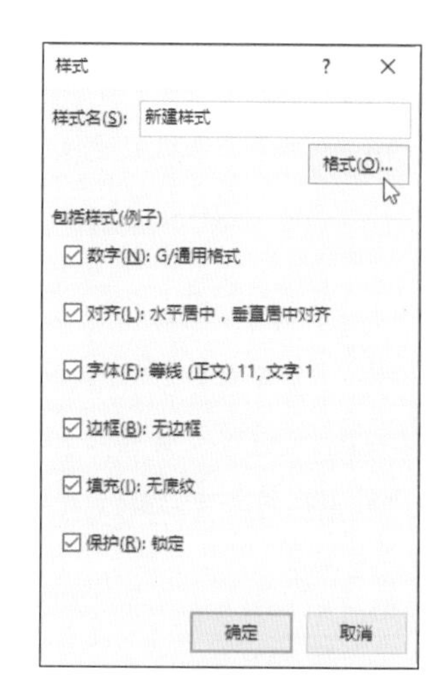

04 弹出【设置单元格格式】对话框，选择【边框】选项卡，在【样式】列表框中选择一种边框样式，在【颜色】下拉列表框中设置边框颜色为绿色，在【预置】选项区域选择【外边框】选项，在【边框】选项区域中可预览添加的边框效果，设置完成后单击【确定】按钮。

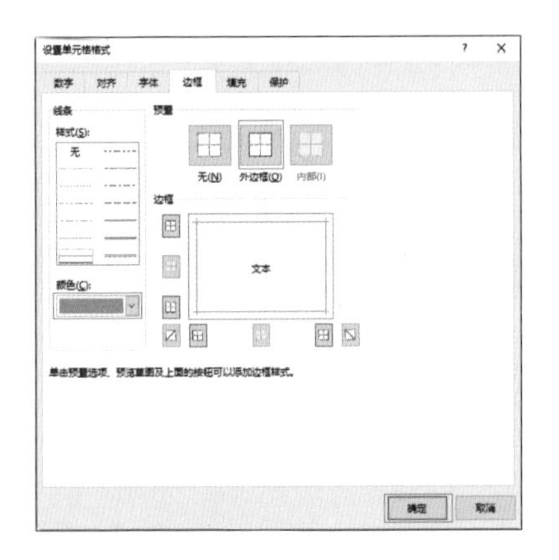

05 返回到【样式】对话框，单击【确定】按钮。

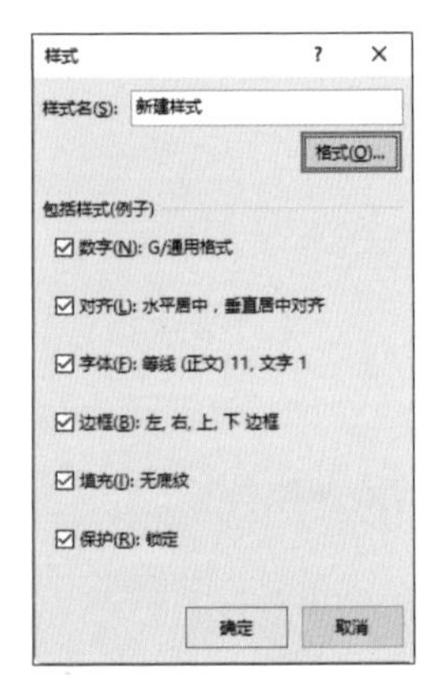

06 返回 Excel 工作表界面，选择 A1:N12 单元格区域，再次单击【开始】选项卡下【样式】选项组中的【单元格样式】按钮，在弹出的下拉列表中选择【新建样式】选项。

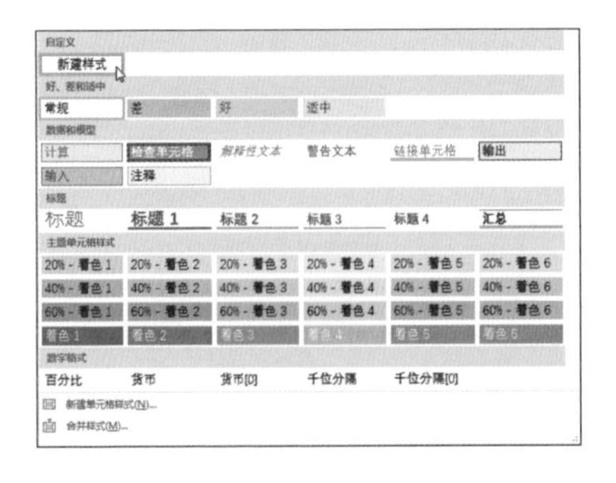

07 即可完成单元格样式的设置，效果如下图所示。

17.3 套用表格格式

Excel 2016 内置有 60 种表格样式，满足用户多样化的需求，使用 Excel 内置的表格式样，一键套用，方便快捷，同时也使表格设计得赏心悦目。套用表格样式的具体操作步骤如下。

01 打开随书光盘中的“素材 \ch17\ 库存统计表 .xlsx”工作簿。

02 单击【开始】选项卡下【样式】选项组中的【套用表格格式】按钮 套用表格格式，在弹出的下拉列表中选择一种表格样式，这里选择【浅色】选项区域中的【蓝色，表样式浅色 9】选项。

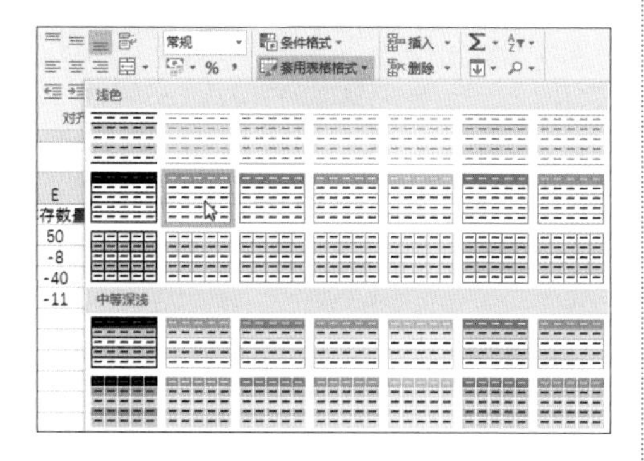

03 弹出【套用表格式】对话框，单击【表数据的来源】文本框右侧的【折叠】按钮。

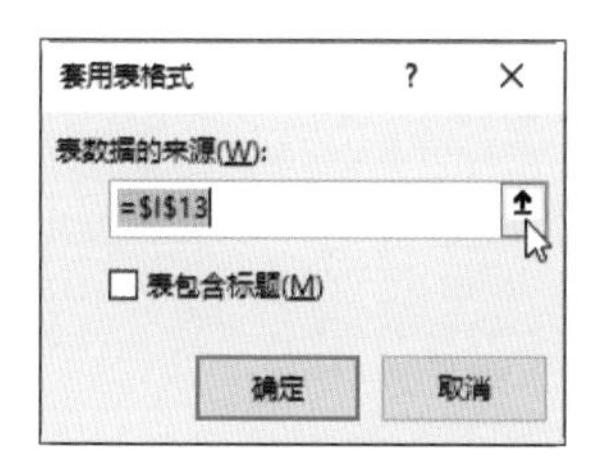

04 将对话框折叠，按住鼠标左键选择 A1:F5 单元格区域，然后在【套用表格式】对话框中单击【展开】按钮。

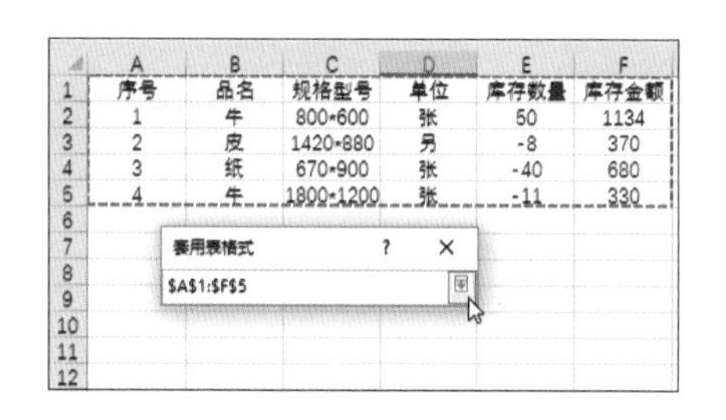

05 在【创建表】对话框中选中【表包含标题】复选框，单击【确定】按钮。

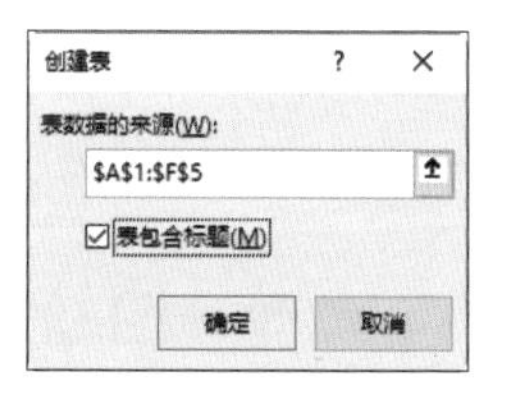

06 即可应用此表格样式，选择数据区域中的任意一个单元格，选择【表格工具 - 设计】选项卡，单击【工具】选项组中的【转换为区域】按钮 转换为区域。

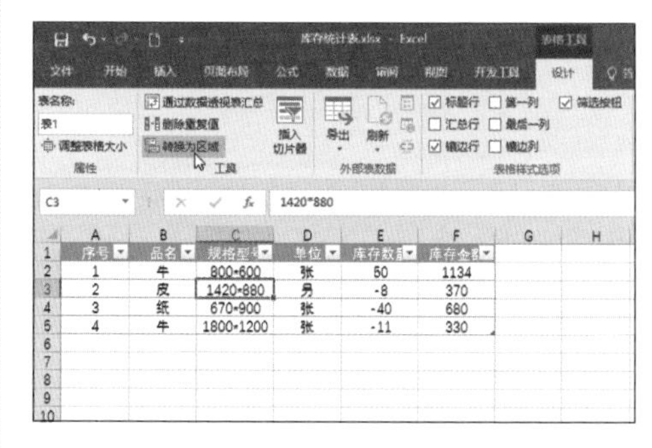

07 弹出【Microsoft Excel】信息提示框，单击【是】按钮。

08 即可结束标题栏的筛选状态，把表格转换为区域。

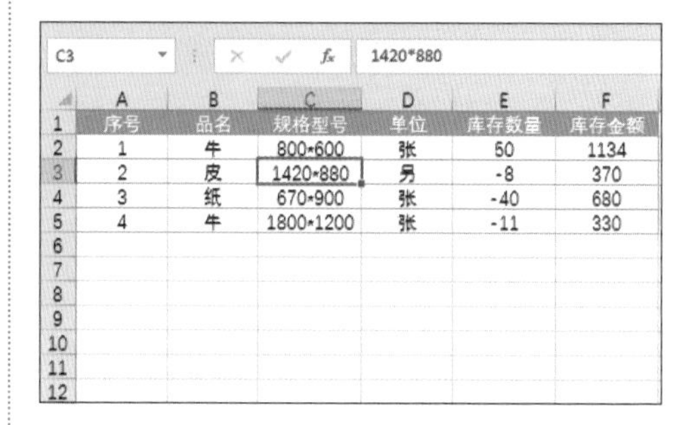

17.4 应用工作表主题

极简时光

关键词：选择主题 / 选择主题颜色 / 选择字体主题样式

一分钟

使用 Excel 2016 中内置的主题样式可以快速对表格进行美化，让表格更加美观。应用工作表主题的具体操作步骤如下。

01 打开随书光盘中的"素材\ch17\公司员工信息表.xlsx"工作簿。

编号	部门	职务	姓名	性别	工资	工作异动情况
1	包装	主管	小A	男	5800	
2	包装	员工	小B	男	3500	
3	包装	员工	小C	男	3500	离职
4	包装	员工	小D	男	3500	
5	包装	员工	小E	女	3500	
6	质检	员工	小F	女	3800	
7	生产	主管	小G	男	6000	
8	生产	员工	小H	男	3800	
9	生产	员工	小I	男	3800	
10	生产	员工	小J	女	3800	离职

02 单击【页面布局】选项卡下【主题】选项组中的【主题】按钮，在弹出的【Office】面板中选择【环保】选项。

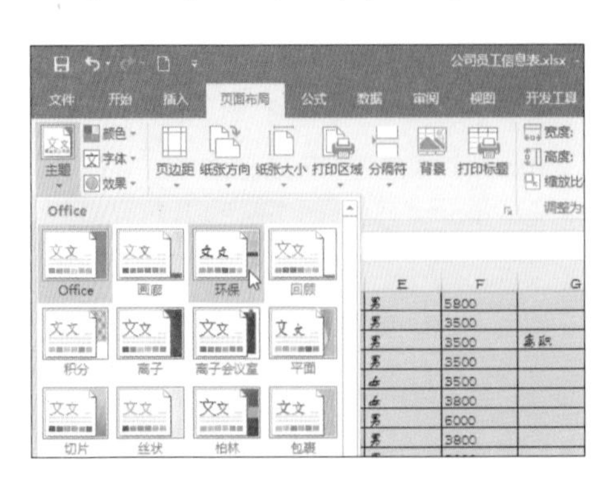

03 设置表格为【环保】主题后的效果如下图所示。

编号	部门	职务	姓名	性别	工资	工作异动情况
1	包装	主管	小A	男	5800	
2	包装	员工	小B	男	3500	
3	包装	员工	小C	男	3500	离职
4	包装	员工	小D	男	3500	
5	包装	员工	小E	女	3500	
6	质检	员工	小F	女	3800	
7	生产	主管	小G	男	6000	
8	生产	员工	小H	男	3800	
9	生产	员工	小I	男	3800	
10	生产	员工	小J	女	3800	离职

04 单击【页面布局】选项卡下【主题】选项组中的【颜色】按钮，在弹出的【Office】面板中选择【蓝色暖调】选项。

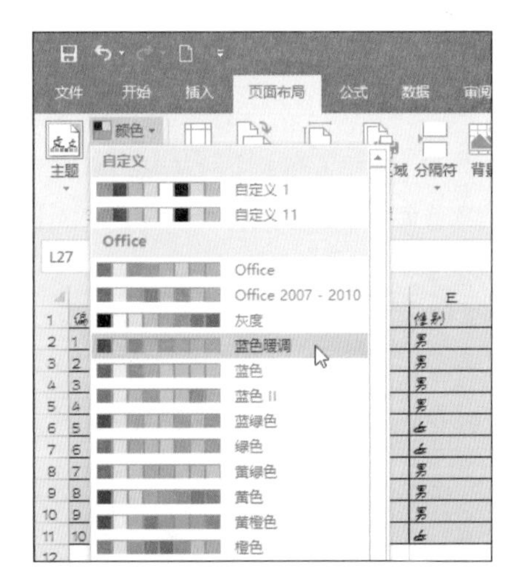

05 设置【蓝色暖调】主题颜色后的效果如下图所示。

部门	职务	姓名	性别	工资	工作异动情况
包装	主管	小A	男	5800	
包装	员工	小B	男	3500	
包装	员工	小C	男	3500	离职
包装	员工	小D	男	3500	
包装	员工	小E	女	3500	
质检	员工	小F	女	3800	
生产	主管	小G	男	6000	
生产	员工	小H	男	3800	
生产	员工	小I	男	3800	
生产	员工	小J	女	3800	离职

06 单击【页面布局】选项卡下【主题】选项组中的【字体】按钮，在弹出的【Office】面板中选择一种字体主题样式。

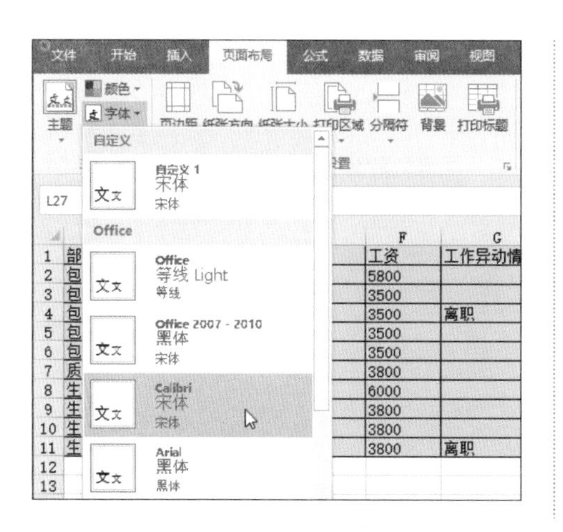

07 最终效果如下图所示。

	B	C	D	E	F	G
1	部门	职务	姓名	性别	工资	工作异动情况
2	包装	主管	小A	男	5800	
3	包装	员工	小B	男	3500	
4	包装	员工	小C	男	3500	离职
5	包装	员工	小D	男	3500	
6	包装	员工	小E	女	3500	
7	质检	员工	小F	女	3800	
8	生产	主管	小G	男	6000	
9	生产	员工	小H	男	3800	
10	生产	员工	小I	男	3800	
11	生产	员工	小J	女	3800	离职
12						
13						
14						
15						
16						
17						

牛人干货

合并样式

在 Excel 2016 中，可以将某个工作簿所包含的单元格样式合并到其他工作簿中使用。实现合并样式前，需要打开含有对应单元格样式的工作簿及要应用单元格样式的目标工作簿，具体操作步骤如下。

01 打开随书光盘中的“素材\ch17\合并样式.xlsx” 工作簿，并按【Ctrl+N】组合键新建一个工作簿。在新工作簿中，单击【开始】选项卡【样式】组中的【单元格样式】按钮 单元格样式 ，在弹出的下拉列表中选择【合并样式】选项。

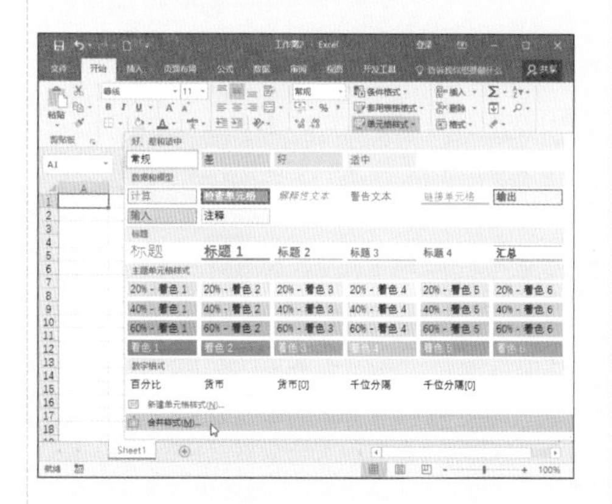

02 弹出【合并样式】对话框，选择合并样式来源的工作簿，如这里选择打开的“合

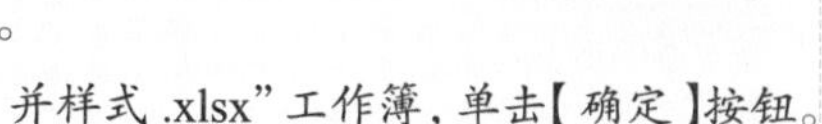

并样式 .xlsx” 工作簿，单击【确定】按钮。

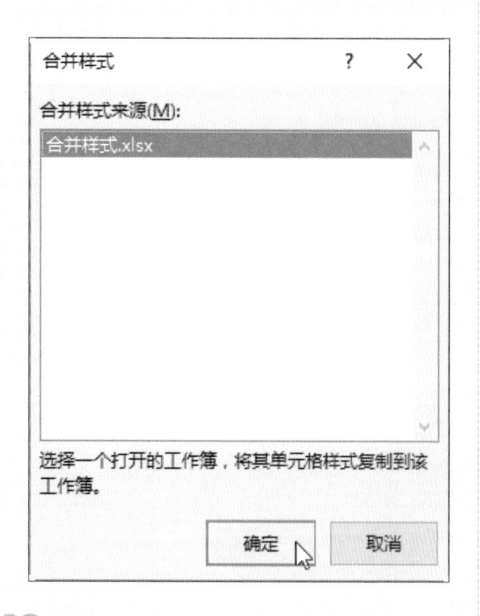

03 选择 A1 单元格，单击【单元格样式】按钮，在弹出的下拉列表中多了一个新样式，选择该样式。

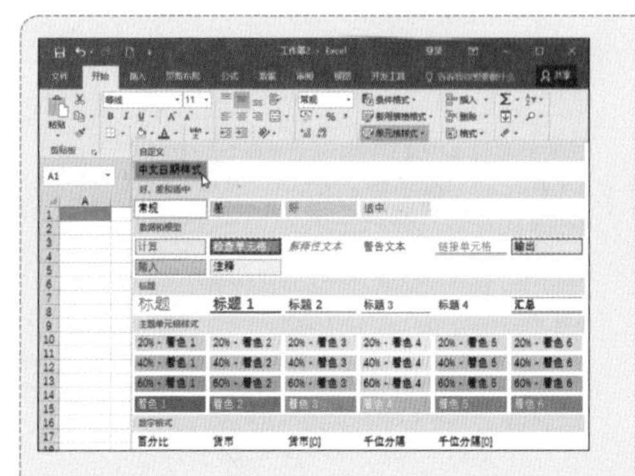

04 在A1单元格中输入“2017年9月2日”，按【Enter】键确认，此时单元格即可被填充颜色，输入的内容变为“二〇一七年九月二日”。

提示

如果套用的单元格格式是系统预设的格式，合并后，新单元格格式列表中无任何变化。

第 18 课 图表让数据变成图

图表能够更加形象、直观地反映数据的变化规律和发展趋势，帮助分析和比较工作中的大量数据。

图离不开表，表可以用图展示。

选择合适图表的方法是什么?

怎样创建并装扮图表?

18.1 正确选择图表的类型

极简时光

关键词： 图表类型 / 柱形图 / 折线图 / 饼图 / 条形图 / 面积图 / 股价图 / 树状图 / 旭日图

一分钟

Excel 2016 提供了 15 种大类的标准图表,包括了工作中需要用到的各种图表类型。如何才能选择正确的图表类型呢?

1. 柱形图——以垂直条跨若干类别比较值

柱形图由一系列垂直条组成，通常用来比较一段时间中两个或多个项目的相对尺寸。例如，不同产品季度或年销售量对比、在几个项目中不同部门的经费分配情况、每年各类资料的数目等。

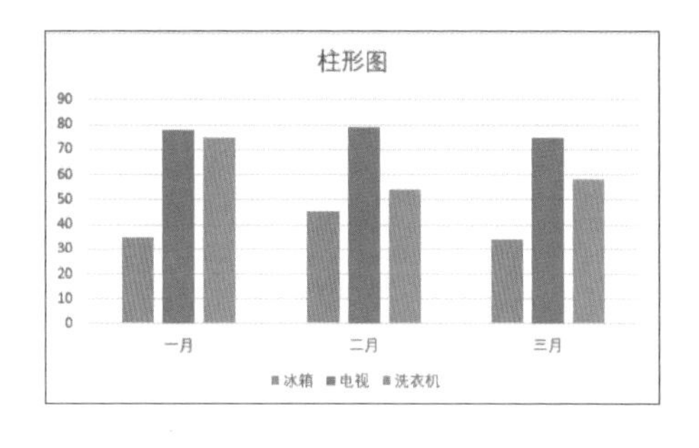

2. 折线图——按时间或类别显示趋势

折线图用来显示一段时间内的趋势。例如，数据在一段时间内是呈增长趋势的，另一段时间内处于下降趋势，可以通过折线图对将来做出预测。

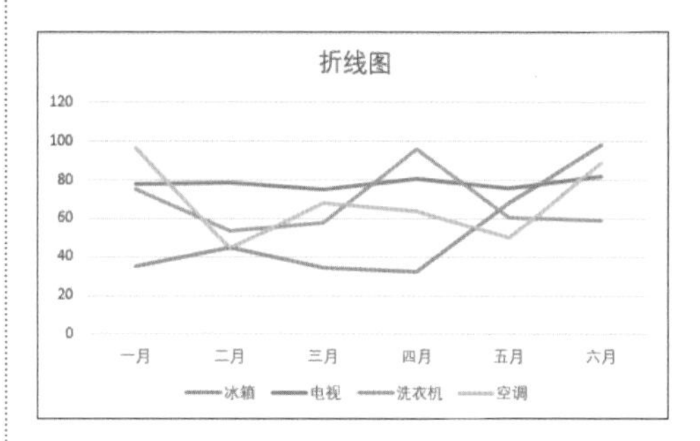

3. 饼图——显示比例

饼图用于对比几个数据在其形成的总和中所占百分比值。整个饼代表总和，每一个数用一个楔形或薄片代表。

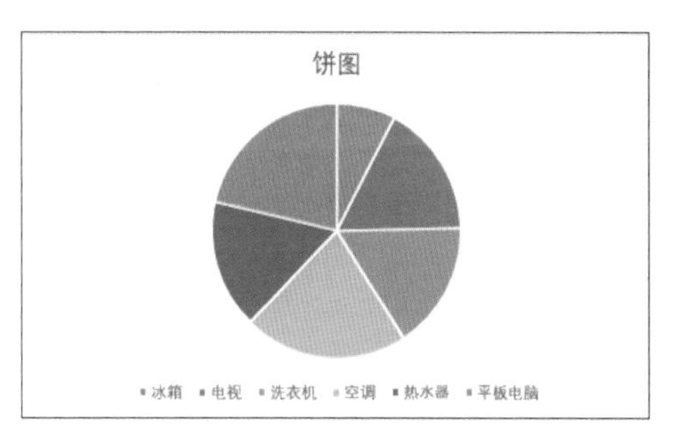

4. 条形图——以水平条跨若干类别比较值

条形图由一系列水平条组成。使对于时间轴上的某一点，两个或多个项目的相对尺寸具有可比性。条形图中的每一条在工作表上是一个单独的数据点或数。

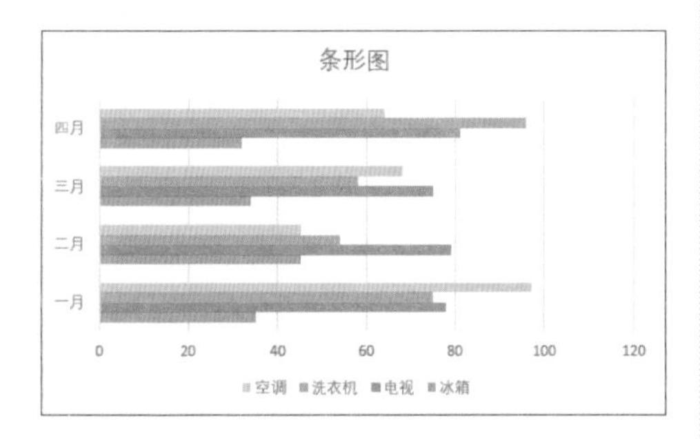

5. 面积图——显示变动幅度

面积图显示一段时间内变动的幅值。当有几个部分的数据都在变动时，可以选择显示需要的部分，即可看到单独各部分的变动，同时也看到总体的变化。

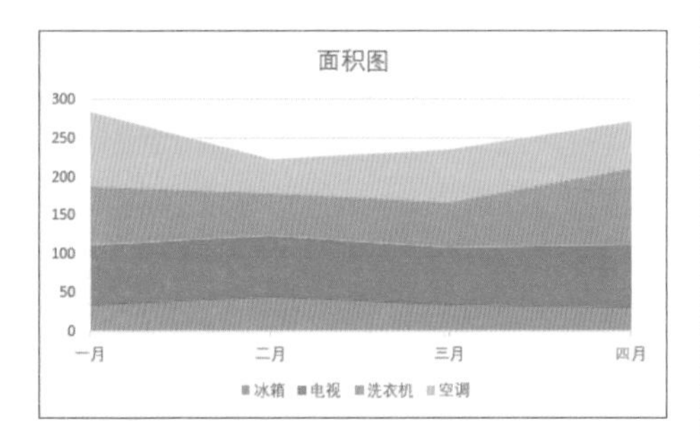

6. XY散点图——显示值集之间的关系

XY散点图展示成对的数和它们所代表的趋势之间的关系。散点图的重要作用是，可以用来绘制函数曲线，从简单的三角函数、指数函数、对数函数到更复杂的混合型函数，都可以利用它快速准确地绘制出曲线，所以在教学、科学计算中会经常用到。

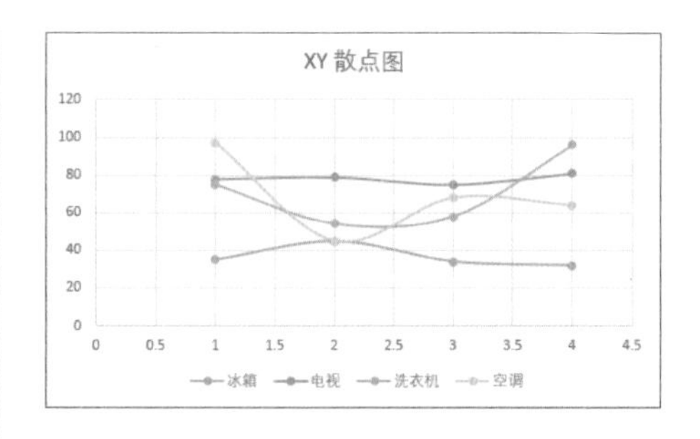

7. 股价图——显示股票变化趋势

股价图是具有3个数据序列的折线图，被用来显示一段给定时间内一种股标的最高价、最低价和收盘价。股价图多用于金融、商贸等行业，用来描述商品价格、货币兑换率和温度、压力测量等。

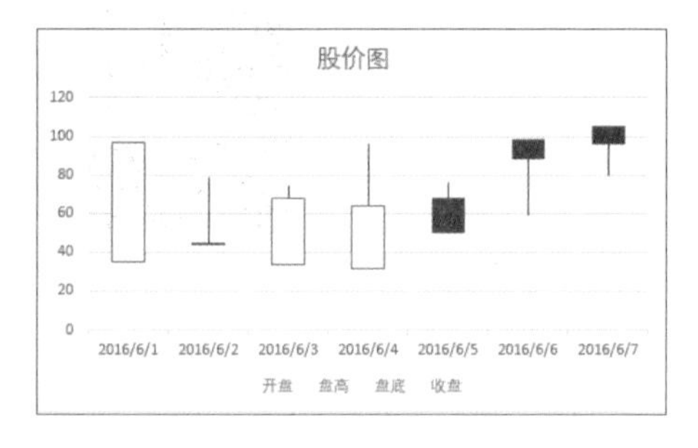

8. 曲面图——在曲面上显示两个或更多个数据

曲面图显示的是连接一组数据点的三维曲面。曲面图主要用于寻找两组数据的最优组合。

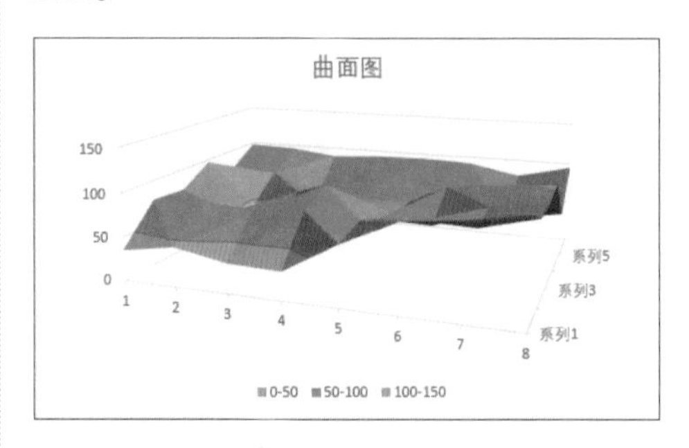

9. 雷达图——显示相对于中心点的值

显示数据如何按中心点或其他数据变

动。每个类别的坐标值从中心点辐射。

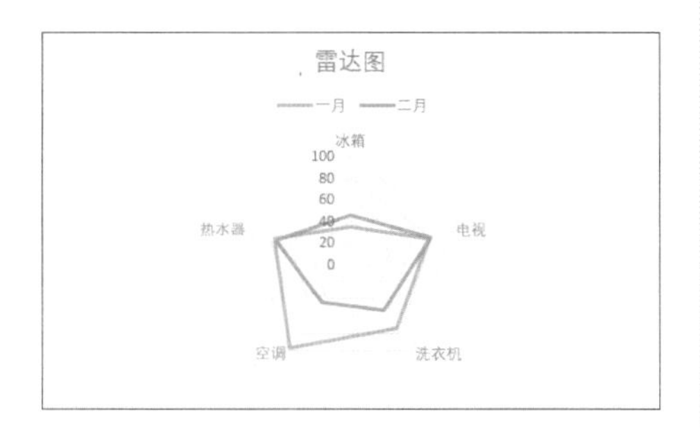

10. 树状图——以矩形显示比例

树状图主要用于比较层次结构中不同级别的值，可以使用矩形显示层次结构级别中的比例。

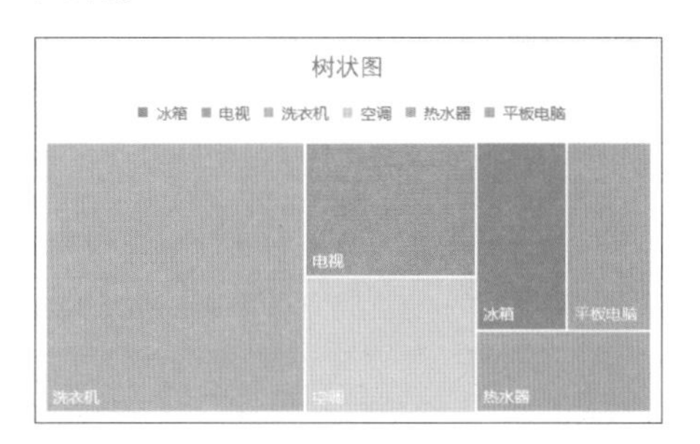

11. 旭日图——以环形显示比例

旭日图主要用于比较层次结构中不同级别的值，可以使用环形显示层次结构级别中的比例。

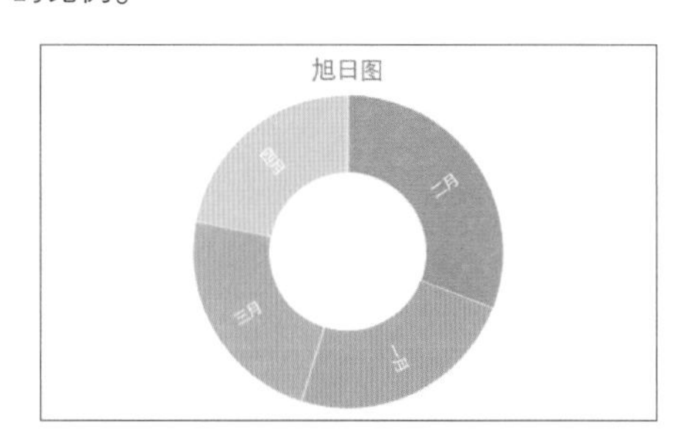

12. 直方图——显示数据分布情况

直方图由一系列高度不等的纵向条纹或线段表示数据分布的情况。一般用横轴表示数据类型，纵轴表示分布情况。

13. 箱形图——显示一组数据的变体

箱形图主要用于显示一组数据中的变体。

14. 瀑布图——显示值的演变

瀑布图用于显示一系列正值和负值的累积影响。

15. 组合图——突出显示不同类型的信息

组合图将多个图表类型集中显示在一个图表中，集合各类图表的优点，更直观形象地显示数据。

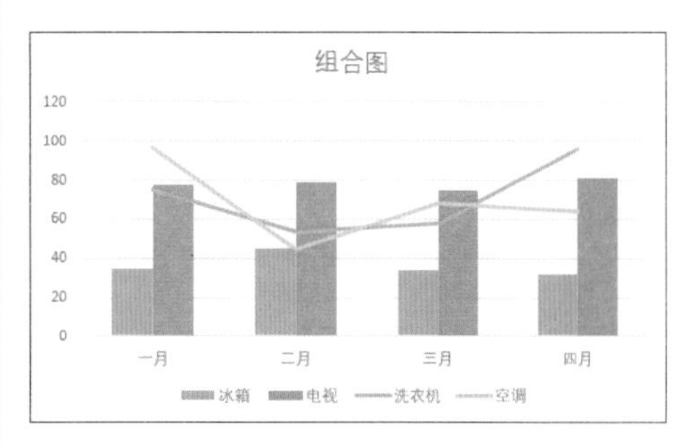

18.2 快速创建图表

创建图表时，不仅可以使用系统推荐的图表创建图表，还可以根据实际需要选择并创建合适的图表，下面就介绍在产品销售统计分析图表中创建图表的方法。

1. 使用系统推荐的图表

Excel 2016 会根据数据为用户推荐图表，并显示图表的预览，用户只需要选择一种图表类型就可完成图表的创建，具体操作步骤如下。

01 打开随书光盘中的“素材\ch18\产品销售统计分析图表.xlsx”文件，选择数据区域内的任意一个单元格，单击【插入】选项卡下【图表】组中【推荐的图表】按钮。

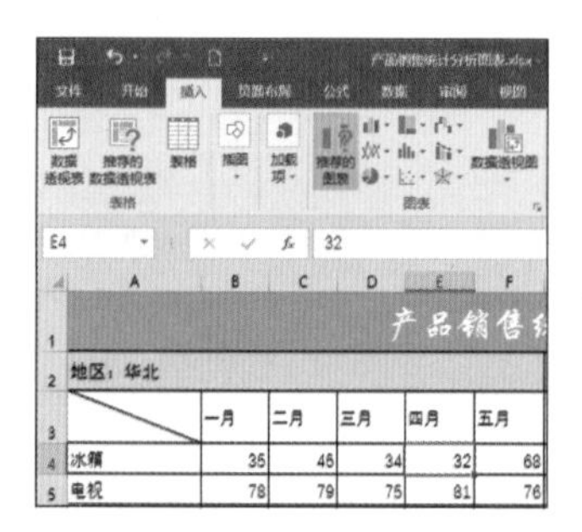

提示

如果要为部分数据创建图表，仅选择要创建图表的部分数据。

02 打开【插入图表】对话框，选择【推荐的图表】选项卡，在左侧的列表中可以看到系统推荐的图表类型。选择需要的图表类型（这里选择【簇状柱形图】图表），单击【确定】按钮。

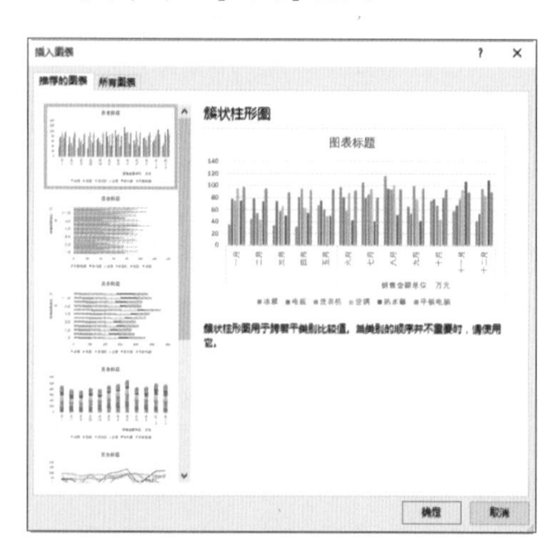

03 即可完成“使用推荐的图表”创建图表的操作。

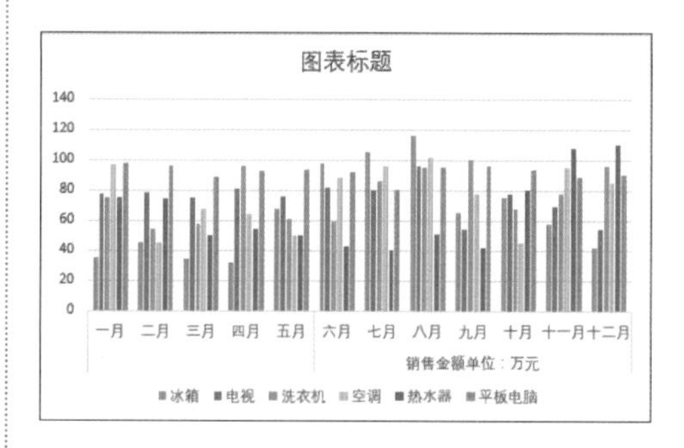

2. 使用功能区创建图表

在 Excel 2016 的功能区中将图表类型集中显示在【插入】选项卡下的【图表】组中，方便用户快速创建图表，具体操作步骤如下。

01 选择数据区域内的任意一个单元格，选择【插入】选项卡，在【图表】组中即可看到包含多个创建图表按钮。

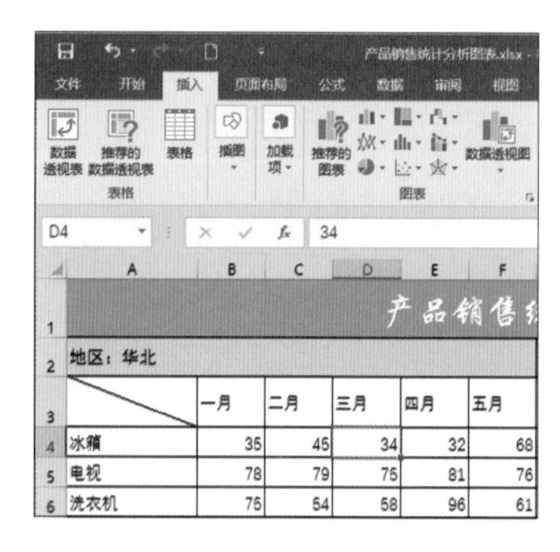

02 单击【图表】组中的【插入柱形图或条形图】下拉按钮，在弹出的下拉列表中选择【二维柱形图】组中的【簇状柱形图】选项。

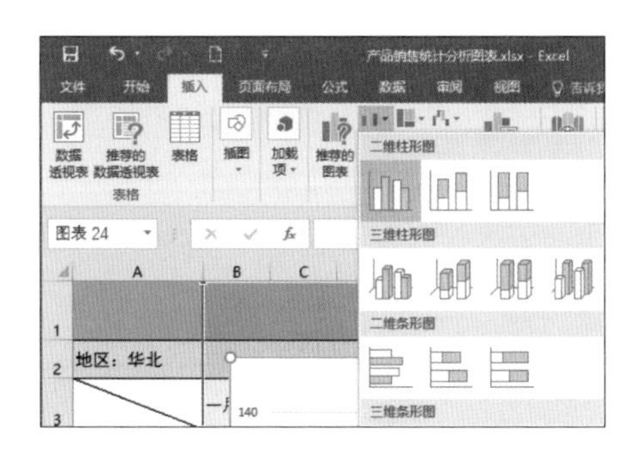

03 即可在该工作表中插入一个柱形图表，效果如下图所示。

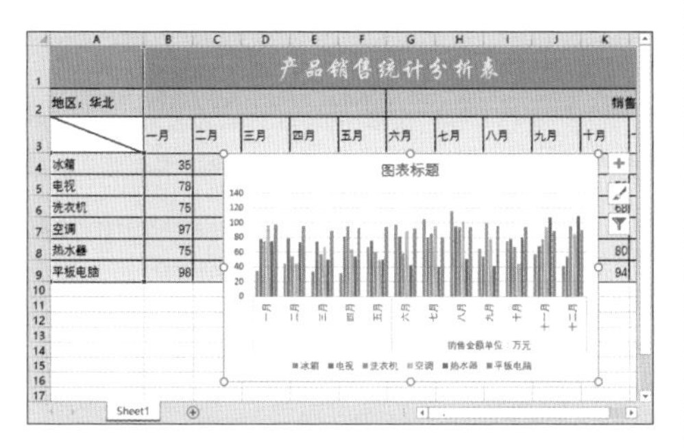

提示

可以在选择创建的图表后，在键盘上按【Delete】键将其删除。

3. 使用图表向导创建图表

使用图表向导也可以创建图表，具体操作步骤如下。

01 在打开的素材文件中，选择数据区域的任意一个单元格。单击【插入】选项卡下【图表】组中的【查看其他图表】按钮，弹出【插入图表】对话框，选择【所有图表】选项卡，在左侧的列表中选择【折线图】选项，在右侧选择一种折线图类型，单击【确定】按钮。

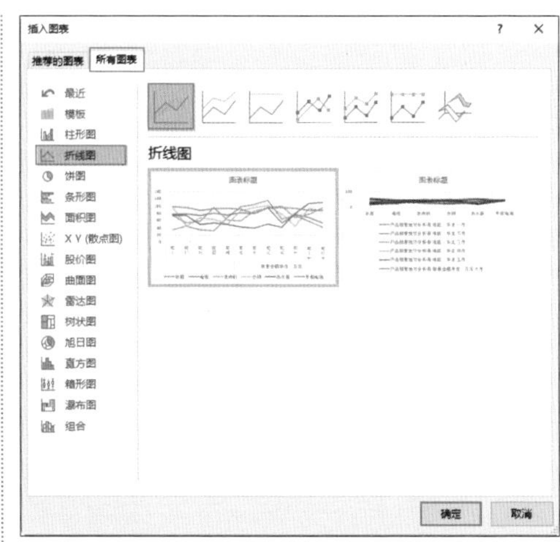

02 即可在 Excel 工作表中创建折线图图表，效果如下图所示。

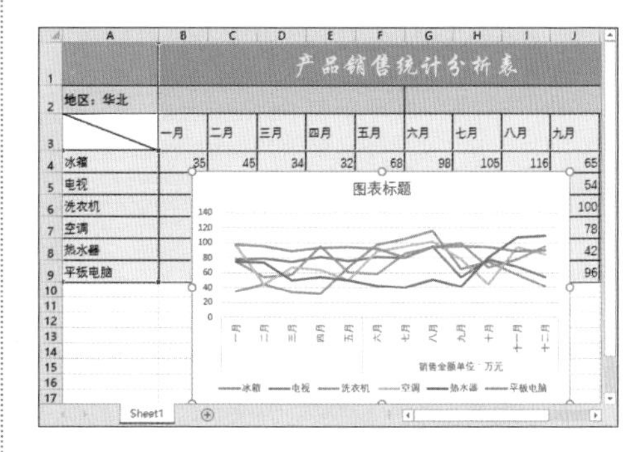

提示

除了使用上面的 3 种方法创建图表外，还可以按【Alt+F1】组合键创建嵌入式图表，按【F11】键可以创建工作表图表。嵌入式图表就是与工作表数据在一起或者与其他嵌入式图表在一起的图表，而工作表图表是特定的工作表，只包含单独的图表。

18.3 Excel 中常用的图表

Excel 中包含了 15 种图表类型，但经常会用到哪些图呢？当然是饼图、柱形图、折线图了！只要熟悉了这 3 种常用图表的创建，其他图表就很容易摸索了。

先看看图表中的八大元素（如图例、坐标轴、数据系列、标题、图表区、绘图区等），如下图所示。

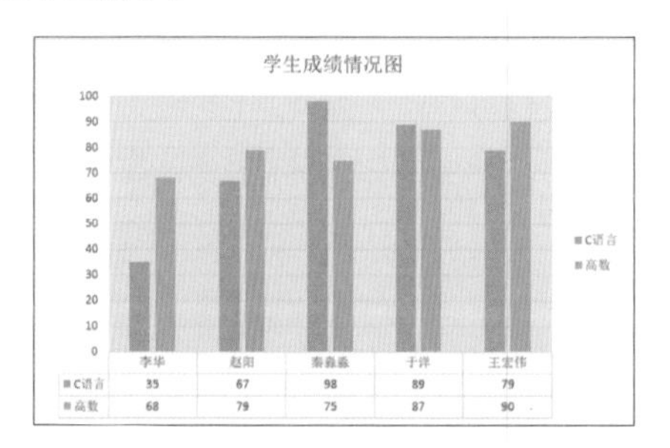

1. 饼图

饼图主要用来显示组成数据系列的各分类项在总和中所占的比例，通常只显示一个数据系列，其中饼图、复合饼图、分离型饼图最为常用。

例如，某市各城区常住人口情况如下图所示，市区含金水区、中原区、二七区、管城区、惠济区 5 个中心城区，其他为周边地区。如果要展示各城区常住人口所占比例情况，饼图是最适合的。观察统计表中的数据会发现一共有 12 个区，并且每个区人口比例都不太大，如果把 12 个区作为 12 类数据项全部放在饼图中，效果非常不好，重点不突出，饼图中分割既多又乱。

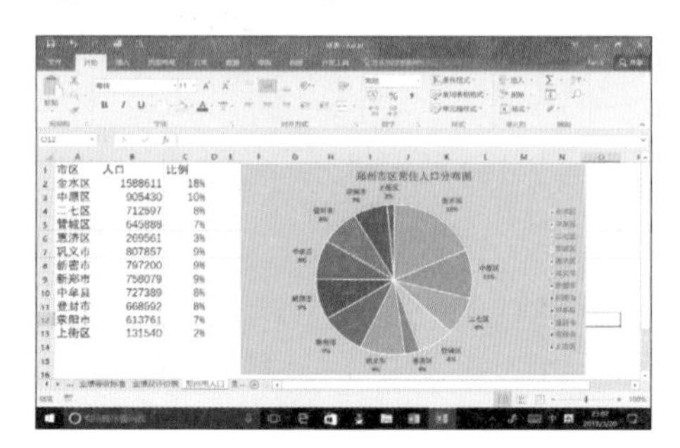

一般一个饼图上分割为 5 块左右比较合适，大块放在上面或按顺时针方向排列，看起来最舒服。为了突出中心城区的常住人口，也为了减少图中的数据块，可以先把数据处理一下，把非中心城区一律作为“周边”城区显示为一个数据块。现在图中的分割比刚才少了很多，并且突出了中心城区的人口信息。

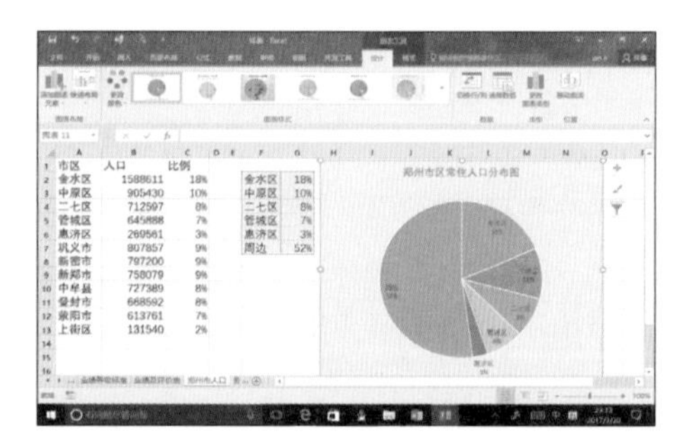

在分类较多的情况下，使用单独的饼图虽然突出了一个分类信息，但却忽略了其他分类信息，对比效果也不明显，如果改为复合饼图则能很好地解决这一问题。还是上面的例子，如果需要在饼图中把周边城区的人口比例情况也展示出来，就可以用复合饼图。

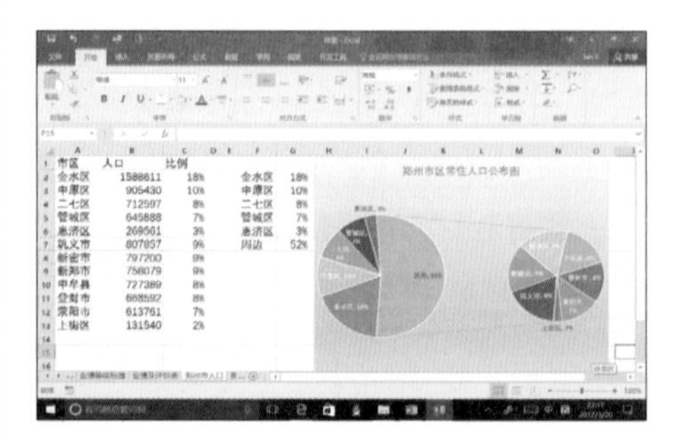

在设计复合饼图时最关键的是要分析哪个分类信息是用户着重要表现的，把它放在大饼中；哪个分类信息是次要表现的，把它放在小饼中。别忘了，创建图前首先要把数据整理一下——汇总次要分类信息，把它作为一个类放在大饼中展示，因为它在大饼中是要占份额的。

对于复合饼图，还可以把它设计为更酷的双层饼图。就是在大饼的“周边”扇形区域里面再展示出它包含的全部次要城区人口所占的比例。

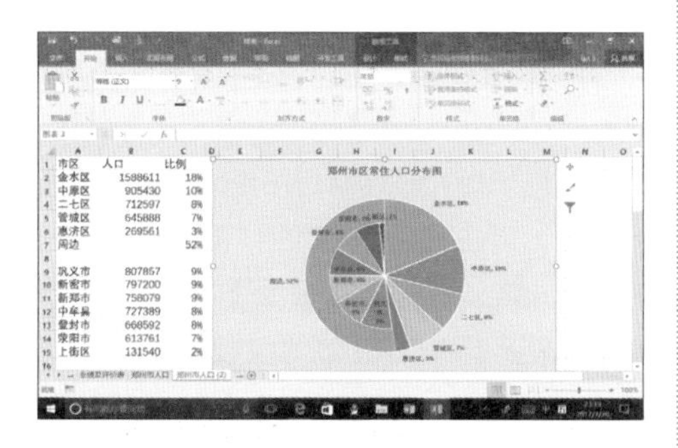

2. 柱形图

柱形图主要用来进行不同分类项之间的对比，其中簇状图和堆积图两种图形最常用。

柱形簇状图是 Excel 默认的图表，谁强谁弱通过柱子高低就一目了然！

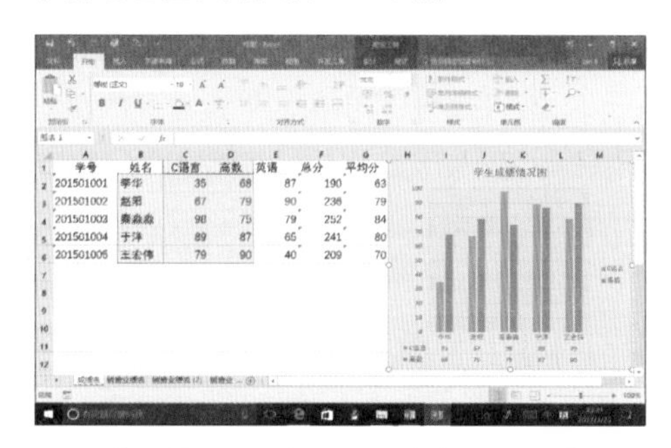

堆积柱形图则更能反映出不同分类项在一个时间段内数据累加和的比较。

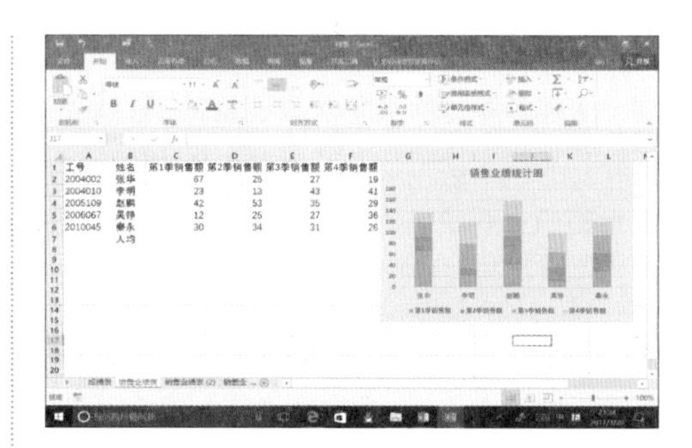

还可以添加人均销售额的“平均线”，这样，谁全年销售额达到了平均水平便尽收眼底。

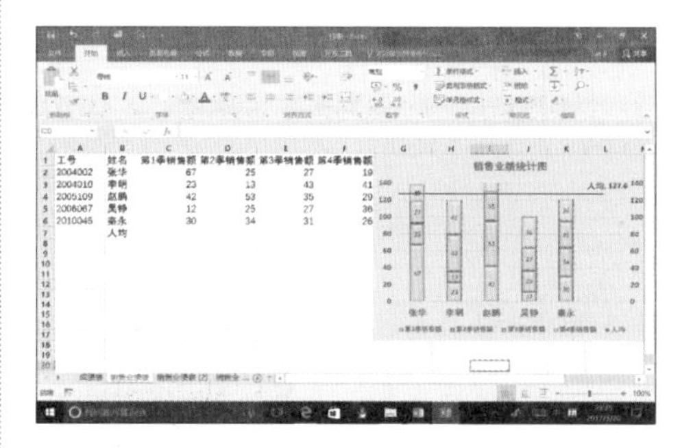

3. 折线图

折线图主要用一系列以折线相连并且间隔相同的点来显示数据变化趋势，其中折线和数据点折线两种类型最为常用。

把上例中的销售业绩制作成折线图，通过折线变化可以明显看出，张华的业绩在退步，秦永每个季度的业绩都差不多。

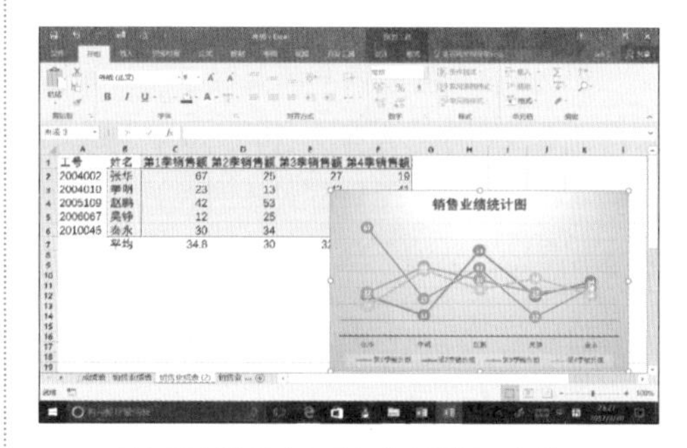

是不是觉得上面这个折线图太普通了？从下面这个折线图又能看出什么呢？这是一

个组合图，既有柱形图又有折线图，在这张图上可以清晰地看到每个季度谁的销售业绩最好，并且可以看到每个季度公司总的平均销售额的变化情况——总体来说第1季度较好，公司全年的销售情况还是比较平稳的。

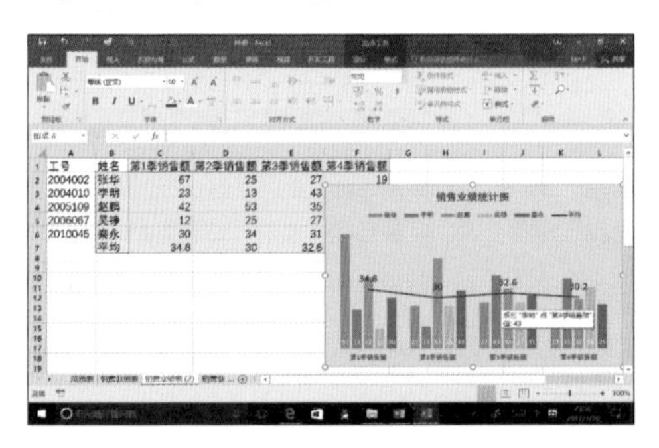

18.4 装扮图表

真正的高手，不仅是会制作高难度的图表，而且是要知道自己想通过图表表现什么，让人一眼看到什么。一句话，你想要什么？并且高手能把最平常的图表绘制出商务范儿。

Excel基础图表绘制的关键不在技术，而在于美观！因为几乎会使用Excel的人都会创建基础图表，但是怎么使创建的基础图表让人看出其中的不简单才是最关键、最重要的。

（1）还记得前面介绍的图表中的八大元素吧？装扮一下，让你的图表漂亮美观！

选中图表，在顶部的选项卡中多了两个浮动选项卡——【设计】和【格式】选项卡，在图表的右上角外侧也同时出现了3个按钮。选中【格式】选项卡，可以下拉【功能区】左上角的【图表区】，在其中选择要处理的图表对象，可以设置其形状、字体、字形、字号、位置、前景、背景等内容。

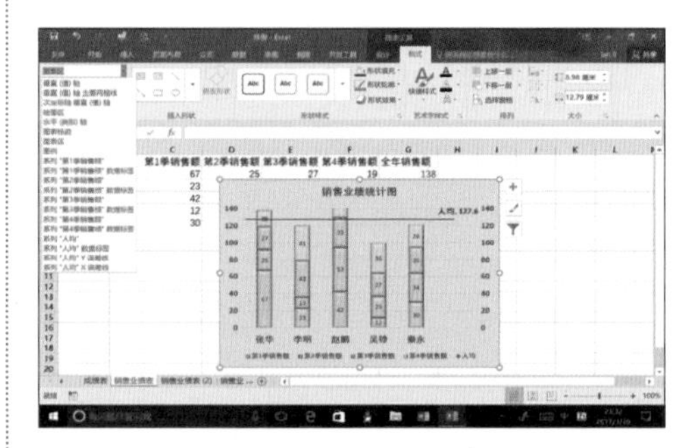

选择【设计】选项卡，可以在【功能区】选择不同按钮，进行添加图表元素、快速布局图表元素、改变元素颜色、利用系统设计好的样式定义图表、在图表中添加数据系列、更改图表类型等设置，都非常快捷、漂亮。

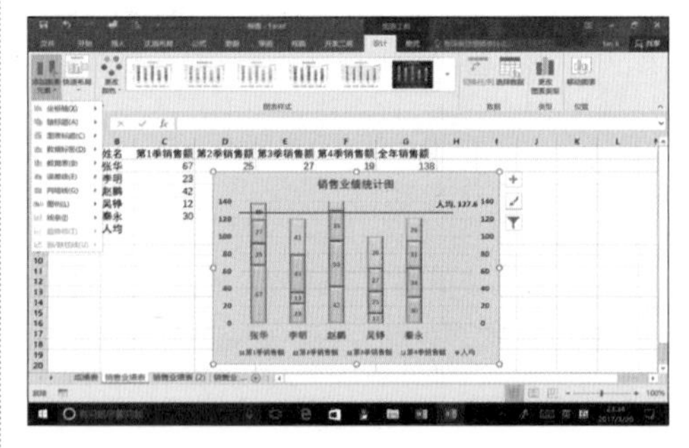

（2）如果想突出图表中最重要的数据块怎么办呢？想突出哪块就另类设置它吧。

（3）*Y*坐标轴的刻度是可以重新设置最大值和最小值的，这样就可以调整数据块的高度了。在此特别提醒大家，这个方法非常有用，改变*Y*轴最大值后可以使数据块或者线条在整个图表中的分布非常均匀，恰到好处。

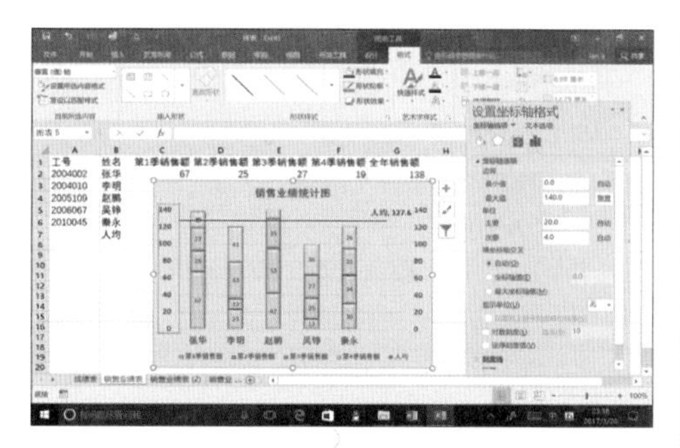

（4）层叠，制造透明效果。例如，对销售业绩加一个“计划”列，可以用柱形图块的层叠表现出全年完成计划的情况。

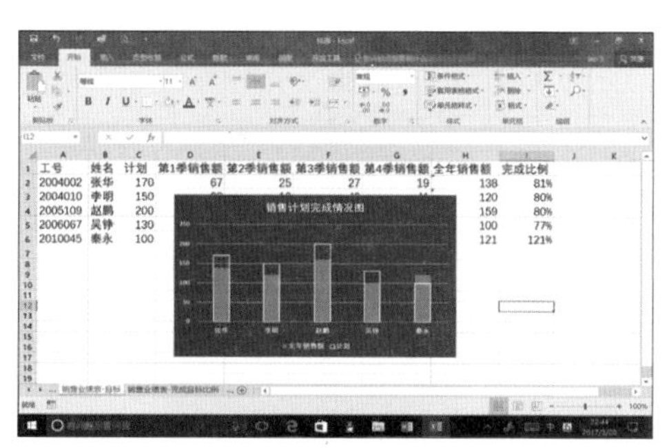

（5）还有很多方法可以使你的图表与众不同，以下这些方面也可以多花些心思去设计。

① 绘图区域长宽比例要适当，不要使图表看上去细高或扁长。

② 采用恰当的坐标轴，不要使数据序列最大值和最小值差太多，导致有的数据太大图形几乎跑出图去，有的数据太小与 *X* 轴差不多，不但不好看而且会导致信息不能清晰地被展示出来。

③ 柱形图中如果数据序列值太大，可以采用条形图，让柱形图躺下。

④ 折线图中，如果线条太多，点太多，可以不显示折点上的数据，下面可以带上数据表。

⑤ 整个图表的色彩搭配不要太花哨。

牛人干货

制作双坐标轴图表

用 Excel 做出双坐标轴的图表，有利于更好理解数据之间的关联关系，如分析价格和销量之间的关系。制作双坐标轴图表的具体操作步骤如下。

01 打开随书光盘中的“素材\ch18\某品牌手机销售额.xlsx”工作簿，选中 A2:C10 单元格区域。

	A	B	C
1	手机销售额		
2	月份	数量/台	销售额/元
3	1月份	40	79960
4	2月份	45	89955
5	3月份	42	83958
6	4月份	30	59970
7	5月份	28	55972
8	6月份	30	54000
9	7月份	45	67500
10	8月份	50	70000
11			
12			
13			

02 单击【插入】选项卡下【图表】组中的【插入折线图或面积图】按钮，在弹出的下拉列表中选择【折线图】选项。

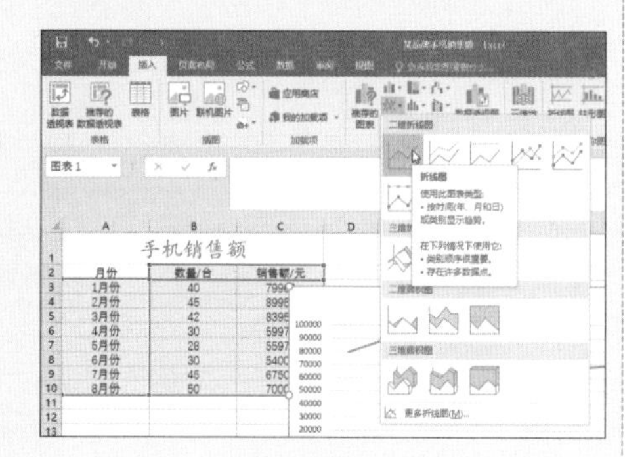

03 即可插入折线图，效果如下图所示。

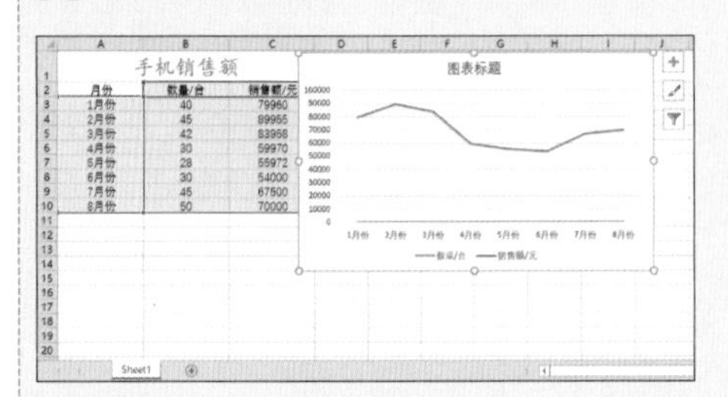

04 选中【数量】图例项并右击，在弹出的快捷菜单中选择【设置数据系列格式】选项。

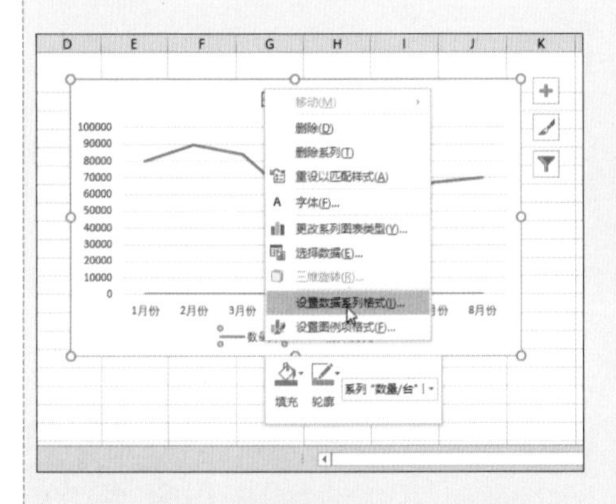

05 弹出【设置数据系列格式】任务窗格，选中【次坐标轴】单选按钮，单击【关闭】按钮。

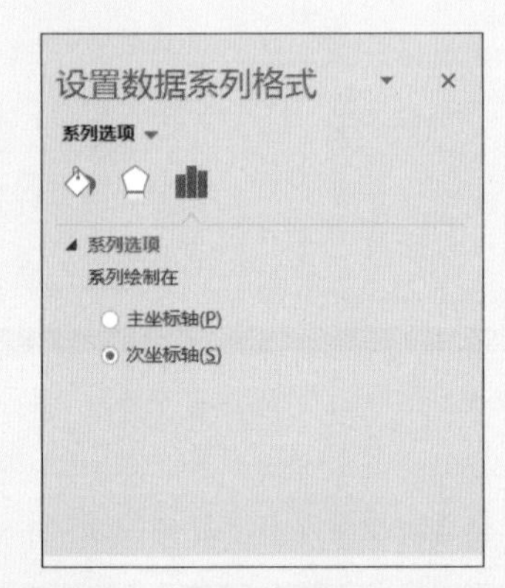

06 即可得到一个有双坐标轴的折线图表，可清楚地看到数量和销售额之间的对应关系。

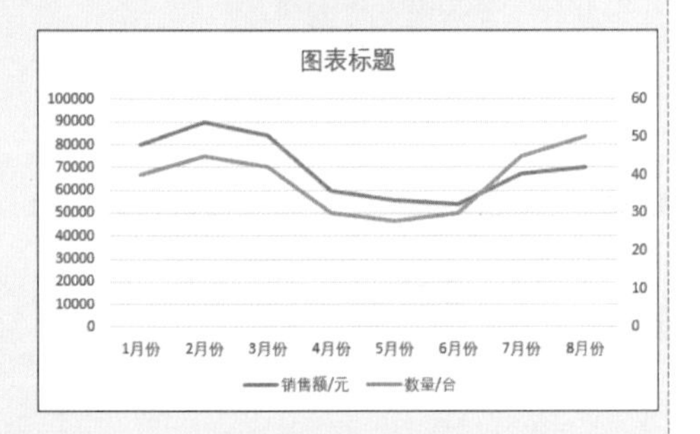

第 19 课 公式的使用技巧

很多人都觉得 Excel 中的公式很难，其实公式从本质上讲就是一种交互代码，用户输入一些约定格式的代码，由软件运算返回相应的结果，所以在使用公式时只需记住一些常用代码和规则就能编写出功能强大的公式。

做任何事情都讲求技巧，使用技巧会得到事半功倍的效果！

公式的组成部分有哪些？

你知道公式的一些使用技巧吗？

19.1 公式的组成与输入

极简时光

关键词：公式的组成 / 公式的输入 / 手动输入 / 单击输入

一分钟

公式是 Excel 工作表中进行数值计算的等式，它的计算功能为用户分析和处理工作表中的数据提供了很大的方便。

1. 公式的组成

在 Excel 中，应用公式可以帮助分析工作表汇总的数据，如对数值进行加、减、乘、除等运算。

公式就是一个等式，是由一组数据和运算符组成的序列。

下面举几个公式的例子。

=15+35

=SUM（B1:F6）

= 现金收入 – 支出

上面的例子体现了 Excel 公式的语法，即公式以“=”开头，后面紧接着运算数和运算符，运算数可以是常数、单元格引用、单元格名称和工作表函数等。

在单元格中输入公式，可以进行计算然后返回结果。公式使用数学运算符来处理数值、文本、工作表函数及其他的函数，在一个单元格中计算出一个数值。数值和文本可以位于其他的单元格中，这样可以方便地更改数据，赋予工作表动态特征。

输入单元格中的公式由下列几个元素组成。

（1）运行符，如“+”（相加）或“*”（相乘）。

（2）单元格引用（包含定义了名称的单元格和单元格区域）。

（3）数值和文本。

（4）工作表函数（如 SUM 函数或 AVERAGE 函数）。

在单元格中输入公式后，单元格中会显示公式计算的结果。当选中单元格时，公式本身会出现在编辑栏中，如下表给出了几个公式的例子。

公式	含义
=150*0.5	公式只使用了数值且不是很有用
=A1+A2	把单元格 A1 和单元格 A2 中的值相加
=Income-Expenses	把单元格 Income（收入）的值减去单元格 Expenses（支出）中的值
=SUM(A1:A12)	A1:A12 单元格区域数值相加
=A1=C12	比较单元格 A1 和单元格 C12。如果相等，公式返回值为 TRUE；反之则为 FALSE

2. 公式的输入

输入公式时，以“=”作为开头，以提示 Excel 单元格中含有公式而不是文本。在公式中可以包含各种算术运算符、常量、变量、函数、单元格地址等。在单元格中输入公式的方法可分为以下两种。

（1）手动输入。具体操作步骤如下。

01 打开随书光盘中的“素材\ch19\出差费用支出报销单.xlsx”工作簿，在 I3 单元格中输入公式“=1600+600+300+100+0”，公式会同时出现在单元格和编辑栏中。

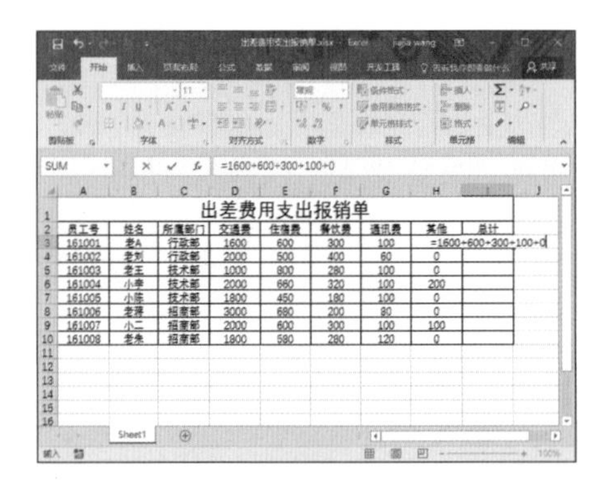

出差费用支出报销单

员工号	姓名	所属部门	交通费	住宿费	餐饮费	通讯费	其他	总计
161001	老A	行政部	1600	600	300	100	0	=1600+600+300+100+0
161002	老刘	行政部	2000	500	400	60	0	
161003	老王	技术部	1000	800	280	100	0	
161004	小李	技术部	2000	660	320	100	200	
161005	小陈	技术部	1800	450	180	100	0	
161006	老谭	招商部	3000	680	200	80	0	
161007	小二	招商部	2000	600	300	100	100	
161008	老朱	招商部	1800	580	280	120	0	

02 按【Enter】键可确认输入并计算出运算结果。

=1600+600+300+100+0

差费用支出报销单

交通费	住宿费	餐饮费	通讯费	其他	总计
1600	600	300	100	0	2600
2000	500	400	60	0	
1000	800	280	100	0	
2000	660	320	100	200	
1800	450	180	100	0	
3000	680	200	80	0	
2000	600	300	100	100	
1800	580	280	120	0	

提示

公式中的各种符号一般都要求在英文状态下输入。

（2）单击输入。具体操作步骤如下。

01 在打开的“出差费用支出报销单”工作表中，选中 I4 单元格，输入“=”。

02 单击 D4 单元格，单元格周围会显示活动的虚线框，同时编辑栏中会显示“D4”，这就表示 D4 单元格已被引用。

03 接着输入“+”，然后选择 E4 单元格，然后依次单击输入“+F4+G4+H4”，此时，E4、F4、G4 和 H4 单元格也被引用。

04 按【Enter】键确认，即可完成公式的输入并得出结果，效果如下图所示。

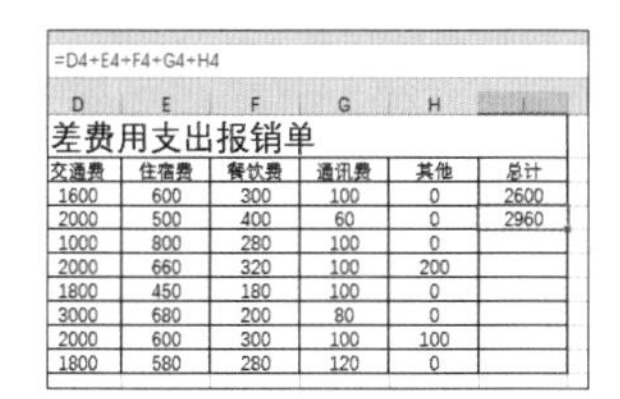

=D4+E4+F4+G4+H4

差费用支出报销单

交通费	住宿费	餐饮费	通讯费	其他	总计
1600	600	300	100	0	2600
2000	500	400	60	0	2960
1000	800	280	100	0	
2000	660	320	100	200	
1800	450	180	100	0	
3000	680	200	80	0	
2000	600	300	100	100	
1800	580	280	120	0	

提示

在需要输入大量单元格时单击输入可以节省很多时间且不容易出错。

19.2 公式分步计算与调试技巧

极简时光

关键词： 查看公式计算过程 /【公式求值】对话框 /【步出】按钮 /【求值】按钮

一分钟

当 Excel 表格中的公式比较复杂时，往往会担心结果出错，在 Excel 中用户可以通过调试来查看公式的计算过程，具体操作步骤如下。

01 打开随书光盘中的“素材 \ch19\ 产品销量统计表 .xlsx”工作簿，选择 B9 单元格。单击【公式】选项卡下【公式审核】组中的【公式求值】按钮 公式求值 。

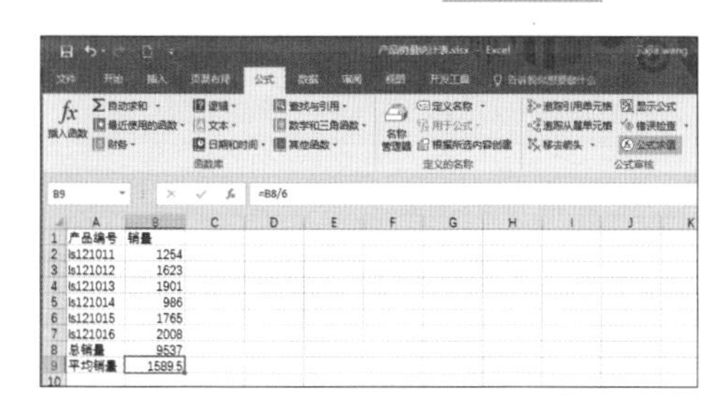

02 弹出【公式求值】对话框，在【引用】选项区域可看到引用的是 Sheet1 工作表中的 B9 单元格，在【求值】框中可看到 B9 单元格中的公式，且 B8 下面有一个下画线，单击【步入】按钮。

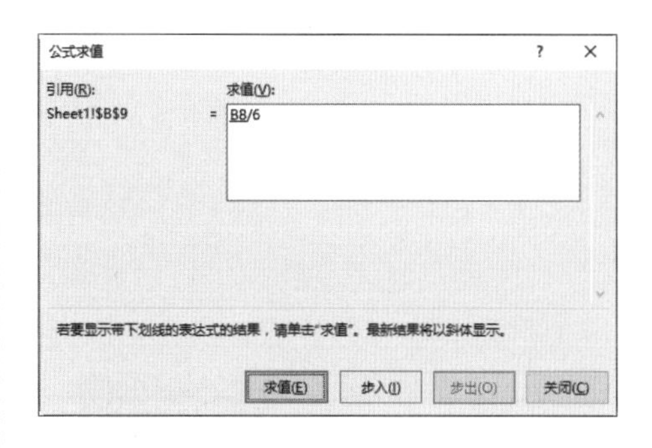

03 可看到 B8 单元中使用的公式，单击【步出】按钮。

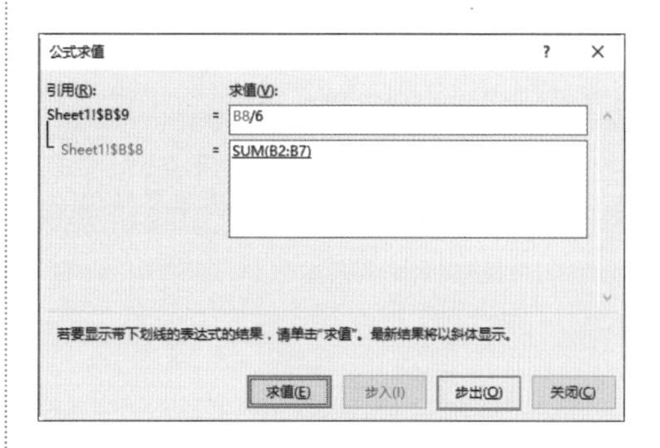

04 即可得出 B8 单元格中使用公式计算的结果，最后单击【求值】按钮。

05 即可得出计算结果。

19.3 审核公式的正确性

利用 Excel 提供的公式审核功能，可以方便地检查公式中出现的错误，帮助用户快速改正，具体操作步骤如下。

01 打开随书光盘中的"素材\ch19\员工入职日期表.xlsx"工作簿，选中 D3 单元格，在编辑栏中输入公式"=IF((COUTIF($C$3:$C$13, C3))>1, "入职时间相同 ","")"。

> **提示**
>
> COUNTIF 函数用于对区域中满足单个指定条件的单元格进行计数。公式"=IF((COUNTIF($C$3:$C$13,C3)) >1," 入职时间相同 ","")"中，"$C$3:$C $13"为绝对引用单元格区域，整体表示与 C3 单元格数值相同数量大于 1 时，显示"入职时间相同"，否则返回空文本。

02 按【Enter】键，则在 D3 单元格中显示错误提示，选中 D3 单元格，单击【公式】选项卡下【公式审核】组中的【错误检查】按钮 ! 错误检查 。

03 弹出【错误检查】对话框，显示检测到的错误公式，并给出出错的原因，单击【关于此错误的帮助】按钮。

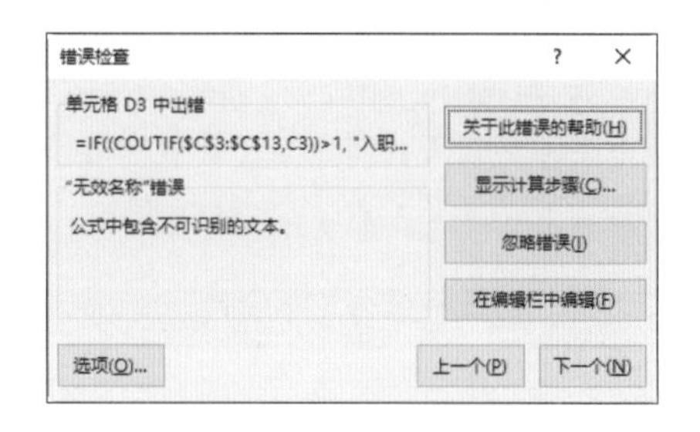

04 则会弹出关于如何更正此错误的网页，显示具体的原因，并给出解决方案，根据网页中的内容，检查输入的公式，发现公式的名称存在拼写错误。

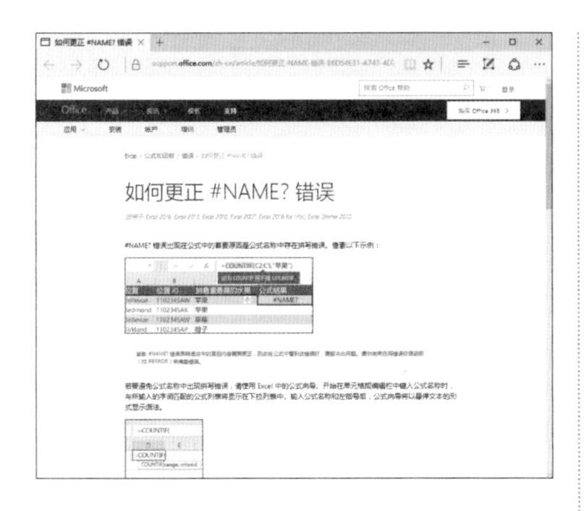

05 在编辑栏中修改公式，按【Enter】键即可得出正确的结果，然后使用自动填充功能填充其他单元格，效果如下图所示。

	A	B	C	D
1	员工入职日期表			
2	员工编号	员工姓名	入职日期	
3	zw102201	张东	2014/3/8	
4	zw102202	冯艳丽	2014/9/15	入职时间相同
5	zw102203	赵慧	2014/8/9	
6	zw102204	李明	2014/11/12	
7	zw102205	张婷婷	2014/9/15	入职时间相同
8	zw102206	马玉兰	2014/6/3	
9	zw102207	赵阳	2014/9/15	入职时间相同
10	zw102208	李辉	2014/8/24	
11	zw102209	孙明丽	2014/9/28	
12	zw102210	王晴	2014/9/15	入职时间相同
13	zw102211	李楚楚	2014/12/6	

提示

选中出现错误的单元格，即可看到单元格左侧显示错误提示的符号，单击该符号，在弹出的下拉列表中选择【关于此错误的帮助】选项，则会弹出如何更正此错误的界面。

另外，利用 Excel 提供的审核功能，可以方便地检查工作表中涉及公式的单元格之间的关系。当公式使用引用单元格或从属单元格时，检查公式的准确性或查找错误的根源会很困难，而 Excel 提供了帮助检查公式的功能。可以使用【追踪引用单元格】和【追踪从属单元格】按钮，以追踪箭头显示或追踪单元格之间的关系。从而审核公式的正确性。追踪单元格的具体操作步骤如下。

01 启动 Excel 2016，新建一个空白工作簿，在 A1 和 B1 单元格中分别输入数字“23”和“47”，在 C1 单元格中输入公式“=A1+B1”，按【Enter】键确认，得出计算结果。选中 C1 单元格，单击【公式】选项卡下【公式审核】组中的【追踪引用单元格】按钮 追踪引用单元格，即可显示蓝色箭头来表示单元格之间的引用关系。

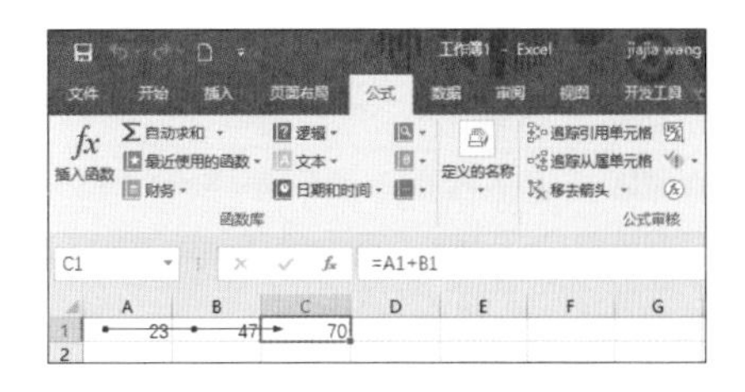

02 选中 C1 单元格，按【Ctrl+C】组合键复制，在 D1 单元格中按【Ctrl+V】组合键将公式粘贴在单元格内。选中 C1 单元格，单击【公式】选项卡下【公式审核】组中的【追踪从属单元格】按钮 追踪从属单元格，即可显示单元格间的从属关系。

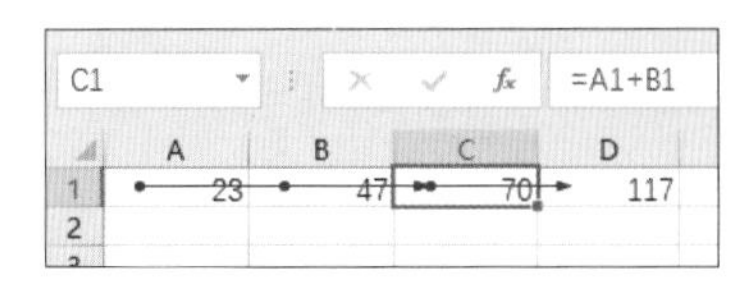

03 要移去工作表上的追踪箭头，单击【公式】选项卡下【公式审核】组中的【移去箭头】按钮，或单击【移去箭头】下拉按钮，在弹出的下拉菜单中选择【移去箭头】选项即可。

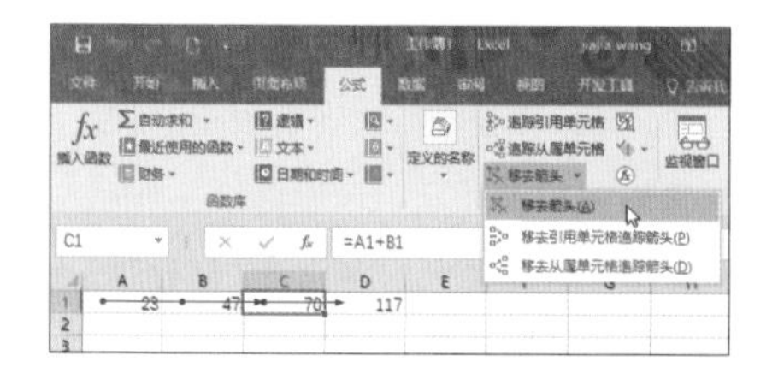

19.4 使用名称简化公式

关键词：【定义名称】按钮/【名称管理器】按钮/【用于公式】按钮

当公式比较复杂时，可以使用给单元格的特定区域定义名称，然后使用已定义的名称来简化公式，具体操作步骤如下。

01 打开随书光盘中的“素材\ch19\出差费用支出报销单.xlsx”工作簿，选择D3:H3单元格区域。

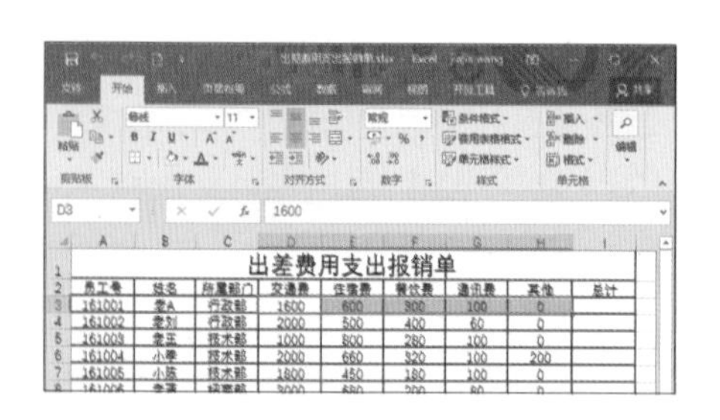

02 单击【公式】选项卡下【定义的名称】组中的【定义名称】按钮。

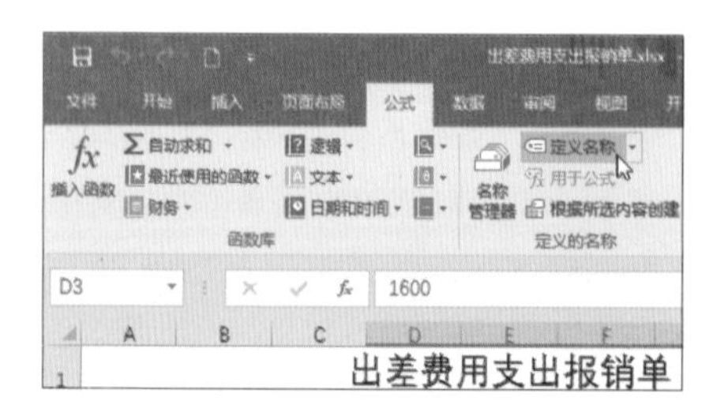

03 弹出【新建名称】对话框，在【名称】文本框中输入“老A的出差费用”，然后单击【确定】按钮。

04 即可完成D3:H3单元格区域名称的定义，并在名称框中显示。

出差费用支出报销单

员工号	姓名	所属部门	交通费	住宿费	餐饮费	通讯费	其他
161001	老A	行政部	1600	600	300	100	0
161002	老刘	行政部	2000	500	400	60	0
161003	老王	技术部	1000	800	280	100	0
161004	小李	技术部	2000	660	320	100	200
161005	小陈	技术部	1800	450	180	100	0
161006	老蒋	招商部	3000	680	200	80	0
161007	小二	招商部	2000	600	300	100	100
161008	老朱	招商部	1800	580	280	120	0

05 使用同样的方法，设置其他需要定义的单元格区域名称。定义完成后，单击【公式】选项卡下【定义的名称】组中的【名称管理器】按钮。

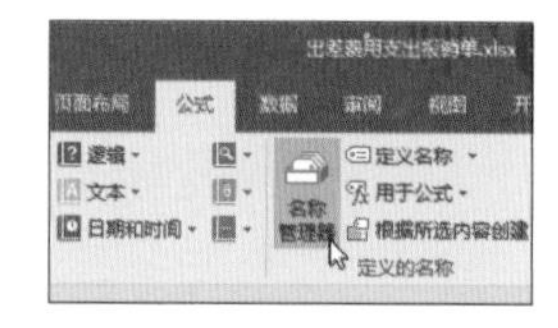

06 弹出【名称管理器】对话框，可看到工作表中包含的所有已定义的名称，单击【关闭】按钮。

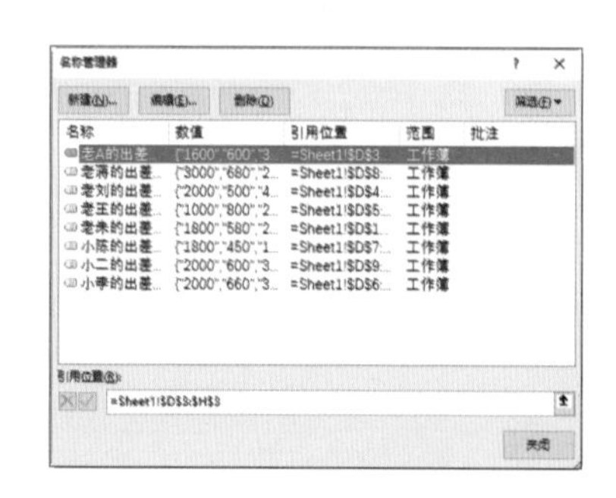

07 选择 I3 单元格，输入“=SUM()”，并将鼠标光标定位在括号中间。

出差费用支出报销单								
员工号	姓名	所属部门	交通费	住宿费	餐饮费	通讯费	其他	总计
161001	老A	行政部	1600	600	300	100		=SUM()
161002	老刘	行政部	2000	500	400	60	0	
161003	老王	技术部	1000	800	280	100	0	
161004	小李	技术部	2000	660	320	100	200	
161005	小陈	技术部	1800	450	180	100	0	
161006	老蒋	招商部	3000	680	200	80	0	
161007	小二	招商部	2000	600	300	100	100	
161008	老朱	招商部	1800	580	280	120	0	

08 单击【公式】选项卡下【定义的名称】组中的【用于公式】按钮，在弹出的下拉列表中选择【老 A 的出差费用】选项。

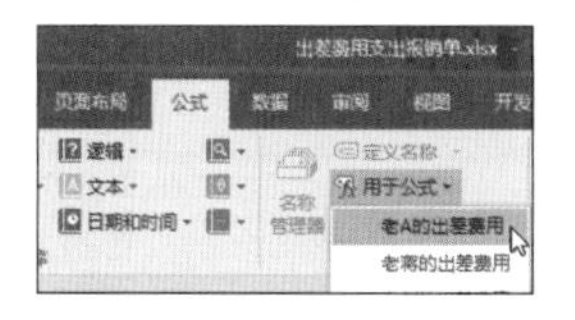

09 即可将此名称应用到公式中。

=SUM(老A的出差费用)

出差费用支出报销单						
所属部门	交通费	住宿费	餐饮费	通讯费	其他	总计
行政部	1600	600	300	100		=SUM(老A的出差费用)
行政部	2000	500	400	60	0	
技术部	1000	800	280	100	0	
技术部	2000	660	320	100	200	
技术部	1800	450	180	100	0	
招商部	3000	680	200	80	0	
招商部	2000	600	300	100	100	
招商部	1800	580	280	120	0	

10 按【Enter】键，即可计算出老 A 的出差总费用。

I3 =SUM(老A的出差费用)

出差费用支出报销单								
员工号	姓名	所属部门	交通费	住宿费	餐饮费	通讯费	其他	总计
161001	老A	行政部	1600	600	300	100	0	2600
161002	老刘	行政部	2000	500	400	60	0	
161003	老王	技术部	1000	800	280	100	0	
161004	小李	技术部	2000	660	320	100	200	
161005	小陈	技术部	1800	450	180	100	0	
161006	老蒋	招商部	3000	680	200	80	0	
161007	小二	招商部	2000	600	300	100	100	
161008	老朱	招商部	1800	580	280	120	0	

11 使用同样的方法计算出其他员工的出差总费用，最终效果如下图所示。

出差费用支出报销单								
员工号	姓名	所属部门	交通费	住宿费	餐饮费	通讯费	其他	总计
161001	老A	行政部	1600	600	300	100	0	2600
161002	老刘	行政部	2000	500	400	60	0	2960
161003	老王	技术部	1000	800	280	100	0	2180
161004	小李	技术部	2000	660	320	100	200	3280
161005	小陈	技术部	1800	450	180	100	0	2530
161006	老蒋	招商部	3000	680	200	80	0	3960
161007	小二	招商部	2000	600	300	100	100	3100
161008	老朱	招商部	1800	580	280	120	0	2780

19.5 快速计算的方法

在 Excel 的功能区中可使用公式快速计算出结果，具体操作步骤如下。

01 打开随书光盘中的“素材\ch19\成绩表.xlsx”工作簿，选中 B9 单元格。单击【公式】选项卡下【函数库】组中的【自动求和】按钮 ∑ 自动求和 。

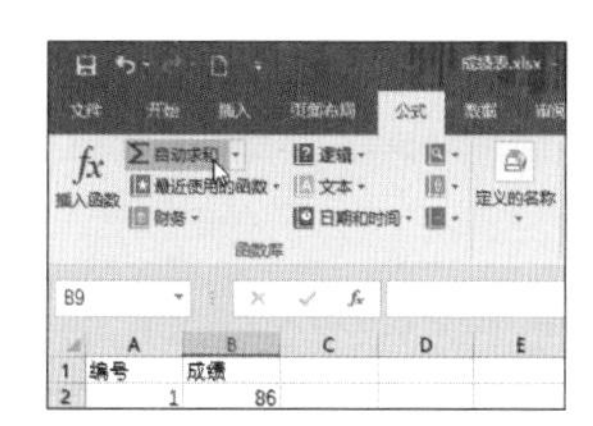

02 系统即可自动选择 B2:B8 单元格区域。

SUM =SUM(B2:B8)

	A	B
1	编号	成绩
2	1	86
3	2	54
4	3	76
5	4	82
6	5	69
7	6	87
8	7	55
9	总成绩	=SUM(B2:B8)

SUM(number1, [number2], ...)

03 按【Enter】键即可得出计算结果。

B9 =SUM(B2:B8)

	A	B
1	编号	成绩
2	1	86
3	2	54
4	3	76
5	4	82
6	5	69
7	6	87
8	7	55
9	总成绩	509

提示

单击【公式】选项卡下【函数库】组中的【自动求和】下拉按钮 Σ自动求和 ，可看到在弹出的下拉列表中有【求和】【平均值】【计数】【最大值】【最小值】等选项，用户可以根据需要进行选择，在这里就不再一一介绍了。

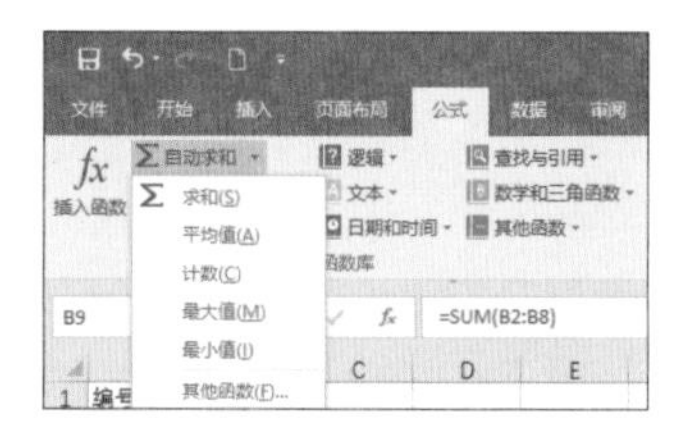

牛人干货

将公式结果转换为数值

在Excel中，选中带有公式的单元格，在编辑栏中会显示该单元格中使用的公式，如果不希望其他人看到单元格中使用的公式，可以将公示结果转换为数值，具体操作步骤如下。

01 打开随书光盘中的“素材\ch19\公司员工工资条.xlsx”工作簿，选择A1:H10单元格区域，按【Ctrl+C】组合键复制所选内容。

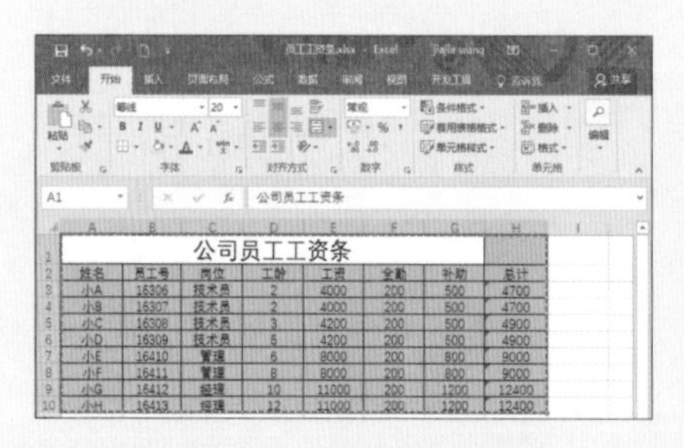

02 单击【开始】选项卡下【剪贴板】组中的【粘贴】下拉按钮，在弹出的下拉列表中选择【选择性粘贴】选项。

03 弹出【选择性粘贴】对话框，在【粘贴】选项区域中选中【数值】单选按钮，单击【确定】按钮。

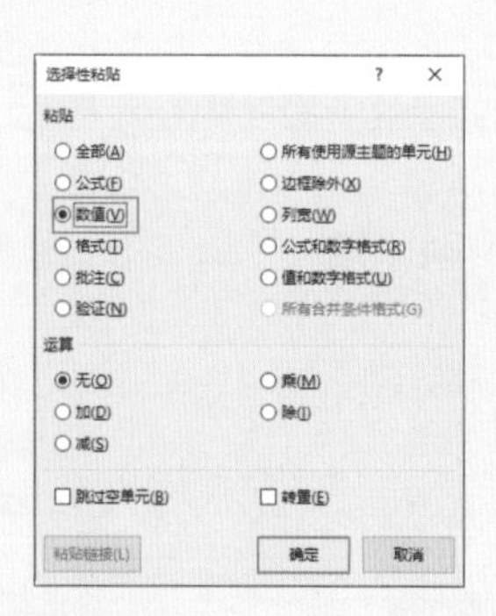

04 选中之前带有公式的一列中任意单元格，编辑栏中显示的将不再是公式，而是数值。

H3 4700

公司员工工资条

姓名	员工号	岗位	工龄	工资	全勤	补助	总计
小A	16306	技术员	2	4000	200	500	4700
小B	16307	技术员	2	4000	200	500	4700
小C	16308	技术员	3	4200	200	500	4900
小D	16309	技术员	5	4200	200	500	4900
小E	16410	管理	6	8000	200	800	9000
小F	16411	管理	8	8000	200	800	9000
小G	16412	经理	10	11000	200	1200	12400
小H	16413	经理	12	11000	200	1200	12400

第 20 课 别怕，函数其实很简单

人们通常会出于对未知的事物无法掌控等原因，对其产生恐惧心理，从而回避它。然而大多数情况下是人们自己给自己设置了障碍，当你开始面对它，并走近它时，你会发现它远没你想象的那么难。

克服恐惧心理，勇敢地迈出第一步，你会发现函数其实很简单。

你了解函数吗?

如何插入函数?

20.1 认识函数的组成和参数类型

极简时光

关键词：函数组成 / 参数类型 / 标识符 / 函数名称 / 函数参数

一分钟

Excel 2016 提供了丰富的内置函数，按照函数的应用领域分为十三大类，用户可以根据需要直接进行调用，函数类型及其作用如下表所示。

函数类型	作用
财务函数	进行一般的财务计算
日期和时间函数	可以分析和处理日期及时间
数学与三角函数	可以在工作表中进行简单的计算
统计函数	对数据区域进行统计分析
查找与引用函数	在数据清单中查找特定数据或查找一个单元格引用
数据库函数	分析数据清单中的数值是否符合特定条件
文本函数	在公式中处理字符串
逻辑函数	进行逻辑判断或者复合检验
信息函数	确定存储在单元格中数据的类型
工程函数	用于工程分析
多维数据集函数	用于从多维数据库中提取数据集和数值
兼容函数	这些函数已由新函数替换，新函数可以提供更好的精确度，且名称更好地反映其用法
Web 函数	通过网页链接直接用公式获取数据

在 Excel 2010 中共有 12 种函数类型，与 Excel 2016 的内置函数相比，Excel 2010 中没有 Web 函数。

在 Excel 中，一个完整的函数式通常由三部分构成，分别是标识符、函数名称、函数参数，其格式如下图所示。

	A	B	C	D
1	113			
2	25			
3	=SUM(A1+A2)			
4				
5				
6				
7				
8				

1. 标识符

在单元格中输入计算函数时，必须先输入“=”，这个“=”称为函数的标识符。如果不输入“=”，Excel 通常将输入的函数式作为文本处理，不返回运算结果。

2. 函数名称

函数标识符后面的英文是函数名称。大多数函数名称是对应英文单词的缩写。有些函数名称是由多个英文单词（或缩写）组合而成的。例如，条件求和函数 SUMIF 是由求和 SUM 和条件 IF 组成的。

3. 函数参数

函数参数主要有以下几种类型。

（1）常量参数。常量参数主要包括数值（如 123.45）、文本（如“计算机”）和日期（如 2013-5-25）等。

（2）逻辑值参数。逻辑值参数主要包括逻辑真（TRUE）、逻辑假（FALSE）及逻辑判断表达式（如单元格 A3 不等于空表示为“A3<>()”）的结果等。

（3）单元格引用参数。单元格引用参数主要包括单个单元格的引用和单元格区域的引用等。

（4）名称参数。在工作簿文档中各个工作表中自定义的名称，可以作为本工作簿内的函数参数直接引用。

（5）其他函数式。用户可以用一个函数式的返回结果作为另一个函数式的参数。对于这种形式的函数式，通常称为“函数嵌套”。

（6）数组参数。数组参数可以是一组常量（如 2、4、6），也可以是单元格区域的引用。

20.2 函数的插入与嵌套

极简时光

关键词：合并后居中 / 插入函数 / 选择函数 / 输入函数 / 计算平均销量

一分钟

函数的嵌套是指将一个公式或函数的计算结果作为另一函数的函数，即在已有的函数中再加进去一个函数。函数的插入与嵌套的具体操作步骤如下。

01 打开随书光盘中的“素材\ch20\公司上半年产品销量.xlsx”工作簿，选择 B9:E9 单元格区域，单击【开始】选项卡下【对齐方式】组中的【合并后居中】按钮，将其合并居中。

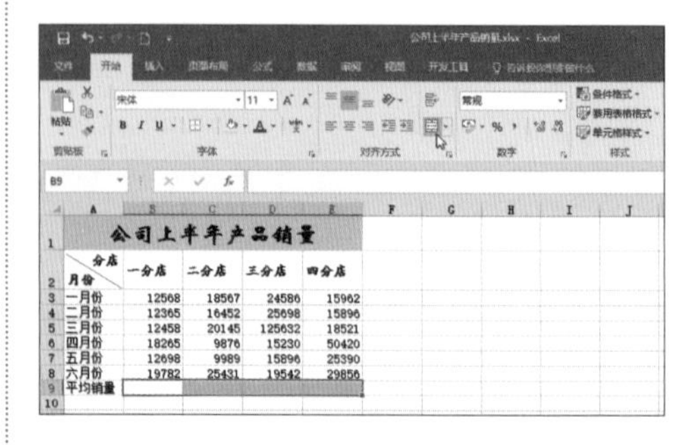

公司上半年产品销量				
分店 / 月份	一分店	二分店	三分店	四分店
一月份	12568	18567	24586	15962
二月份	12365	16452	25698	15896
三月份	12458	20145	125632	18521
四月份	18265	9876	15230	50420
五月份	12698	9989	15896	25390
六月份	19782	25431	19542	29856
平均销量				

02 单击【公式】选项卡下【函数库】组中的【插入函数】按钮。

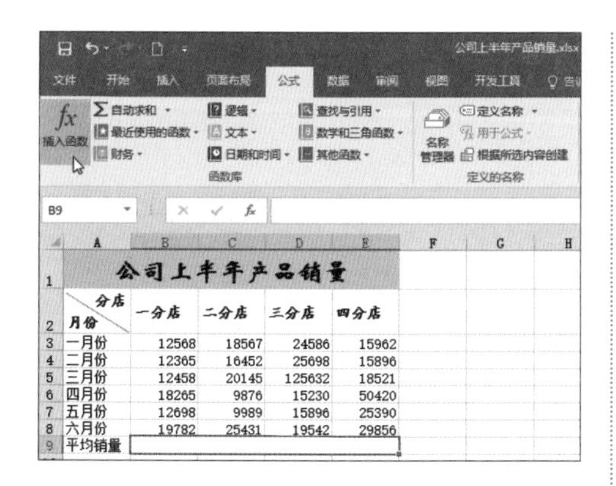

月份 \ 分店	一分店	二分店	三分店	四分店
一月份	12568	18567	24586	15962
二月份	12365	16452	25698	15896
三月份	12458	20145	125632	18521
四月份	18265	9876	15230	50420
五月份	12698	9989	15896	25390
六月份	19782	25431	19542	29856
平均销量				

03 弹出【插入函数】对话框，在【选择函数】列表框中选择【AVERAGE】函数，单击【确定】按钮。

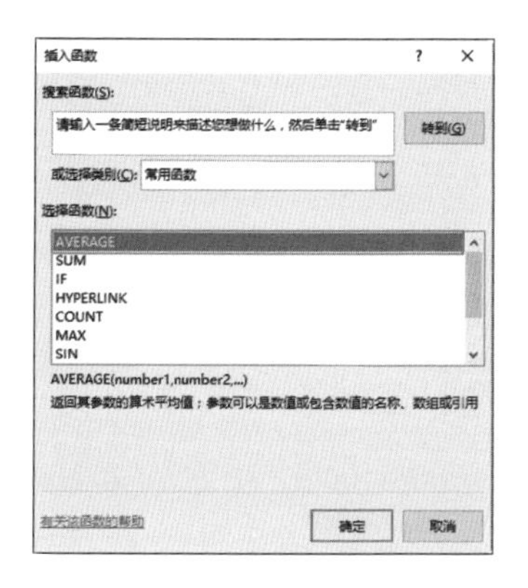

04 在【Number1】文本框中输入“SUM(B3:B8)”，在【Number2】文本框中输入“SUM(C3:C8)”，在【Number3】文本框中输入“SUM(D3:D8)”，在【Number4】文本框中输入“SUM(E3:E8)”，单击【确定】按钮。

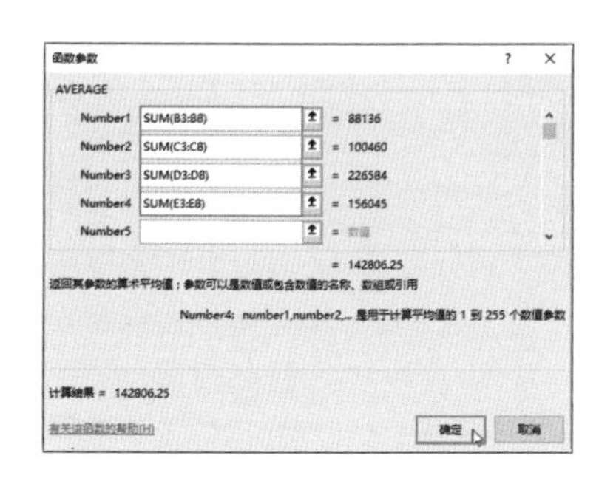

05 即可计算出 4 个分店在上半年的平均销量。

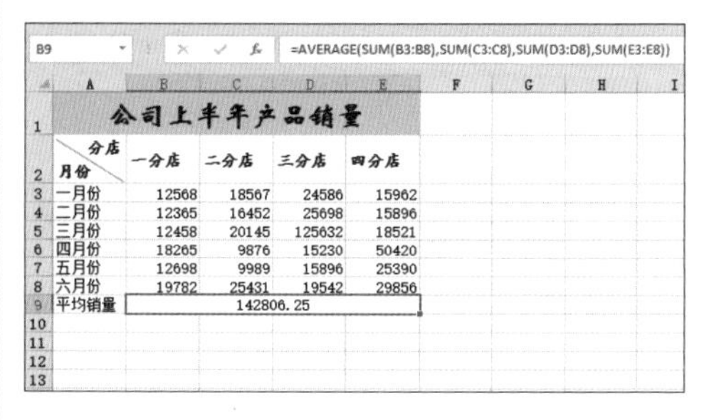

月份 \ 分店	一分店	二分店	三分店	四分店
一月份	12568	18567	24586	15962
二月份	12365	16452	25698	15896
三月份	12458	20145	125632	18521
四月份	18265	9876	15230	50420
五月份	12698	9989	15896	25390
六月份	19782	25431	19542	29856
平均销量	142806.25			

20.3 IF 函数

IF 函数是根据指定的条件来判断真假结果，返回相对应的内容。

语　法：IF(logical_test,value_if_true,value_if_false)。

参数：

logical_test：表示逻辑判决表达式。

value_if_true：表示当判断条件为逻辑“真”（TRUE）时，显示该处给定的内容。如果忽略，则返回“TRUE”。

value_if_false：表示当判断条件为逻辑“假”（FALSE）时，显示该处给定的内容。如果忽略，则返回“FALSE”。

具体操作步骤如下。

01 打开随书光盘中的“素材\ch20\员工销售业绩表.xlsx”工作簿，根据表格中的备注信息，使用 IF 函数计算奖金。选择 H3 单元格，在编辑栏中输入公式“=IF(G3>

100000,20000,IF(G3>50000,10000,0))”。

=IF(G3>100000,20000,IF(G3>50000,10000,0))

员工销售业绩表							
姓名	第1季度	第2季度	第3季度	第4季度	是否完成工作量	总计	奖金
张珊	¥16,000.00	¥8,990.00	¥13,400.00	¥12,000.00	FALSE	¥50,390.00	)0,10000,0))
杜志辉	¥15,100.00	¥18,900.00	¥32,000.00	¥26,000.00	TRUE	¥92,000.00	
王红梅	¥10,500.00	¥12,500.00	¥10,600.00	¥16,080.00	FALSE	¥49,680.00	
高珍珍	¥19,000.00	¥32,000.00	¥38,000.00	¥42,100.00	TRUE	¥131,100.00	
江洲	¥17,505.00	¥15,500.00	¥17,900.00	¥25,400.00	TRUE	¥76,305.00	

备注：
1、若员工的每个季度销售额达15000，则代表这一年完成了工作量，反之，则没有完成工作量。
2、若员工一年的销售总计>100000，给予奖金20000，若>50000,给予奖金10000，其余无奖金。

提示

公式“=IF(G3>100000,20000,IF(G3 > 50000,10000,0))”表示的是 G3 单元格中的数值若小于 50000，则该员工的奖金为 0，若大于 50000 小于 100000，则该员工的奖金为 10000，若大于 100000，则该员工的奖金为 20000。

02 按【Enter】键即可计算出该员工的奖金。

=IF(G3>100000,20000,IF(G3>50000,10000,0))

员工销售业绩表							
姓名	第1季度	第2季度	第3季度	第4季度	是否完成工作量	总计	奖金
张珊	¥16,000.00	¥8,990.00	¥13,400.00	¥12,000.00	FALSE	¥50,390.00	¥10,000.00
杜志辉	¥15,100.00	¥18,900.00	¥32,000.00	¥26,000.00	TRUE	¥92,000.00	
王红梅	¥10,500.00	¥12,500.00	¥10,600.00	¥16,080.00	FALSE	¥49,680.00	
高珍珍	¥19,000.00	¥32,000.00	¥38,000.00	¥42,100.00	TRUE	¥131,100.00	
江洲	¥17,505.00	¥15,500.00	¥17,900.00	¥25,400.00	TRUE	¥76,305.00	

备注：
1、若员工的每个季度销售额达15000，则代表这一年完成了工作量，反之，则没有完成工作量。
2、若员工一年的销售总计>100000，给予奖金20000，若>50000,给予奖金10000，其余无奖金。

03 利用自动填充功能，填充其他单元格，计算其他员工的奖金。

=IF(G3>100000,20000,IF(G3>50000,10000,0))

员工销售业绩表					
第2季度	第3季度	第4季度	是否完成工作量	总计	奖金
¥8,990.00	¥13,400.00	¥12,000.00	FALSE	¥50,390.00	¥10,000.00
¥18,900.00	¥32,000.00	¥26,000.00	TRUE	¥92,000.00	¥10,000.00
¥12,500.00	¥10,600.00	¥16,080.00	FALSE	¥49,680.00	¥0.00
¥32,000.00	¥38,000.00	¥42,100.00	TRUE	¥131,100.00	¥20,000.00
¥15,500.00	¥17,900.00	¥25,400.00	TRUE	¥76,305.00	¥10,000.00

售额达15000，则代表这一年完成了工作量，反之，则没有完成工作量。
计>100000，给予奖金20000，若>50000,给予奖金10000，其余无奖金。

20.4 VLOOKUP 函数

极简时光

关键词：输入公式 / 自动填充功能 / 计算其他员工销售业绩额

一分钟

VLOOKUP 函数用于在数据表的第一列中查找指定的值，然后返回当前行中的其他列的值。

语法：VLOOKUP(lookup_value，table_array，col_index_num，[range_lookup])。

参数：

lookup_value：要在表格或单元格区域的第一列中查找的值，可以是值或引用。

table_array：包含数据的单元格区域，可以是文本、数字或逻辑值。其中，文本不区分大小写。

col_index_num：参数 table_array 要返回匹配值的列号。如果参数 col_index_num 为 1，返回参数 table_array 中第一列的值；如果为 2，则返回参数 table_array 中第二列的值，以此类推。

range_lookup：一个逻辑值，用于指定 VLOOKUP 函数在查找时使用精确匹配值还是近似匹配值。

具体操作步骤如下。

01 打开随书光盘中的“素材 \ch20\ 销售业绩表 .xlsx”工作簿。其包含 2 个工作表，分别为“业绩管理”和“12 月份业绩额”。单击“12 月份业绩额”工作表，选择 C2 单元格，在编辑栏中直接输入公式“=VLOOKUP(A2, 业绩管理 !$A$3:$O$11,15,1)”。

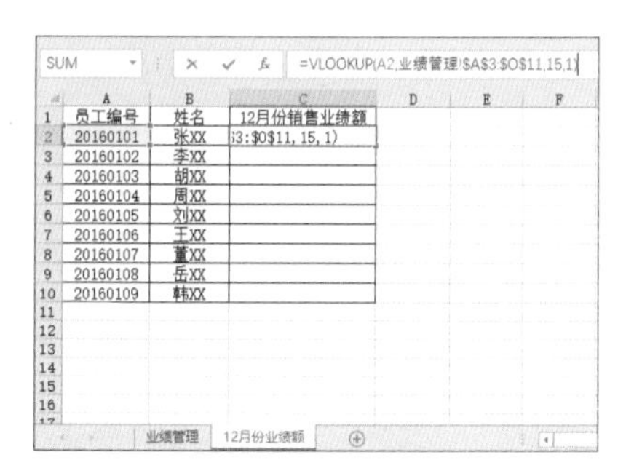

	A	B	C
1	员工编号	姓名	12月份销售业绩额
2	20160101	张XX	3:$O$11, 15, 1)
3	20160102	李XX	
4	20160103	胡XX	
5	20160104	周XX	
6	20160105	刘XX	
7	20160106	王XX	
8	20160107	董XX	
9	20160108	岳XX	
10	20160109	韩XX	

公式“=VLOOKUP(A2, 业绩管理 !$A$3:$ O$11,15,1)”中第 3 个参数设置为“15”表示取满足条件的记录在“业绩管理 !$A$3:$O$11”区域中第 15 列的值。

02 按【Enter】键确认，即可看到 C2 单元格中自动显示员工“张 XX”的 12 月份的销售业绩额。

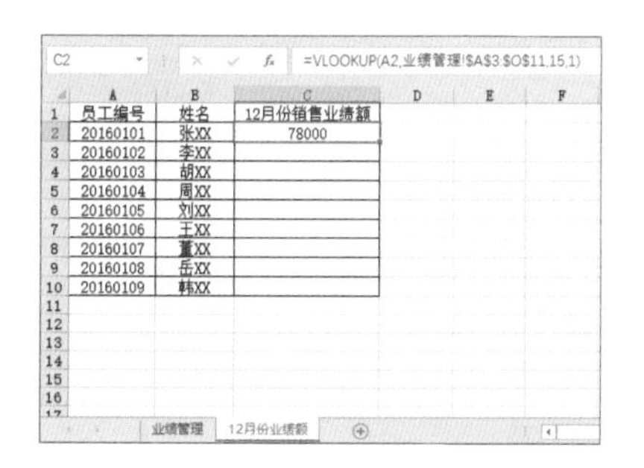

	A	B	C
1	员工编号	姓名	12月份销售业绩额
2	20160101	张XX	78000
3	20160102	李XX	
4	20160103	胡XX	
5	20160104	周XX	
6	20160105	刘XX	
7	20160106	王XX	
8	20160107	董XX	
9	20160108	岳XX	
10	20160109	韩XX	

03 使用自动填充功能，完成其他员工 12 月份的销售业绩额计算，最终效果如下图所示。

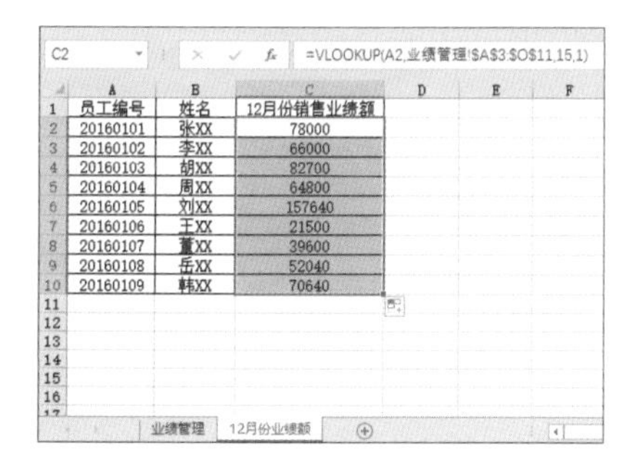

	A	B	C
1	员工编号	姓名	12月份销售业绩额
2	20160101	张XX	78000
3	20160102	李XX	66000
4	20160103	胡XX	82700
5	20160104	周XX	64800
6	20160105	刘XX	157640
7	20160106	王XX	21500
8	20160107	董XX	39600
9	20160108	岳XX	52040
10	20160109	韩XX	70640

20.5 SUMIF 函数

SUMIF 函数的功能是：使用 SUMIF 函数可以对区域中符合指定条件的值求和。

语 法：SUMIF (range, criteria, sum_range)。

参数：

range：用于条件计算的单元格区域，每个区域中的单元格都必须是数字或名称、数组或包含数字的引用，空值和文本值将被忽略。

criteria：用于确定对哪些单元格求和的条件，其形式可以为数字、表达式、单元格引用、文本或函数。例如，条件可以表示为 32、">32"、B5、32、"32" 或 TODAY() 等。

sum_range：要求和的实际单元格（如果要对未在 range 参数中指定的单元格求和）。如果省略 sum_range 参数，Excel 会对在范围参数中指定的单元格（即应用条件的单元格）求和。

具体操作步骤如下。

01 打开随书光盘中的“素材 \ch20\ 生活费用明细表 .xlsx”工作簿。

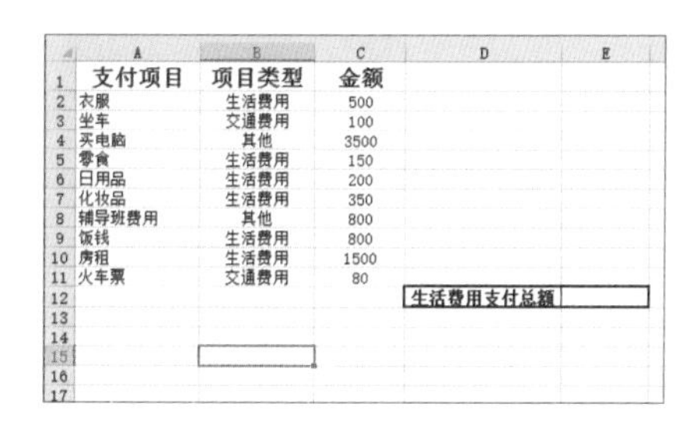

	A	B	C	D
1	支付项目	项目类型	金额	
2	衣服	生活费用	500	
3	坐车	交通费用	100	
4	买电脑	其他	3500	
5	零食	生活费用	150	
6	日用品	生活费用	200	
7	化妆品	生活费用	350	
8	辅导班费用	其他	800	
9	饭钱	生活费用	800	
10	房租	生活费用	1500	
11	火车票	交通费用	80	
12				生活费用支付总额

02 选择E12单元格，在编辑栏中输入公式“=SUMIF(B2:B11,"生活费用",C2:C11)”。

SUM | =SUMIF(B2:B11,"生活费用",C2:C11)

	A	B	C	D	E
1	支付项目	项目类型	金额		
2	衣服	生活费用	500		
3	坐车	交通费用	100		
4	买电脑	其他	3500		
5	零食	生活费用	150		
6	日用品	生活费用	200		
7	化妆品	生活费用	350		
8	辅导班费用	其他	800		
9	饭钱	生活费用	800		
10	房租	生活费用	1500		
11	火车票	交通费用	80		
12				生活费用支付总额	C2:C11)

03 按【Enter】键即可计算出该月生活费用的支付总额。

E12 | =SUMIF(B2:B11,"生活费用",C2:C11)

	A	B	C	D	E
1	支付项目	项目类型	金额		
2	衣服	生活费用	500		
3	坐车	交通费用	100		
4	买电脑	其他	3500		
5	零食	生活费用	150		
6	日用品	生活费用	200		
7	化妆品	生活费用	350		
8	辅导班费用	其他	800		
9	饭钱	生活费用	800		
10	房租	生活费用	1500		
11	火车票	交通费用	80		
12				生活费用支付总额	3500

牛人干货

大小写字母转换技巧

与大小写字母转换相关的3个函数为LOWER、UPPER和PROPER。

（1）LOWER函数：将字符串中所有的大写字母转换为小写字母。

B1 | =LOWER(A1)

	A	B
1	I Love You	i love you

（2）UPPER函数：将字符串中所有的小写字母转换为大写字母。

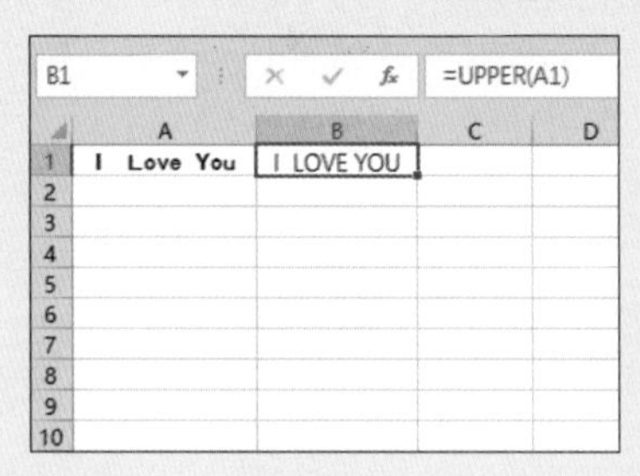

B1 | =UPPER(A1)

	A	B
1	I Love You	I LOVE YOU

（3）PROPER函数：将字符串的首字母及任何非字母字符后面的首字母转换为大写字母。

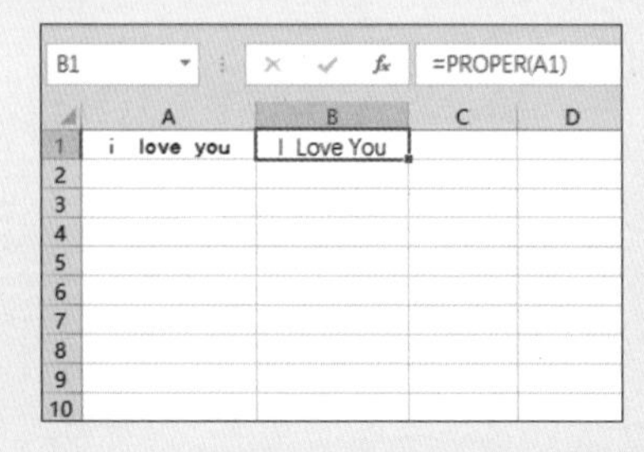

B1 | =PROPER(A1)

	A	B
1	i love you	I Love You

第 21 课 简单的数据分析

数据分析是 Excel 的强大功能之一，使用 Excel 2016 可以对表格中的数据进行简单分析。Excel 的排序功能可以快速将数据表中的内容按照特定的规则排序；Excel 的数据筛选功能，可以快速查看需要的数据，帮助用户提高工作效率。另外在 Excel 表格中还可以设置数据的有效性，极大地减小数据处理操作的复杂性。

快来一起使用 Excel 提供的数据分析功能来分析数据吧！

如何快速排序和筛选数据？

如何让别人按照你的规则输入数据？

21.1 一键快速排序

一键快速排序是在办公过程中经常使用的简单排序，它具有操作简单、快速、便捷的特点。一键快速排序的具体操作步骤如下。

01 打开随书光盘中的“素材\ch21\超市日销售报表.xlsx”工作簿，选中需要排序所在列的任意单元格。

超市日销售报表							
序号	产品编号	产品名称	产品类别	销售数量	销售单价	日销售额	销售日期
20005	SH005	xx洗衣液	生活用品	5	35	175	3月5日
20012	SH012	xx香皂	生活用品	3	7	21	3月5日
20007	SH007	xx纸巾	生活用品	12	2	24	3月5日
30033	XX033	xx薯片	休闲零食	8	12	96	3月5日
30056	XX056	xx糖果	休闲零食	15	4	60	3月5日
20054	YL054	xx牛奶	饮料	5	60	300	3月5日
20058	YL058	xx矿泉水	饮料	30	3	90	3月5日
40021	XY024	xx笔记本	学习用品	2	5	10	3月5日
40015	XY015	xx圆珠笔	学习用品	4	2	8	3月5日
20032	SH032	xx晾衣架	生活用品	2	20	40	3月5日
30017	XX017	xx火腿肠	休闲零食	8	3	24	3月5日
30008	XX008	xx方便面	休闲零食	24	5	120	3月5日
20066	YL066	xx红茶	饮料	12	3	36	3月5日
20076	YL076	xx绿茶	饮料	9	3	27	3月5日
10010	TW010	xx盐	调味品	3	2	6	3月5日
10035	TW035	xx鸡精	调味品	2	5	10	3月5日
20046	SH046	xx垃圾袋	生活用品	4	6	24	3月5日
20064	YL064	xx酸奶	饮料	7	6	42	3月5日

02 单击【数据】选项卡下【排序和筛选】组中的【升序】按钮 或【降序】按钮 ，这里单击【升序】按钮。

超市日销售报表					
序号	产品编号	产品名称	产品类别	销售数量	销售单价
20005	SH005	xx洗衣液	生活用品	5	35
20012	SH012	xx香皂	生活用品	3	7
20007	SH007	xx纸巾	生活用品	12	2
30033	XX033	xx薯片	休闲零食	8	12
30056	XX056	xx糖果	休闲零食	15	4

03 升序排列的效果如下图所示。

超市日销售报表							
序号	产品编号	产品名称	产品类别	销售数量	销售单价	日销售额	销售日期
10010	TW010	xx盐	调味品	3	2	6	3月5日
40015	XY015	xx圆珠笔	学习用品	4	2	8	3月5日
40021	XY024	xx笔记本	学习用品	2	5	10	3月5日
10035	TW035	xx鸡精	调味品	2	5	10	3月5日
20012	SH012	xx香皂	生活用品	3	7	21	3月5日
20007	SH007	xx纸巾	生活用品	12	2	24	3月5日
30017	XX017	xx火腿肠	休闲零食	8	3	24	3月5日
20046	SH046	xx垃圾袋	生活用品	4	6	24	3月5日
20076	YL076	xx绿茶	饮料	9	3	27	3月5日
20066	YL066	xx红茶	饮料	12	3	36	3月5日
20032	SH032	xx晾衣架	生活用品	2	20	40	3月5日
20064	YL064	xx酸奶	饮料	7	6	42	3月5日
30056	XX056	xx糖果	休闲零食	15	4	60	3月5日
20058	YL058	xx矿泉水	饮料	30	3	90	3月5日
30033	XX033	xx薯片	休闲零食	8	12	96	3月5日
30008	XX008	xx方便面	休闲零食	24	5	120	3月5日
20005	SH005	xx洗衣液	生活用品	5	35	175	3月5日
20054	YL054	xx牛奶	饮料	5	60	300	3月5日

提示

单击【开始】选项卡下【编辑】组中的【排序和筛选】按钮，在弹出的下拉列表中选择【升序】或【降序】选项，也可实现一键快速排序。

21.2 自定义排序

极简时光

关键词： 自定义排序 /【数据】选项卡 /【排序】按钮 /【自定义序列】对话框 /【排序】对话框

一分钟

在 Excel 中，用户也可以根据自己的需要自定义排序序列，将产品类别按照调味品、生活用品、饮料、休闲零食、学习用品排序的具体操作步骤如下。

01 打开随书光盘中的“素材\ch21\超市日销售报表.xlsx”工作簿，选择任意一单元格。

超市日销售报表

序号	产品编号	产品名称	产品类别	销售数量	销售单价	日销售额	销售日期
20005	SH005	xx洗衣液	生活用品	5	35	175	3月5日
20012	SH012	xx香皂	生活用品	3	7	21	3月5日
20007	SH007	xx纸巾	生活用品	12	2	24	3月5日
30033	XX033	xx薯片	休闲零食	8	12	96	3月5日
30056	XX056	xx糖果	休闲零食	15	4	60	3月5日
20054	YL054	xx牛奶	饮料	5	60	300	3月5日
20058	YL058	xx矿泉水	饮料	30	3	90	3月5日
40021	XY024	xx笔记本	学习用品	2	5	10	3月5日
40015	XY015	xx圆珠笔	学习用品	4	2	8	3月5日
20032	SH032	xx晾衣架	生活用品	2	20	40	3月5日
30017	XX017	xx火腿肠	休闲零食	8	3	24	3月5日
30008	XX008	xx方便面	休闲零食	24	5	120	3月5日
20066	YL066	xx红茶	饮料	12	3	36	3月5日
20076	YL076	xx绿茶	饮料	9	3	27	3月5日
10010	TW010	xx盐	调味品	3	2	6	3月5日
10035	TW035	xx鸡精	调味品	2	5	10	3月5日

02 单击【数据】选项卡下【排序和筛选】组中的【排序】按钮。

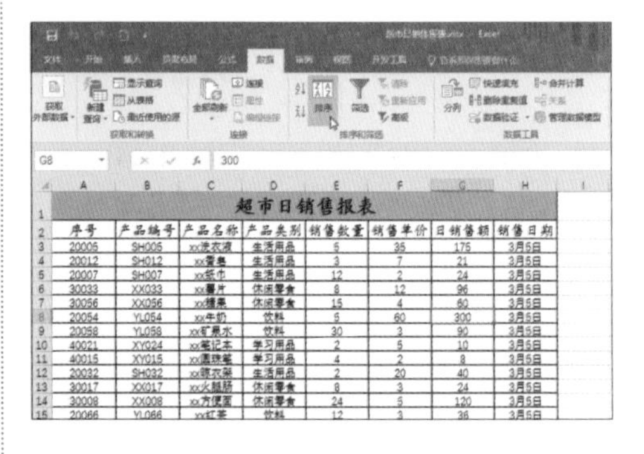

03 弹出【排序】对话框，在【主要关键字】下拉列表中选择【产品类别】选项，在【次序】下拉列表中选择【自定义序列】选项。

04 弹出【自定义序列】对话框，在【自定义序列】选项卡下【输入序列】文本框内输入“调味品、生活用品、饮料、休闲零食、学习用品”，每输入一个条目后按【Enter】键分隔条目，输入完成后单击【添加】按钮。

05 即可将其添加到【自定义序列】列表框中，选中自定义的序列，单击【确定】按钮。

06 返回【排序】对话框，在【次序】列表框中可看到自定义的次序，单击【确定】按钮。

07 即可将数据按照自定义的序列进行排序，效果如下图所示。

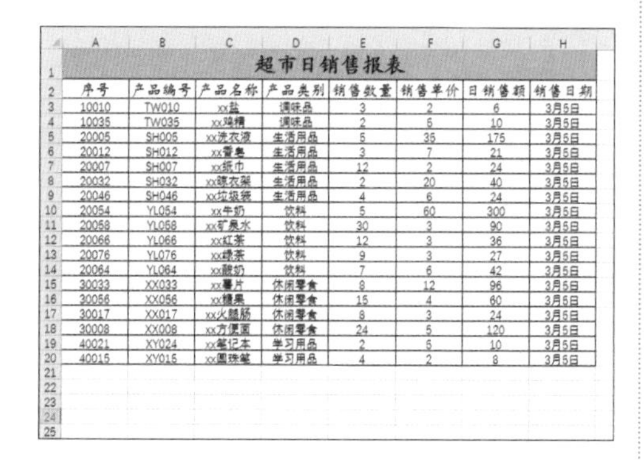

超市日销售报表

序号	产品编号	产品名称	产品类别	销售数量	销售单价	日销售额	销售日期
10010	TW010	xx盐	调味品	3	2	6	3月5日
10035	TW035	xx鸡精	调味品	2	5	10	3月5日
20005	SH005	xx洗衣液	生活用品	5	35	175	3月5日
20012	SH012	xx香皂	生活用品	3	7	21	3月5日
20007	SH007	xx纸巾	生活用品	12	2	24	3月5日
20032	SH032	xx晾衣架	生活用品	2	20	40	3月5日
20046	SH046	xx垃圾袋	生活用品	4	6	24	3月5日
20054	YL054	xx牛奶	饮料	5	60	300	3月5日
20058	YL058	xx矿泉水	饮料	30	3	90	3月5日
20066	YL066	xx红茶	饮料	12	3	36	3月5日
20076	YL076	xx绿茶	饮料	9	3	27	3月5日
20064	YL064	xx酸奶	饮料	7	6	42	3月5日
30033	XX033	xx薯片	休闲零食	8	12	96	3月5日
30056	XX056	xx糖果	休闲零食	15	4	60	3月5日
30017	XX017	xx火腿肠	休闲零食	8	3	24	3月5日
30008	XX008	xx方便面	休闲零食	24	5	120	3月5日
40021	XY024	xx笔记本	学习用品	2	5	10	3月5日
40015	XY015	xx圆珠笔	学习用品	4	2	8	3月5日

21.3 一键添加或取消筛选

Excel 的筛选功能可以将满足用户条件的数据单独显示，方便用户对数据的分析。在 Excel 中处理数据时，会经常使用筛选功能来查看特定的数据，下面就来介绍一下如何快速添加或取消筛选。

1. 一键添加筛选

具体操作步骤如下。

01 打开随书光盘中的“素材\ch21\汇总销售记录.xlsx”工作簿。选择数据表中的任意一单元格。

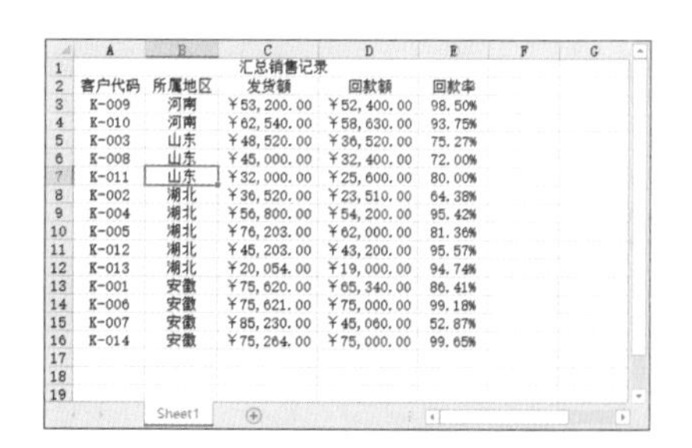

汇总销售记录

客户代码	所属地区	发货额	回款额	回款率
K-009	河南	￥53,200.00	￥52,400.00	98.50%
K-010	河南	￥62,540.00	￥58,630.00	93.75%
K-003	山东	￥48,520.00	￥36,520.00	75.27%
K-008	山东	￥45,000.00	￥32,400.00	72.00%
K-011	山东	￥32,000.00	￥25,600.00	80.00%
K-002	湖北	￥36,520.00	￥23,510.00	64.38%
K-004	湖北	￥56,800.00	￥54,200.00	95.42%
K-005	湖北	￥76,203.00	￥62,000.00	81.36%
K-012	湖北	￥45,203.00	￥43,200.00	95.57%
K-013	湖北	￥20,054.00	￥19,000.00	94.74%
K-001	安徽	￥75,620.00	￥65,340.00	86.41%
K-006	安徽	￥75,621.00	￥75,000.00	99.18%
K-007	安徽	￥85,230.00	￥45,060.00	52.87%
K-014	安徽	￥75,264.00	￥75,000.00	99.65%

02 单击【数据】选项卡下【排序和筛选】组中的【筛选】按钮。

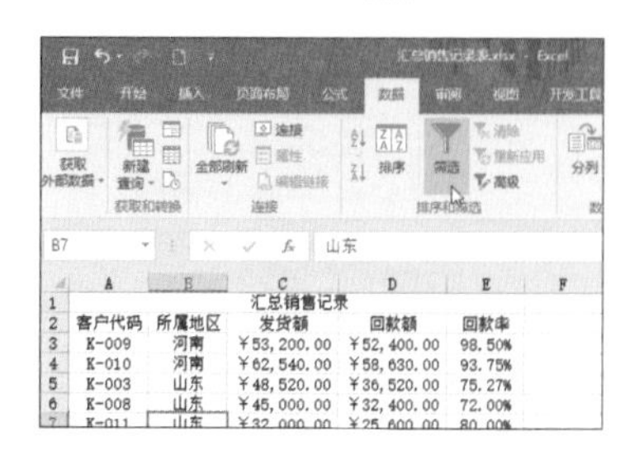

03 即可看到表头信息右侧出现下拉按钮，表示此工作表处于筛选状态。单击【所属地区】的下拉按钮，在弹出的下拉列表中选中【山东】复选框，单击【确定】按钮。

04 即可筛选出"山东"地区的销售数据。

	A	B	C	D	E
1	汇总销售记录				
2	客户代码	所属地区	发货额	回款额	回款率
5	K-003	山东	￥48,520.00	￥36,520.00	75.27%
6	K-008	山东	￥45,000.00	￥32,400.00	72.00%
7	K-011	山东	￥32,000.00	￥25,600.00	80.00%
17					
18					
19					
20					
21					
22					
23					

2. 取消筛选

取消筛选有以下两种方法。

方法1

01 单击【数据】选项卡下【排序和筛选】组中的【筛选】按钮。

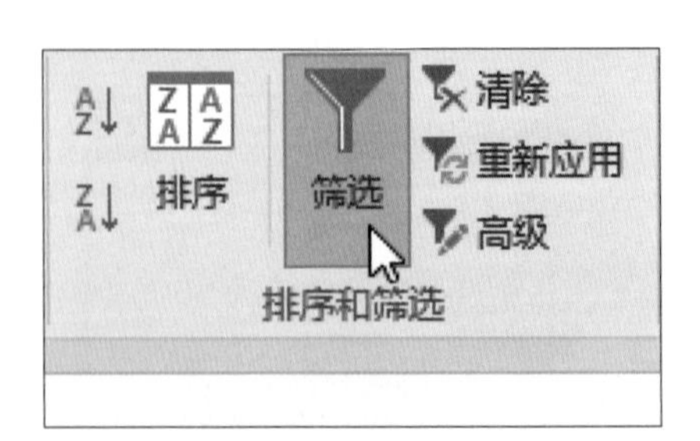

02 即可快速取消筛选状态。

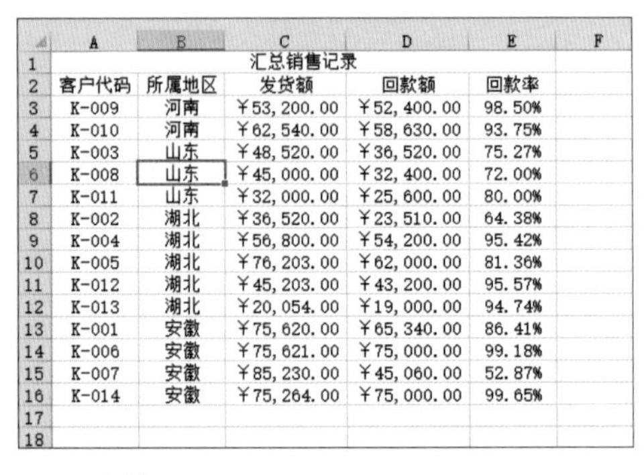

	A	B	C	D	E
1	汇总销售记录				
2	客户代码	所属地区	发货额	回款额	回款率
3	K-009	河南	￥53,200.00	￥52,400.00	98.50%
4	K-010	河南	￥62,540.00	￥58,630.00	93.75%
5	K-003	山东	￥48,520.00	￥36,520.00	75.27%
6	K-008	山东	￥45,000.00	￥32,400.00	72.00%
7	K-011	山东	￥32,000.00	￥25,600.00	80.00%
8	K-002	湖北	￥36,520.00	￥23,510.00	64.38%
9	K-004	湖北	￥56,800.00	￥54,200.00	95.42%
10	K-005	湖北	￥76,203.00	￥62,000.00	81.36%
11	K-012	湖北	￥45,203.00	￥43,200.00	95.57%
12	K-013	湖北	￥20,054.00	￥19,000.00	94.74%
13	K-001	安徽	￥75,620.00	￥65,340.00	86.41%
14	K-006	安徽	￥75,621.00	￥75,000.00	99.18%
15	K-007	安徽	￥85,230.00	￥45,060.00	52.87%
16	K-014	安徽	￥75,264.00	￥75,000.00	99.65%
17					
18					

方法2

01 单击【所属地区】的下拉按钮，在弹出的下拉列表中选择【从"所属地区"中清除筛选】选项。

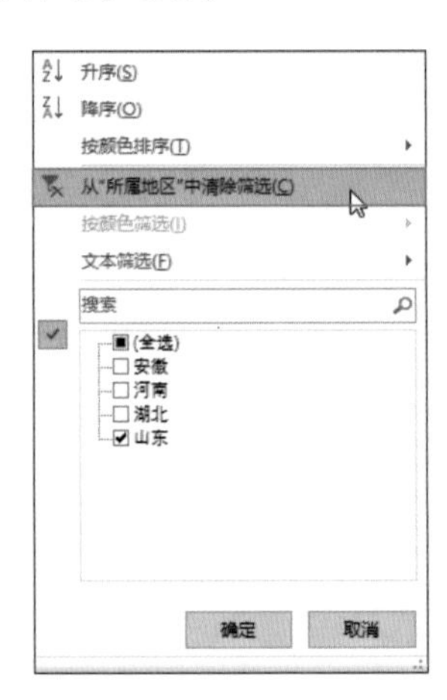

02 即可取消对"山东"地区销售数据的筛选。

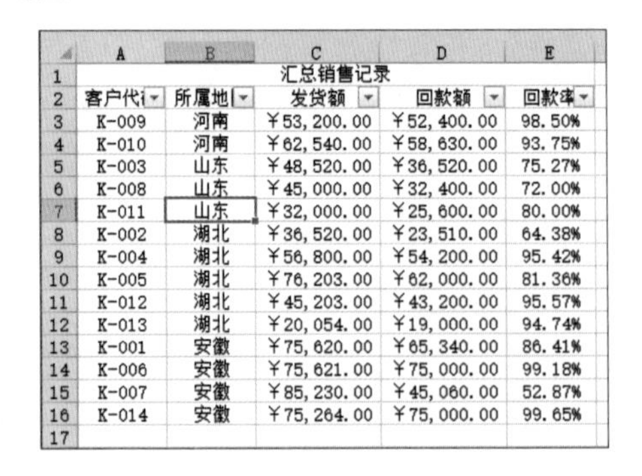

	A	B	C	D	E
1	汇总销售记录				
2	客户代码	所属地区	发货额	回款额	回款率
3	K-009	河南	￥53,200.00	￥52,400.00	98.50%
4	K-010	河南	￥62,540.00	￥58,630.00	93.75%
5	K-003	山东	￥48,520.00	￥36,520.00	75.27%
6	K-008	山东	￥45,000.00	￥32,400.00	72.00%
7	K-011	山东	￥32,000.00	￥25,600.00	80.00%
8	K-002	湖北	￥36,520.00	￥23,510.00	64.38%
9	K-004	湖北	￥56,800.00	￥54,200.00	95.42%
10	K-005	湖北	￥76,203.00	￥62,000.00	81.36%
11	K-012	湖北	￥45,203.00	￥43,200.00	95.57%
12	K-013	湖北	￥20,054.00	￥19,000.00	94.74%
13	K-001	安徽	￥75,620.00	￥65,340.00	86.41%
14	K-006	安徽	￥75,621.00	￥75,000.00	99.18%
15	K-007	安徽	￥85,230.00	￥45,060.00	52.87%
16	K-014	安徽	￥75,264.00	￥75,000.00	99.65%
17					

21.4 数据的高级筛选

极简时光

关键词：数据的高级筛选 /【数据】选项卡 /【高级筛选】对话框 / 筛选数据

一分钟

使用 Excel 中的高级筛选功能，可以根据设定的条件，快速筛选数据。下面就以“商品库存明细表”为例，使用 Excel 的高级筛选功能，将审核人“张 XX”审核的商品筛选出来，具体操作步骤如下。

01 打开随书光盘中的“素材\ch21\商品库存明细表.xlsx”工作簿，选择 Sheet2 工作表，在 A1 和 A2 单元格内分别输入“审核人”和“张 XX”，在 B1 单元格内输入“商品名称”。

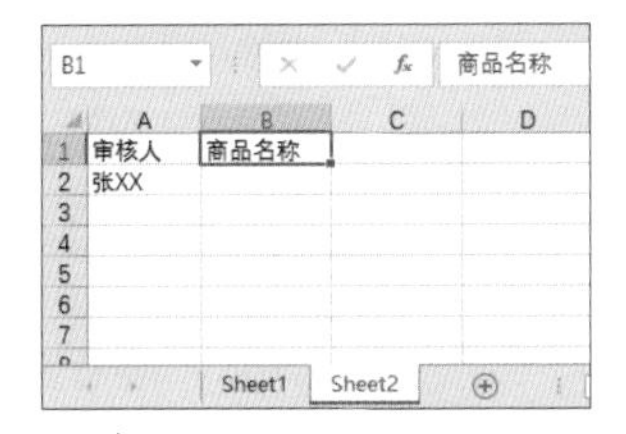

02 选择 Sheet2 工作表中的任意一个空白单元格，单击【数据】选项卡下【排序和筛选】组中的【高级】按钮 高级。

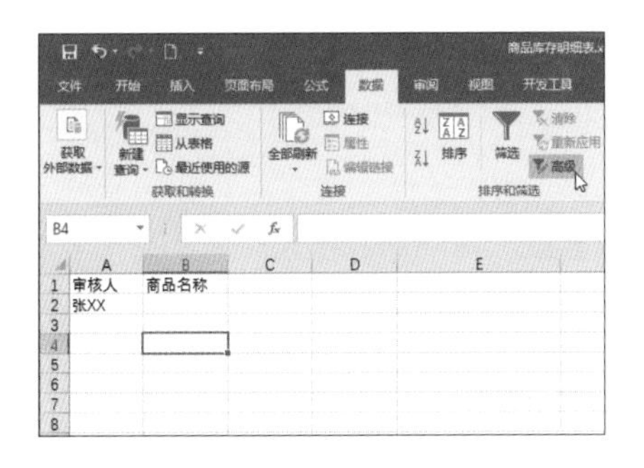

03 弹出【高级筛选】对话框，在【方式】选项区域中选中【将筛选结果复制到其他位置】单选按钮，在【列表区域】文本框中输入“Sheet1!$A$2:$J$22”，在【条件区域】文本框中输入“Sheet2!$A$1:$A$2”，在【复制到】文本框中输入“Sheet2!$B$1”，选中【选择不重复的记录】复选框，单击【确定】按钮。

条件区域用来指定筛选的数据必须满足的条件。在条件区域中要求包含作为筛选条件的字段名，字段名下面必须有两个空行，一行用来输入筛选条件，另一行作为空行把条件区域和数据区域分开。

04 即可将“商品库存明细表”中“张 XX”审核的商品名称单独筛选出来并复制在指定区域，效果如下图所示。

	A	B	C	D
1	审核人	商品名称		
2	张XX	笔筒		
3		大头针		
4		档案袋		
5		订书机		
6		复印纸		
7		钢笔		
8		计算器		
9		胶带		
10		毛笔		
11		签字笔		
12		文件袋		
13				

提示

输入的筛选条件文字需要和数据表中的文字保持一致。

21.5 让别人按照你的规则输入数据

假如单元格中需要输入特定的几个字符，如在“员工销售报表”的“产品类别”一列中，只有“电器”“办公耗材”和“办公设备”3种选择。可以将这些特定的字符设置为下拉选项，在输入数据时只能从下拉选项中选择，以便快速准确地输入数据，具体操作步骤如下。

01 打开随书光盘中的“素材\ch21\员工销售报表.xlsx”工作簿，选中C3:C14单元格区域，单击【数据】选项卡下【数据工具】组中的【数据验证】按钮。

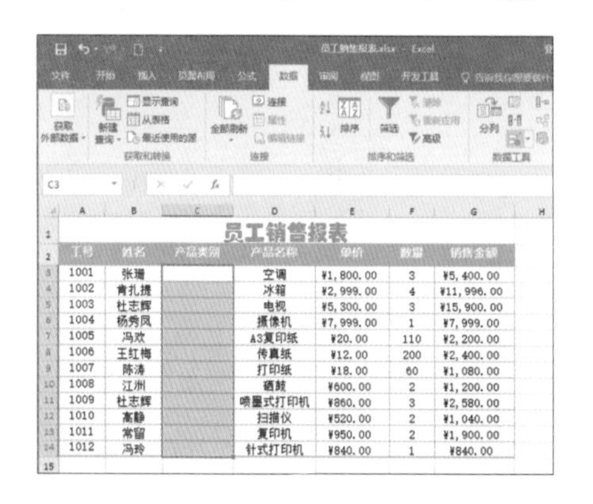

02 弹出【数据验证】对话框，选择【设置】选项卡，单击【验证条件】选项区域中【允许】文本框中的下拉按钮，在弹出的下拉列表中选择【序列】选项。

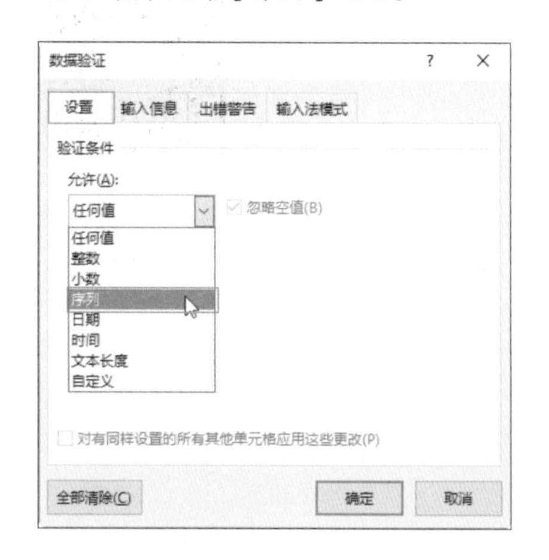

03 显示【来源】文本框，在文本框内输入“电器,办公耗材,办公设备”，同时选中【忽略空值】和【提供下拉箭头】复选框。

提示

在【来源】文本框中输入的“电器”“办公耗材”和“办公设备”之间使用英文状态下的逗号隔开。

04 选择【输入信息】选项卡，选中【选定单元格时显示输入信息】复选框，在【标题】文本框中输入“在下拉列表中选择”，在【输入信息】文本框中输入“请在下拉列表中选择产品类别！”。

05 选择【出错警告】选项卡，选中【输入无效数据时显示出错警告】复选框，在【样式】下拉列表中选择【停止】选项，在【标题】文本框中输入“输入错误”，在【错误信息】文本框中输入“请在下拉列表中选择！”。设置完成后单击【确定】按钮。

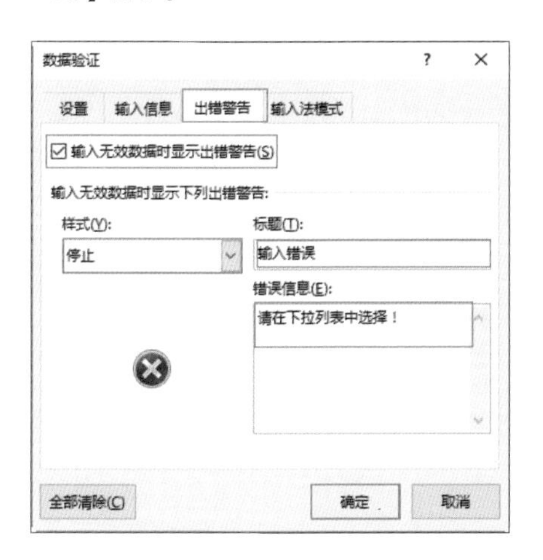

06 选择“产品类别”列的任意一单元格，即可看到选中的单元格后出现下拉按钮，并出现提示信息。

工号	姓名	产品类别	产品名称	单价
1001	张珊		空调	¥1,800.00
1002	肯扎提			¥2,999.00
1003	杜志辉			¥5,300.00
1004	杨秀凤			¥7,999.00
1005	冯欢			¥20.00
1006	王红梅		传真纸	¥12.00
1007	陈涛		打印纸	¥18.00
1008	江洲		硒鼓	¥600.00
1009	杜志辉		喷墨式打印机	¥860.00
1010	高静		扫描仪	¥520.00
1011	常留		复印机	¥950.00
1012	冯玲		针式打印机	¥840.00

07 在输入信息时如果没有在下拉列表中选择，则会出现错误信息提示框。例如，在 C5 单元格中输入“家用电器”，按【Enter】键，则会弹出【输入错误】提示框，单击【重试】按钮。

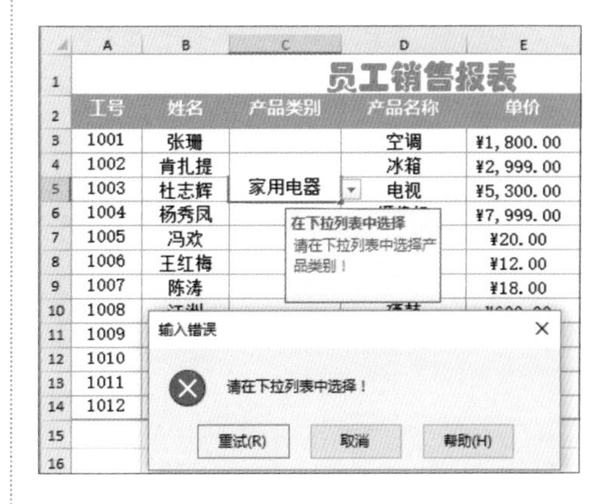

08 即可重新输入，单击 C3 单元格后的下拉按钮，即可在下拉列表中选择相应的产品名称。

C3

	A	B	C	D	E
1	员工销售报表				
2	工号	姓名	产品类别	产品名称	单价
3	1001	张珊		空调	¥1,800.00
4	1002	肯扎提	电器	[illegible]	¥2,999.00
5	1003	杜志辉	办公耗材	[illegible]	¥5,300.00
6	1004	杨秀凤	办公设备	[illegible]	¥7,999.00
7	1005	冯欢		[illegible]	¥20.00
8	1006	王红梅		传真纸	¥12.00
9	1007	陈涛		打印纸	¥18.00
10	1008	江洲		硒鼓	¥600.00
11	1009	杜志辉		喷墨式打印机	¥860.00
12	1010	高静		扫描仪	¥520.00

09 使用同样的方法在C4:C14单元格区域输入产品类别。

	A	B	C	D	E	F	G
1	员工销售报表						
2	工号	姓名	产品类别	产品名称	单价	数量	销售金额
3	1001	张珊	电器	空调	¥1,800.00	3	¥5,400.00
4	1002	肯扎提	电器	冰箱	¥2,999.00	4	¥11,996.00
5	1003	杜志辉	电器	电视	¥5,300.00	3	¥15,900.00
6	1004	杨秀凤	电器	摄像机	¥7,999.00	1	¥7,999.00
7	1005	冯欢	办公耗材	A3复印纸	¥20.00	110	¥2,200.00
8	1006	王红梅	办公耗材	传真纸	¥12.00	200	¥2,400.00
9	1007	陈涛	办公耗材	打印纸	¥18.00	60	¥1,080.00
10	1008	江洲	办公耗材	硒鼓	¥600.00	2	¥1,200.00
11	1009	杜志辉	办公设备	喷墨式打印机	¥860.00	3	¥2,580.00
12	1010	高静	办公设备	扫描仪	¥520.00	2	¥1,040.00
13	1011	常留	办公设备	复印机	¥950.00	2	¥1,900.00
14	1012	冯玲	办公设备	针式打印机	¥840.00	1	¥840.00
15							
16							
17							

牛人干货

1. 模糊筛选

模糊筛选通常也可称为通配符筛选，模糊筛选常用的数值类型有数值型、日期型和文本型，通配符“？”和“*”只能配合“文本型”数据使用，如果数据是日期型和数值型，则需要设置限定范围（如大于、小于、等于等）来实现。例如，筛选出姓“刘”，名字只有一个字的人名的具体操作步骤如下。

01 打开随书光盘中的“素材\ch21\项目进行计划表.xlsx”工作簿，选择任意一个单元格，单击【数据】选项卡下【排序和筛选】组中的【筛选】按钮，在标题行每列的右侧出现一个下拉按钮。

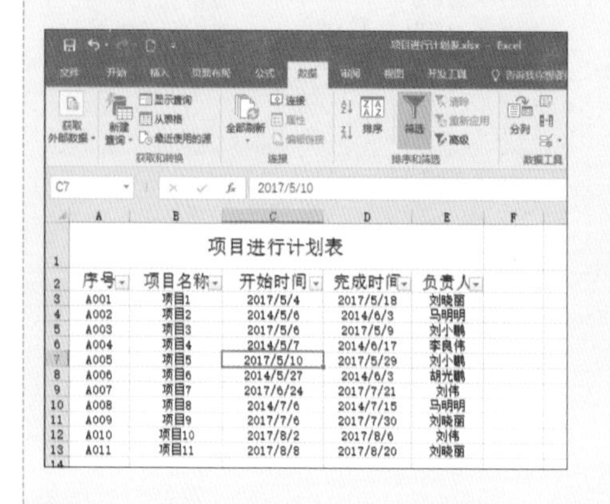

02 单击【负责人】右侧的下拉按钮，在弹出的下拉列表中选择【文本筛选】→【自定义筛选】选项。

03 弹出【自定义自动筛选方式】对话框，在【负责人】后面的文本框中输入“刘？”，单击【确定】按钮。

显示行：
负责人
刘?
确定 取消

此处的问号 ? 是英文状态下的。

04 即可筛选出姓“刘”，名字只有一个字的人名。

项目进行计划表

序号	项目名称	开始时间	完成时间	负责人
A007	项目7	2017/6/24	2017/7/21	刘伟
A010	项目10	2017/8/2	2017/8/6	刘伟

提示

通配符中“? ”代表单个字符，“*”可代表多个字符，如输入“刘? ”表示姓刘，且名字只有一个字，输入“刘 *”则表示姓刘，且名字至少是一个字。

2. 限制只能输入汉字

用户可以通过设置单元格区域的数据验证，限制在工作表中只能输入汉字，输入其他字符则弹出报警信息，具体操作步骤如下。

01 启动 Excel 2016，新建一个空白工作簿，选择 B1:B6 单元格区域。

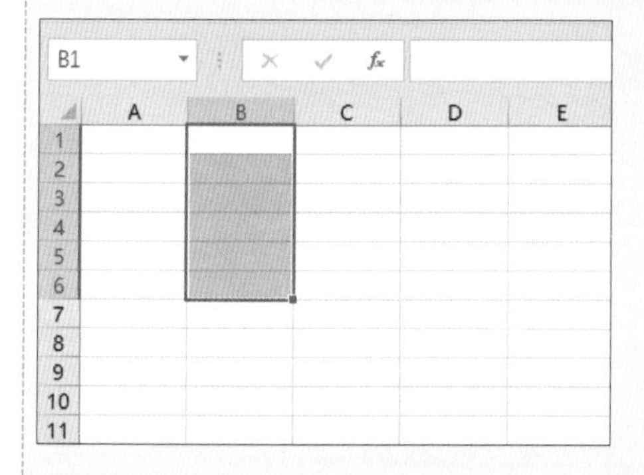

02 单击【数据】选项卡下【数据工具】组中的【数据验证】按钮。

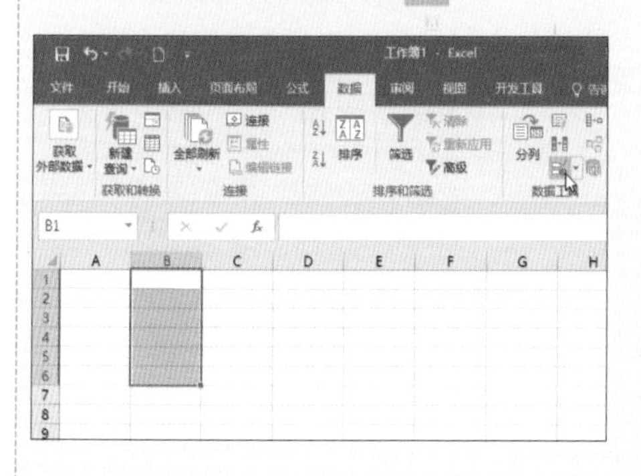

03 弹出【数据验证】对话框，选择【设置】选项卡，单击【验证条件】选项区域中【允许】文本框后的下拉按钮，在弹出的下拉列表中选择【自定义】选项。

04 在【公式】文本框中输入公式为“=AND(LENB(ASC(B1))=LENB(B1),LEN(B1)*2=LENB(B1))”，选中【忽略空值】复选框。

05 选择【输入信息】选项卡，选中【选定单元格时显示输入信息】复选框，在【标题】文本框中输入“输入汉字”，在【输入信息】文本框中输入“在此单元格中只能输入汉字！”。

06 选择【出错警告】选项卡，选中【输入无效数据时显示出错警告】复选框，在【样式】下拉列表中选择【停止】选项，在【标题】文本框中输入“输入值非法”，在【错误信息】文本框中输入“其他用户已经限定了可以输入该单元格的数值，类型为‘汉字’。”设置完成后单击【确定】按钮。

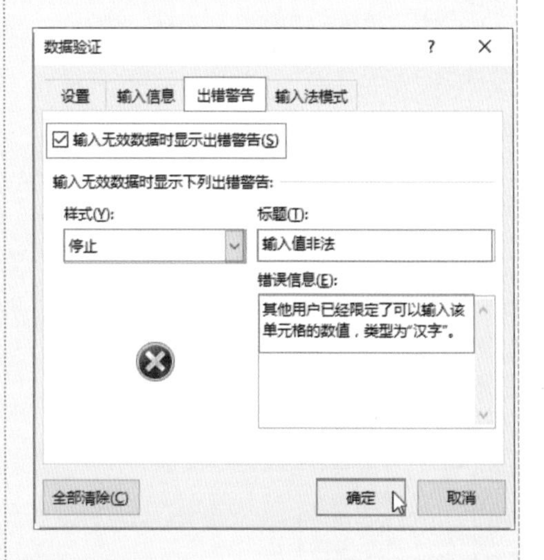

07 即可完成对单元格的限制。如在B2单元格中输入“1”，按【Enter】键，即会弹出设置的警示信息。

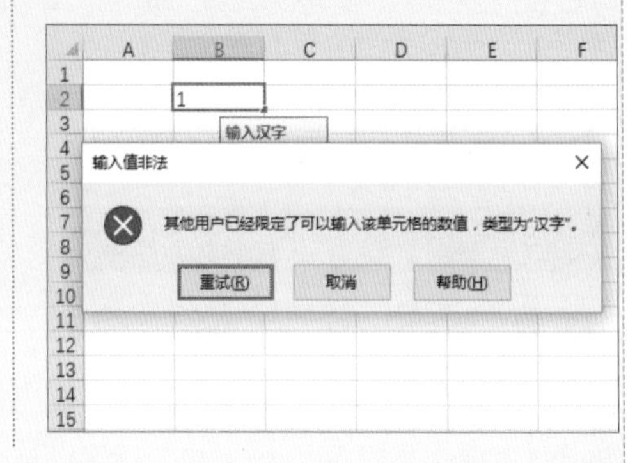

第 22 课 数据的分类汇总与合并

面对庞杂的数据表，密密麻麻的数据看得头昏眼花，不要着急！Excel 的分类汇总功能帮助你将这些数据脉络厘清，从而使得数据间的关系变得更加清晰。Excel 的合并计算功能，可以将多张工作表或工作簿中的数据统一到一张工作表中，并合并计算相同类别的数据，从而对数据进行更新和汇总。

快来一起学习数据的分类汇总与合并吧！

如何对数据进行分类汇总？

怎样合并计算数据？

22.1 一键分类汇总

使用分类汇总的数据列表，每一列数据都要有列标题。Excel 使用列标题来决定如何创建数据组及如何计算总和。一键创建分类汇总的具体操作步骤如下。

01 打开随书光盘中的“素材\ch22\汇总表.xlsx”文件，选择 C 列中的任意一个单元格。

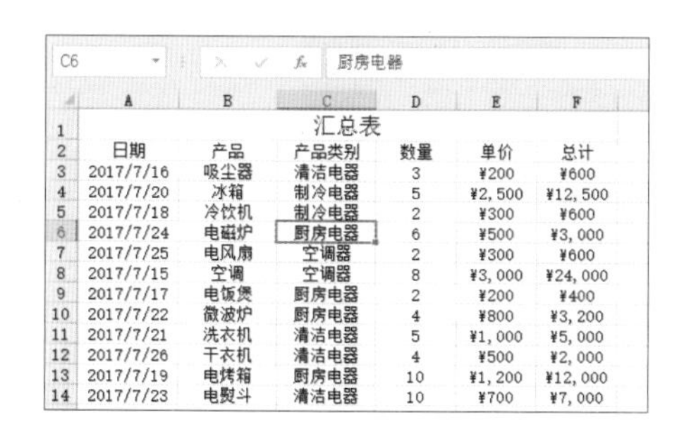

	A	B	C	D	E	F
1	汇总表					
2	日期	产品	产品类别	数量	单价	总计
3	2017/7/16	吸尘器	清洁电器	3	¥200	¥600
4	2017/7/20	冰箱	制冷电器	5	¥2,500	¥12,500
5	2017/7/18	冷饮机	制冷电器	2	¥300	¥600
6	2017/7/24	电磁炉	厨房电器	6	¥500	¥3,000
7	2017/7/25	电风扇	空调器	2	¥300	¥600
8	2017/7/15	空调	空调器	8	¥3,000	¥24,000
9	2017/7/17	电饭煲	厨房电器	2	¥200	¥400
10	2017/7/22	微波炉	厨房电器	4	¥800	¥3,200
11	2017/7/21	洗衣机	清洁电器	5	¥1,000	¥5,000
12	2017/7/26	干衣机	清洁电器	4	¥500	¥2,000
13	2017/7/19	电烤箱	厨房电器	10	¥1,200	¥12,000
14	2017/7/23	电熨斗	清洁电器	10	¥700	¥7,000

02 单击【数据】选项卡下【排序和筛选】组中的【升序】按钮，对工作表的数据进行排序。

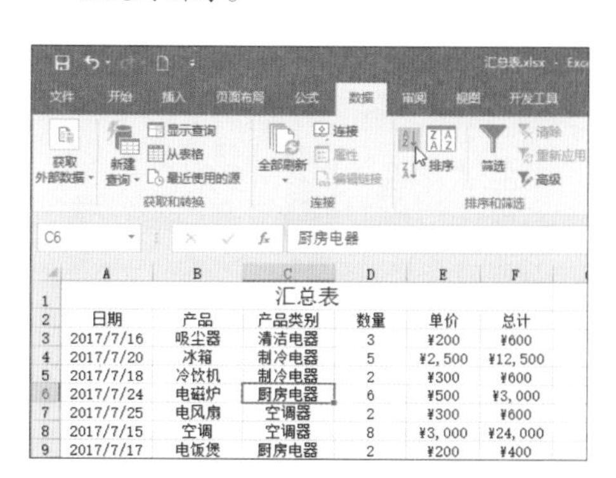

	A	B	C	D	E	F
1	汇总表					
2	日期	产品	产品类别	数量	单价	总计
3	2017/7/16	吸尘器	清洁电器	3	¥200	¥600
4	2017/7/20	冰箱	制冷电器	5	¥2,500	¥12,500
5	2017/7/18	冷饮机	制冷电器	2	¥300	¥600
6	2017/7/24	电磁炉	厨房电器	6	¥500	¥3,000
7	2017/7/25	电风扇	空调器	2	¥300	¥600
8	2017/7/15	空调	空调器	8	¥3,000	¥24,000
9	2017/7/17	电饭煲	厨房电器	2	¥200	¥400

03 选择数据区域任意一个单元格，单击【数据】选项卡下【分级显示】组中的【分类汇总】按钮。

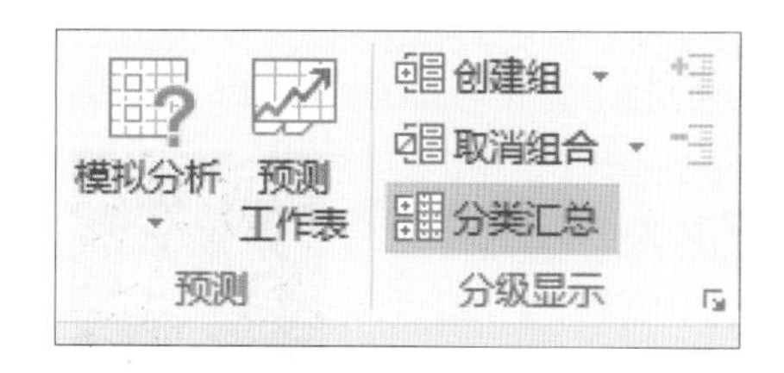

04 弹出【分类汇总】对话框，在【分类字段】下拉列表中选择【产品类别】选项，表示以“产品类别”字段进行分类汇总。

在【汇总方式】下拉列表中选择【求和】选项，在【选定汇总项】列表框中同时选中【数量】和【总计】复选框，并选中【汇总结果显示在数据下方】复选框，单击【确定】按钮。

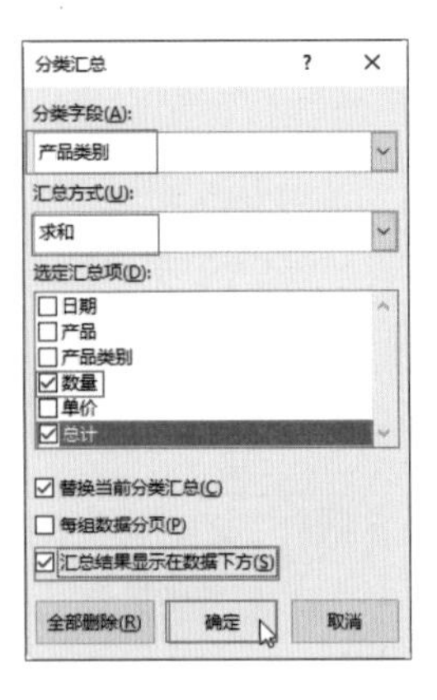

05 分类汇总后的效果如下图所示。

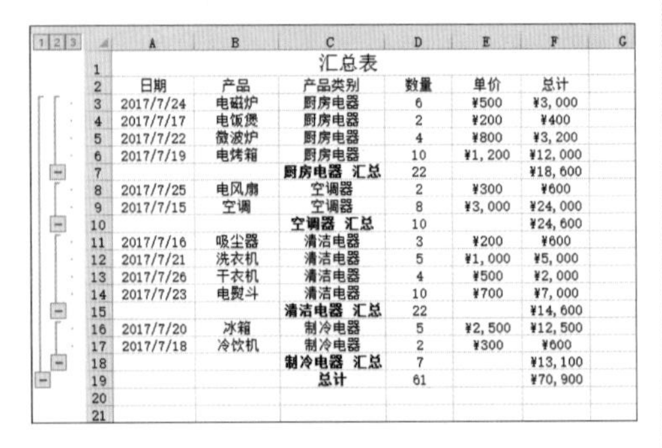

	A	B	C	D	E	F	G
1			汇总表				
2	日期	产品	产品类别	数量	单价	总计	
3	2017/7/24	电磁炉	厨房电器	6	¥500	¥3,000	
4	2017/7/17	电饭煲	厨房电器	2	¥200	¥400	
5	2017/7/22	微波炉	厨房电器	4	¥800	¥3,200	
6	2017/7/19	电烤箱	厨房电器	10	¥1,200	¥12,000	
7			厨房电器 汇总	22		¥18,600	
8	2017/7/25	电风扇	空调器	2	¥300	¥600	
9	2017/7/15	空调	空调器	8	¥3,000	¥24,000	
10			空调器 汇总	10		¥24,600	
11	2017/7/16	吸尘器	清洁电器	3	¥200	¥600	
12	2017/7/21	洗衣机	清洁电器	5	¥1,000	¥5,000	
13	2017/7/26	干衣机	清洁电器	4	¥500	¥2,000	
14	2017/7/23	电熨斗	清洁电器	10	¥700	¥7,000	
15			清洁电器 汇总	22		¥14,600	
16	2017/7/20	冰箱	制冷电器	5	¥2,500	¥12,500	
17	2017/7/18	冷饮机	制冷电器	2	¥300	¥600	
18			制冷电器 汇总	7		¥13,100	
19			总计	61		¥70,900	
20							
21							

22.2 显示或隐藏分级显示中的明细数据

显示或隐藏分级显示中的明细数据可以只看自己想看到的分类汇总数据，在分类汇总好的“汇总表”中，隐藏和显示厨房电器的汇总数据的具体操作步骤如下。

01 选择【厨房电器汇总】组内的任意一单元格。

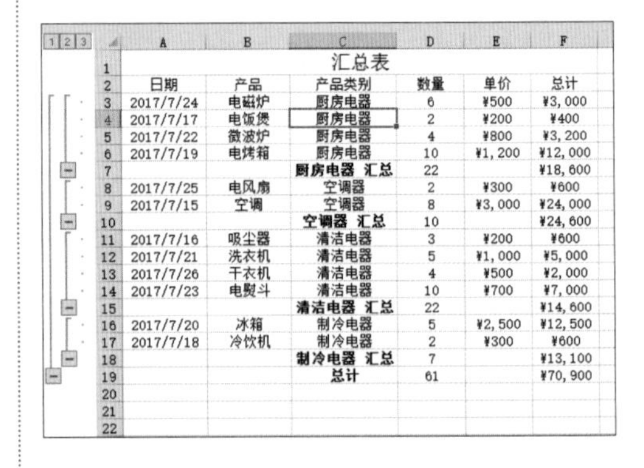

	A	B	C	D	E	F
1			汇总表			
2	日期	产品	产品类别	数量	单价	总计
3	2017/7/24	电磁炉	厨房电器	6	¥500	¥3,000
4	2017/7/17	电饭煲	厨房电器	2	¥200	¥400
5	2017/7/22	微波炉	厨房电器	4	¥800	¥3,200
6	2017/7/19	电烤箱	厨房电器	10	¥1,200	¥12,000
7			厨房电器 汇总	22		¥18,600
8	2017/7/25	电风扇	空调器	2	¥300	¥600
9	2017/7/15	空调	空调器	8	¥3,000	¥24,000
10			空调器 汇总	10		¥24,600
11	2017/7/16	吸尘器	清洁电器	3	¥200	¥600
12	2017/7/21	洗衣机	清洁电器	5	¥1,000	¥5,000
13	2017/7/26	干衣机	清洁电器	4	¥500	¥2,000
14	2017/7/23	电熨斗	清洁电器	10	¥700	¥7,000
15			清洁电器 汇总	22		¥14,600
16	2017/7/20	冰箱	制冷电器	5	¥2,500	¥12,500
17	2017/7/18	冷饮机	制冷电器	2	¥300	¥600
18			制冷电器 汇总	7		¥13,100
19			总计	61		¥70,900
20						
21						
22						

02 单击【数据】选项卡下【分级显示】组中的【隐藏明细数据图标】按钮。

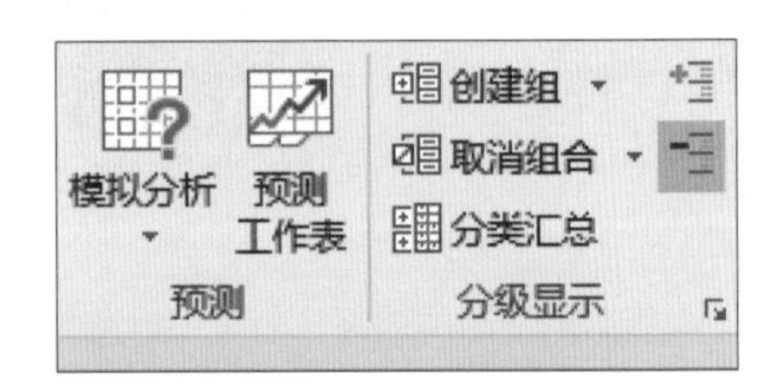

03 即可隐藏【厨房电器汇总】组中的数据，效果如下图所示。

	A	B	C	D	E	F
1			汇总表			
2	日期	产品	产品类别	数量	单价	总计
7			厨房电器 汇总	22		¥18,600
8	2017/7/25	电风扇	空调器	2	¥300	¥600
9	2017/7/15	空调	空调器	8	¥3,000	¥24,000
10			空调器 汇总	10		¥24,600
11	2017/7/16	吸尘器	清洁电器	3	¥200	¥600
12	2017/7/21	洗衣机	清洁电器	5	¥1,000	¥5,000
13	2017/7/26	干衣机	清洁电器	4	¥500	¥2,000
14	2017/7/23	电熨斗	清洁电器	10	¥700	¥7,000
15			清洁电器 汇总	22		¥14,600
16	2017/7/20	冰箱	制冷电器	5	¥2,500	¥12,500
17	2017/7/18	冷饮机	制冷电器	2	¥300	¥600
18			制冷电器 汇总	7		¥13,100
19			总计	61		¥70,900
20						
21						

04 如果需要显示隐藏的数据，则选择 C7 单元格，单击【数据】选项卡下【分级显示】组中的【显示明细数据】按钮。

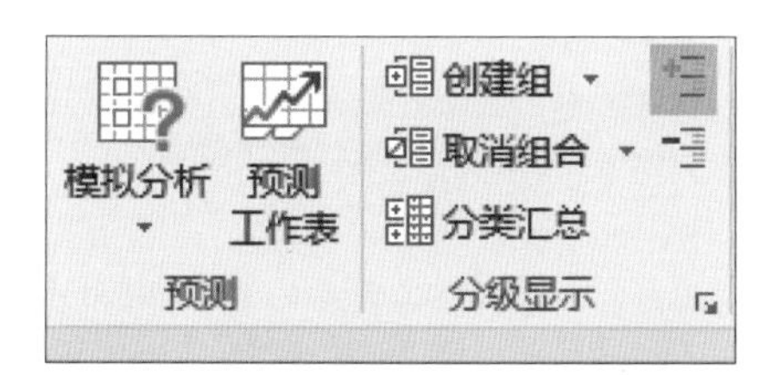

05 即可将【厨房电器汇总】组中的数据显示出来，效果如下图所示。

	A	B	C	D	E	F
1			汇总表			
2	日期	产品	产品类别	数量	单价	总计
3	2017/7/24	电磁炉	厨房电器	6	¥500	¥3,000
4	2017/7/17	电饭煲	厨房电器	2	¥200	¥400
5	2017/7/22	微波炉	厨房电器	4	¥800	¥3,200
6	2017/7/19	电烤箱	厨房电器	10	¥1,200	¥12,000
7			厨房电器 汇总	22		¥18,600
8	2017/7/25	电风扇	空调器	2	¥300	¥600
9	2017/7/15	空调	空调器	8	¥3,000	¥24,000
10			空调器 汇总	10		¥24,600
11	2017/7/16	吸尘器	清洁电器	3	¥200	¥600
12	2017/7/21	洗衣机	清洁电器	5	¥1,000	¥5,000
13	2017/7/26	干衣机	清洁电器	4	¥500	¥2,000
14	2017/7/23	电熨斗	清洁电器	10	¥700	¥7,000
15			清洁电器 汇总	22		¥14,600
16	2017/7/20	冰箱	制冷电器	5	¥2,500	¥12,500
17	2017/7/18	冷饮机	制冷电器	2	¥300	¥600
18			制冷电器 汇总	7		¥13,100
19			总计	61		¥70,900
20						
21						
22						

22.3 删除分类汇总

删除分类汇总的具体操作步骤如下。

01 在打开的汇总表中，单击【数据】选项卡下【分级显示】组中的【分类汇总】按钮 分类汇总。

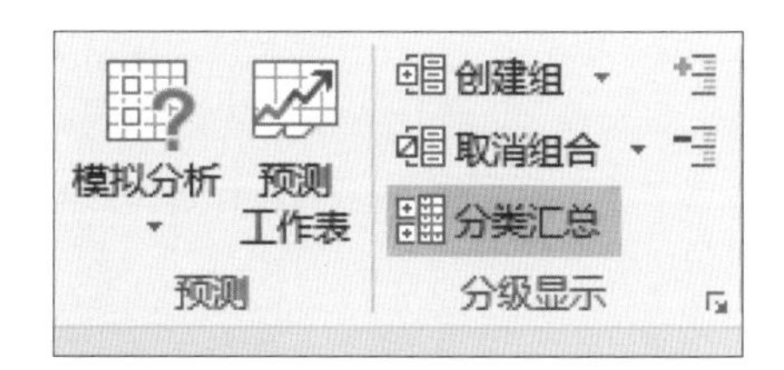

02 弹出【分类汇总】对话框，单击【全部删除】按钮。

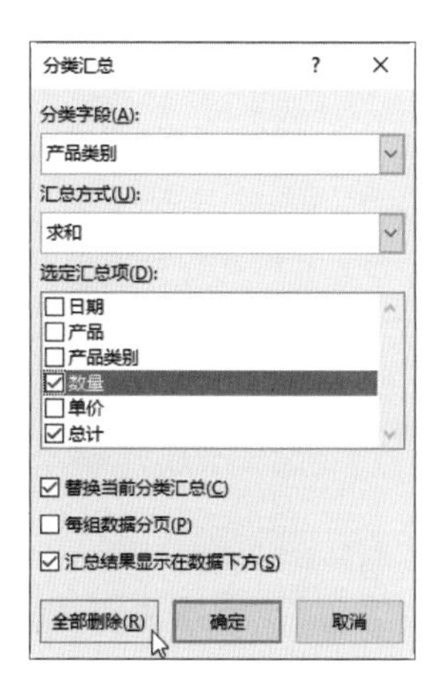

03 即可完成删除分类汇总的操作。

	A	B	C	D	E	F
1			汇总表			
2	日期	产品	产品类别	数量	单价	总计
3	2017/7/24	电磁炉	厨房电器	6	¥500	¥3,000
4	2017/7/17	电饭煲	厨房电器	2	¥200	¥400
5	2017/7/22	微波炉	厨房电器	4	¥800	¥3,200
6	2017/7/19	电烤箱	厨房电器	10	¥1,200	¥12,000
7	2017/7/25	电风扇	空调器	2	¥300	¥600
8	2017/7/15	空调	空调器	8	¥3,000	¥24,000
9	2017/7/16	吸尘器	清洁电器	3	¥200	¥600
10	2017/7/21	洗衣机	清洁电器	5	¥1,000	¥5,000
11	2017/7/26	干衣机	清洁电器	4	¥500	¥2,000
12	2017/7/23	电熨斗	清洁电器	10	¥700	¥7,000
13	2017/7/20	冰箱	制冷电器	5	¥2,500	¥12,500
14	2017/7/18	冷饮机	制冷电器	2	¥300	¥600
15						

22.4 按位置合并计算

按位置进行合并计算就是按同样的顺序排列所有工作表中的数据，将它们放在同一位置中。按位置合并计算的具体操作步骤如下。

01 打开随书光盘中的“素材\ch22\员工工资表.xlsx”工作簿，选择“工资1”工作表的A1:H20单元格区域。

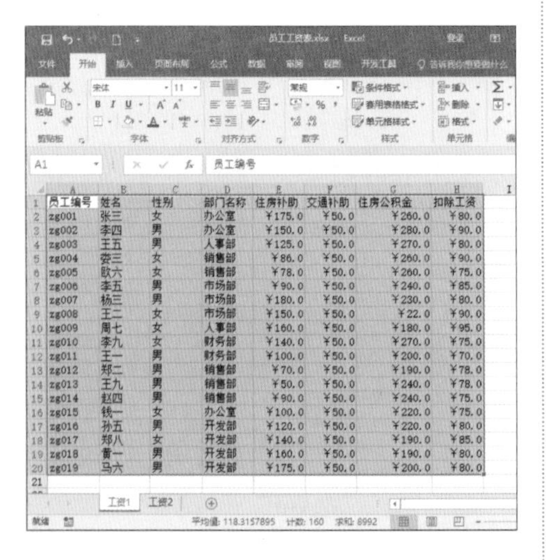

02 单击【公式】选项卡下【定义的名称】组中的【定义名称】按钮 定义名称 。

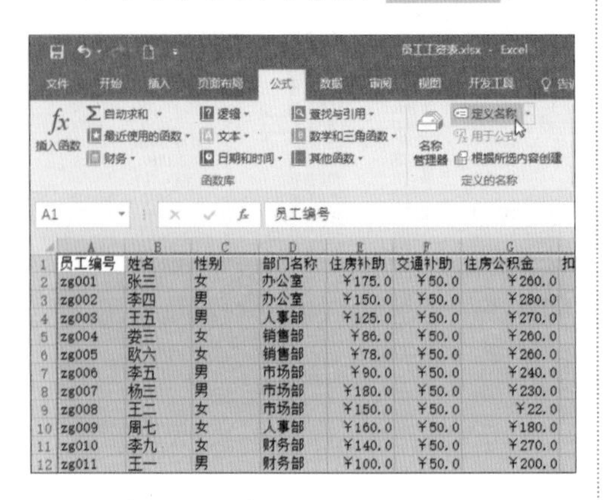

03 弹出【新建名称】对话框，在【名称】文本框中输入“工资1”，单击【确定】按钮。

04 选择“工资2”工作表的E1:H20单元格区域，单击【公式】选项卡下【定义的名称】组中的【定义名称】按钮 定义名称 。

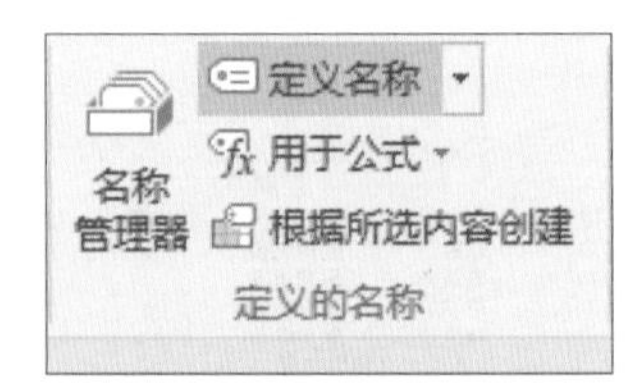

05 弹出【新建名称】对话框，在【名称】文本框中输入“工资2”，单击【确定】按钮。

06 选择“工资1”工作表中的单元格I1，单击【数据】选项卡下【数据工具】组中的【合并计算】按钮 。

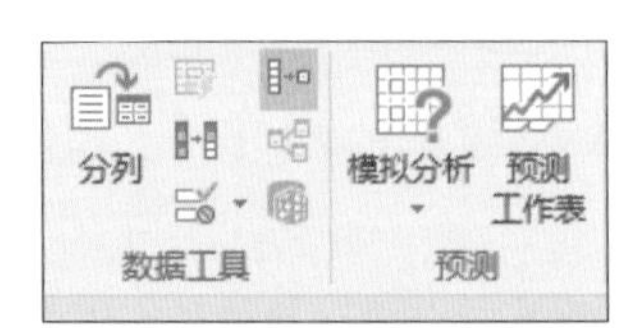

07 弹出【合并计算】对话框，在【引用位置】文本框中输入“工资2”，单击【添加】按钮。

08 把“工资 2”添加到【所有引用位置】列表框中，单击【确定】按钮。

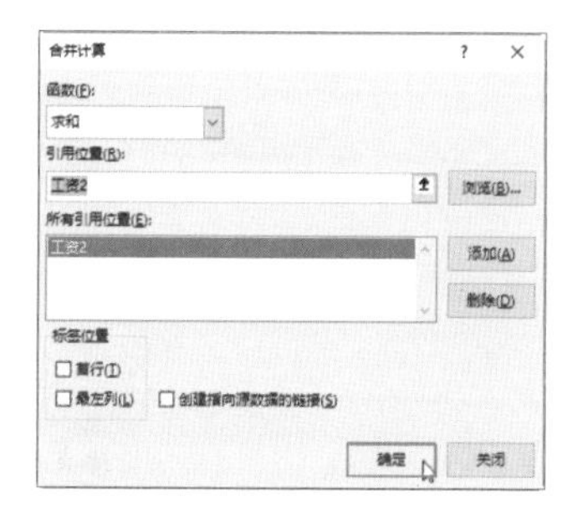

09 即可将名称为“工资 2”的区域合并到“工资 1”区域中。

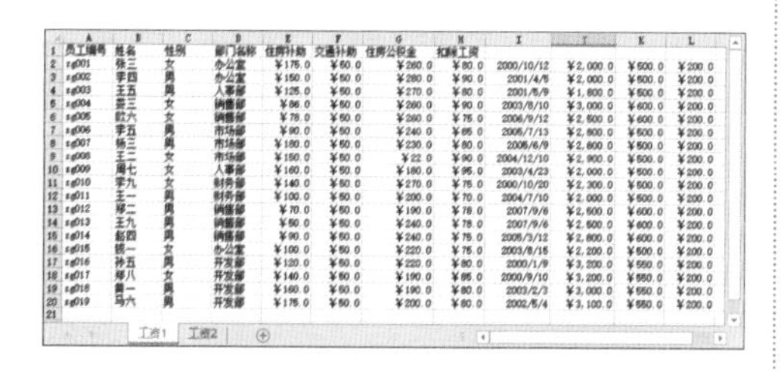

22.5 多字段合并计算

多字段合并计算的具体操作步骤如下。

01 打开随书光盘中的“素材\ch22\销售总量表.xlsx”工作簿，选择 C10 单元格。

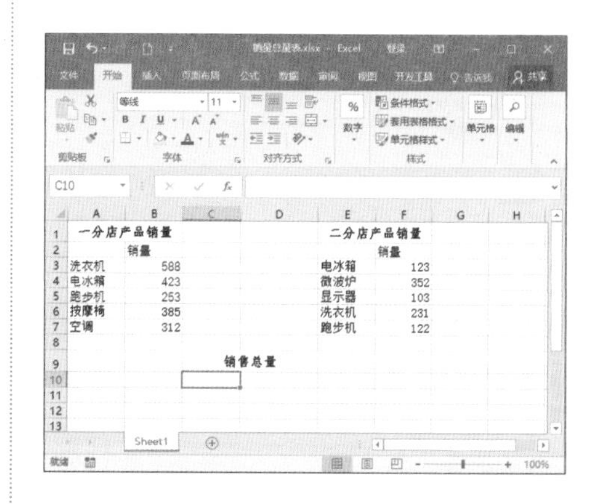

02 单击【数据】选项卡下【数据工具】组中的【合并计算】按钮。

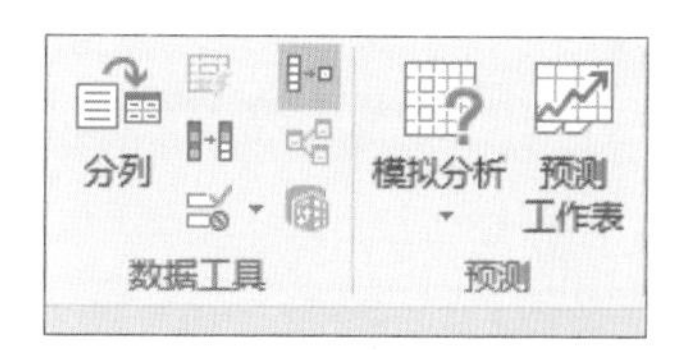

03 弹出【合并计算】对话框，单击【引用位置】文本框右侧的【折叠】按钮。

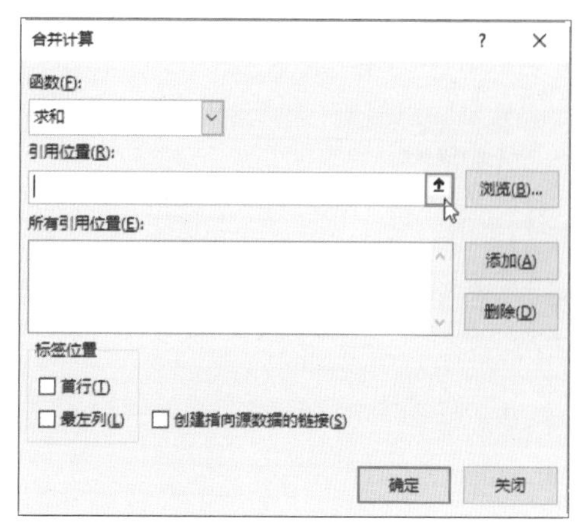

04 选择 A2:B7 单元格区域，单击【展开】按钮。

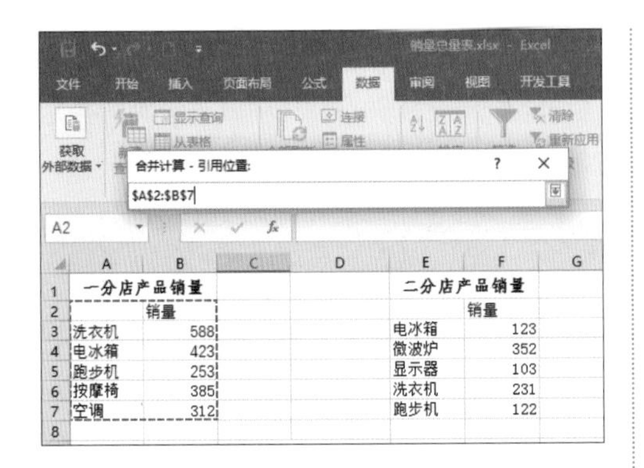

05 展开【合并计算】对话框，单击【添加】按钮，将其添加到【所有引用位置】列表框中。

06 使用相同的方法，选择E2:F7单元格区域。单击【展开】按钮。

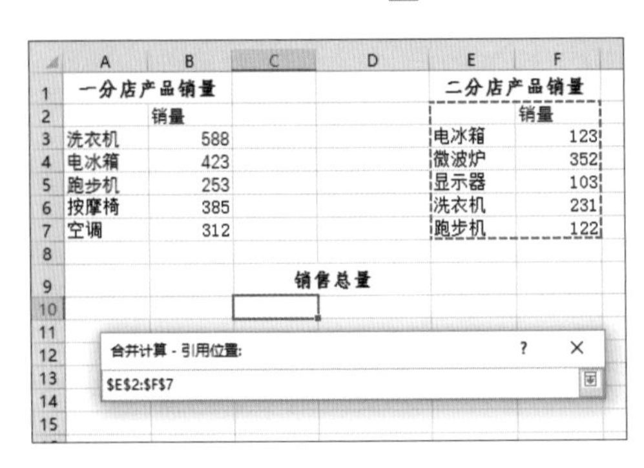

07 展开【合并计算】对话框，单击【添加】按钮，将第二次引用的数据添加到【所有引用位置】列表框中。并选中【首行】和【最左列】复选框，设置完成后，单击【确定】按钮。

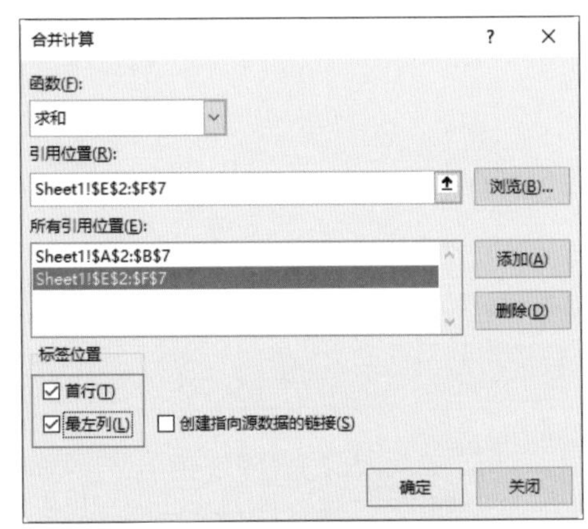

08 即可计算出一分店和二分店的产品销售总量，效果如下图所示。

22.6 多工作表合并计算

如果数据分散在各个明细表中，需要将这些数据汇总到一个总表中，也可以使用合

并计算，具体操作步骤如下。

01 打开随书光盘中的“素材 \ch22\ 第二季度产品销售额 .xlsx”工作簿。选择“销售汇总”工作表中的 A1 单元格。

02 单击【数据】选项卡下【数据工具】组中的【合并计算】按钮。

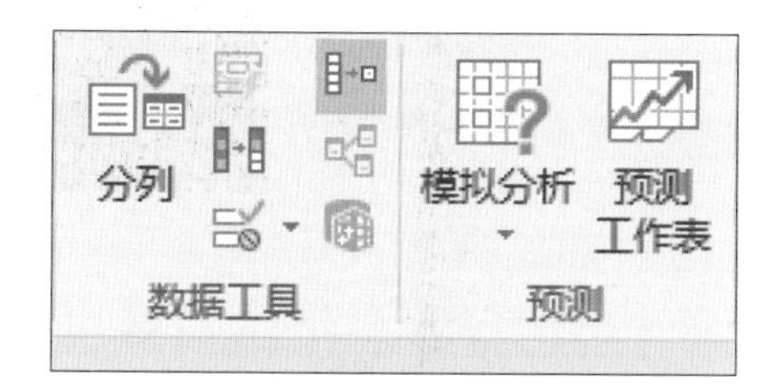

03 弹出【合并计算】对话框，在【函数】下拉列表框中选择【求和】函数，单击【引用位置】文本框右侧的【折叠】按钮。

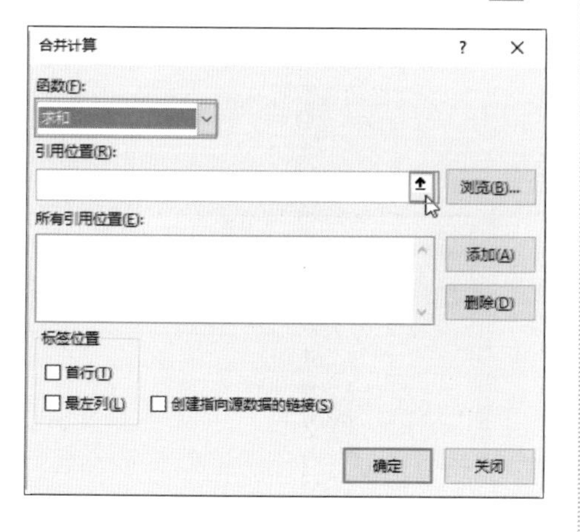

04 将对话框折叠，选择“四月份”工作表中的 A1:B7 单元格区域，单击【展开】按钮。

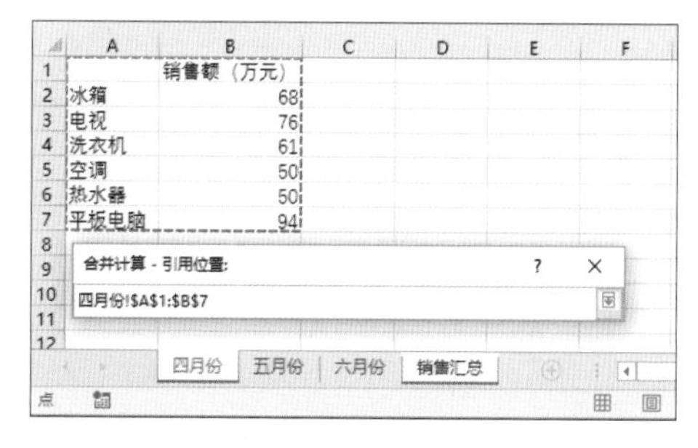

05 展开【合并计算】对话框，单击【添加】按钮。

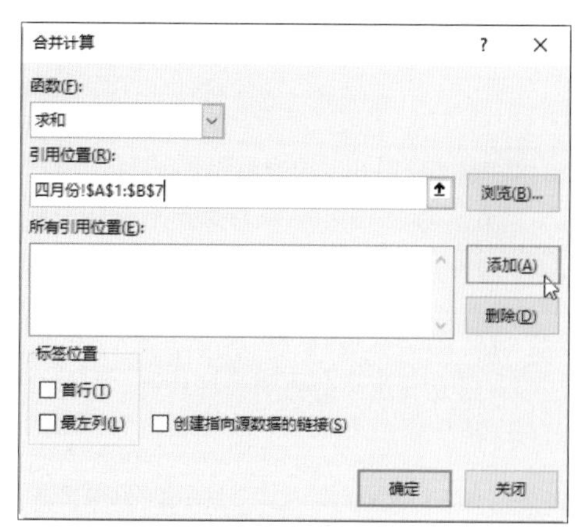

06 即可将“四月份 !$A$1:$B$7”添加到【所有引用位置】列表框中。

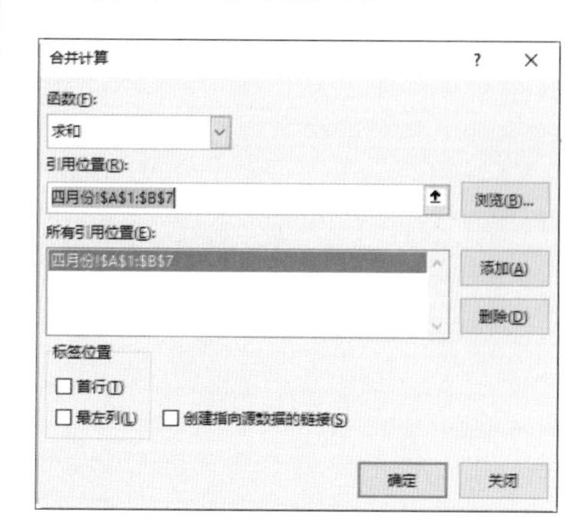

07 使用同样的方法，依次添加“五月份”“六月份”工作表中的数据区域，并选中【首行】和【最左列】复选框，设置完成后单击【确定】按钮。

08 合并计算后的数据如下图所示。

	A	B
1		销售额（万元）
2	冰箱	271
3	电视	238
4	洗衣机	206
5	空调	235
6	热水器	133
7	平板电脑	266

四月份　五月份　六月份　销售汇总

就绪

牛人干货

1. 复制分类汇总后的结果

在 2 级汇总视图下，复制并粘贴后的结果中仍带有明细数据，那么如何才能只复制汇总后的数据呢？具体操作步骤如下。

01 在上面创建好的“汇总表”中，选中 2 级汇总视图中的整个数据区域。

02 按【Alt+；】组合键，将只选中当前显示出来的单元格，而不包含隐藏的明细数据。

03 按【Ctrl+C】组合键复制。

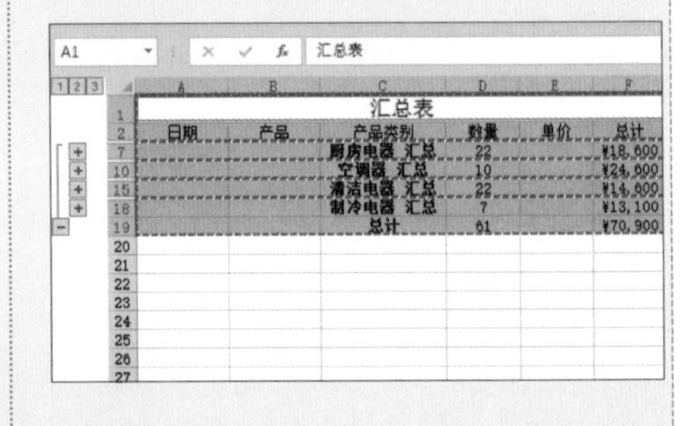

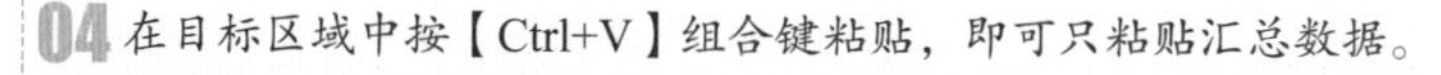

04 在目标区域中按【Ctrl+V】组合键粘贴，即可只粘贴汇总数据。

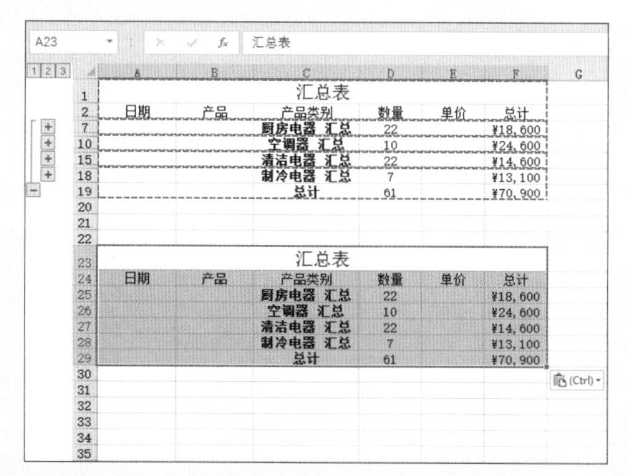

2. 用合并计算核对工作表中的数据

如下图所示的两列数据中，要核对“销量 A”和“销量 B”是否一致，具体操作步骤如下。

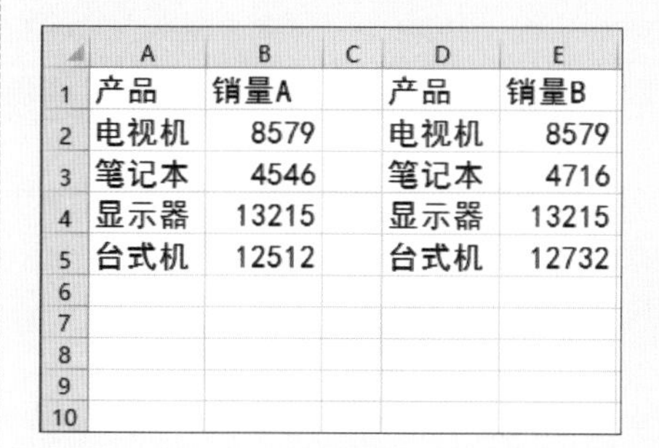

	A	B	C	D	E
1	产品	销量A		产品	销量B
2	电视机	8579		电视机	8579
3	笔记本	4546		笔记本	4716
4	显示器	13215		显示器	13215
5	台式机	12512		台式机	12732
6					
7					
8					
9					
10					

01 打开随书光盘中的“素材\ch22\销量表.xlsx”工作簿，选定 G2 单元格，选择【数据】选项卡，单击【数据工具】组中的【合并计算】按钮。

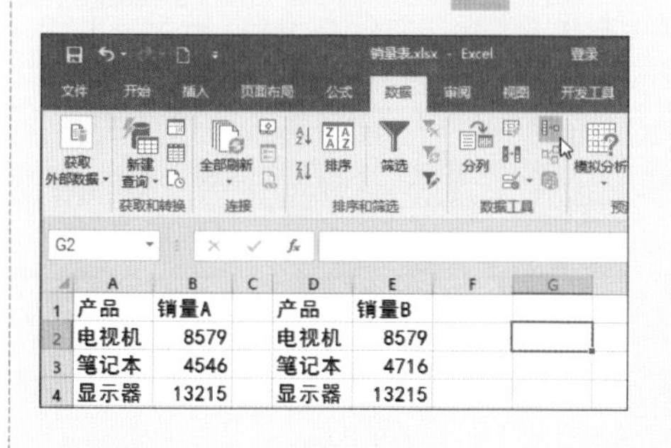

02 弹出【合并计算】对话框，添加 A1:B5 和 D1:E5 单元格区域，并选中【首行】和【最左列】复选框，单击【确定】按钮。

03 得出合并结果。

F	G	H	I
		销量A	销量B
	电视机	8579	8579
	笔记本	4546	4716
	显示器	13215	13215
	台式机	12512	12732

04 在 J3 单元格中输入“=H3=I3”，按【Enter】键。

J3 =H3=I3

	G	H	I	J	K
1					
2		销量A	销量B		
3	电视机	8579	8579	TRUE	
4	笔记本	4546	4716		
5	显示器	13215	13215		
6	台式机	12512	12732		
7					
8					

05 使用填充句柄填充 J4:J6 单元格区域，若显示的结果为“FALSE”，则表示“销量 A”和“销量 B”中的数据不一致。

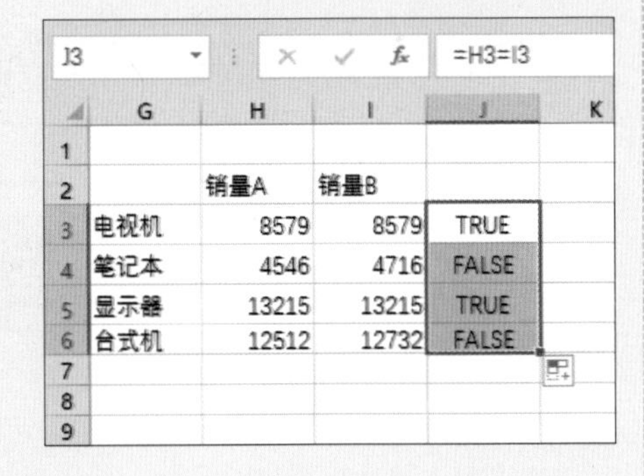
J3 =H3=I3

	G	H	I	J	K
1					
2		销量A	销量B		
3	电视机	8579	8579	TRUE	
4	笔记本	4546	4716	FALSE	
5	显示器	13215	13215	TRUE	
6	台式机	12512	12732	FALSE	
7					
8					
9					

第 23 课 聊聊数据透视表

数据透视表是一种交互式的表，数据透视表可以清晰地展示出数据的汇总情况，对于数据的分析、决策起到至关重要的作用。

在工作中使用数据透视表，可以很好地分析数据。

什么是数据透视表?

如何创建数据透视表?

23.1 一张数据透视表解决天下事

极简时光

关键词： 数据透视表 / 查询大量数据 / 筛选、排序、分组 / 部分区域汇总数据的明细

一分钟

数据透视表是一种对大量数据快速汇总和建立交叉列表的交互式动态表格，能够帮助用户分析、组织既有数据，是 Excel 中的数据分析利器。下图所示即为数据透视表。

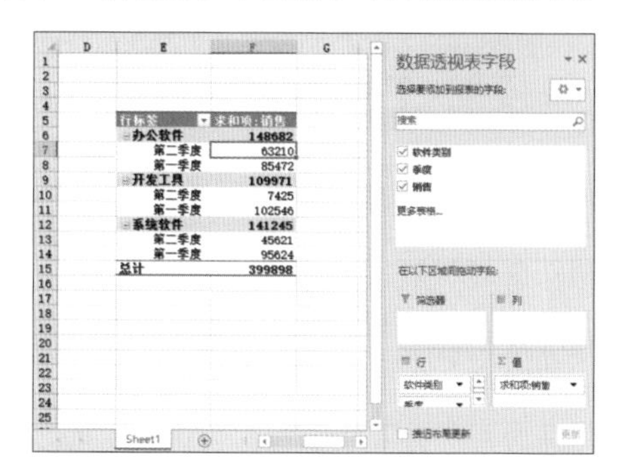

数据透视表的主要用途是从数据库的大量数据中生成动态的数据报告，对数据进行分类汇总和聚合，帮助用户分析和组织数据。还可以对记录数量较多、结构复杂的工作表进行筛选、排序、分组和有条件地设置格式，显示数据中的规律。

（1）可以使用多种方式查询大量数据。

（2）按分类和子分类对数据进行分类汇总和计算。

（3）展开或折叠要关注结果的数据级别，查看部分区域汇总数据的明细。

（4）将行移动到列或将列移动到行，以查看源数据的不同汇总方式。

（5）对最有用和最关注的数据子集进行筛选、排序、分组和有条件地设置格式，使用户能够关注所需的信息。

（6）提供简明、有吸引力并且带有批注的联机报表或打印报表。

23.2 数据透视表的组成结构

极简时光

关键词： 数据透视表 / 行区域 / 列区域 / 值区域 / 报表筛选区域

一分钟

对于任何一个数据透视表来说，可以将其整体结构划分为四大区域，分别是行区域、列区域、值区域和筛选区域。

求和项:销售	列标签		
行标签	第二季度	第一季度	总计
办公软件	63210	85472	148682
开发工具	7425	102546	109971
系统软件	45621	95624	141245
总计	116256	283642	399898

1. 数据透视表的行区域

行区域位于数据透视表的左侧，每个字段中的每一项显示在行区域的每一行中。通常在行区域中放置一些可用于进行分组或分类的内容，如办公软件、开发工具及系统软件等。

2. 数据透视表的列区域

列区域由数据透视表各列顶端的标题组成。每个字段中的每一项显示在列区域的每一列中。通常在列区域中放置一些可以随时间变化的内容，如第一季度和第二季度等，可以很明显地看出数据随时间变化的趋势。

3. 数据透视表的值区域

在数据透视表中，包含数值的大面积区域就是值区域。值区域中的数据是对数据透视表中行字段和列字段数据的计算和汇总，该区域中的数据一般都是可以进行运算的。默认情况下，Excel 对值区域中的数值型数据进行求和，对文本型数据进行计数。

4. 数据透视表的报表筛选区域

报表筛选区域位于数据透视表的最上方，由一个或多个下拉列表组成，通过选择下拉列表中的选项，可以一次性对整个数据透视表中的数据进行筛选。

23.3 创建数据透视表

使用数据透视表可以深入分析数值数据，下面就先来介绍一下如何创建数据透视表，具体操作步骤如下。

01 打开随书光盘中的“素材\ch23\销售表.xlsx”工作簿，单击【插入】选项卡下【表格】组中的【数据透视表】按钮。

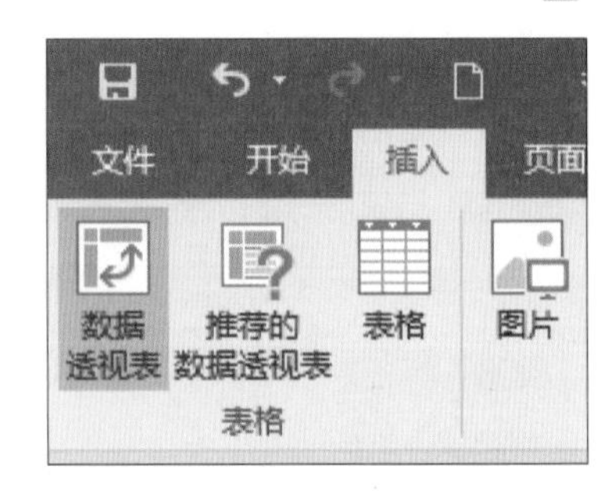

02 弹出【创建数据透视表】对话框，在【请选择要分析的数据】选项区域选中【选择一个表或区域】单选按钮，在【表/区域】文本框中设置数据透视表的数据源，单击其后的【折叠】按钮。

03 用鼠标拖曳选择 A1:C7 单元格区域，单击【展开】按钮。

	A	B	C
1	软件类别	季度	销售
2	系统软件	第一季度	¥ 95,624.00
3	办公软件	第一季度	¥ 85,472.00
4	开发工具	第一季度	¥ 102,546.00
5	系统软件	第二季度	¥ 45,621.00
6	办公软件	第二季度	¥ 63,210.00
7	开发工具	第二季度	¥ 7,425.00

04 展开【创建数据透视表】对话框，在【选择放置数据透视表的位置】选项区域选中【现有工作表】单选按钮，在【位置】文本框中设置放置的位置，设置完成后单击【确定】按钮。

05 弹出数据透视表的编辑界面，工作表中会出现数据透视表，在其右侧是【数据透视表字段】任务窗格。在【数据透视表字段】任务窗格中选择要添加到报表的字段，即可完成数据透视表的创建。此外，在功能区会出现【数据透视表工具】的【分析】和【设计】两个选项卡。

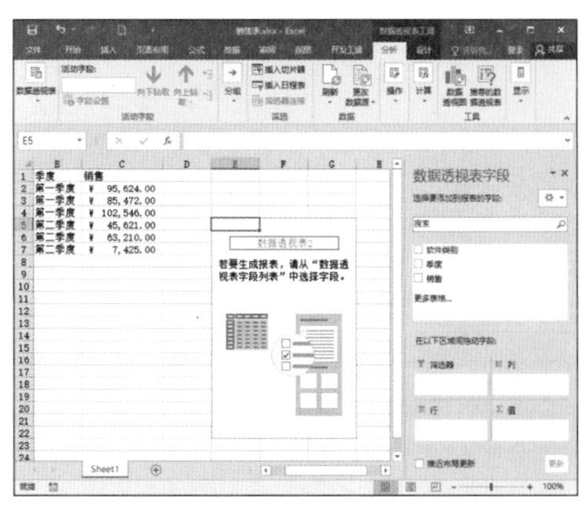

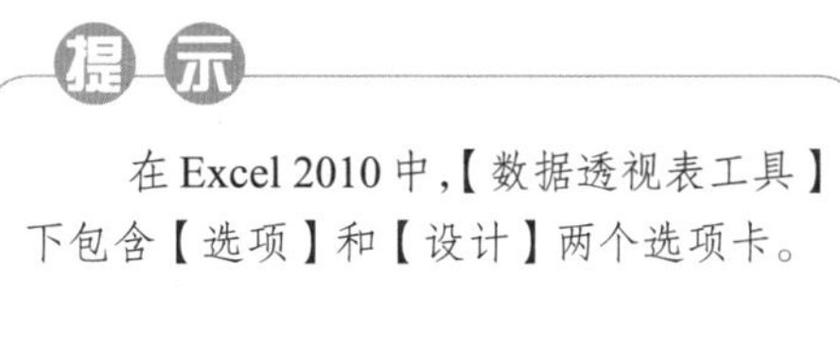

提示

在 Excel 2010 中，【数据透视表工具】下包含【选项】和【设计】两个选项卡。

06 将“销售”字段拖曳到【Σ 值】选项区域中，“季度”和“软件类别”分别拖曳至【行】选项区域中。

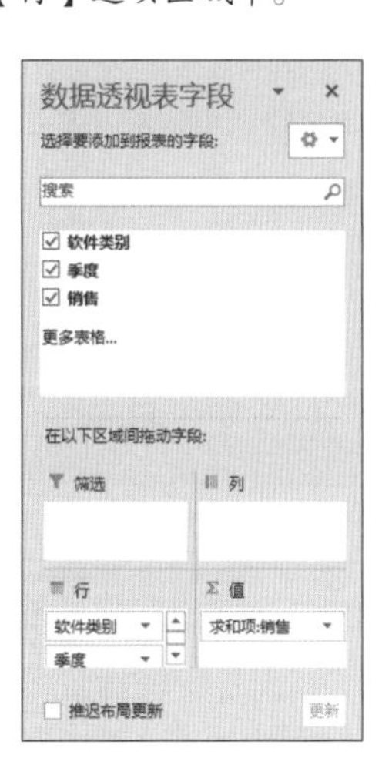

07 关闭【数据透视表字段】任务窗格，即可完成数据透视表的创建，效果如下图所示。

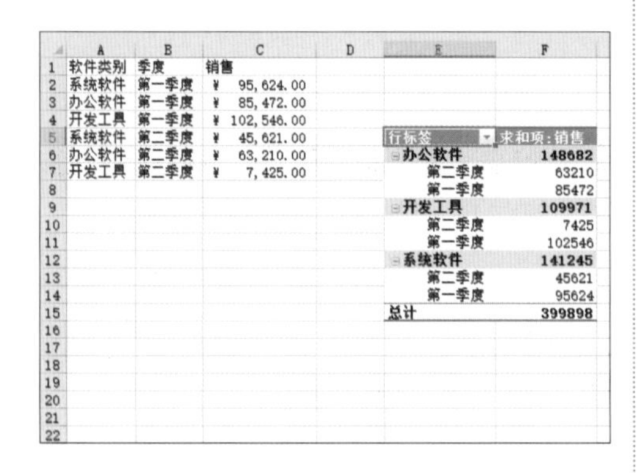

软件类别	季度	销售
系统软件	第一季度	¥ 95,624.00
办公软件	第一季度	¥ 85,472.00
开发工具	第一季度	¥ 102,546.00
系统软件	第二季度	¥ 45,621.00
办公软件	第二季度	¥ 63,210.00
开发工具	第二季度	¥ 7,425.00

行标签	求和项：销售
办公软件	148682
第二季度	63210
第一季度	85472
开发工具	109971
第二季度	7425
第一季度	102546
系统软件	141245
第二季度	45621
第一季度	95624
总计	399898

23.4 修改数据透视表

极简时光

关键词： 修改数据透视表 /【分析】选项卡 /【数据透视表字段】任务窗格 / 添加或删除记录

一分钟

数据透视表是显示数据信息的视图，不能直接修改透视表所显示的数据项。但表中的字段名称是可以修改的，还可以修改数据透视表的布局，从而重组数据透视表。

1. 行、列字段的互换

具体操作步骤如下。

01 接着 23.3 节创建的数据透视表，选择【数据透视表工具 / 分析】选项卡，单击【显示】组中的【字段列表】按钮 字段列表 。

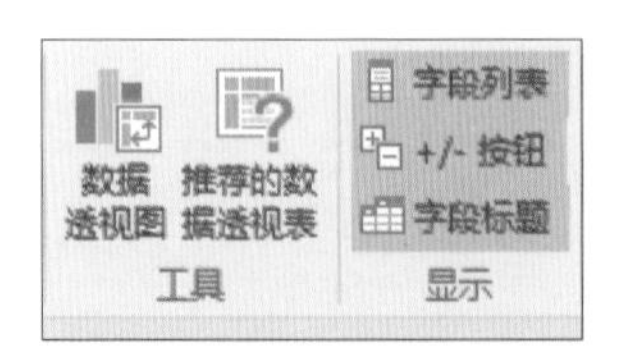

提示

在 Excel 2010 中【显示】组中的【字段列表】按钮位于【数据透视表工具 / 选项】选项卡下。

02 弹出【数据透视表字段】任务窗格，在下方的【行】选项区域中单击“季度”并将其拖曳到【列】选项区域中。

03 此时的数据透视表如下图所示。

求和项：销售	列标签		
行标签	第二季度	第一季度	总计
办公软件	63210	85472	148682
开发工具	7425	102546	109971
系统软件	45621	95624	141245
总计	116256	283642	399898

04 将“软件类别”拖曳到【列】选项区域中，并将“软件类别”拖曳到“季度”上方，此时的透视表如下图所示。

	列标签					
	办公软件		办公软件 汇总	开发工具		开发工具 汇总
	第二季度	第一季度		第二季度	第一季度	
求和项：销售	63210	85472	148682	7425	102546	109971

2. 添加或删除记录

（1）删除记录。选择 23.3 节创建的数据透视表，上面已经显示了所有的字段，在右侧的【数据透视表字段】任务窗格的【选择要添加到报表的字段】选项区域中，取消选中要删除字段前面的复选框，即可将其从透视表中删除，如下图所示。

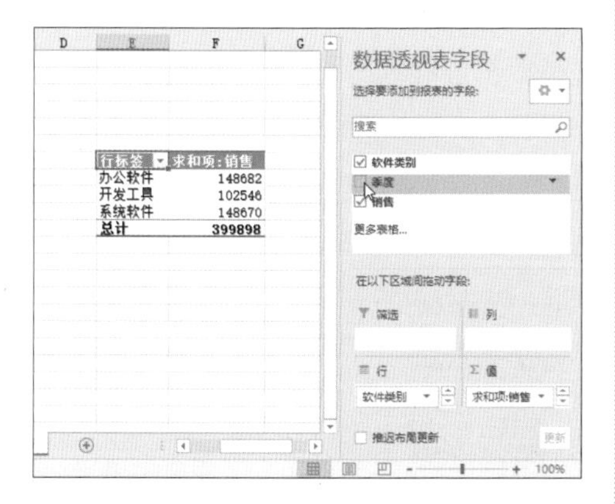

提示

在【行】选项区域中的字段名称上单击并将其拖曳到【数据透视表字段】任务窗格外面，也可删除此字段，如下图所示。

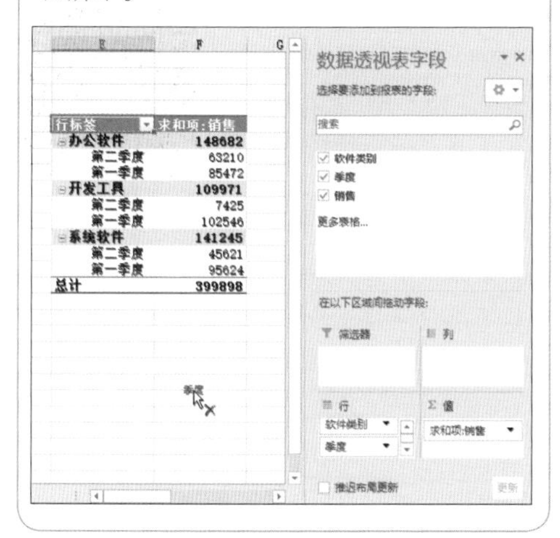

（2）添加字段。在右侧【选择要添加到报表的字段】选项区域中，选中要添加的字段复选框，即可将其添加到透视表中。

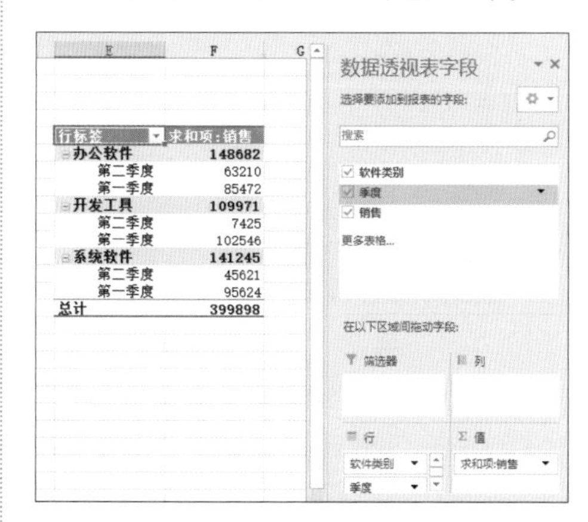

23.5 一键创建数据透视图

极简时光

关键词：一键创建数据透视图/【分析】选项卡/【插入图表】对话框

一分钟

Excel 中用户可以根据创建的数据透视表一键创建数据透视图，具体操作步骤如下。

01 接着 23.3 节中创建的数据透视表，选择数据透视表区域中的任意一单元格。

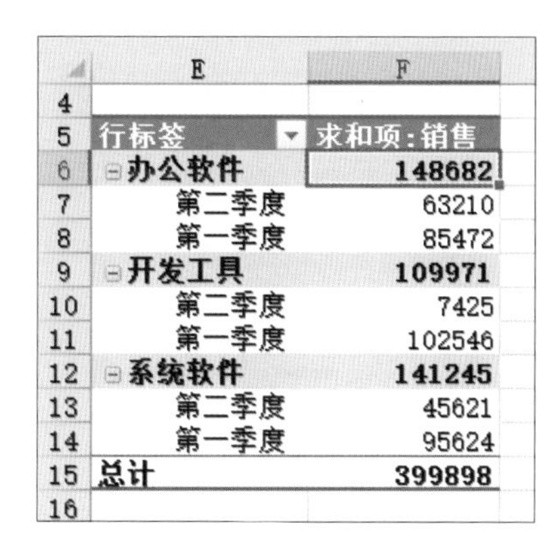

	E	F
4		
5	行标签	求和项:销售
6	⊟办公软件	148682
7	第二季度	63210
8	第一季度	85472
9	⊟开发工具	109971
10	第二季度	7425
11	第一季度	102546
12	⊟系统软件	141245
13	第二季度	45621
14	第一季度	95624
15	总计	399898
16		

02 选择【数据透视表工具 / 分析】选项卡，单击【工具】组中的【数据透视图】按钮。

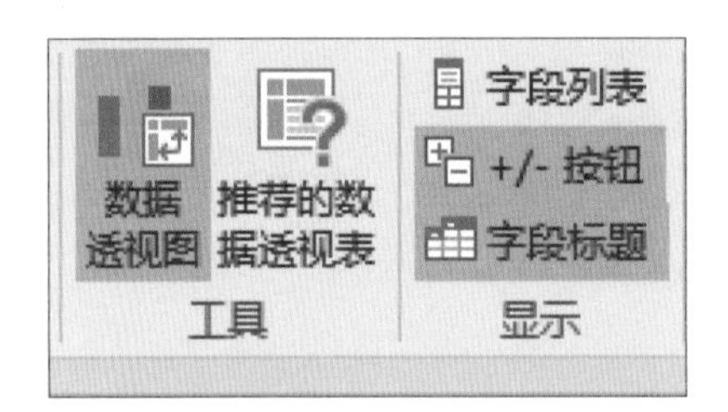

提示

在 Excel 2010 中，【工具】组中的【数据透视图】按钮位于【数据透视表工具 / 选项】选项卡下。

03 弹出【插入图表】对话框，选择一种图表类型，单击【确定】按钮。

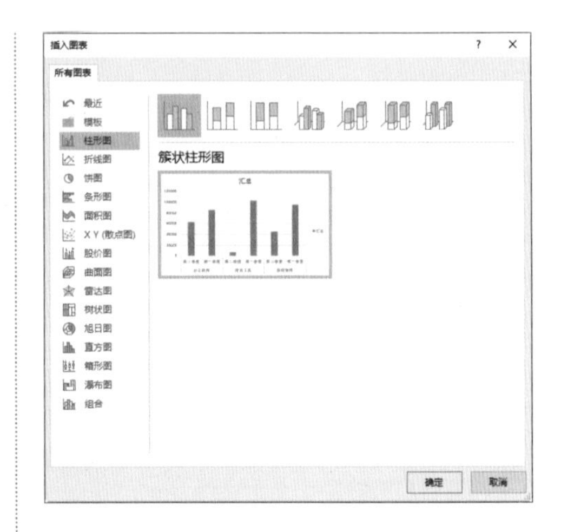

04 即可完成数据透视图的创建，效果如下图所示。

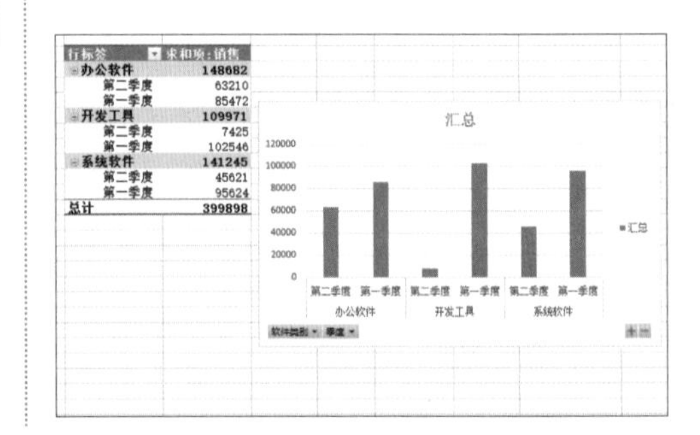

牛人干货

1. 组合数据透视表中的数据项

对于数据透视表中性质相同的数据项，可以将其进行组合以便更好地对数据进行统计分析，具体操作步骤如下。

01 打开随书光盘中的“素材 \ch23\ 采购数据透视表 .xlsx”工作簿。

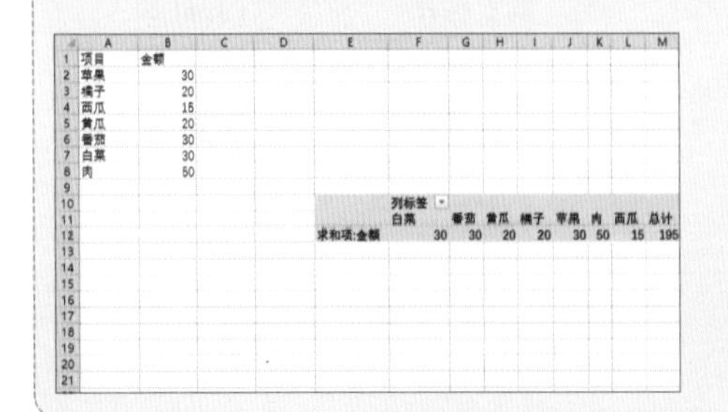

02 选择 K11 单元格并右击，在弹出的快捷菜单中选择【移动】→【将“肉”移至开头】选项。

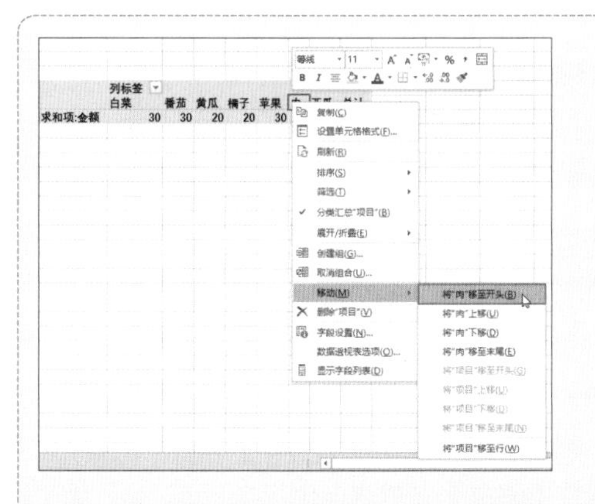

03 即可将“肉”移至透视表开头位置，选中 F11:I11 单元格区域并右击，在弹出的快捷菜单中选择【创建组】选项。

04 即可创建名称为“数据组 1”的组合，输入数据组名称“蔬菜”，按【Enter】键确认，效果如下图所示。

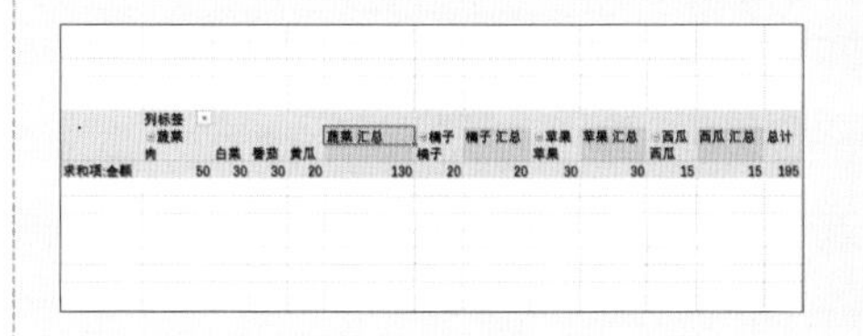

如果不想显示各个组的汇总，可以右击组名称所在行的任意一单元格，在弹出的快捷菜单中选择【分类汇总“项目 2”】选项，即可取消分类汇总。

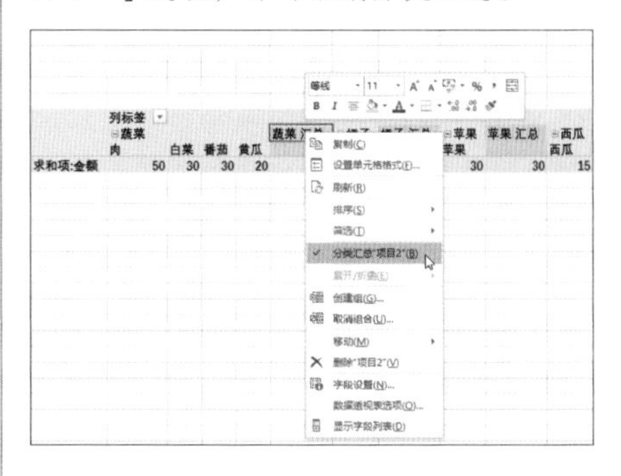

05 使用同样的方法，将 J11:L11 单元格区域创建为“水果”数据组，效果如下图所示。

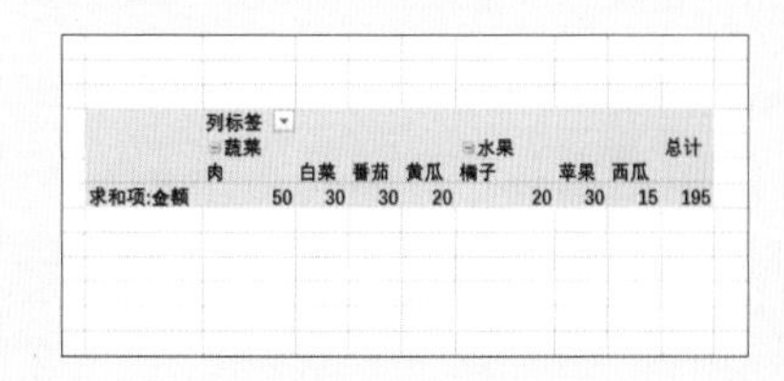

06 单击数据组名称左侧的按钮，即可将数据组合并起来，并给出统计结果。

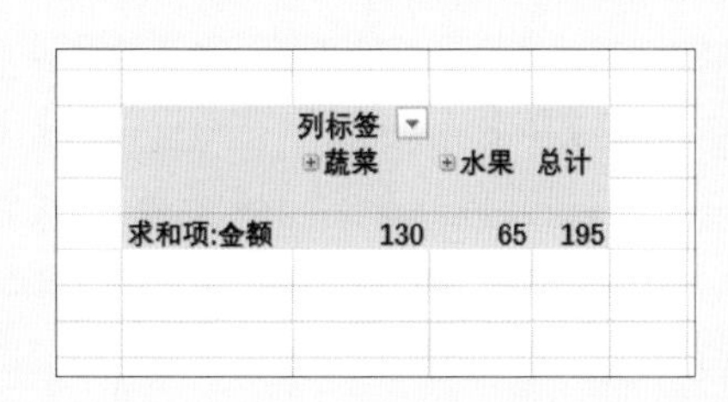

2. 将数据透视图转换为图片形式

下面的方法可以将数据透视图转换为图片保存，具体操作步骤如下。

01 打开随书光盘中的“素材\ch23\采购数据透视图.xlsx”工作簿。

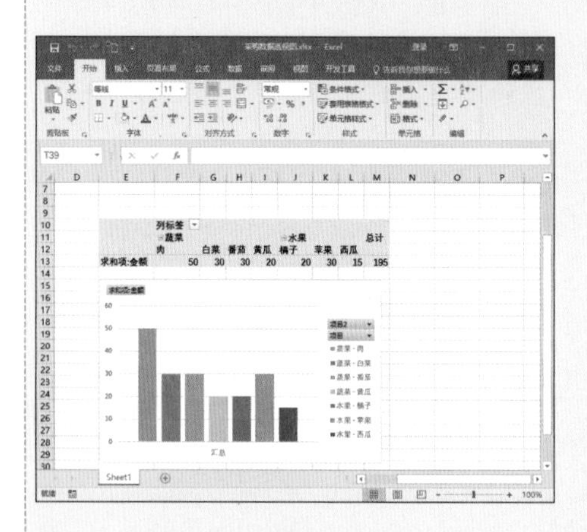

02 选中工作簿中的数据透视表，按【Ctrl+C】组合键复制。

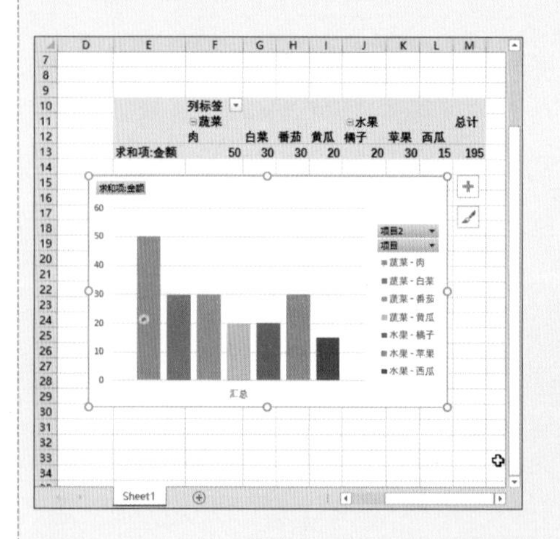

03 选中任意一空白单元格，单击【开始】选项卡下【剪贴板】组中的【粘贴】下拉按钮，在弹出的下拉列表中单击【粘贴选项】选项组中的【图片】按钮。

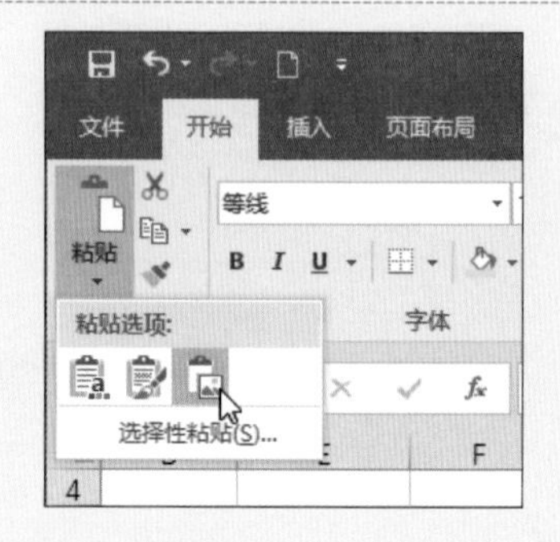

04 即可将数据透视图转换为图片的形式，效果如下图所示。

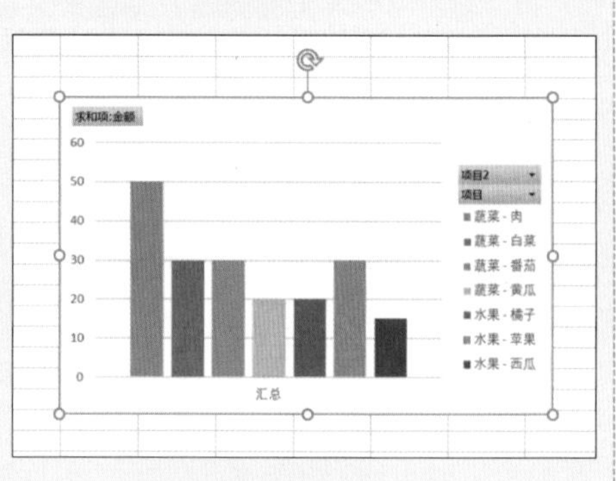

提示

除了使用上述方法外，还可以使用【画图】软件，将图表复制在绘图区域，选择【文件】→【另存为】→【JPEG 图片】选项，即可将其转换为图片形式。

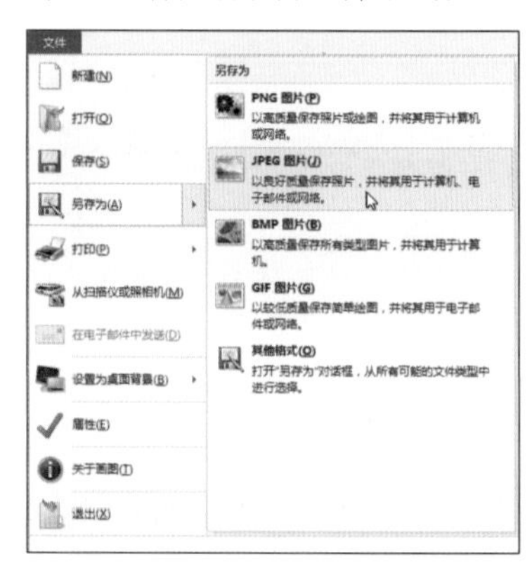

第 4 篇

PPT 演示文稿

第24课 穿越PPT入门之旅

Microsoft Office PowerPoint，是微软公司的演示文稿软件。利用Microsoft Office PowerPoint不仅可以创建演示文稿，还可以在互联网上召开面对面会议、远程会议或在网上给观众展示演示文稿。

下面就让我们一起来开启PPT入门之旅吧！

什么是PPT？

怎样学会PPT？

24.1 PPT演示之美

极简时光

关键词： PPT演示之美/会议时间缩短/说服力增强/简单和条理化/简单化

一分钟

通常给别人展示自己意见或者观点时，总希望用较短的话达到比较满意的效果，如果有东西能辅助自己的观点就更加完美了。这时可以借助PPT。

拥有一个好的PPT，老板可以让自己的会议时间缩短。

拥有一个好的PPT，能够让自己的报告说服力增强。

拥有一个好的PPT，能满足听众的要求，复杂事情简单化。

拥有一个好的PPT，可以更加形象地展现你的想法，构思。

拥有一个好的PPT，可以令展现内容更简单和条理化。

一套完整的PPT文件一般包含片头动画、PPT封面、前言、目录、过渡页、图表页、图片页、文字页、封底、片尾动画等；所采用的素材有文字、图片、图表、动画、声音、影片等。近年来，PPT的应用水平逐步提高，应用领域越来越广，如工作汇报、企业宣传、产品推介、婚礼庆典、项目竞标、管理咨询等领域。PPT正成为人们工作、生活的重要组成部分。下图所示为制作完成的工作计划PPT封面页。

24.2 PPT难在哪儿

极简时光

关键词： 逻辑清晰/字体的搭配/创建合适的图表/学会使用动画

一分钟

PPT 的制作，不仅靠技术，而且靠创意和理念。下面列举几个在学习 PPT 过程中需要掌握的重难点。

1. 逻辑清晰

如果你的逻辑思维混乱，就不可能制作出条理清晰的 PPT，观众看 PPT 也会一头雾水、不知所云，所以 PPT 中内容的逻辑性非常重要，逻辑内容是 PPT 的灵魂。

在制作 PPT 前，梳理 PPT 观点时，如果有逻辑混乱的情况，可以尝试使用“金字塔原理”来创建思维导图。

2. 字体的搭配

字体搭配是一门很深的学问。人们已经看厌了千篇一律的“宋体”，根据主题的不同搭配风格不同的字体，会使你的 PPT 脱颖而出。那么怎样搭配字体呢？首先要选择一种好看的字体，其次选择的字体一定要紧扣主题，使想要表达的事物观点更加明确，让人信服。如下图所示，经过对比，会发现右边的图片与主题背景更为契合。

3. 创建合适的图表

PPT 2016 提供了多种图表类型，如柱形图、折线图、饼图、条形图、面积图。每种图表都有与之匹配的应用范围，如折线图通常用来描绘连续的数据，对于显示数据趋势很有用；饼图一般适合表示数据系列中每一项占该系列总值的百分比。所以在选择图表类型时，一定要根据主题和数据特点的不同搭配不同类型的图表，这样会使数据更有说服力。

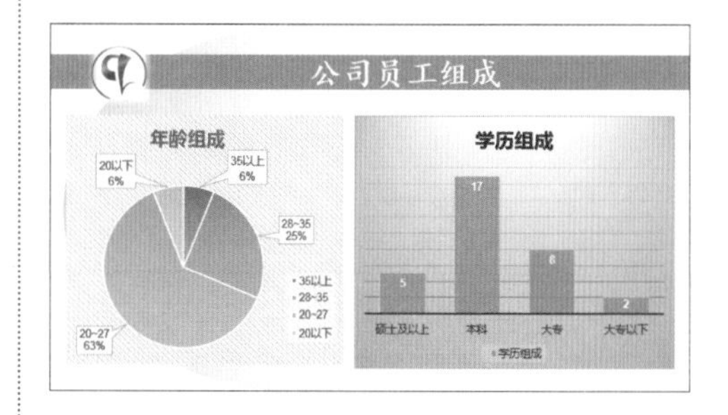

4. 学会使用动画

动画是 PPT 中最有趣的部分，也是很多人最喜欢的部分，它可以使幻灯片中的元素动起来，吸引观众的注意力，但是动画的使用也要遵循一定的原则，否则会收到适得其反的效果。PPT 2016 中提供了多种动画类型，要想使用好动画，首先需要了解不同类型的动画的特点；其次要注意动画的数量，不要滥用；最后要注意动画节奏的把控。

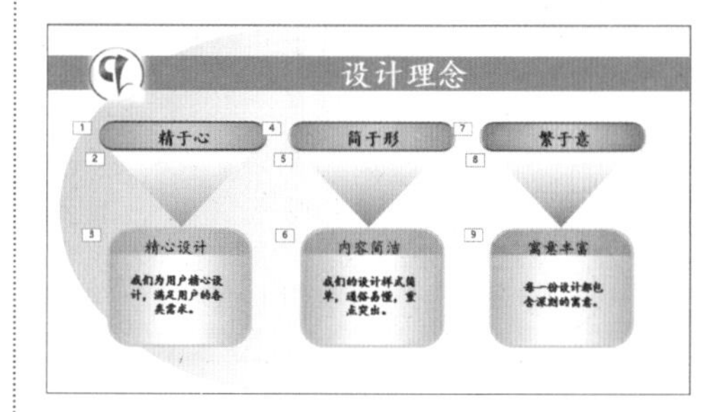

24.3 新手制作 PPT 常出现的错误

新手由于缺乏经验，在制作 PPT 的过程中，不可避免地会出现一些错误，使 PPT 制作出来的效果与之前预想的相差甚远。下面是新手在制作 PPT 时常出现的 5 个错误。

（1）密密麻麻全是字，没有好的图案和背景装饰。

（2）色调与风格不搭配，背景与文字颜色对比度不高。

（3）前期策划没有逻辑，文本内容找不到重点。

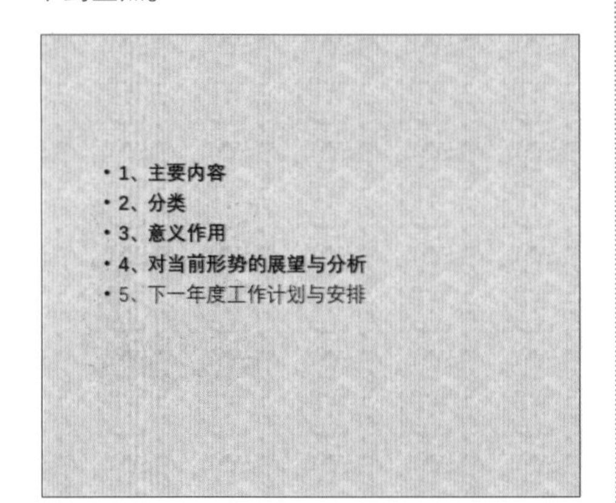

（4）不注重设计 PPT 动画与切换方式。

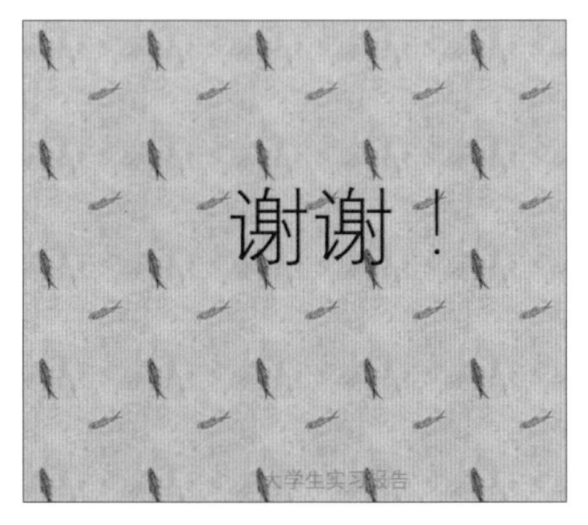

（5）没有考虑观众的需求。

24.4 专业 PPT 应具备的要素

极简时光

关键词： 目标明确 / 形式合理 / 逻辑清晰 / 美观大方 / 记得致谢

一分钟

专业的 PPT 应该具备以下几个要素。

1. 目标明确

制作 PPT 通常是为了追求简洁、明朗的表达效果，以便有效地协助沟通。因此，制作一个优秀的 PPT 必须先确定一个合理明确的目标。一旦确定目标，在制作 PPT 的过程中就不会出现偏离主题，制作出多页无用内容的幻灯片，也不会在一个文件中讨论多个复杂问题。

下图所示为旅游宣传幻灯片页面的首页，通过首页文字及背景图片，可以清晰地表达出 PPT 的目标是为春天旅游做宣传。

2. 形式合理

PPT 主要有两种用途：一是辅助现场演讲的演示，二是直接发送给观众自己阅读。要保证达到理想的效果，就必须针对不同的用法选用合理的形式。

如果制作的 PPT 用于演讲现场，就要全力服务于演讲。制作的 PPT 要多用图表和图示，少用文字，以使演讲和演示相得益彰。还可以适当地运用特效及动画等功能，使演示效果更加丰富多彩。

下图所示为公司销售业绩 PPT 的业务对比幻灯片页面，通过柱形图的形式能够快速看出每个小组在不同业务中的销售对比情况。

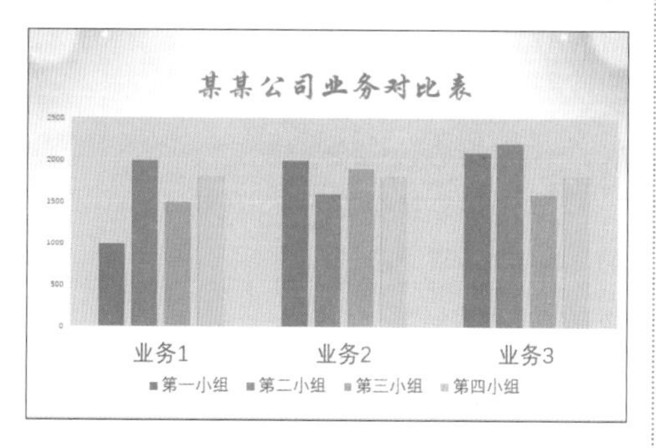

3. 逻辑清晰

制作 PPT 时既要使内容齐全、简洁、清晰，又必须建立清晰、严谨的逻辑。做到逻辑清晰，可以遵循幻灯片的结构逻辑，也可以运用常见的分析图表法。

下图所示为个人工作总结 PPT 的目录页面，目录中文字不宜过多，通过简单的“前言”“总结过去”“展望未来”“致谢”这 4 个标题就能清晰地展示个人总结幻灯片的逻辑。

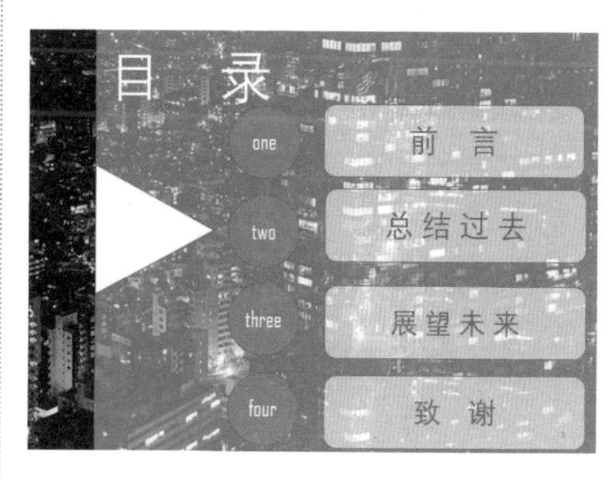

4. 美观大方

要使制作的 PPT 美观大方，具体可以从色彩和布局两个方面进行设置。

色彩是一门大学问，也是一个很感官的东西。PPT 制作者在设置色彩时，要运用和谐但不张扬的颜色进行搭配。可以使用一些标准色，因为这些颜色是大众所能接受的颜色。同时，为了方便辨认，制作 PPT 时应尽量避免使用相近的颜色。

幻灯片的布局要简单、大方，将重点内容放在显著的位置，以便观众一眼就能看到。

下图所示为某公司的图书销售策划 PPT 的首页,蓝色白云背景给人以辽阔、远离尘嚣、清新自然的感觉，搭配上书籍图片和相关的文字，不仅美观、大方，还能准确地表达出 PPT 的目的，让观众一目了然。

5. 记得致谢

PPT 演示完成后，记得对观众表示感谢，这是基本的礼貌。

下图所示为艺术欣赏 PPT 的结束幻灯片页面。

24.5 怎样学会 PPT

极简时光

关键词：配色方案 / 功能使用 / 图表改造 / 熟记快捷键

一分钟

想成为 PPT 办公高手可以遵循以下步骤来进行。

1. 配色方案

配色是否美观是一个相对的概念，没有固定的标准，在不同的 PPT 中，有不同的美的标准。但是有两点却是有共性的：呼应主题和色彩统一。什么是呼应主题呢？就是指当用户在为 PPT 中的图表选择色彩时，要考虑 PPT 的整体配色。

2. 功能使用

虽然 PowerPoint 提供了很多种图表类型，但 95% 的人可能只用到了常见的几种，如饼图、柱形图、折线图，并且只会进行简单的配色修改或者大小修改等。但在实际制作过程中需要根据功能选择合适的图表类型。

3. 图表改造

图表的玩法就那么多，我们需要对其进行改造，才能制作出与众不同的效果。

4. 熟记快捷键

如果要更好地学习 PPT 制作，需要先熟练掌握 PPT 的各种快捷键，这会让你快人一步。

（1）PPT 编辑

快捷键	功能	快捷键	功能
【Ctrl+T】组合键	在小写或大写之间更改字符格式	【Shift+F3】组合键	更改字母大小写
【Ctrl+B】组合键	应用粗体格式	【Ctrl+U】组合键	应用下画线
【Ctrl+I】组合键	应用斜体格式	【Ctrl+=】组合键	应用下标格式（自动调整间距）
【Ctrl+Shift++】组合键	应用上标格式（自动调整间距）	【Ctrl+Space】组合键	删除手动字符格式，如下标和上标
【Ctrl+Shift+C】组合键	复制文本格式	【Ctrl+Shift+V】组合键	粘贴文本格式
【Ctrl+E】组合键	居中对齐段落	【Ctrl+J】组合键	使段落两端对齐
【Ctrl+L】组合键	使段落左对齐	【Ctrl+R】组合键	使段落右对齐

（2）PPT 放映

快捷键	功能	快捷键	功能
【N】键、【Enter】键、【Page Down】键、右箭头【→】键、下箭头【↓】键或【Space】键	进行下一个动画或换页到下一张幻灯片	【Shift+Tab】组合键	转到幻灯片上的最后一个或上一个超链接
【B】键或句号【。】键	黑屏或从黑屏返回幻灯片放映	【P】键、【Page Up】键、左箭头【←】键、上箭头【↑】键或【Backspace】键	进行上一个动画或返回到上一张幻灯片
【S】键或加号【+】键	停止或重新启动自动幻灯片放映	【W】键或逗号【，】键	白屏或从白屏返回幻灯片放映
【E】键	擦除屏幕上的注释	【Esc】键、【Ctrl+Break】组合键或连字符【-】键	退出幻灯片放映
【T】键	排练时设置新的时间	【H】键	到下一张隐藏幻灯片
【M】键	排练时使用鼠标单击切换到下一张幻灯片	【O】键	排练时使用原设置时间
【Ctrl+P】组合键	重新显示隐藏的鼠标指针或将指针改变成绘图笔形状	【Ctrl+A】组合键	重新显示隐藏的鼠标指针并将指针改变成箭头形状
【Ctrl+H】组合键	立即隐藏指针和按钮	【Ctrl+U】组合键	在 15 秒内隐藏指针和按钮
【Shift+F10】组合键（相当于右击）	显示右键快捷菜单	【Tab】键	转到幻灯片上的第一个或下一个超链接

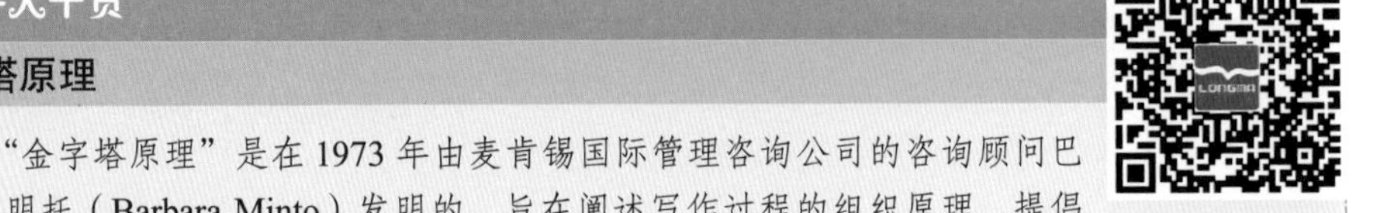

金字塔原理

“金字塔原理”是在 1973 年由麦肯锡国际管理咨询公司的咨询顾问巴巴拉•明托（Barbara Minto）发明的，旨在阐述写作过程的组织原理，提倡按照读者的阅读习惯改善写作效果。因为主要思想总是从次要思想中概括出来的，文章中所有思想的理想组织结构，也就必定是一个金字塔结构——由一个总的思想统领多组思想。在这种金字塔结构中，思想之间的联系方式可以是纵向的（即任何一个层次的思想都是对其下面一个层次思想的总结），也可以是横向的（即多个思想因共同组成一个逻辑推断式，被并列组织在一起）。

“金字塔原理”图如下图所示。

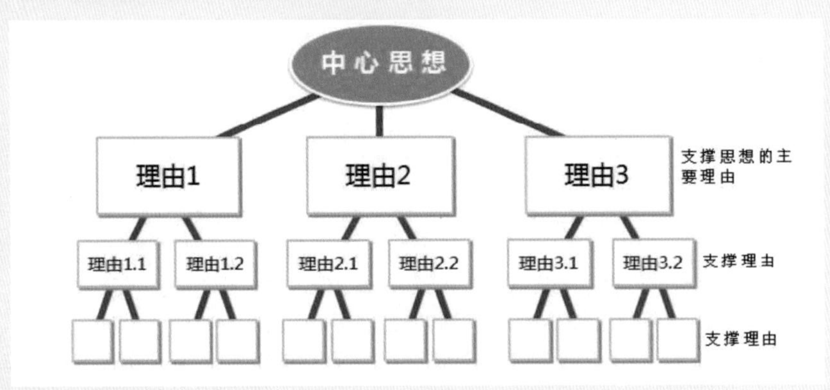

第 25 课 幻灯片的基本操作

幻灯片的基本操作是学习 PPT 的第一步，本课主要介绍幻灯片的新建、移动、复制、删除等基本操作。

千里之行，始于足下，成功的人生始于第一步的基础。

幻灯片的基本操作有哪些?

如何掌握这些基本操作?

25.1 新建幻灯片

新建幻灯片的常见方法有 3 种，用户可以根据需要选择合适的方式快速新建幻灯片。新建幻灯片的具体操作步骤如下。

1. 使用【开始】选项卡

01 单击【开始】选项卡下【幻灯片】组中的【新建幻灯片】下拉按钮，在弹出的下拉列表中选择【标题幻灯片】选项。

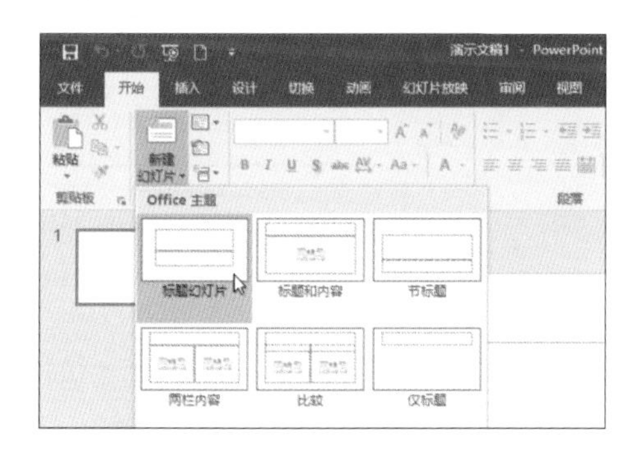

02 即可新建“标题幻灯片”幻灯片页面，并可在左侧的【幻灯片】窗格中显示新建的幻灯片。

2. 使用快捷菜单

01 在【幻灯片】窗格中选择一张幻灯片并右击，在弹出的快捷菜单中选择【新建幻灯片】命令。

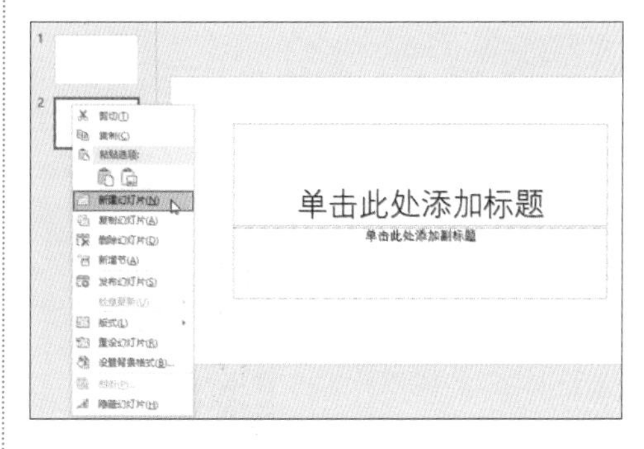

02 即可在该幻灯片的后面快速新建幻灯片。

3. 使用【插入】选项卡

单击【插入】选项卡下【幻灯片】组中的【新建幻灯片】下拉按钮，在弹出的下拉列表中选择一种幻灯片版式也可以完成新建幻灯片页面的操作。

第三种方法在 PowerPoint 2010 中不可用。

25.2 移动幻灯片

用户可以通过移动幻灯片的方法改变幻灯片的位置，具体操作步骤如下。

01 打开随书光盘中的“素材\ch25\相册.pptx”演示文稿，在左侧【幻灯片】窗格中选择要移动的幻灯片并右击，在弹出的快捷菜单中选择【剪切】命令。

02 将鼠标光标定位至要移动到的位置并右击，在弹出的快捷菜单中单击【粘贴选项】选项组中的【保留源格式】按钮。

03 即可完成幻灯片的移动，效果如下图所示。

提示

另外也可以单击需要移动的幻灯片并按住鼠标左键，拖曳幻灯片至目标位置，松开鼠标左键，即可完成幻灯片的移动。

25.3 复制幻灯片

如果需要风格一致的演示文稿，可以通过复制幻灯片的方式来创建一张相同的幻灯片，然后在其中将错误的内容修改为正确的内容即可，具体操作步骤如下。

01 在打开的“相册”演示文稿中，在【幻灯片】窗格中选择要移动的幻灯片并右击，在弹出的快捷菜单中选择【复制】命令。

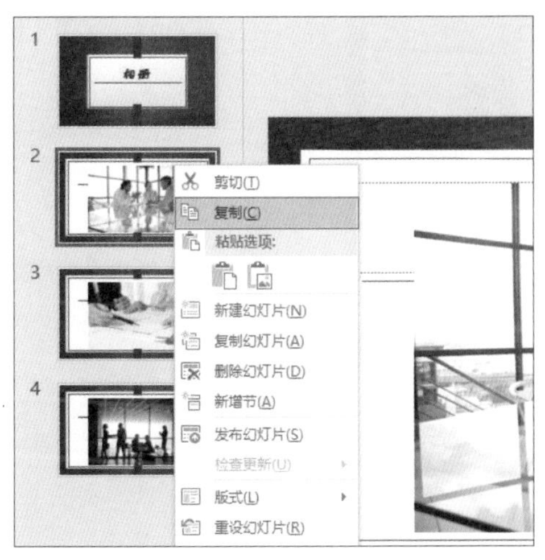

02 将鼠标光标定位至要粘贴的位置并右击，在弹出的快捷菜单中单击【粘贴选项】选项组中的【保留源格式】按钮。

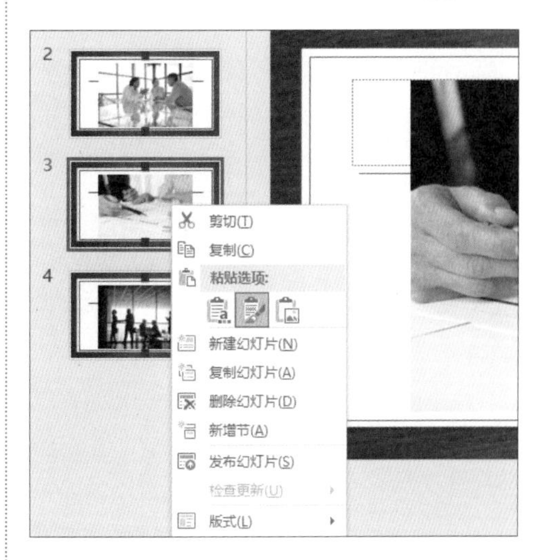

03 即可完成幻灯片的复制，效果如下图所示。

提 示

在键盘上按【Ctrl+C】组合键，可以快速复制幻灯片，按【Ctrl+X】组合键，可剪切幻灯片页面，在要粘贴到的位置按【Ctrl+V】组合键，可粘贴幻灯片页面。

25.4 删除幻灯片

不需要的幻灯片页面可以将其删除，删除幻灯片的常见方法有两种。

1. 使用【Delete】键

在【幻灯片】窗格中选择要删除的幻灯片页面，按【Delete】键，即可快速删除选择的幻灯片页面。

2. 使用快捷菜单

具体操作步骤如下。

01 选择要删除的幻灯片页面并右击，在弹出的快捷菜单中选择【删除幻灯片】命令。

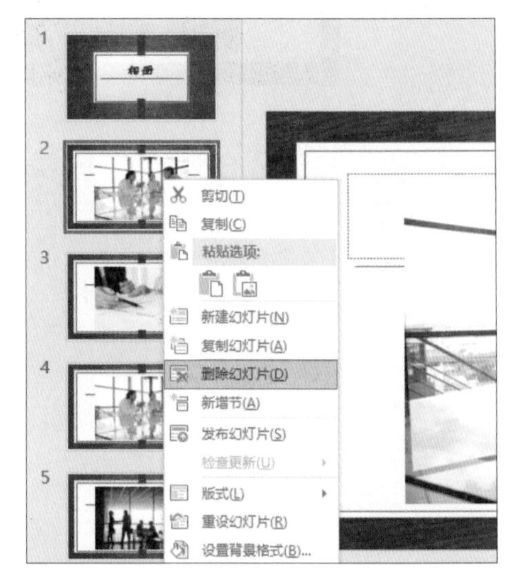

02 即可删除选择的幻灯片页面。

牛人干货

将多个 PPT 文档合并成一个

在 PowerPoint 2016 中可以将多个 PPT 演示文稿合并成一个，并且每一部分仍保持原来的外观和特性。将多个 PPT 文档合并成一个的具体操作步骤如下。

01 打开随书光盘中的“素材 \ch25\ 保健品营养报告”演示文稿，单击【开始】选项卡下【幻灯片】组中的【新建幻灯片】下拉按钮，在弹出的下拉列表中选择【重用幻灯片】选项。

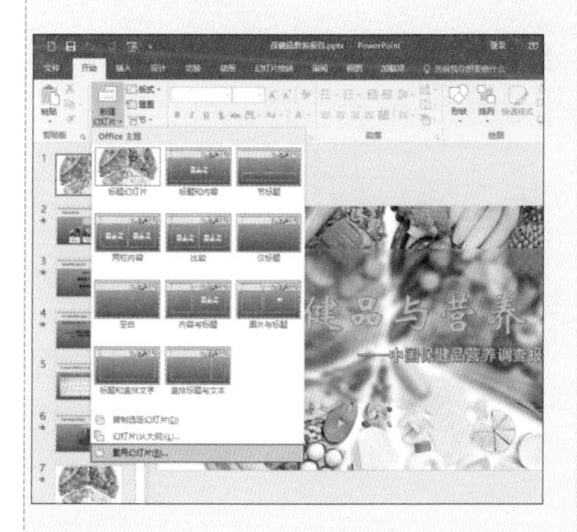

02 在界面的右侧弹出【重用幻灯片】窗口，单击【浏览】按钮，在弹出的下拉列表中选择【浏览文件】选项。

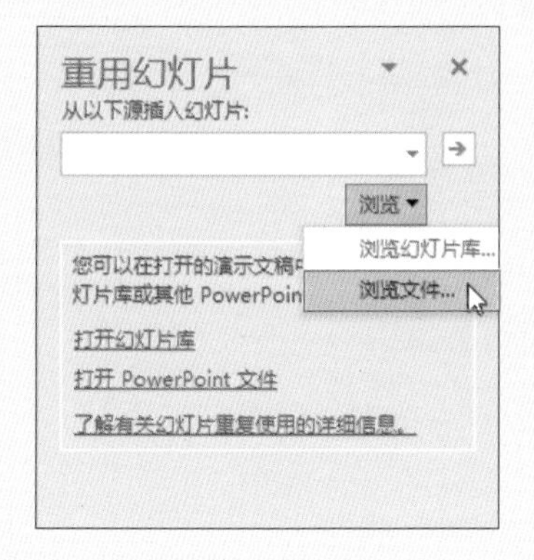

03 弹出【浏览】对话框，选择要合并的文件，这里选择“保健品”演示文稿，单击【打开】按钮。

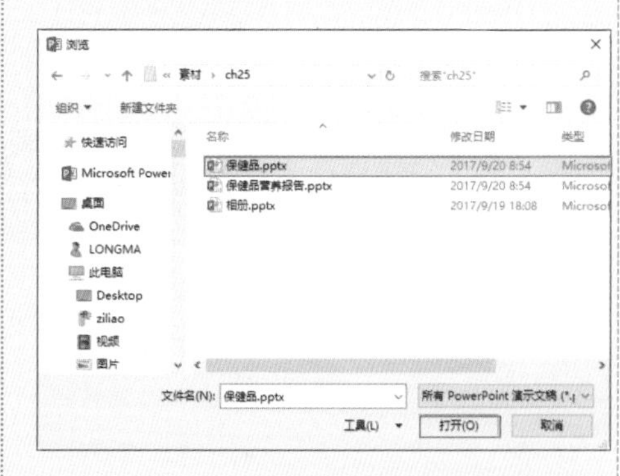

04 “保健品”演示文稿中的幻灯片显示在【重用幻灯片】窗口，选中【保留源格式】复选框，选择幻灯片放置的位置，这里选择“第 5 张幻灯片后面”，然后依次单击“保健品”中的幻灯片，将它们合并到“保健品营养报告”演示文稿中，如下图所示。

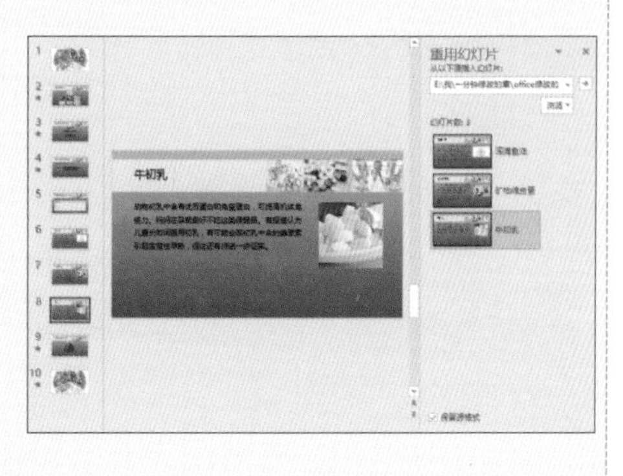

05 单击【重用幻灯片】窗口的【关闭】按钮，然后将合并后的文件重新保存，即可将两个PPT 文件合并为一个。

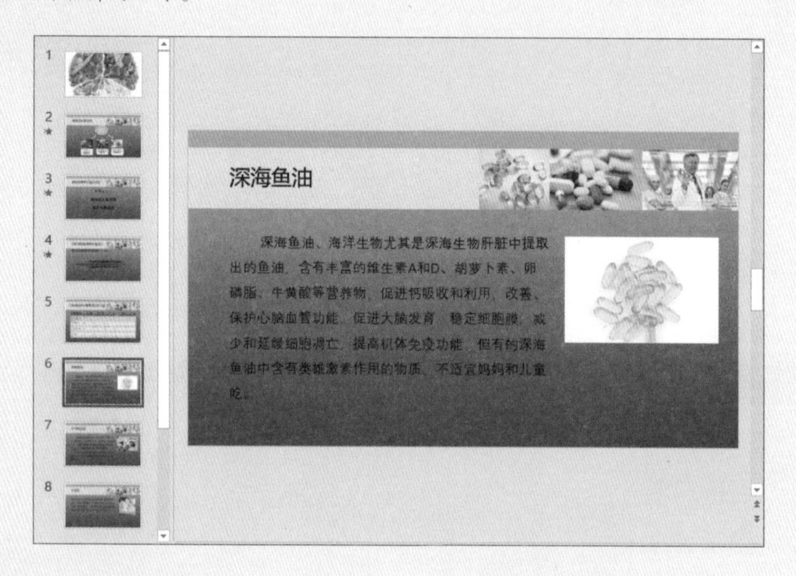

第 26 课 文字不仅是用来读的

PPT 中文字不仅是用来读的，在制作 PPT 的过程中搭配恰当的字体能让人看起来很舒服，同时也能够增加幻灯片的美感。

“人靠衣装，佛靠金装”，文字也是如此，漂亮的文字才能吸引人们的注意力，才能在众多 PPT 中脱颖而出！

怎样才能设计出好看的文字呢？

26.1 快速输入文本

在 PPT 中输入文本主要有以下两种方法，用户可根据需要进行选择。

1. 使用文本占位符输入文本

在普通视图中，幻灯片会出现“单击此处添加标题”或“单击此处添加副标题”等提示文本框。这种文本框统称为【文本占位符】。

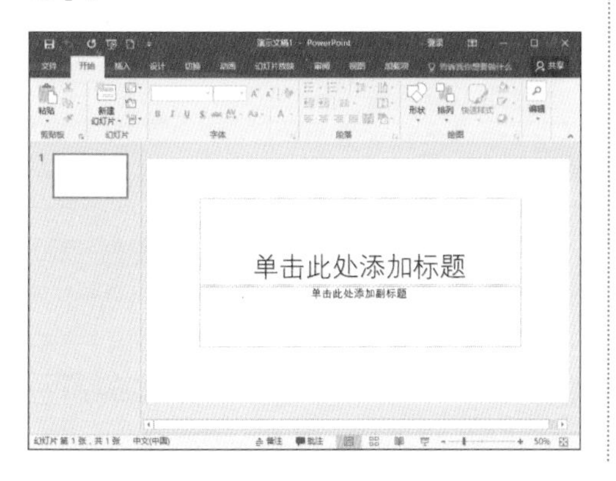

在文本占位符中输入文本是最基本、最方便的一种输入方式。在文本占位符上单击即可输入文本。同时，输入的文本会自动替换文本占位符中的提示性文字。

2. 使用文本框输入文本

幻灯片中【文本占位符】的位置是固定的，如果想在幻灯片的其他位置输入文本，可以通过绘制一个新的文本框来实现。在插入和设置文本框后，就可以在文本框中进行文本的输入了，具体操作步骤如下。

01 启动 PPT 2016，并新建一个演示文稿，选中幻灯片中的文本占位符，按【Delete】键将其删除，单击【插入】选项卡下【文本】组中的【文本框】按钮，在弹出的下拉菜单中选择【绘制横排文本框】选项。

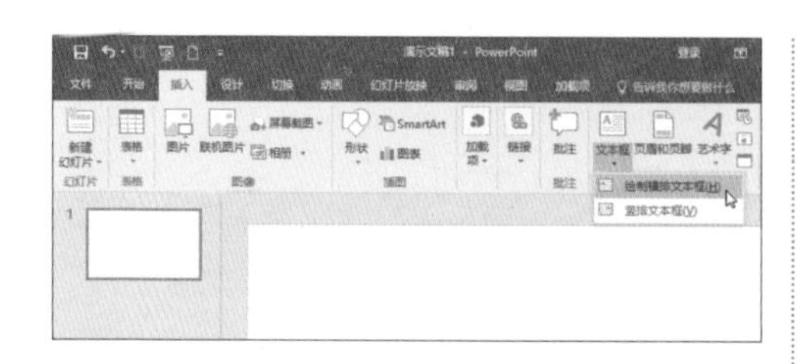

02 将指针移动到幻灯片中，当指针变为向下的箭头↓时，按住鼠标左键并拖曳即可创建一个文本框。

03 单击文本框就可以直接输入文本，这里输入“PowerPoint 2016 文本框”。

26.2 寻找更多好看的字体

在幻灯片中添加文本后，用户还可以根据需要设置文本的字体，首先要下载字体。可以在任意搜索引擎搜索“字体下载”，此时网上会提供免费的字体下载，至于需要什么样的字体可根据自己的需要来选择。

下面以“田氏颜体字体”为例，来介绍字体的下载和安装。

01 打开浏览器，进入百度主页，搜索“田氏颜色字体”，在搜索结果页面单击下载页链接，在弹出的字体下载页面中单击【点击此处进入下载】链接。

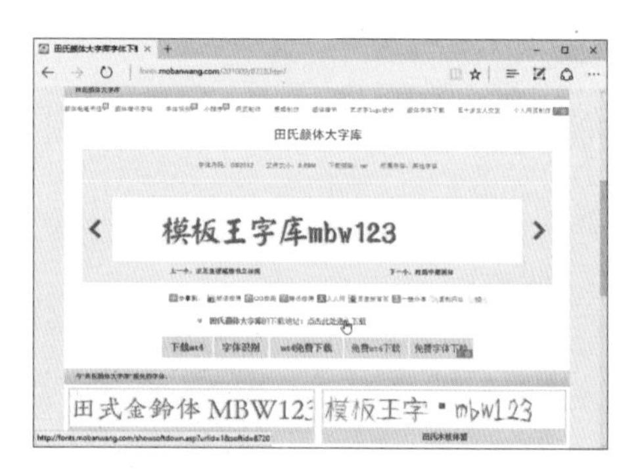

02 弹出【新建下载任务】对话框，选择下载的位置，单击【下载】按钮，即可下载该字体。

03 在计算机中找到下载的文件并解压文件，在解压过的文件夹中选择“田氏颜体大字库 .ttf”文件，按【Ctrl+C】组合键复制该文件。

04 打开计算机选择【C】盘→【Windows】→【Fonts】选项，打开“fonts”文件夹，

此文件夹是专门存放字体的，将复制的文件粘贴在这里。

05 重启PPT后便可以在【开始】选项卡下【字体】组中的【字体】下拉列表中找到下载的字体了。

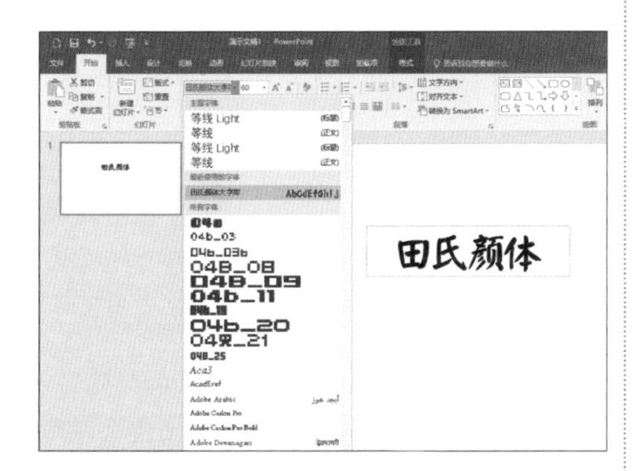

这样，好看的字体就安装到计算机中了。下面就来看一下字体在制作 PPT 时的实际应用，具体操作步骤如下。

01 打开随书光盘中的“素材\ch26\公司收入.pptx”演示文稿，选择要设置字体的文本内容，单击【开始】选项卡下【字体】组中的【字体】下拉按钮，在弹出的下拉列表中选择需要的字体。这里选择【华文琥珀】选项。

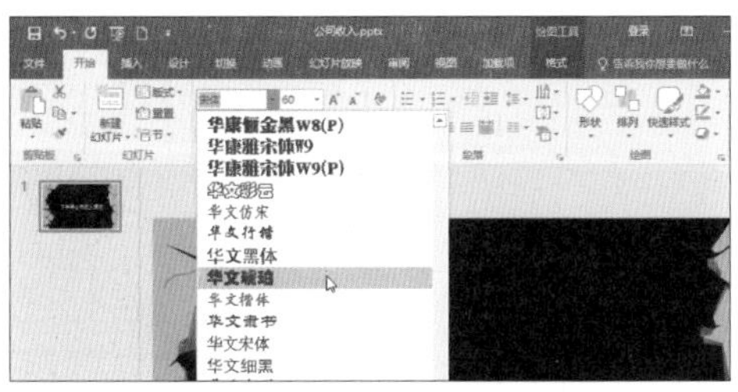

02 更改字体后的效果如下图所示。

26.3 字体搭配的常见技巧

字体搭配是一门很深的学问，最主要的一点就是要扣住主题，使想要表达的事物观点更加明确，让人信服。那么该如何搭配呢，此处举几个例子。

（1）先看下面两个图片，会发现右边的图片更加舒服。

（2）要契合主题，字与图相匹配，再看下面的文字搭配。

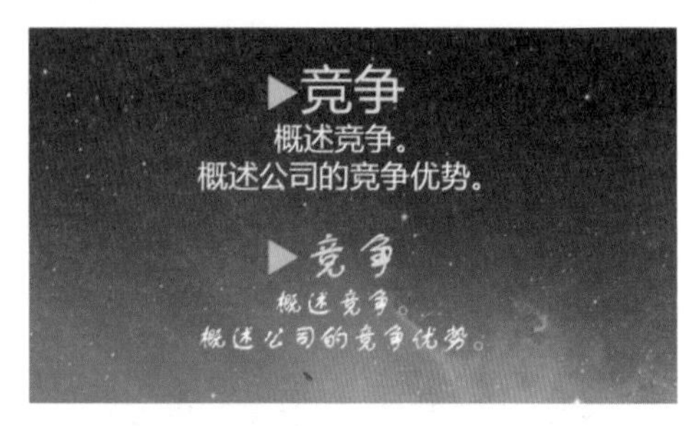

相同的两段文字，但是给人的感觉却不一样。上部显得更加正式，下部显得更平易近人，这凸显了字体搭配的重要，因此，要根据表达的不同事物而搭配不同的字体。

26.4 匹配适合的字号和间距

极简时光

关键词：【开始】选项卡 /【段落】对话框 / 调整字号和间距

一分钟

除了字体的搭配外，还有就是字体的字号和之间的间距。简单地说就是文字的排版问题。一般幻灯片要简洁美观，看起来舒服，如下图所示的例子。

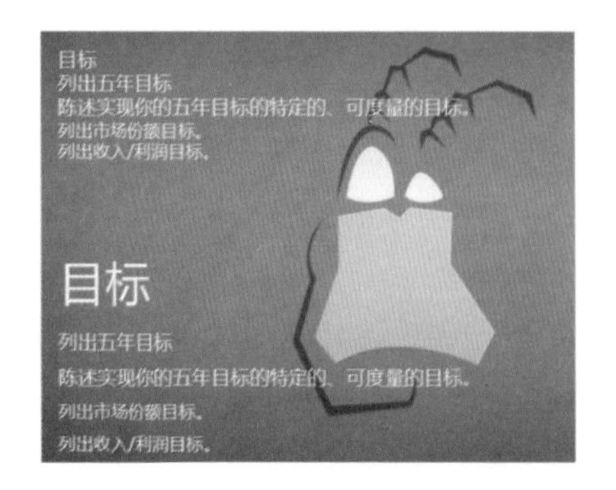

很明显，下部的文字要优于上部，这就是小小的间距和字号的改变所引起的整篇文字效果的升华，更能突出所要展现的主题。

用户可以在【开始】选项卡下对字号和间距进行设置，也可以在【段落】对话框中设置，具体操作步骤如下。

01 打开随书光盘中的“素材\ch26\目标.pptx”演示文稿，选中文本框，按【Ctrl+C】组合键复制所选内容，按【Ctrl+V】组合键粘贴文本框，并将其拖曳至合适的位置，效果如下图所示。

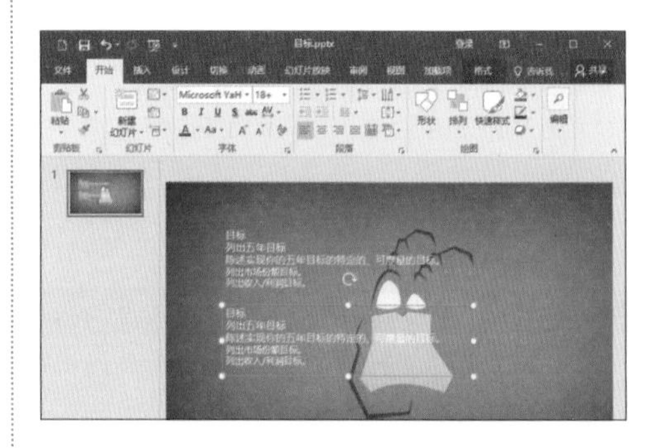

02 选中第二个文本框中的“目标”文本，单击【开始】选项卡下【字体】组中的【字号】下拉按钮，在弹出的下拉列表中选择【32】选项。

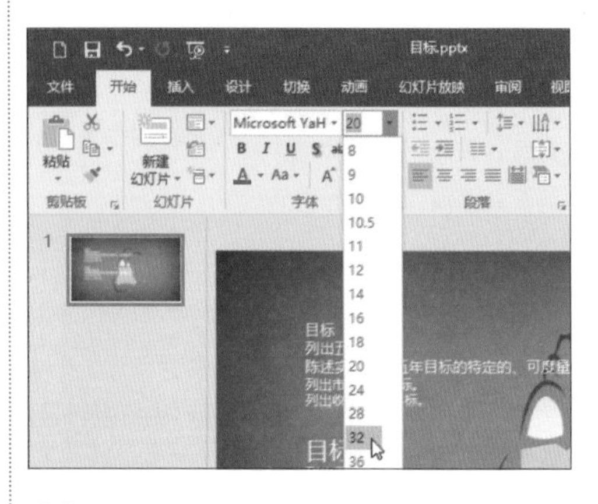

03 选中第二个文本框中的所有内容并右击，在弹出的快捷菜单中选择【段落】选项。

04 弹出【段落】对话框，选择【缩进和间距】选项卡，单击【间距】选项区域中的【行距】下拉按钮，在弹出的下拉列表中选择【1.5 倍行距】选项，设置完成后单击【确定】按钮。

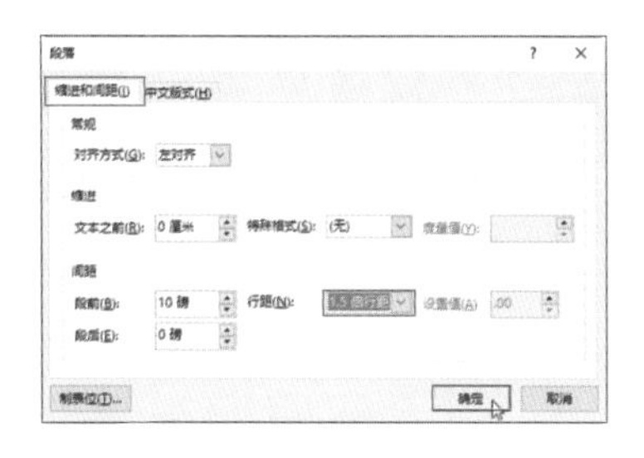

05 即可看到设置后的效果，对比之前的效果，可看到设置后的字号和间距与文本内容更适合。

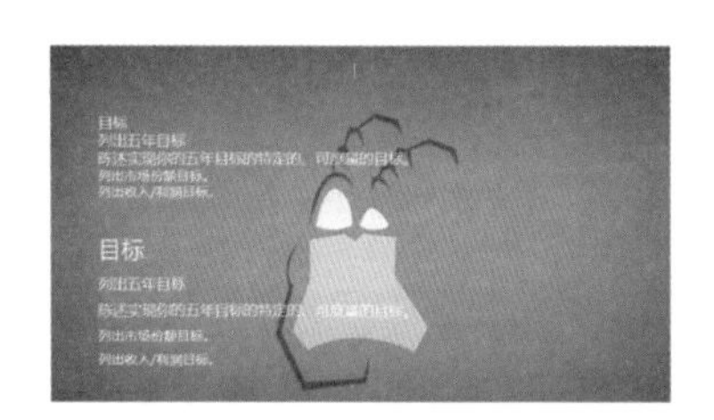

26.5 灵活使用艺术字

艺术字就是文字中的“艺术家”，是文本编辑中一种非常强大且实用的功能。下面先来看一看如何在幻灯片中插入艺术字，具体操作步骤如下。

01 打开随书光盘中的“素材 \ch26\ 财务计划 .pptx”演示文稿，选择第一张幻灯片，单击【插入】选项卡下【文本】组中的【艺术字】按钮，在弹出的下拉列表中选择一种艺术字样式，这里选择【填充：白色，文本色 1，阴影】选项。

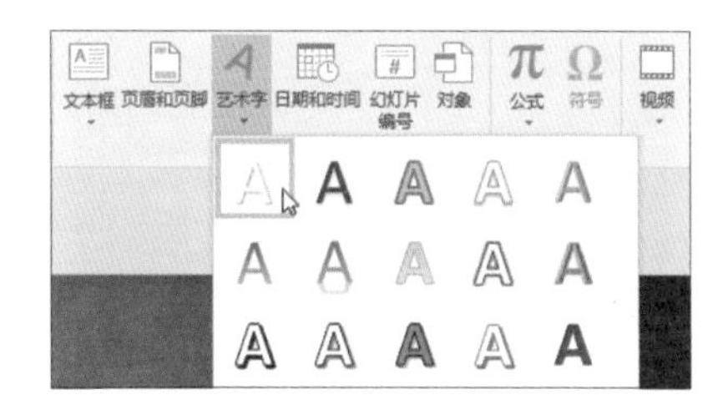

02 即可在 PPT 中插入一个文本框。

03 直接输入文字即可，这里输入“财务计划”。

04 选中文本，在【绘图工具 / 格式】选项卡下【艺术字样式】组中，用户可以根据需要更换艺术字样式。单击【艺术字样式】组中的【其他】按钮，在弹出的下拉列表中选择【填充：橙色，主题色 2；边框：橙色，主题色 2】选项。

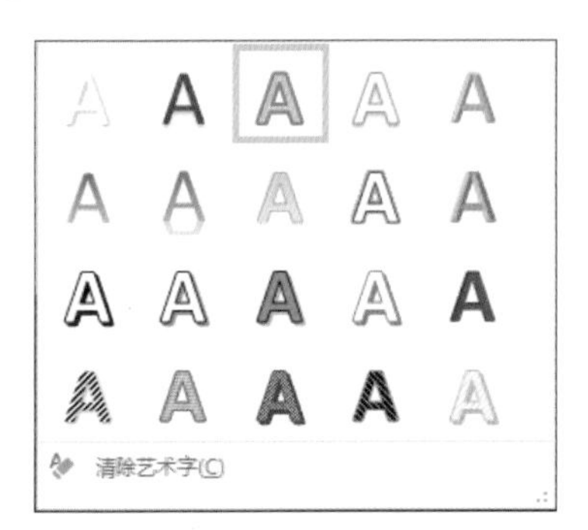

05 即可完成艺术字样式的更改，效果如下图所示。

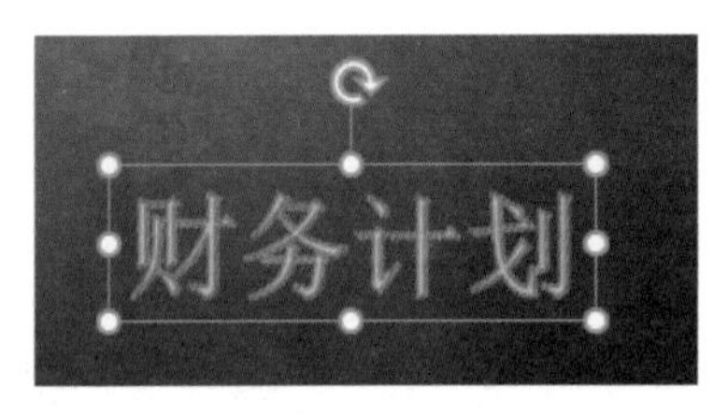

艺术字具有普通文字所没有的特殊效果，在突出主题，强调重点方面更是技高一筹。因此，在以后制作PPT的过程中适时使用艺术字，就会距“大神”更进一步！

26.6 为文字填充好看的效果

在26.5节中介绍了艺术字的一些作用和使用方法，本节将介绍如何为普通的文字填充效果，具体操作步骤如下。

01 接着26.5节的操作，在打开的“财务计划”演示文稿中，选择第二张幻灯片，选中幻灯片中的文本框，单击【开始】选项卡下【绘图】组中的【快速样式】按钮，在弹出的下拉列表中选择【主题样式】选项区域中的【细微效果-黑色，深色1】选项，即可快速填样式。

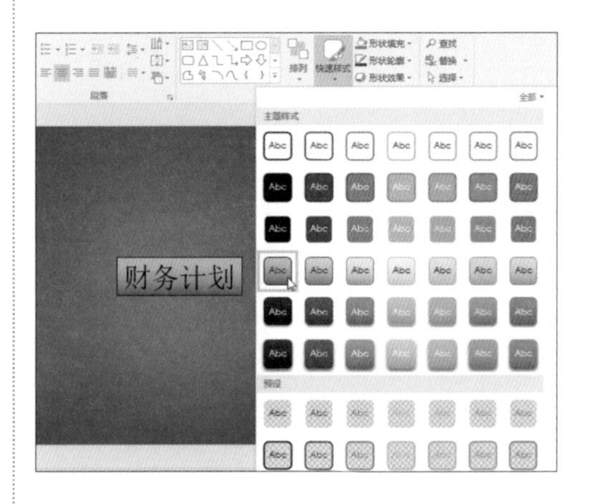

02 除了使用快速样式外，用户还可以根据需要自定义样式。按【Ctrl+Z】组合键撤销上一步应用的快速样式，单击【开始】选项卡下【绘图】组中的【形状填充】下拉按钮，在弹出的下拉列表中选择【纹理】→【胡桃】选项。

03 单击【绘图】组中的【形状轮廓】下拉按钮 形状轮廓，在弹出的下拉列表中选择一种轮廓颜色，这里选择【无轮廓】选项。

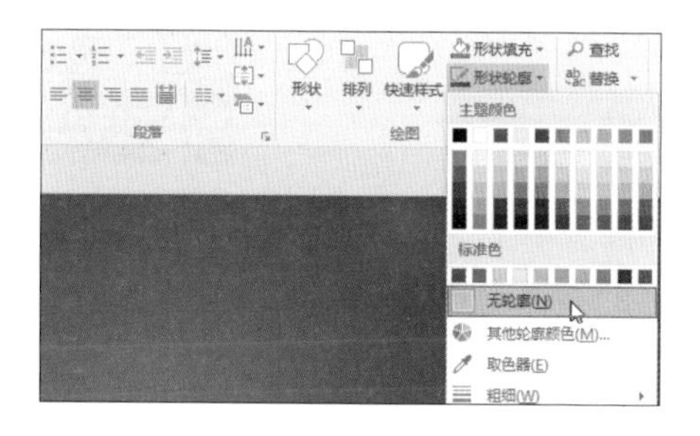

04 单击【绘图】组中的【形状效果】按钮 形状效果，在弹出的下拉列表中选择一种效果样式，这里选择【预设】→【预设 11】选项。

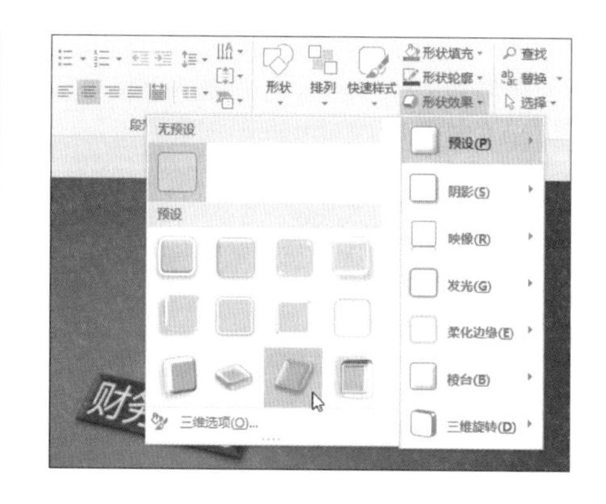

05 设置完成后的效果如下图所示。

牛人干货

1. 怎么将别人 PPT 中漂亮的字体放到自己的 PPT 中

如果只是需要别人 PPT 中的那几个文字，那么，直接复制到 PPT 中即可，但是如果需要别人 PPT 中的字体呢，就不是复制那么简单了。将别人 PPT 中的字体放到自己 PPT 中的具体操作步骤如下。

01 打开随书光盘中的“素材 \ch26\ 健身的好处 .pptx”演示文稿，选择【文件】选项卡，在弹出的面板中选择【选项】选项。

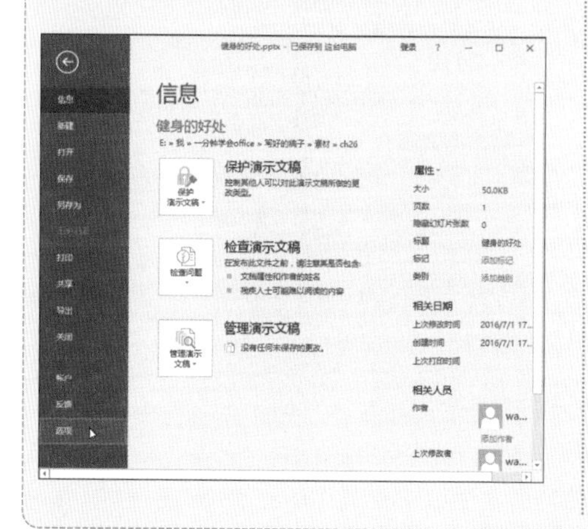

02 弹出【PowerPoint 选项】对话框，在左侧列表中选择【保存】选项，在右侧弹出的界面中选中【将字体嵌入文件】复选框，单击【确定】按钮。

03 这样在 PPT 中所使用的字体会被打包进 PPT，此时，如果别人复制了此 PPT，在他首次点开时，此 PPT 所用到的字体就会自动添加到他的计算机中。

2. 减少文本框的边空

在幻灯片文本框中输入文字时，文字离文本框上下左右的边空是默认设置好的。其实，可以通过减少文本框的边空，以获得更大的设计空间，具体操作步骤如下。

01 打开随书光盘中的“素材 \ch26\ 城市交通 .pptx”演示文稿，选中要减少边空的文本框，然后右击文本框的边框，在弹出的快捷菜单中选择【设置形状格式】选项。

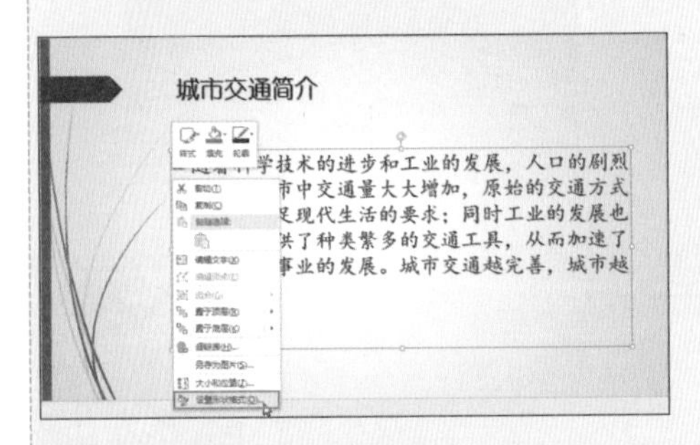

02 弹出【设置形状格式】任务窗格，选中【大小】属性中的【文本框】选项，将【左边距】【右边距】【上边距】【下边距】文本框中的数值重新设置为“0 厘米”，单击【关闭】按钮。

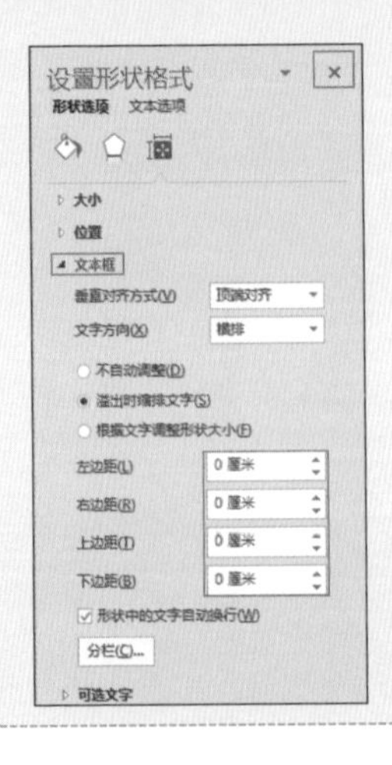

提示

在 PowerPoint 2010 中会弹出【设置形状格式】对话框，在左侧列表中选择【文本框】选项，在右侧【内部边距】选项区域中将【左】【右】【上】【下】边距设置为“0 厘米”，设置完成后单击【关闭】按钮，即可减少文本框的边空。

03 即可完成文本框边空的设置，最终结果如下图所示。

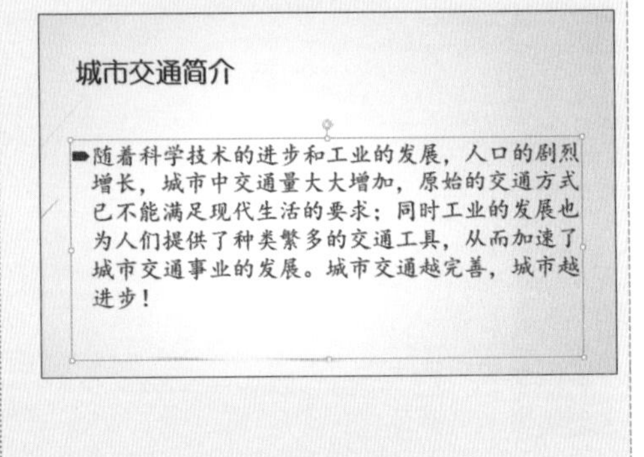

第 27 课 好图胜千言

在制作 PPT 时，插入一张恰当的图片，胜过在 PPT 中输入大段的文字，并且图片的直观性和形象性更有助于演讲者内容的表达，同时也可以使得表达的形式多样化，从而吸引观众的注意力。

那还等什么？赶紧一起来探索图片中的奥秘吧！

怎样将好看的图片据为己有？

PPT 中也能美化图片？

27.1 如何寻找好图

寻找图片时不能漫无目的地寻找，要先确定一个主题，这样在搜索图片时便能够大大缩小搜索范围，快速找到满意的图片。

1. 在网上搜索好看的图片

对主题内容有了明确的目标，找图片就简单多了。去哪里找呢？可到各大搜索引擎图库中查找。

方法一：搜索关键词

首先打开一个图片搜索网站，单击输入框输入关键词，如输入“运动”，单击【百度一下】按钮，即可开始搜索。

注意，在用关键词搜索图片过程中，可以用不同关键词进行搜索，这样才能更全面地搜索，从而获得最满意的图片。

方法二：专业的素材网站

要找到好的图片，就得收藏一些有好图片的网站。但是好图片往往都有版权，即使有的是网络上免费下载的图片，如果用于商业场合，也会涉及版权问题。所以在使用一些图片时一定要特别注意。下表所示的是一些常用的搜图网站。

名称	说明
全景网	图片可以直接复制，分辨率较低，能够满足 PPT 投影要求
素材天下网	图片丰富，分辨率高
景象图片	图片多，质量参差不齐，可直接复制无水印的图片
花瓣网	图片合集，由网友整合分享

2. 保存图片

保存图片的方法主要有以下 3 种。

（1）右键“另存为”法，具体操作步骤如下。

01 在图片搜索网站中搜索到好看的图片就可以下载了，在图片上右击，在弹出的快捷菜单中选择【将图片另存为】命令。

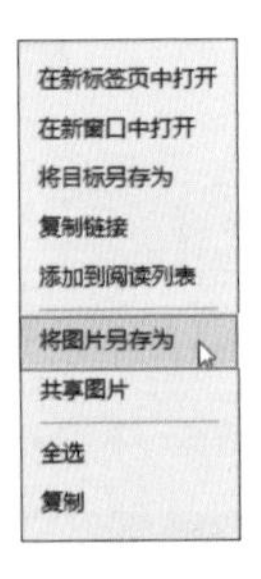

02 弹出【另存为】对话框，选择文件保存的位置，并在【文件名】文本框中输入文件的名称，单击【保存】按钮，即可保存图片。

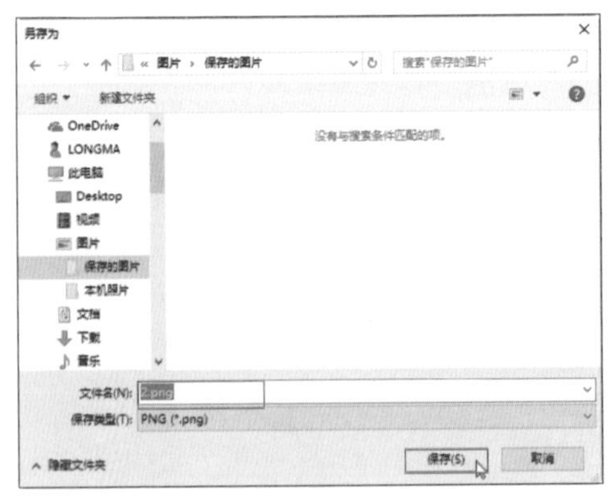

（2）快捷键截图法。单击图片打开原图→按【Print Screen】键（键盘简写为【Prtsc】键）→按【Ctrl+V】组合键直接使用。

（3）截图工具截图法。具体操作步骤如下。

01 先将所要截取的图片在网页中打开。在 Windows 界面中，选择【开始】→【Windows 附件】→【截图工具】选项。

02 打开【截图工具】软件，在【截图工具】操作界面单击【新建】按钮。

03 按住鼠标左键，拖曳鼠标，在网页中框出图片范围。

04 松开鼠标左键，弹出【截图工具】应用窗口，即可看到所截取的图片出现在应用窗口中，选择【文件】→【另存为】选项，即可保存图片。

27.2 好图是裁剪出来的

有了适合的图片就可以将其应用到 PPT 中了，不过别心急，要想图片美观，只靠单纯的插入可不行，适合的图片加上适合的裁剪才能得到“1+1 ≥ 2”的精彩效果。裁剪图片的具体操作步骤如下。

01 启动 PPT 2016，并新建一个空白演示文稿，删除幻灯片中的文本占位符。单击【插入】选项卡下【图像】组中的【图片】按钮 。

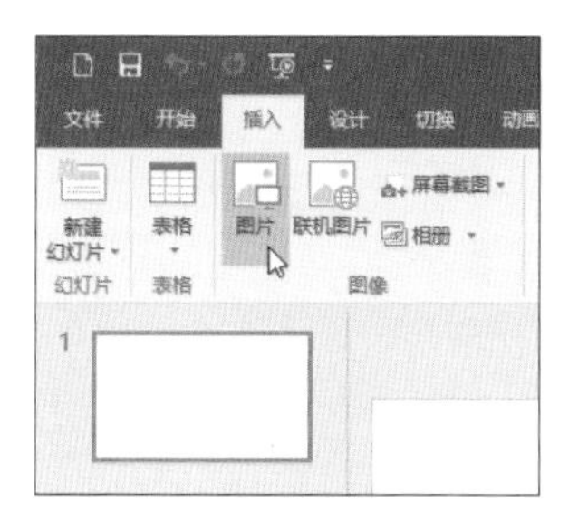

02 弹出【插入图片】对话框，选择要插入的图片，单击【插入】按钮。

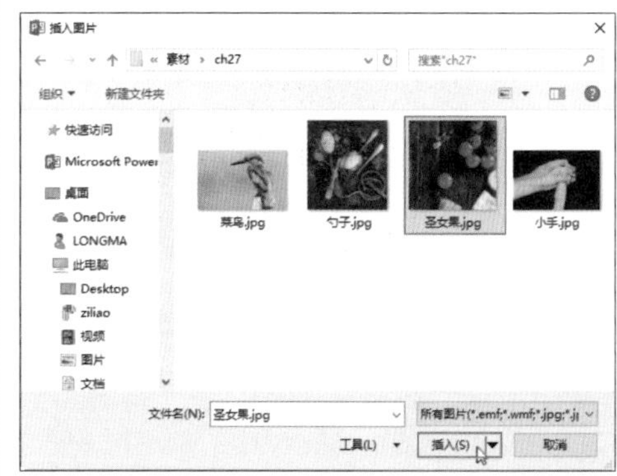

03 适当调整图片的位置与大小，单击【图片工具 / 格式】选项卡下【大小】组中的【裁剪】下拉按钮，在弹出的下拉列表中选择【裁剪】选项。

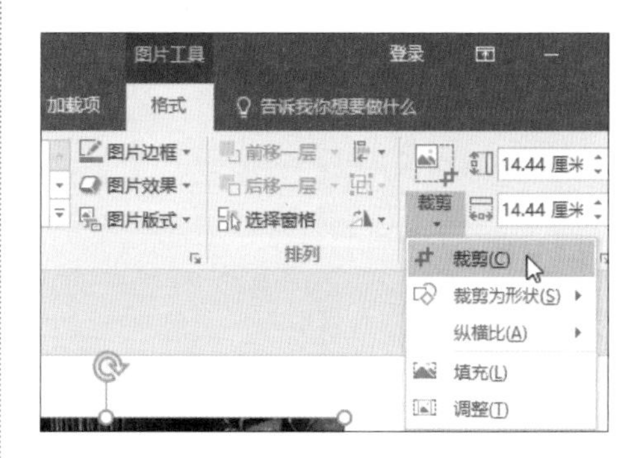

04 即可看到图片的四周出现 8 个控制点，将鼠标指针移至边框待鼠标指针变成边框的形状┣后按住鼠标左键，拉动鼠标调整要裁剪的尺寸，单击任意空白处完成裁剪。

27.3 PPT 也能完成抠图

极简时光

关键词：设置透明色 /【插入】选项卡 /【插入图片】对话框 / 删除背景 /【背景消除】选项卡

一分钟

如果想要让自己的图片再上一个台阶，仅会裁剪是不够的。使用【格式】选项卡下的功能，PPT 也能完成抠图！使用 PPT 抠图主要有以下两种方法。

（1）设置透明色，具体操作步骤如下。

01 新建一张空白幻灯片，单击【插入】选项卡下【图像】组中的【图片】按钮。

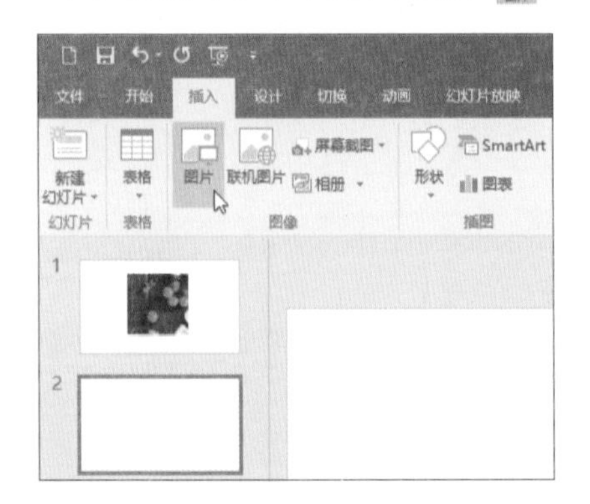

02 弹出【插入图片】对话框，选择要插入的图片，单击【插入】按钮。

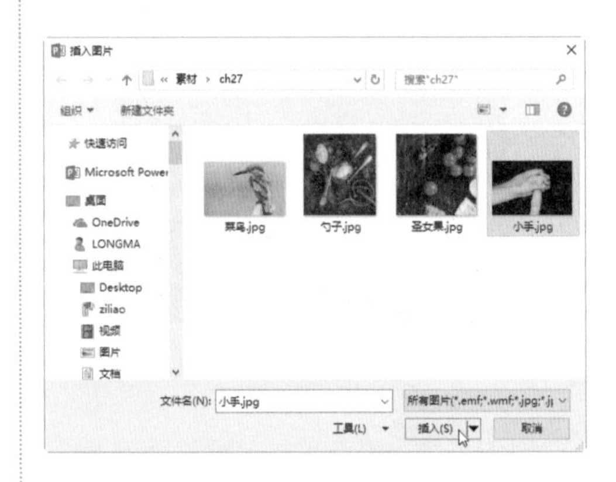

03 即可将图片插入幻灯片中，选中插入的图片，单击【图片工具 / 格式】选项卡下【调整】组中的【颜色】按钮，在弹出的下拉列表中选择【设置透明色】选项。

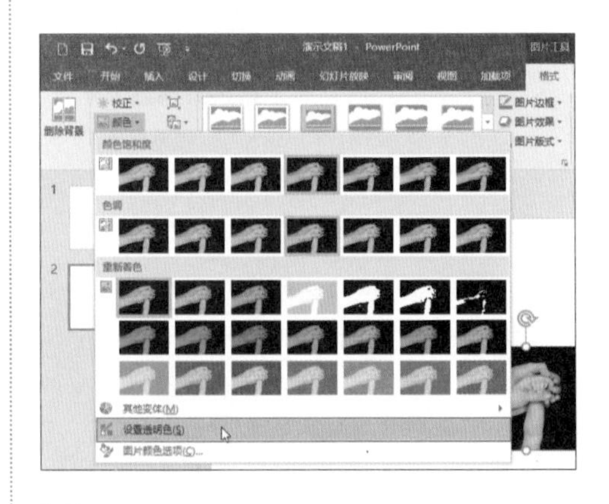

04 当鼠标指针变为形状时，在图片背景上单击，即可完成抠图，效果如下图所示。

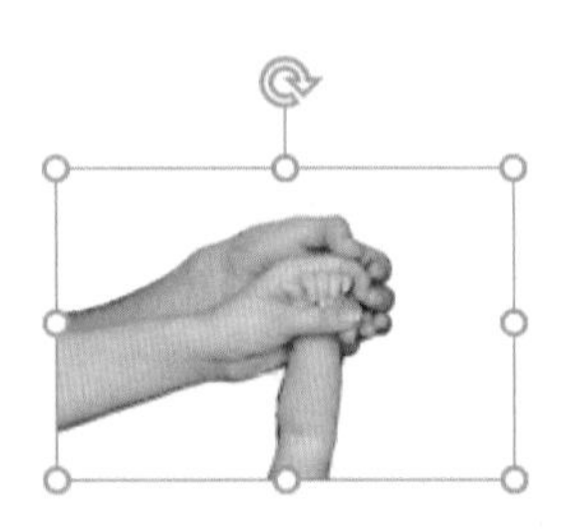

不过因为只能选择一种颜色设为透明色，所以这种方法通常只能在纯色背景的情况下使用，如果背景色颜色不统一，再怎么设置都无法把主体抠出来。

（2）删除背景，具体操作步骤如下。

01 新建一张空白幻灯片，单击【插入】选项卡下【图像】组中的【图片】按钮。

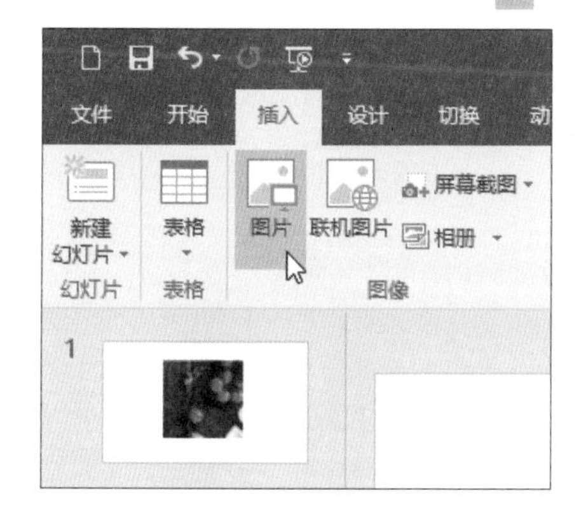

02 弹出【插入图片】对话框，选择要插入的图片，单击【插入】按钮。

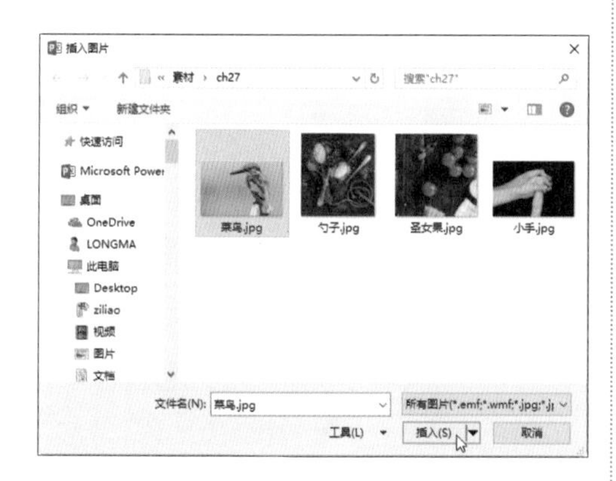

03 即可将图片插入幻灯片中，选中插入的图片，单击【图片工具 / 格式】选项卡下【调整】组中的【删除背景】按钮。

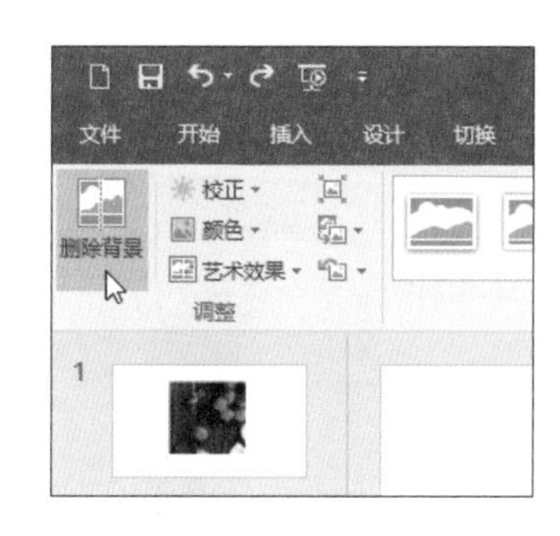

04 在弹出的界面中单击【背景消除】选项卡下【优化】组中的【标记要保留的区域】按钮。

05 在图片上按住鼠标左键画选所要保留的范围，单击【背景消除】选项卡下【关闭】组中的【保留更改】按钮。

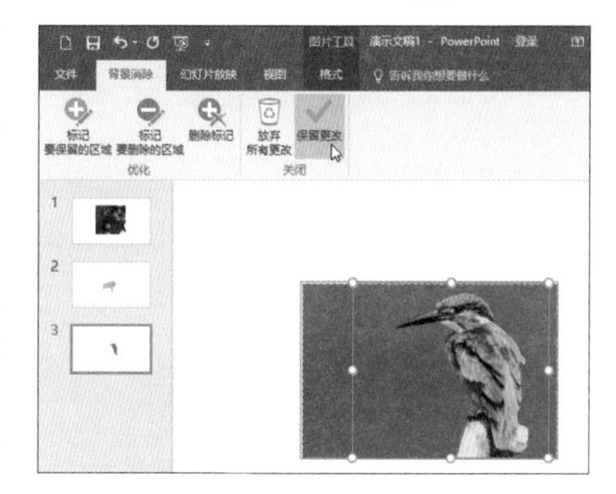

06 即可完成抠图，效果如下图所示。

27.4 图片背景色的调整

极简时光

关键词：插入图片 /【填充与线条】选项卡 / 设置图片格式 / 调整图片背景色

一分钟

有时用到一张图片，会遇到图片背景色与幻灯片颜色不搭配的情况。如果不想通过抠图调整，这时就得调整图片的背景色了，具体操作步骤如下。

01 新建一张空白幻灯片，并插入一张图片，运用 27.3 节介绍的【删除背景】法去掉原背景色。

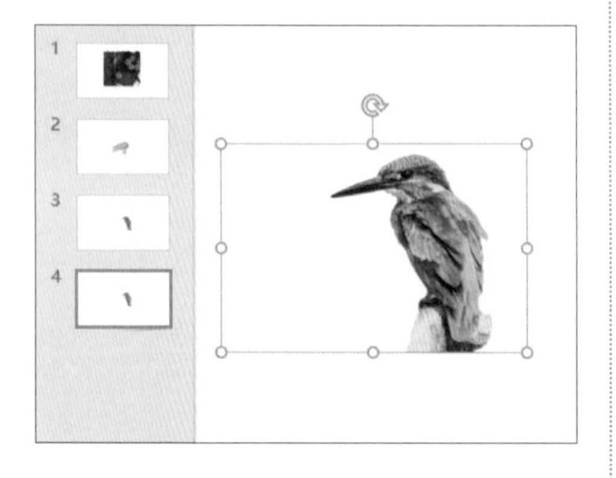

02 选中插入的图片并右击，在弹出的快捷菜单中选择【设置图片格式】命令。

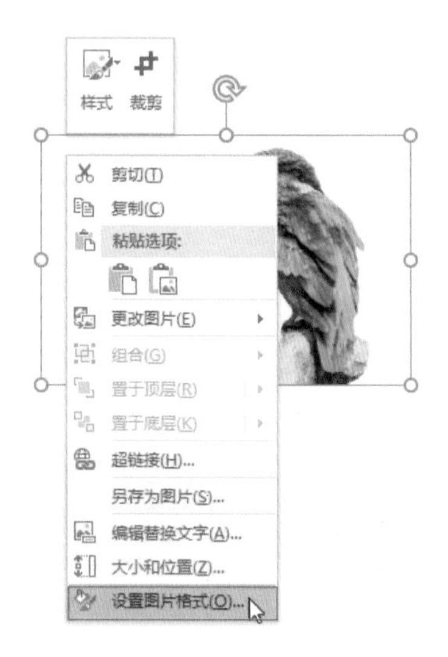

03 弹出【设置图片格式】任务窗格，选择【填充与线条】选项卡，选择【填充】选项，在弹出的列表中选中【纯色填充】单选按钮，单击【颜色】下拉按钮，在弹出的下拉面板中选择一种填充颜色，这里选择【绿色，个性色 6，淡色 40%】选项。

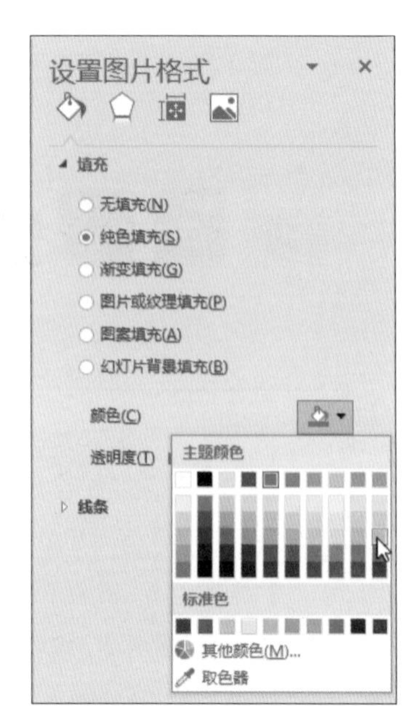

在 PPT 2010 中会弹出【设置图片格式】对话框，在左侧列表中选择【填充】选项，在右侧区域中选中【纯色填充】单选按钮，单击【颜色】下拉按钮，在弹出的下拉面板中选择一种填充颜色，即可完成背景色的调整。

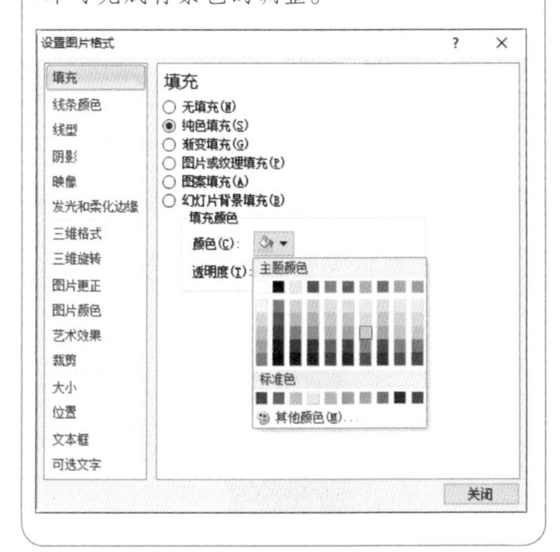

04 这样图片背景颜色就改变了，效果如下图所示。

27.5 图片的特效美化

在 PPT 中插入图片后，不仅可以裁剪图片，调整图片的背景色，还可以通过对图片的一些细节进行修饰来美化图片，具体操作步骤如下。

01 新建一张空白幻灯片，并插入一张图片，单击【图片工具 / 格式】选项卡下【图片样式】组中的【图片边框】下拉按钮 图片边框，在弹出的下拉列表中选择一种边框颜色，这里选择【黑色，文字 1】选项。

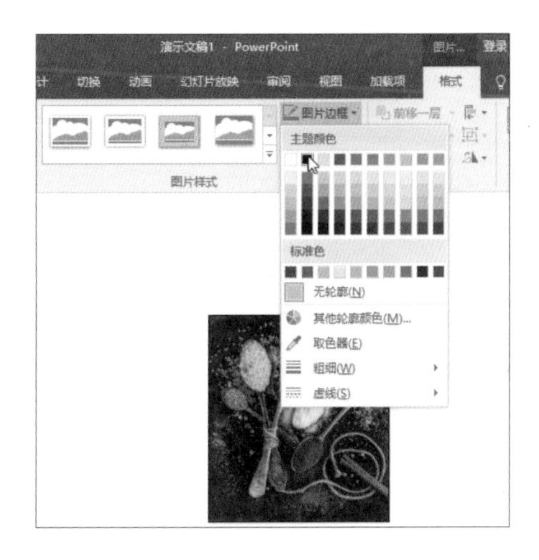

02 再次单击【图片边框】按钮，在弹出的下拉列表中分别选择【粗细】和【虚线】选项，在其弹出的级联菜单中选择一种边框样式，这里将【粗细】设置为【3 磅】，【虚线】设置为【长画线】，效果如下图所示。

03 单击【图片工具 / 格式】选项卡下【图片样式】组中的【图片效果】按钮，在

弹出的下拉列表中选择一种特殊效果，这里选择【映像】→【半映像，4磅，偏移量】选项。

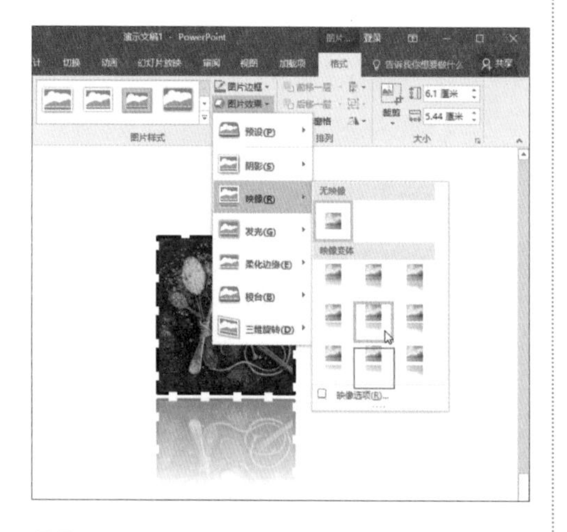

04 再次单击【图片效果】按钮，在弹出的下拉列表中选择【三维旋转】→【透视：左向对比】选项。

05 即可看到为图片设置的特殊效果，如下图所示。

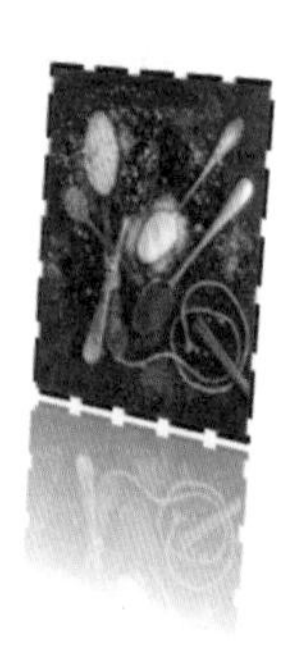

牛人干货

给图片换个形态

我们平常使用的图片都是规规矩矩的矩形，是不是很羡慕别人能做出各种形态的图片呢？别急，你也可以做到。下面就来介绍一下如何给图片换个形态。

（1）插入法。

具体操作步骤如下。

01 启动PPT 2016，并新建一个空白演示文稿，单击【插入】选项卡下【插图】组中的【形状】按钮，在弹出的下拉列表中选择要插入的形状，这里选择【流程图】选项组中的【流程图：决策】选项。

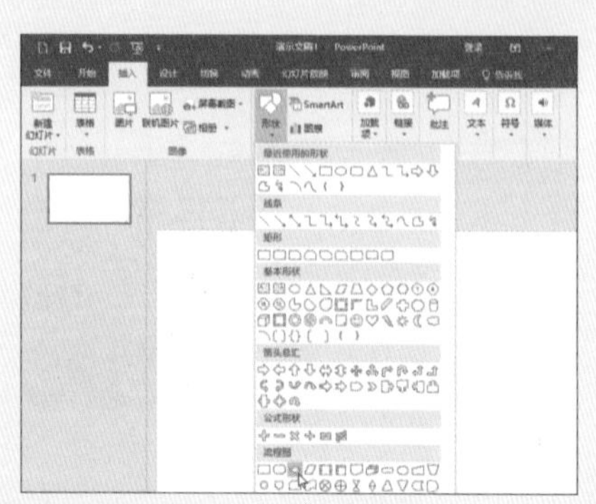

02 在幻灯片中按住鼠标左键拖曳出图形形状，并调整其大小，在形状上右击，在弹出的快捷菜单中选择【设置形状格式】选项。

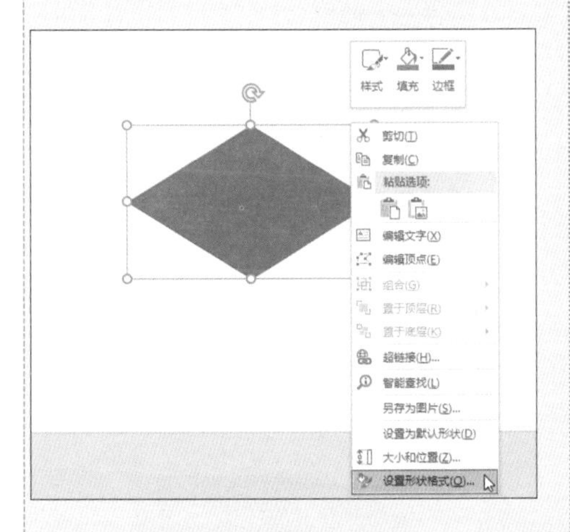

03 弹出【设置图片格式】任务窗格，选择【填充与线条】选项卡，选择【填充】选项，在弹出的下拉列表中选中【图片或纹理填充】单选按钮，在【插入图片来自】选项区域中单击【文件】按钮。

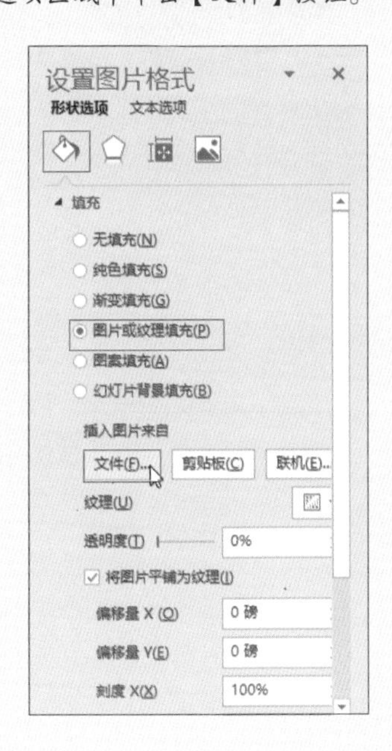

04 弹出【插入图片】对话框，选择要插入的图片，单击【插入】按钮。

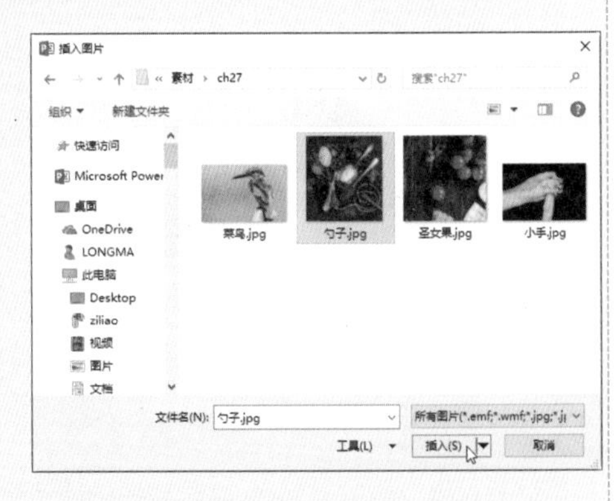

05 即可完成图片形状的修改，效果如下图所示。

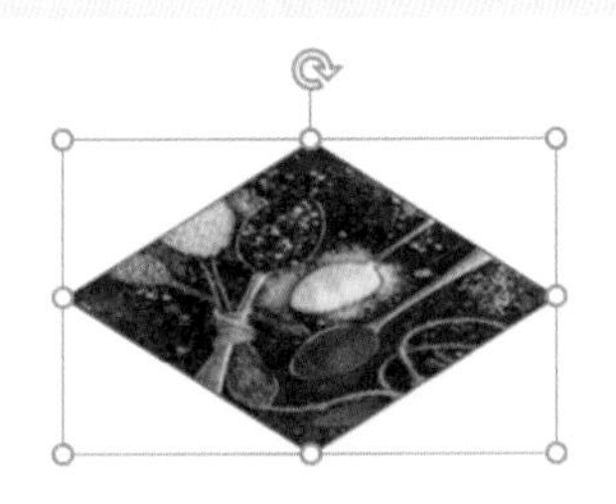

06 另外可以看到图片形状的四周有蓝色的边框，为了美观，可以将边框去掉。在【设置图片格式】任务窗格中选择【填充与线条】选项卡，选择【线条】选项，在弹出的下拉列表中选中【无线条】单选按钮。

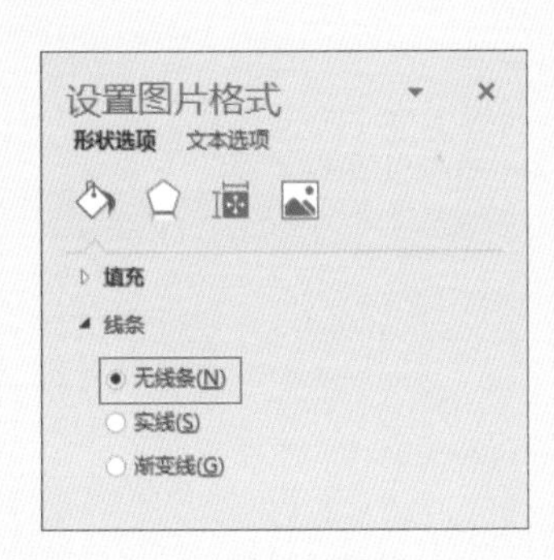

07 即可去掉图片形状的边框，最终效果如下图所示。

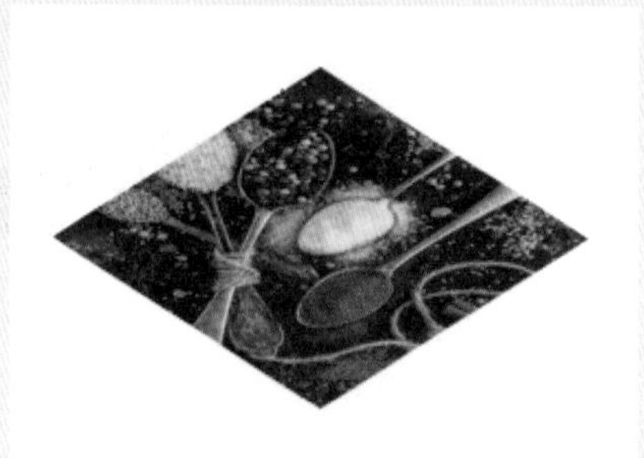

（2）裁剪法。

具体操作步骤如下。

01 新建一张空白幻灯片，并插入一张图片，调整其大小和位置，选中插入的图片，单击【图片工具/格式】选项卡下【大小】组中的【裁剪】下拉按钮，在弹出的下拉菜单中选择【裁剪为形状】选项，在弹出的子菜单中选择要裁剪的形状，这里选择“泪滴形”。

02 即可将图片裁剪为“泪滴形”的形状，效果如下图所示。

第 28 课 让你的 PPT 表格会说话

表格最大的特点就是直观性强，在 PPT 中适当地插入表格，不仅可以帮助用户快速而准确地获得所传达的信息，而且还能丰富 PPT 的内容形式。

会说话的表格，让 PPT 更具感染力！

如何快速创建表格？

表格调整的基本招数有哪些？

28.1 快速创建表格

在 PPT 2016 中可以一键快速创建表格，其常用方法有以下两种。

1. 利用菜单命令

具体操作步骤如下。

01 启动 PPT 2016 并新建一个空白演示文稿，单击【插入】选项卡下【表格】组中的【表格】按钮，按住鼠标左键，在弹出的插入表格区域中选择要插入表格的行数和列数。

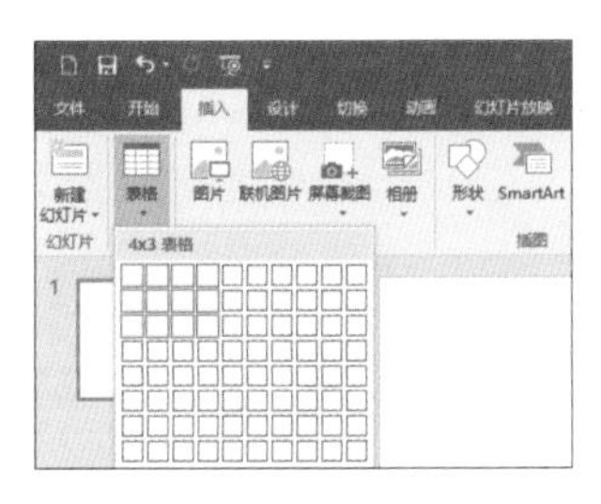

02 释放鼠标左键即可在幻灯片中创建 3 行 4 列的表格。

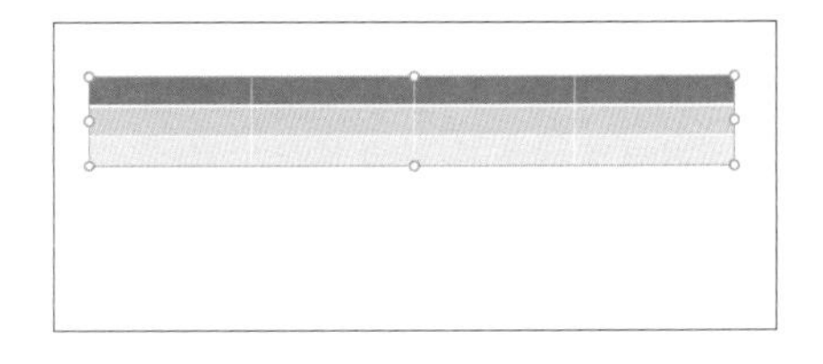

2. 利用【插入表格】对话框

具体操作步骤如下。

01 在幻灯片中，将光标定位至需要插入表格的位置，单击【插入】选项卡下【表格】组中的【表格】按钮，在弹出的下拉列表中选择【插入表格】选项。

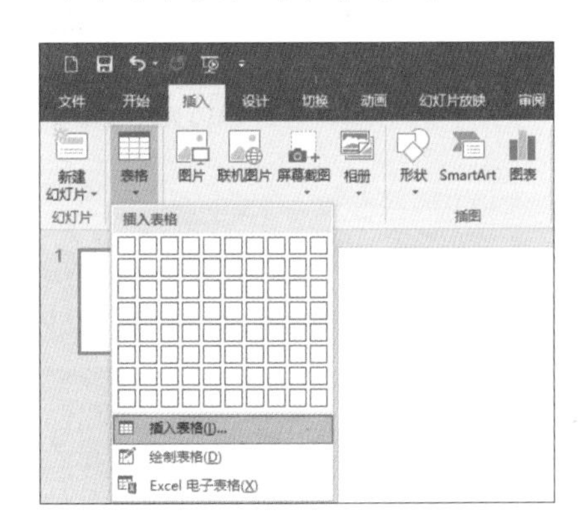

02 弹出【插入表格】对话框，在【行数】和【列数】文本框中分别输入需要的行数和列数

数，单击【确定】按钮。

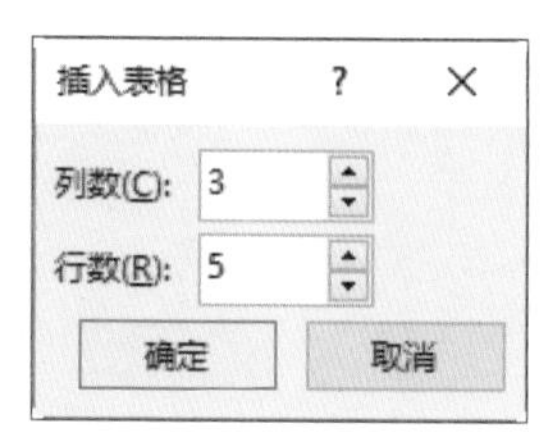

03 即可完成表格的插入，效果如下图所示。

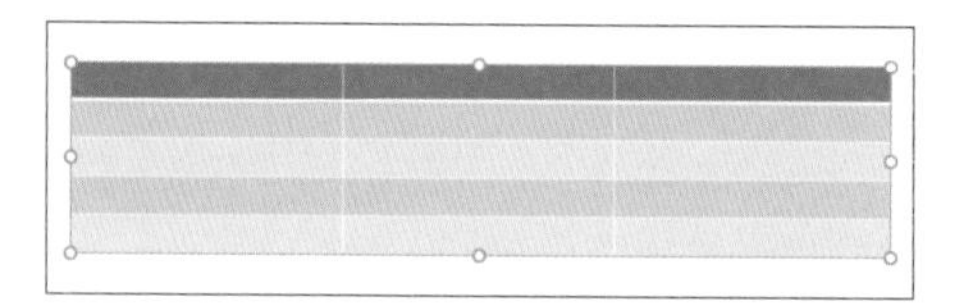

提示

除此之外，还可以利用菜单插入表格、利用对话框插入表格和绘制表格。它们各有千秋，最重要的是结合实际需要，选择合适的创建方法，才能真正提高效率。

28.2 创建复杂的表格

在PPT中不仅可以创建有规则的简单表格，还可以根据需要通过绘制表格功能创建复杂的表格，具体操作步骤如下。

01 接着28.1节的内容继续操作，单击【开始】选项卡下【幻灯片】组中的【新建幻灯片】下拉按钮，在弹出的下拉列表中选择【空白】选项，新建一张空白幻灯片。

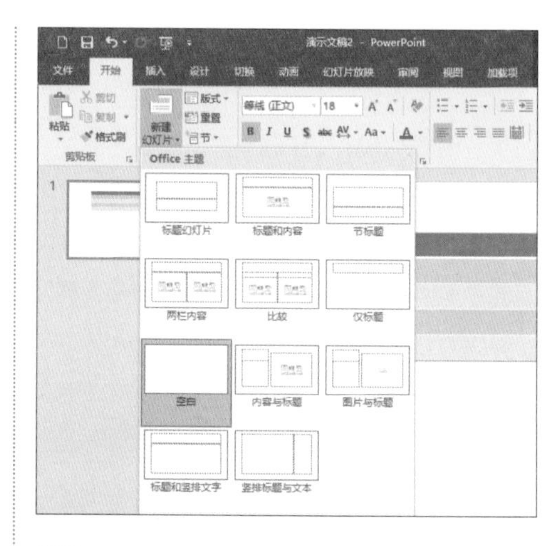

02 选择新建的空白幻灯片，单击【插入】选项卡下【表格】组中的【表格】按钮，在弹出的下拉列表中选择【绘制表格】选项。

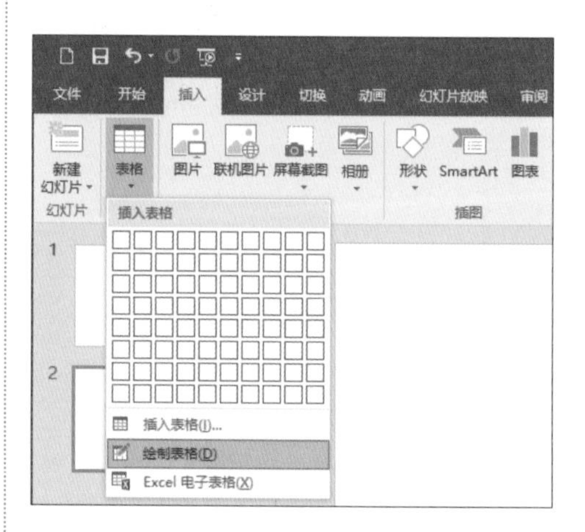

03 当鼠标指针变为 ✎ 形状时，按住鼠标左键，拖曳鼠标在幻灯片中绘制出表格的外边框。

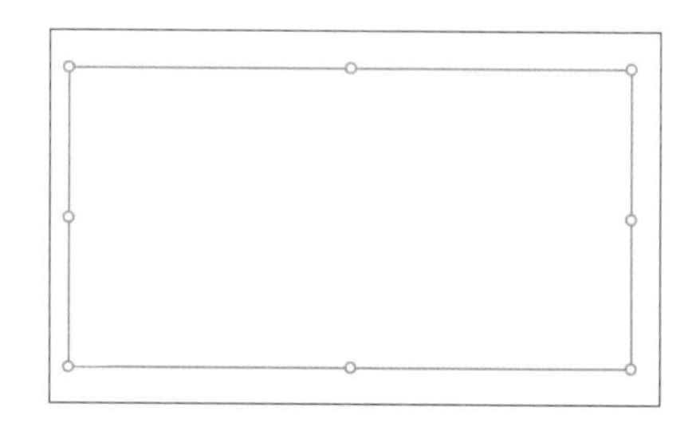

04 单击【表格工具 / 设计】选项卡下【绘制边框】组中的【绘制表格】按钮。

05 当鼠标指针变为 形状时，水平拖曳鼠标，绘制表格行；垂直拖曳鼠标，绘制表格列。

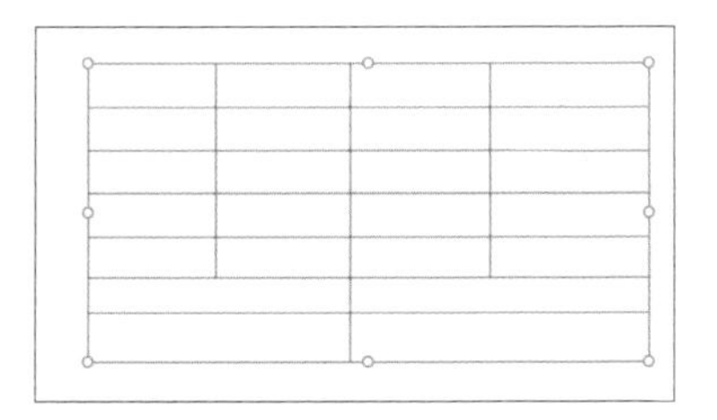

提示

在绘制行和列的过程中，画笔不能碰到表格的外边框，否则绘制出来的就不是表格线，而是框了。

此时，表格就绘制完成了，那么如何在绘制的表格中合并、拆分单元格、添加斜线表头呢？具体操作步骤如下。

01 单击【表格工具 / 设计】选项卡下【绘制边框】组中的【橡皮擦】按钮。

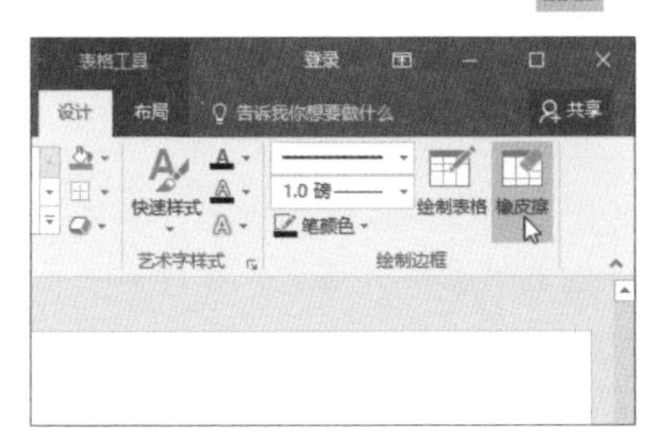

02 在要删除的线条上单击，即可完成单元格合并，效果如下图所示。

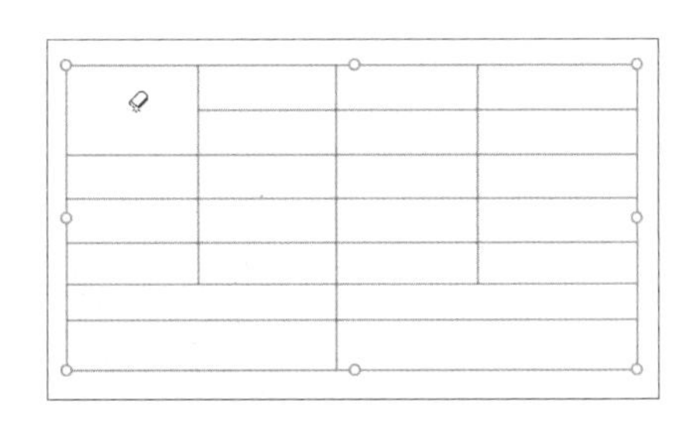

03 单击【表格工具 / 设计】选项卡下【绘制边框】组中的【绘制表格】按钮。

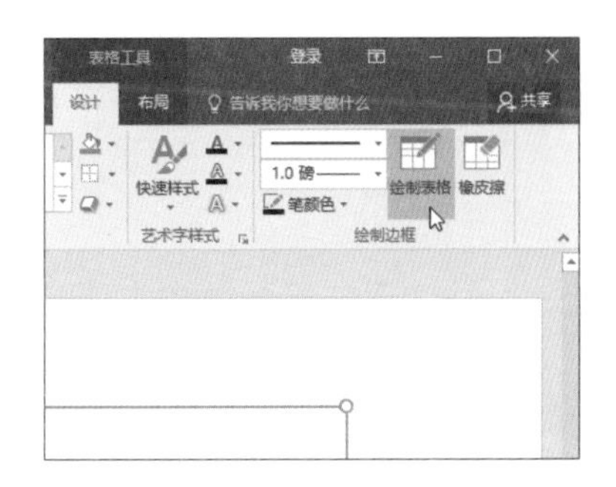

04 当鼠标指针变为 形状时，按住鼠标左键，从左上向右下拖曳鼠标可绘制斜线表头；垂直拖曳鼠标可将单元格拆分为两列；水平拖曳鼠标可将单元格拆分为两行，效果如下图所示。

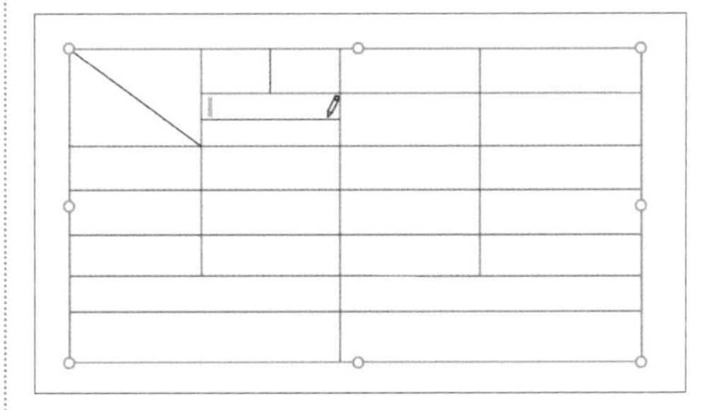

28.3 表格调整的基本4招：拆、合、添、删

极简时光

关键词： 拆分单元格 / 输入行数和列数 / 合并单元格 /【在下方插入行】选项 /【删除行】选项

一分钟

创建表格后，可以根据需要对表格结构进行编辑操作，最基本的有合并/拆分单元格，添加/删除行和列等。

1. 拆分单元格

具体操作步骤如下。

01 打开随书光盘中的“素材\ch28\表格的调整.pptx”演示文稿，将鼠标指针移动到要拆分的单元格中并右击，在弹出的快捷菜单中选择【拆分单元格】选项。

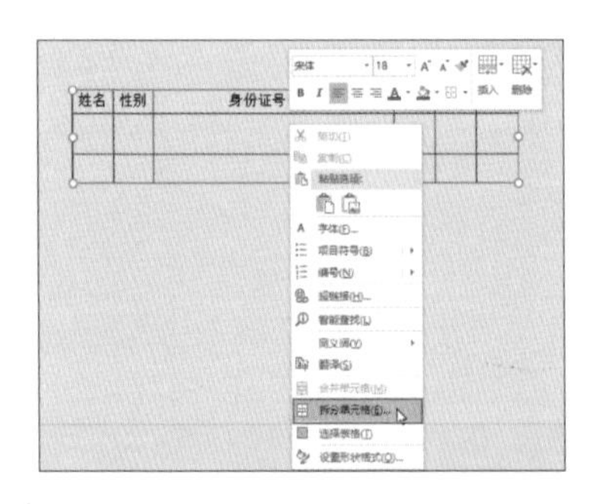

02 弹出【拆分单元格】对话框，输入要拆分的行数和列数，单击【确定】按钮。

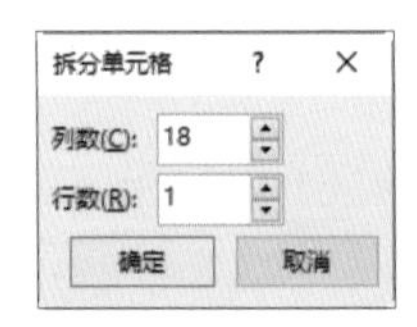

03 即可完成单元格的拆分，效果如下图所示。

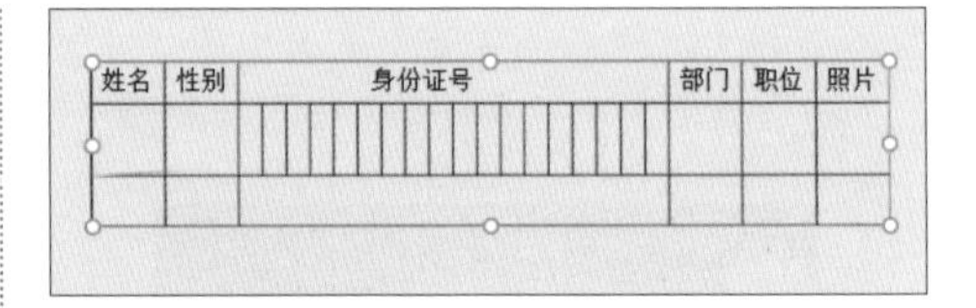

2. 合并单元格

合并单元格和拆分单元格的操作方法差不多，可以像上述拆分单元格那样利用快捷菜单合并单元格，也可以按照下面即将介绍的操作步骤。

01 接着上面的内容继续操作，选中要合并的单元格，单击【表格工具/布局】选项卡下【合并】组中的【合并单元格】按钮。

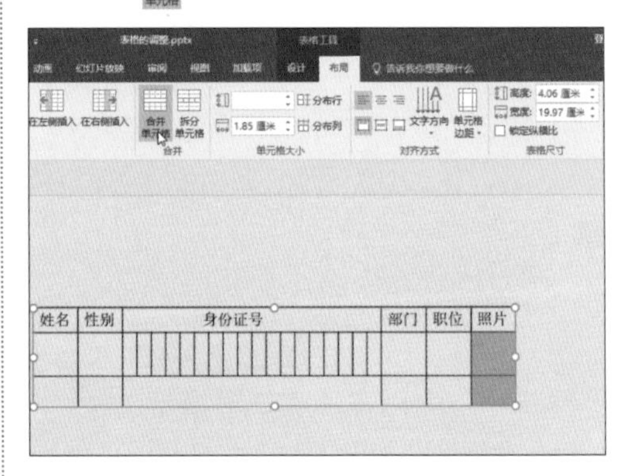

02 即可完成单元格的合并，效果如下图所示。

3. 添加行或列

具体操作步骤如下。

01 接着上面的内容继续操作，单击第三行中任意单元格并右击，在弹出的面板中单击【插入】按钮，在弹出的下拉列表中选择【在下方插入行】选项。

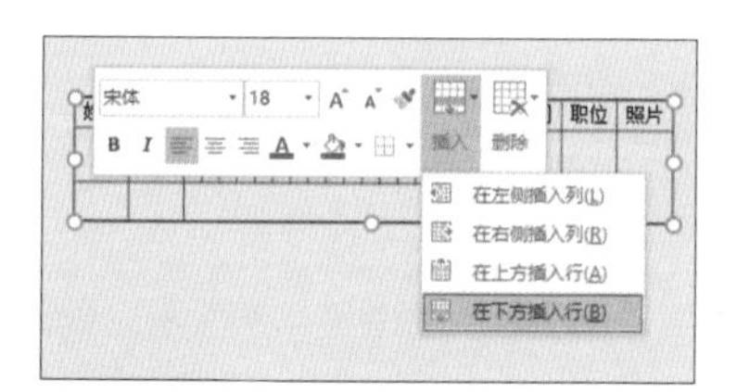

添加列的方法与此相同，在弹出的下拉列表中根据需要选择【在左侧插入列】或【在右侧插入列】即可。

02 即可为表格添加一行，效果如下图所示。

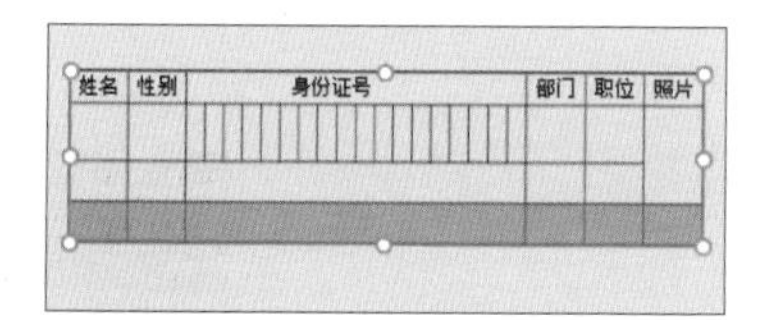

如果想要在表格末尾添加行，可以单击表格中的最后一个单元格，然后按【Tab】键，这样就可以在表格末端添加一行，重复这个操作，可以添加多行，效果如下图所示。

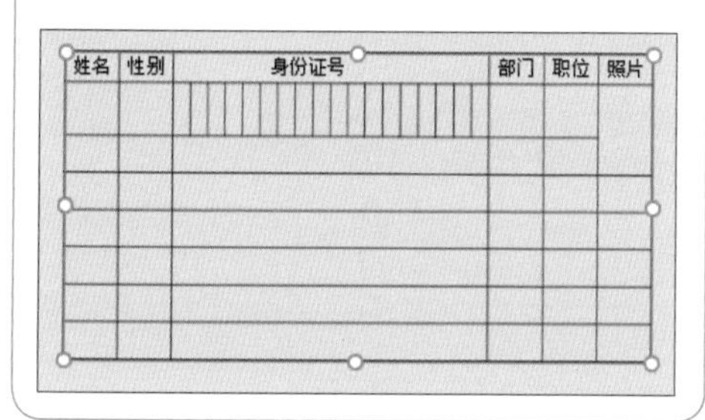

4. 删除行或列

具体操作步骤如下。

01 接着上面的内容继续操作，选择所要删除的行中的任意单元格，单击【表格工具/布局】选项卡下【行和列】组中的【删除】按钮，在弹出的下拉列表中选择【删除行】选项。

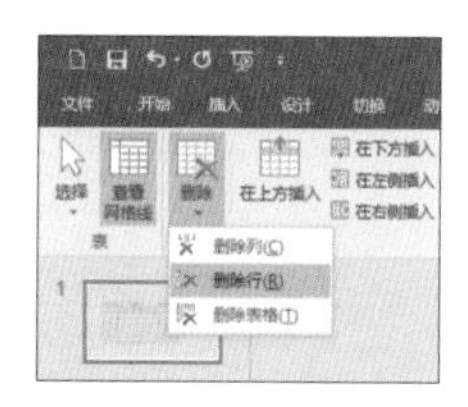

02 即可完成行的删除，效果如下图所示。

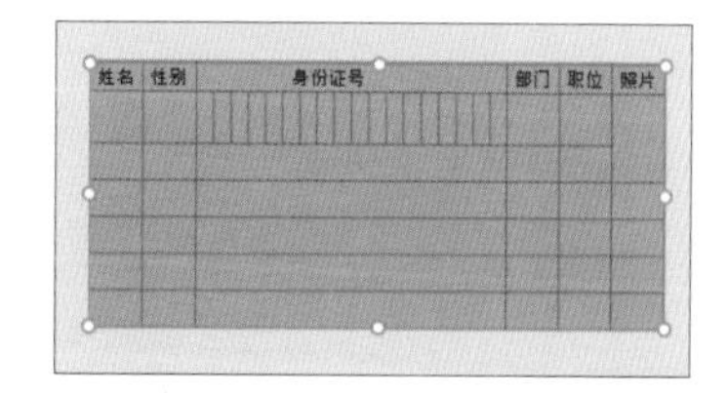

另外，还可以选中要删除的行或列，这里指的是完整的行或列，而不是一些文字，然后按【Backspace】键即可删除行或列。

28.4 套用表格样式

一般表格做出来的样式是系统默认的样式，看起来单调乏味，套用 PPT 2016 系统内置的表格样式，可以快速装扮表格，帮助用户在美化表格的同时提高工作效率，具体操作步骤如下。

01 打开随书光盘中的“素材\ch28\套用表格样式.pptx”演示文稿，单击【表格工具/设计】选项卡【表格样式】组中的【其他】按钮▾，在弹出的下拉列表中选择一种样式。这里选择【主题样式1，强调4】选项。

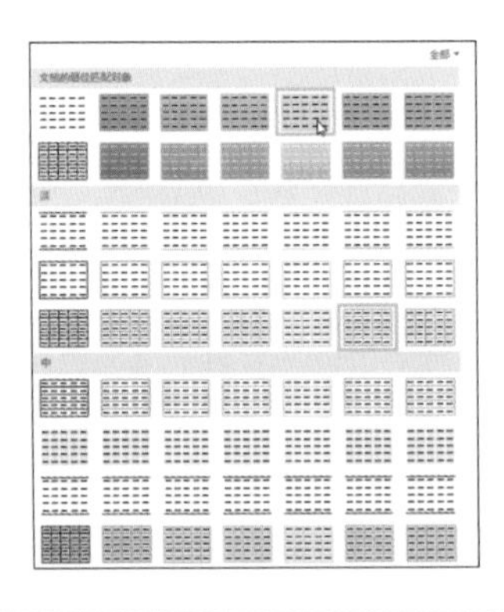

02 即可为表格应用选择的样式，效果如下图所示。

产品	第1季度	第2季度	第3季度	第4季度
产品A	¥ 88,070	¥ 33,890	¥ 456,890	¥ 78,906
产品B	¥ 66,900	¥ 45,890	¥ 67,890	¥ 66,666
产品C	¥ 55,448	¥ 55,550	¥ 88,790	¥ 55,555
产品D	¥ 88,760	¥ 88,900	¥ 88,908	¥ 88,888

牛人干货

设置表格的默认样式

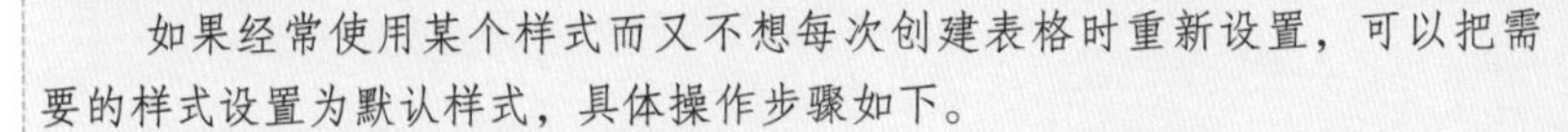

如果经常使用某个样式而又不想每次创建表格时重新设置，可以把需要的样式设置为默认样式，具体操作步骤如下。

01 新建一张空白幻灯片，并插入表格，单击【表格工具/设计】选项卡下【表格样式】组中的【其他】按钮▾，在弹出的下拉列表中将鼠标指针移至要设置为默认样式的样式上并右击，在弹出的快捷菜单中选择【设为默认值】选项。

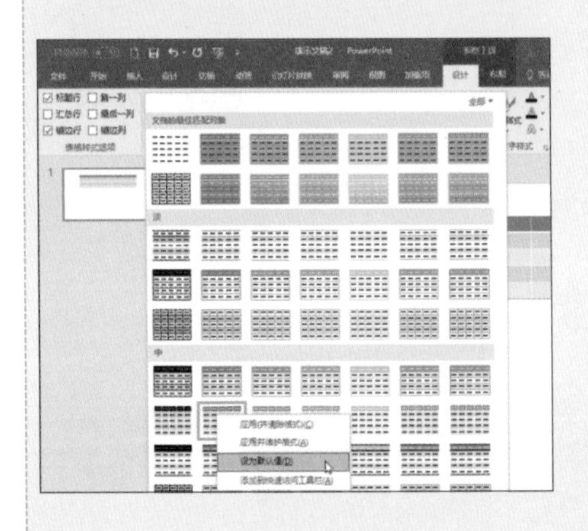

02 即可将此样式设置为默认样式，再次创建表格时，系统会自动应用此样式，效果如下图所示。

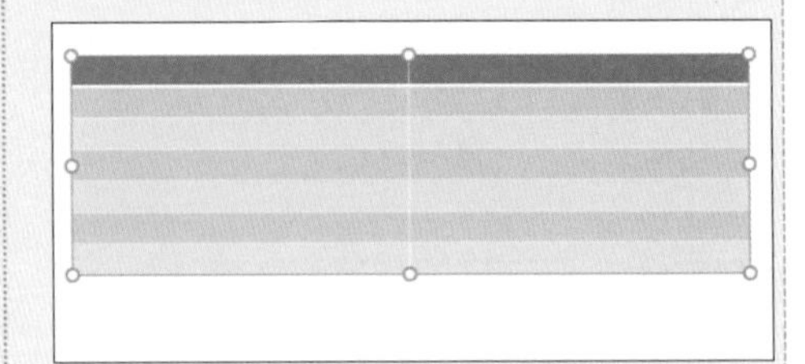

第 29 课 PPT 图表之道

图表可以直观清楚地展示出我们想要了解的数据，对于信息的展示生动直观。在 PPT 中使用图表，有助于演讲者数据内容的展示。

快来一起学习 PPT 图表之道吧!

PPT 中的图表有哪些?

如何在 PPT 中创建图表?

29.1 认识 PPT 中的图表

极简时光

关键词：数据型图表 / 饼图 / 条形图 / 柱形图 / 折线图 / 散点图 / 概念型图表 / 结构图 / 推导图

一分钟

PPT 中的图表分为数据型和概念型两大类。数据型图表是在日常生活中最常见的图表，也是 PPT 中最常见的一种表达方式，以数据等大量数字作为基础的图表。概念型图表是某个主题或者是某种关系的图形化。这种图表对于学习或总结知识有很大帮助。

1. 数据型图表

（1）饼图：常用来显示比例关系，突出重点。绘制饼图时要注意以下几点。

① 只有一个要绘制的数据系列。

② 要绘制的数值不能含有负值。

③ 各个类别都必须是整体的一部分。

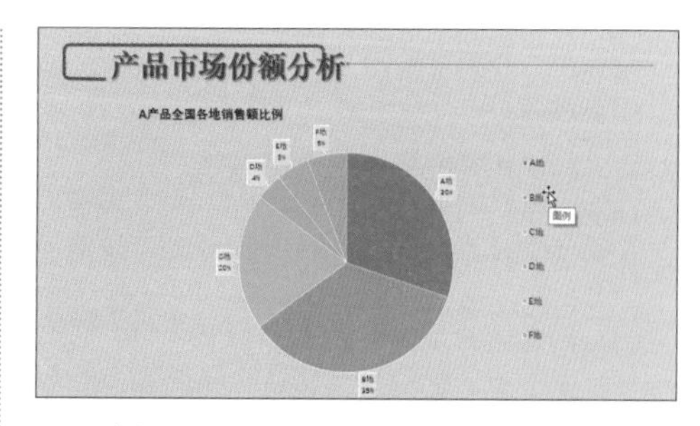

例如，上图比例分割太多，显得繁杂。为了突出数据的重点，讲明产品在 A、B、C 三地的重要性，对图表进行修改，突出重点，把图表简化，更能突出要表现的重点，把不重要的数据合并，如下图所示。

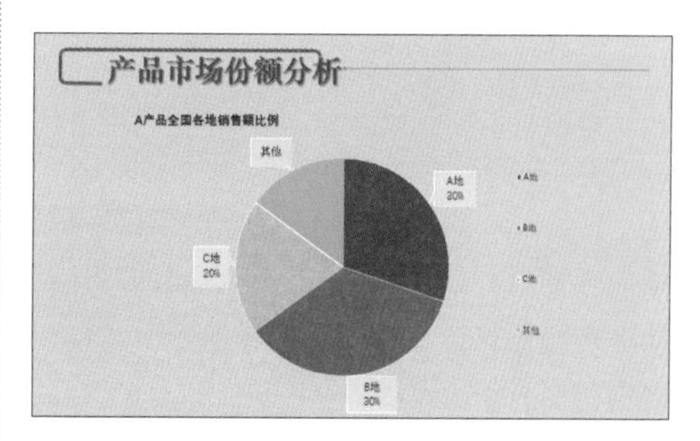

（2）条形图：突出排名，显示数据中最好的一个或者多个。

例如，做一个关于数学考试成绩的图表，来显示出小明在本次数学考试中成绩最好，值得表扬。

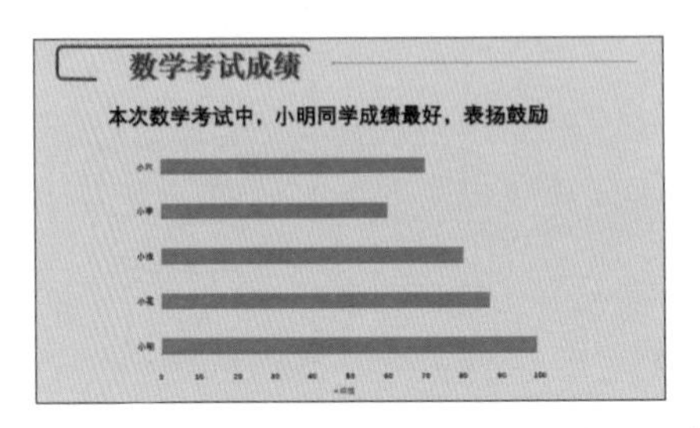

这样表示不够明显，把小明的数据改变颜色，来突出重点。

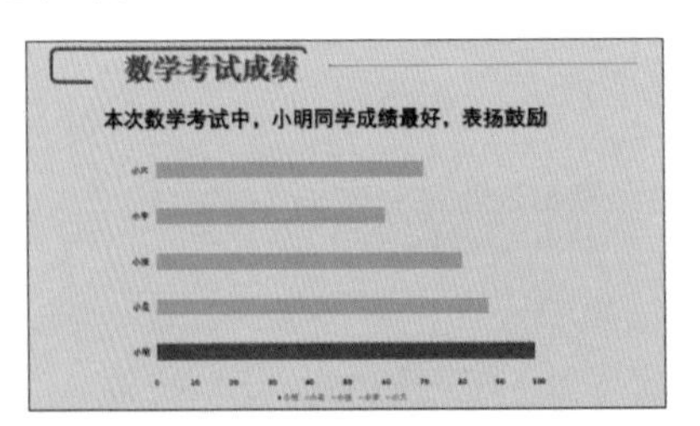

（3）柱形图：其含义是用来比较两个或两个以上的价值（不同时间或者不同条件），只有一个变量，通常用于较小的数据集分析。分析一个公司的销售额，把销售量最好的 3 个月用特殊颜色标注出来，使其醒目清楚。如：

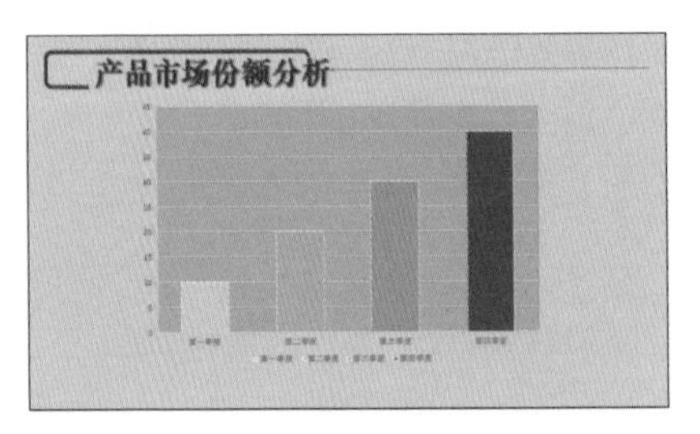

（4）折线图：用直线段将各数据点连接起来组成，以折线方式显示数据的变化趋势。折线图可以显示一段连续数据，更能表现出数据的变化趋势。

（5）散点图：多用于数学统计，突出数据的分布规律，数据越多，表现出来的效果就越好。

2. 概念型图表

概念型图表是某个主题或某种关系的图形化，这种图表对于学习及总结知识有着极其明朗的作用，最常见的概念型图表有以下两种。

（1）结构图：简而言之，就是制作 PPT 时经常用到的大纲，列表显示出来的大纲，如今日议题，概述了今天的所有任务。

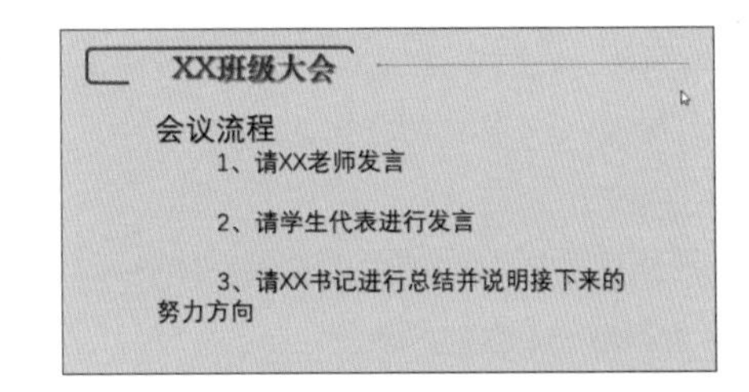

（2）推导图：推导图就是用文字来叙述，一部分的因是另一部分的果，讲究因果关系，由一部分推出另一部分。

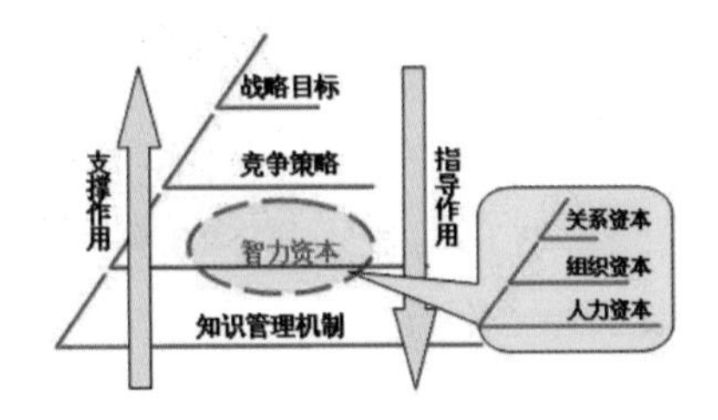

29.2 快速创建 PPT 图表

在 PowerPoint 2016 中可以一键快速创建图表，帮助用户节省时间，提高工作效率，具体操作步骤如下。

01 启动 PowerPoint 2016，并新建一个空白演示文稿，删除幻灯片中的文本占位符，单击【插入】选项卡下【插图】组中的【图表】

按钮 图表 。

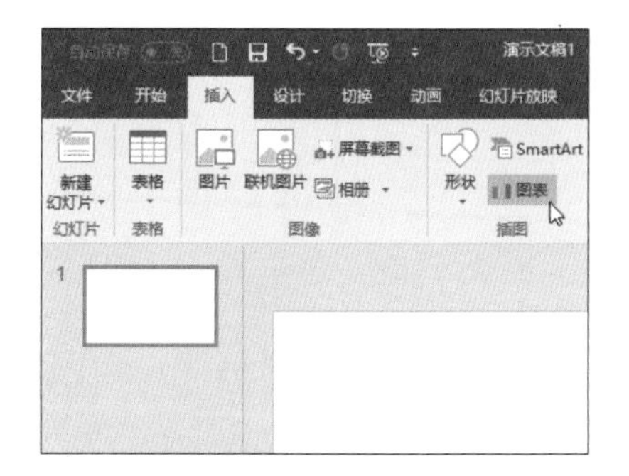

02 弹出【插入图表】对话框，选择需要的图表类型，这里选择【饼图】选项，单击【确定】按钮。

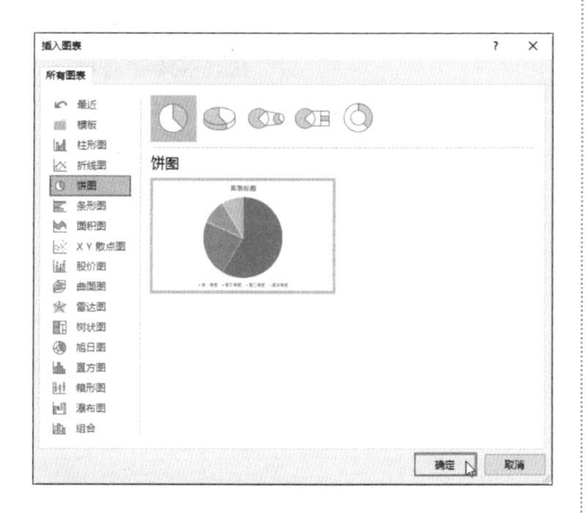

03 即可在幻灯片中插入一张饼图，并弹出【Microsoft PowerPoint 中的图表】表格，在表格中输入需要的数据，PPT 中的饼图也会随之发生改变。

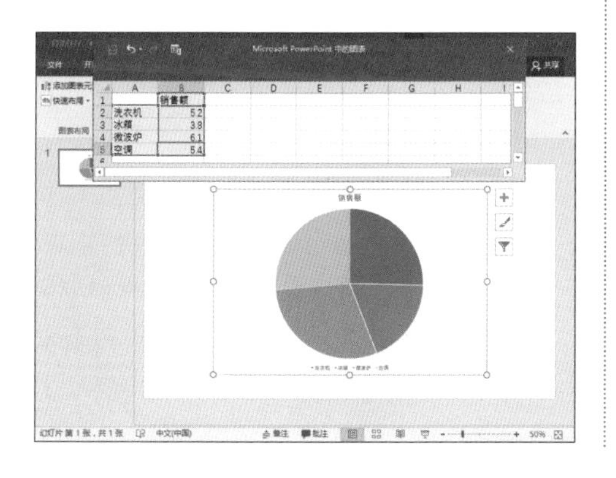

04 数据输入完成后，关闭【Microsoft PowerPoint 中的图表】表格，即可完成图表的创建，最终效果如下图所示。

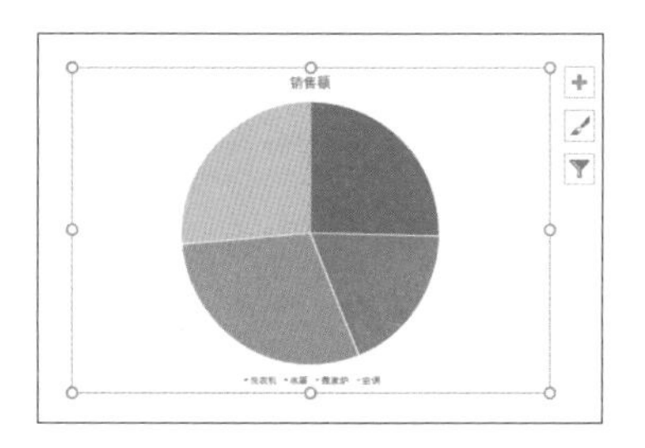

29.3 调用 Excel 中的图表

极简时光

关键词：调用 Excel 图表 /【对象】按钮 /【插入对象】对话框 / 选择图表文件

一分钟

在日常办公中，一般都是使用 Excel 来创建图表的，所以，当在制作 PPT 的过程中需要用到 Excel 中的图表时，只需要将其调用到 PPT 中即可，这样可以为 PPT 的制作节省时间，既方便又高效。在 PPT 中调用 Excel 图表的具体操作步骤如下。

01 打开随书光盘中的“素材\ch29\各地区水果产量分析.pptx”演示文稿，单击【插入】选项卡下【文本】组中的【对象】按钮 。

02 弹出【插入对象】对话框，选中【由文件创建】单选按钮，单击【浏览】按钮。

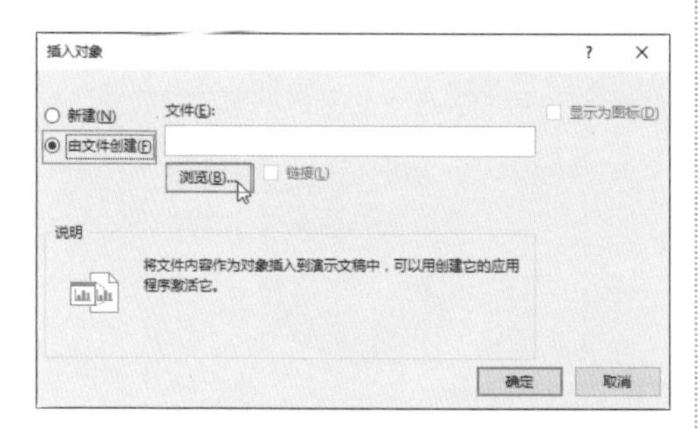

03 弹出【浏览】对话框，选择要插入的Excel图表文件，单击【确定】按钮。

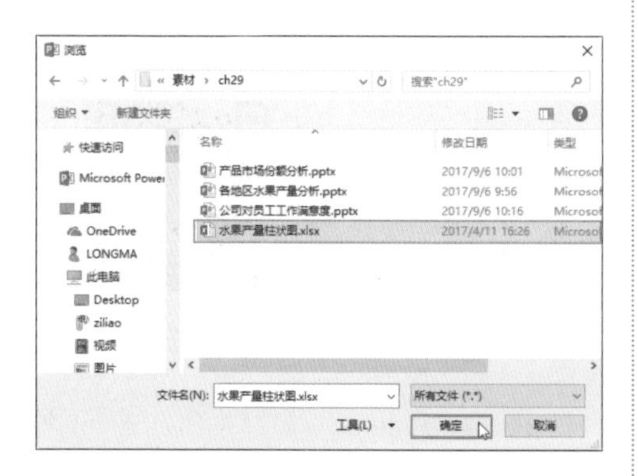

04 返回【插入对象】对话框，单击【确定】按钮。

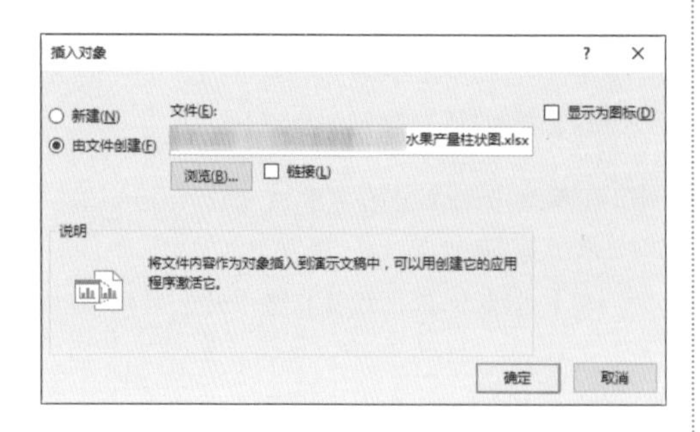

05 即可将Excel中的图表插入幻灯片中，调整图表的位置与大小，效果如下图所示。

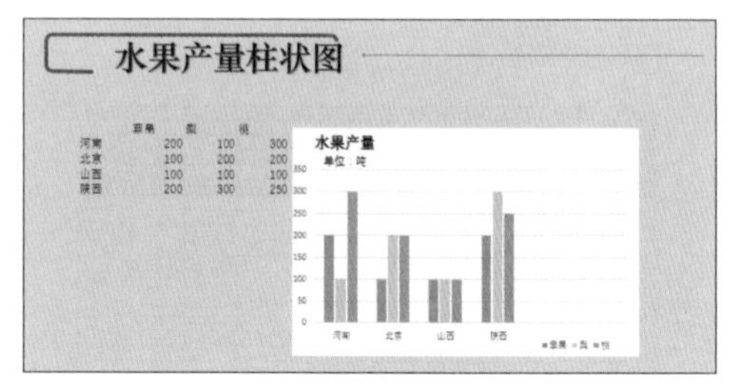

29.4 快速改变图表布局

在PPT中插入图表后，还可以根据需要改变图表的布局，使图表变得更加美观，具体操作步骤如下。

01 打开随书光盘中的"素材\ch29\产品市场份额分析.pptx"演示文稿。

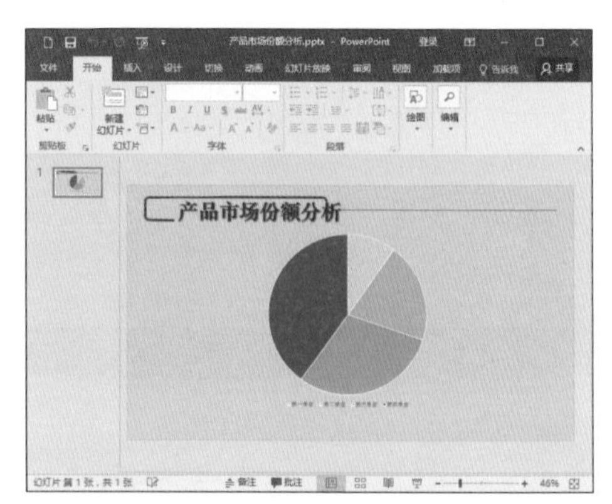

02 选中幻灯片中的图表，单击【图表工具/设计】选项卡下【图表布局】组中的【快速布局】按钮，在弹出的下拉列表中选择一种布局样式，这里选择【布局2】选项。

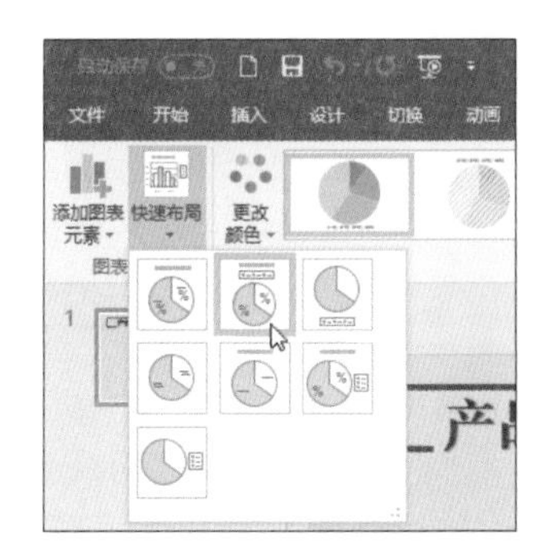

03 即可更改图表的布局，效果如下图所示。

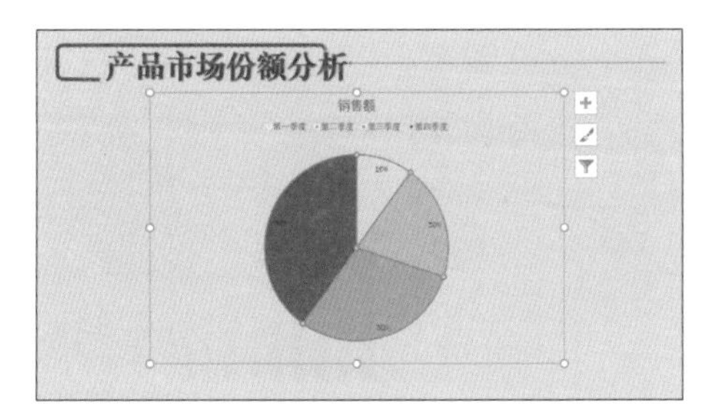

29.5 添加图表元素

下图所示是原始的图表，可以根据需要在图表中添加元素，加入更多的数据，更改横纵坐标的大小及名称等。

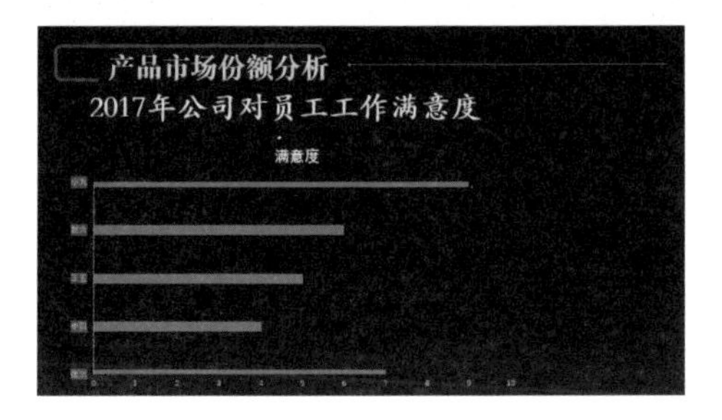

1. 添加数据表

添加数据表的具体操作步骤如下。

01 打开随书光盘中的“素材\ch29\公司对员工工作满意度.pptx”演示文稿，选中图表，单击【图表工具/设计】选项卡下【添加图表元素】按钮，在弹出的下拉列表中选择【数据表】→【显示图例项标示】选项。

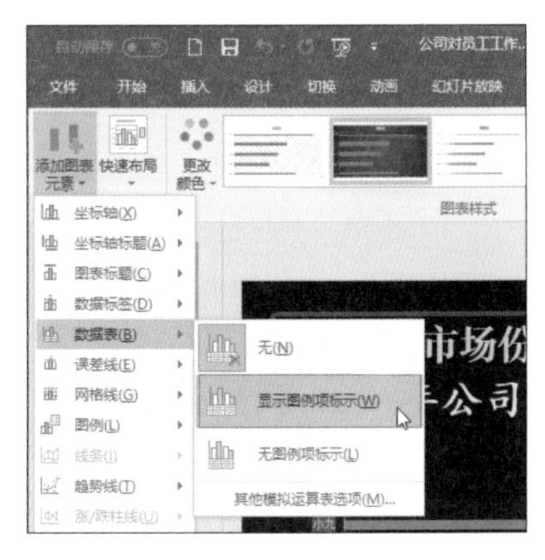

提示

在 PPT 2010 中选中图表，单击【图表工具 / 布局】选项卡下【标签】组中的【模拟运算表】按钮，在弹出的下拉列表中选择【显示模拟运算表和图例项标示】选项，即可完成模拟运算表，即数据表的添加。

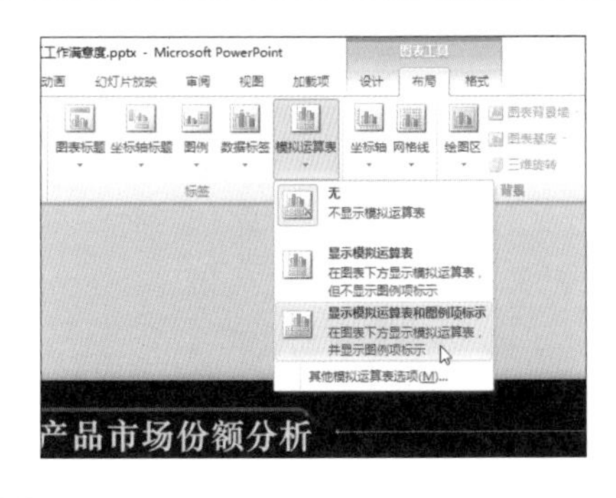

02 即可完成数据表元素的添加，效果如下图

所示。

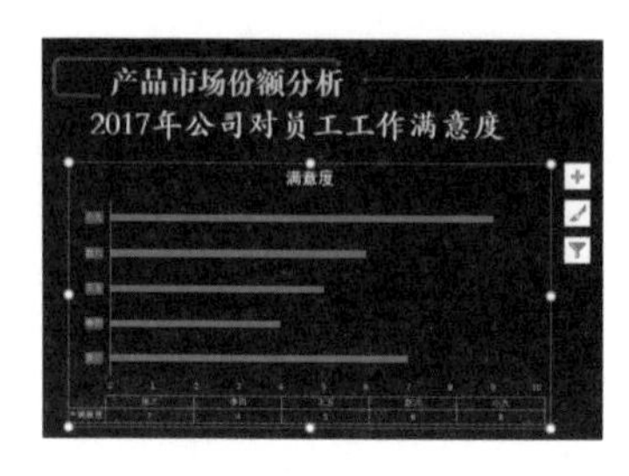

2. 设置坐标轴格式

设置坐标轴格式的具体操作步骤如下。

01 接着上面的内容继续操作，选中图表中的坐标轴并右击，在弹出的快捷菜单中选择【设置坐标轴格式】选项。

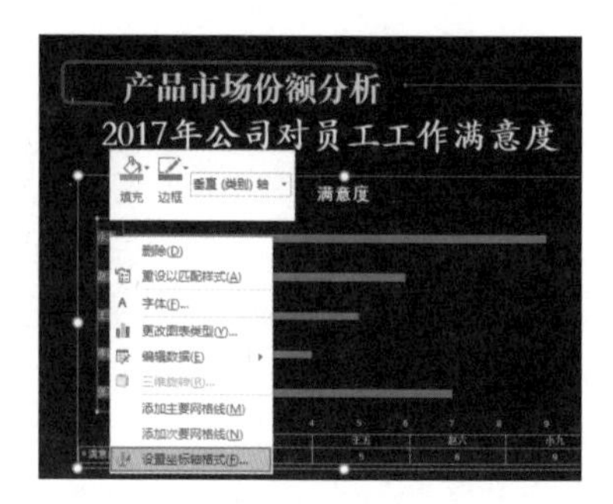

02 弹出【设置坐标轴格式】任务窗格，选择【填充与线条】选项卡，在【填充】下拉列表中选中【纯色填充】单选按钮。单击【填充颜色】按钮，在弹出的颜色面板中选择【黑色，文字 1】选项。

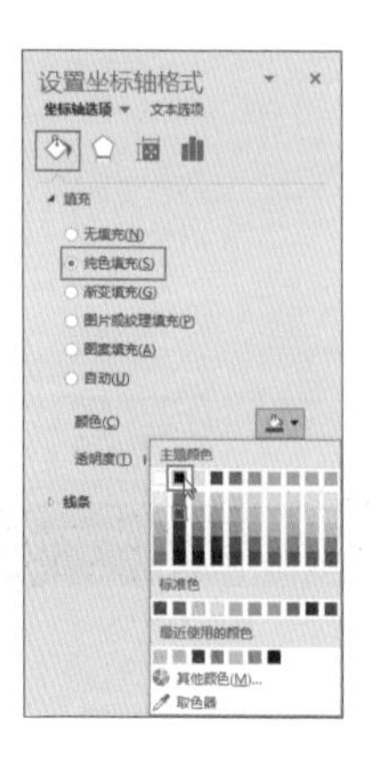

在 PPT 2010 中会弹出【设置坐标轴格式】对话框，在左侧列表中选择【填充】选项，在右侧区域中选中【纯色填充】单选按钮，单击【颜色】按钮，在弹出的颜色面板中选择一种颜色，设置完成后单击【关闭】按钮，即可完成坐标轴格式的设置。

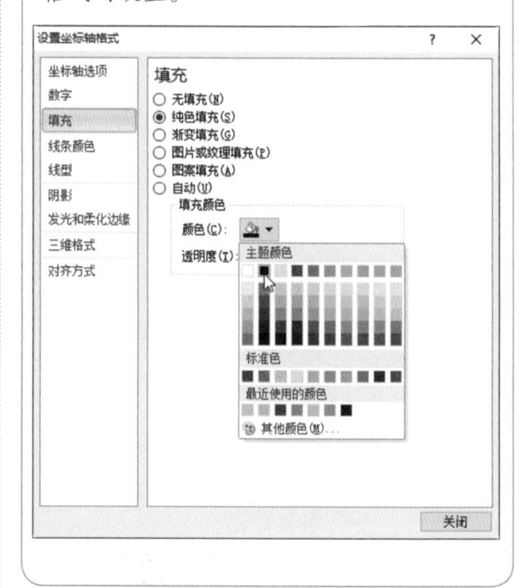

03 设置后的效果如下图所示。

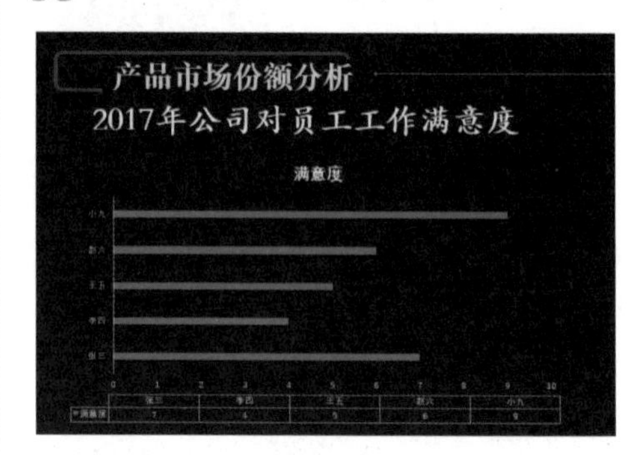

牛人干货

将饼图改为半圆图

上面的内容介绍了在 PPT 中插入饼图，但饼图看多了难免会产生视觉疲劳，可以把饼图改为半圆图，会带来不一样的视觉效果，具体操作步骤如下。

01 打开随书光盘中的“素材\ch29\将饼图改为半圆图.pptx”演示文稿，选中图表，单击【图表工具/设计】选项卡下【数据】组中的【编辑数据】按钮。

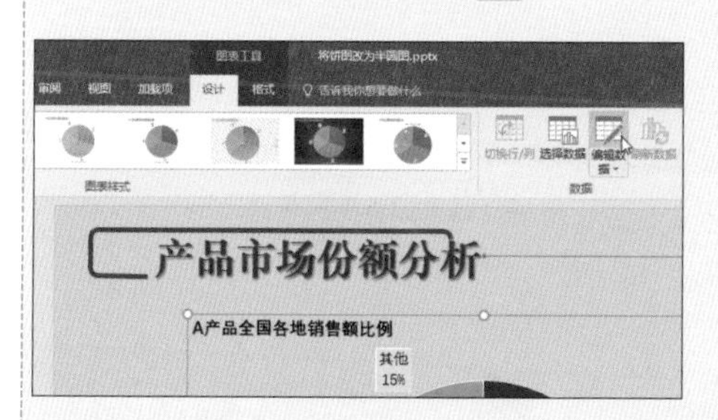

02 弹出【Microsoft PowerPoint 中的图表】表格，在 A6 单元格中输入“辅助行”文本，在 B6 单元格中输入公式“=SUM(B2:B5)”，按【Enter】键，并关闭表格。

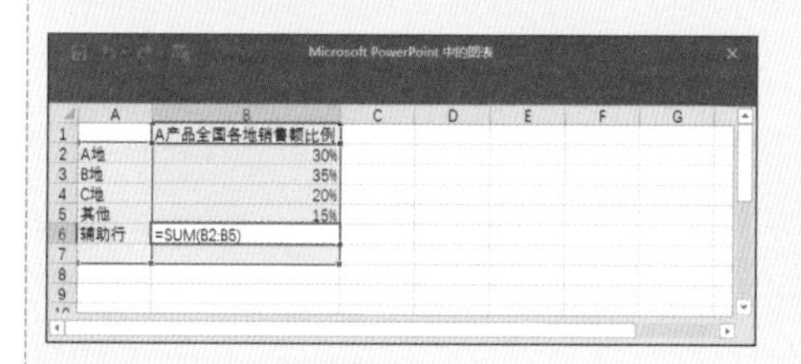

	A	B	C	D	E	F	G
1		A产品全国各地销售额比例					
2	A地	30%					
3	B地	35%					
4	C地	20%					
5	其他	15%					
6	辅助行	=SUM(B2:B5)					

03 即可完成饼图的修改，效果如下图所示。

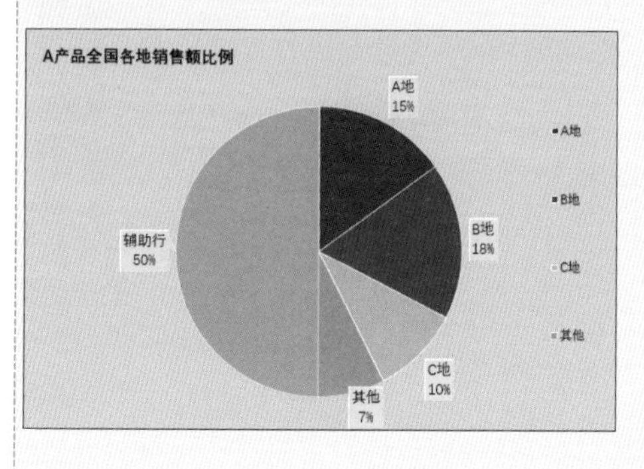

04 选择饼图，在任意一个饼图系列上右击，在弹出的快捷菜单中选择【设置数据系列格式】选项。

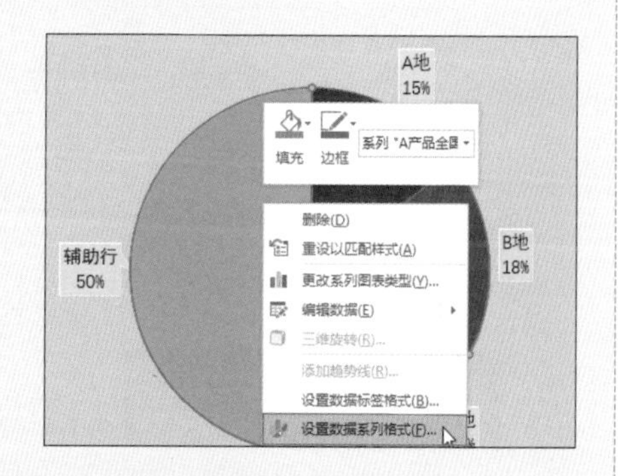

05 弹出【设置数据系列格式】任务窗格，选择【数据系列】选项卡，在【数据系列】列表中将【第一扇区起始角度】设置为“270°”。

06 选中图表中的半圆形，在【设置数据点格式】任务窗格中选择【填充与线条】选项卡，在【填充】列表中选中【无填充】单选按钮，在【边框】列表中选中【无线条】单选按钮。

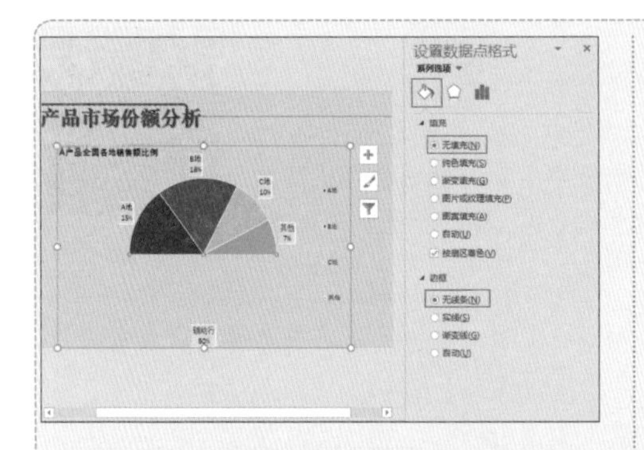

07 关闭任务窗格，选择“辅助行”数据标签，按【Delete】键将其删除。单击【图表工具/设计】选项卡下【图表布局】组中的【快速布局】按钮

，在弹出的下拉列表中选择【布局 2】选项。

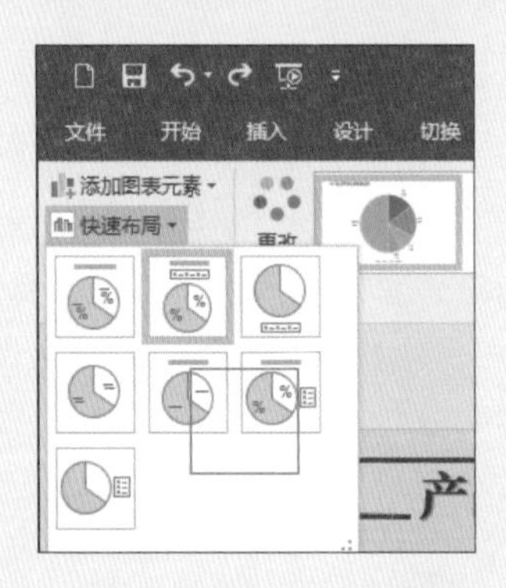

提 示

在 PPT 2010 中单击【图表工具/布局】选项卡下【标签】组中的【图例】按钮，在弹出的下拉列表中选择【在底部显示图例】选项，即可将“图例”移至底部。

08 并选中“50%”数据标签，按【Delete】键将其删除，适当调整图例的位置，最终效果如下图所示。

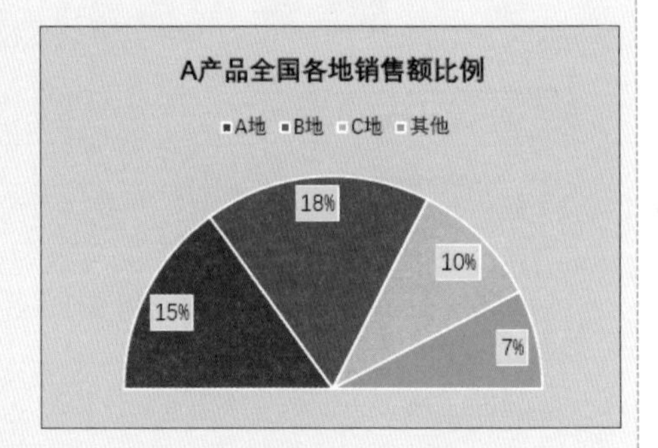

第 30 课

图示的形象化表达

在 PPT 中绘制图形，充分发挥图形的形象化表达作用，不仅可以制作出形式多样，内容丰富的精彩 PPT，即使是面对一些流水账式的主题内容的 PPT，驾驭起来也会毫不费力。

那就来学习这种形象化的语言——图示吧。

图形怎样用才能撑起幻灯片的“颜面”呢?

如何才能让绘制的图形更好看?

30.1 图形这样用，绝了

虽说 PPT 重在图片的运用，但是面对一些流水账式的主题内容，如各种年终报告等，用多了图片不但没让你出彩，说不定还给人不严谨的感觉，这时就需要用图形来拯救。

（1）用组合形状，为文字的添加留出空白。

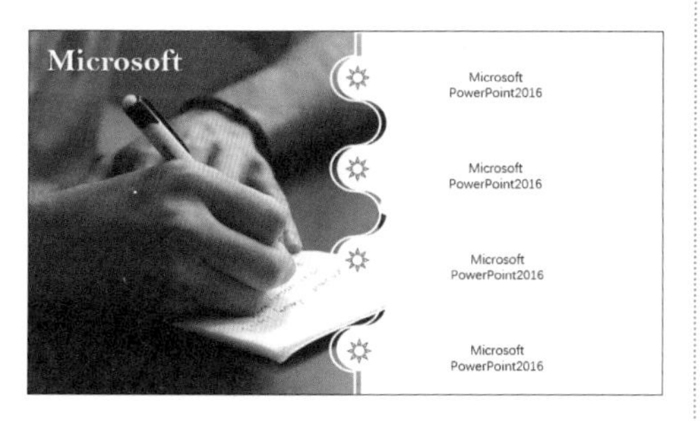

（2）使用简洁大方的图形，使幻灯片主题明确，给人耳目一新的感觉。

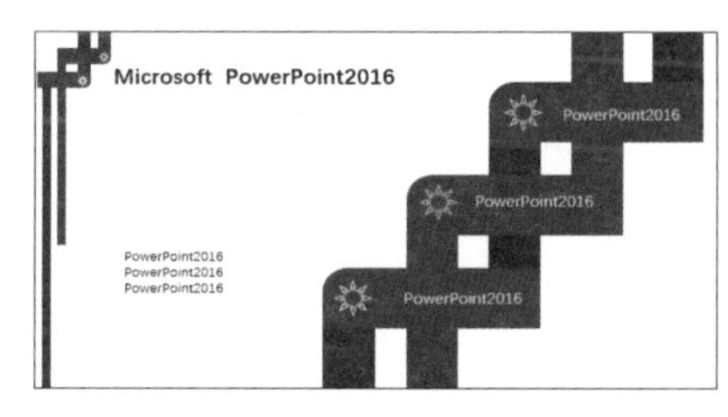

（3）用矩形方框将标题框选，使幻灯片标题更加醒目，整个版面简洁大方，却又不失单调。

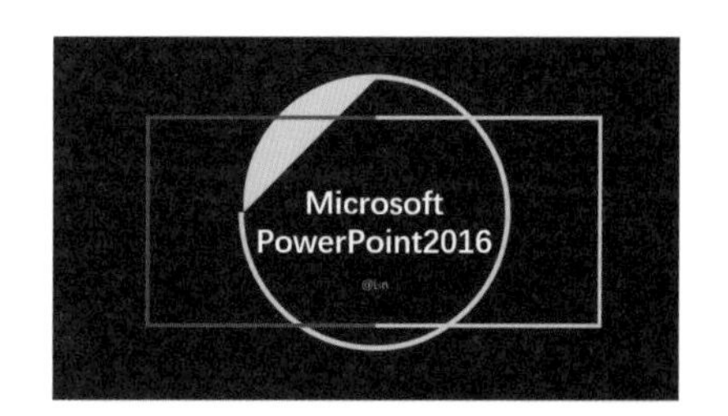

（4）不同的形状组合在一起，文字内容也能轻松驾驭，主次分明，使内容更加有条理性。

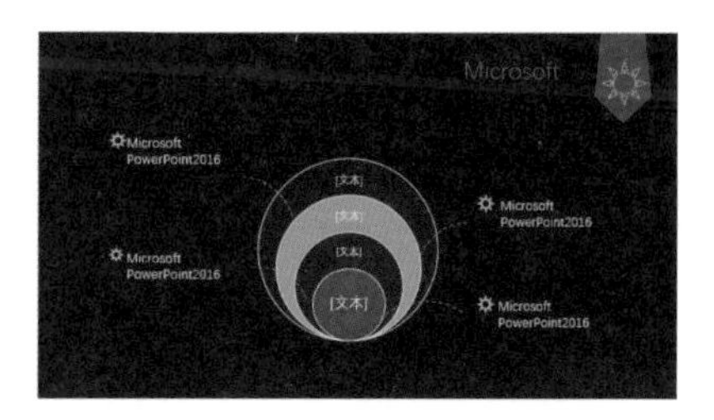

上述这些图形看起来是不是觉得制作得非常美观呢？那就赶紧学着用起来吧。

30.2 绘制基本图形

极简时光

关键词：【插入】选项卡/【插图】组/【形状】按钮/拖曳鼠标

一分钟

绘制基本图形是在 PPT 中使用图形的最基本操作，具体操作步骤如下。

01 启动 PPT 2016，并新建一个空白演示文稿，删除幻灯片中的文本占位符，单击【插入】选项卡下【插图】组中的【形状】按钮，在弹出的下拉列表中选择一种形状，这里选择【矩形：圆角】选项。

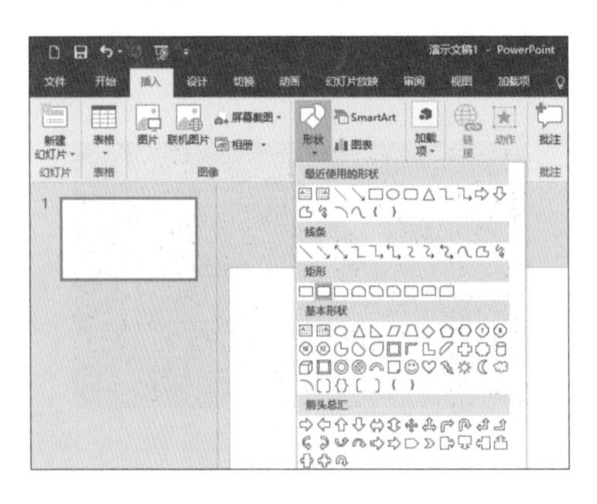

02 当鼠标指针变为“+”形状时，按住鼠标左键，拖曳鼠标即可绘制图形。

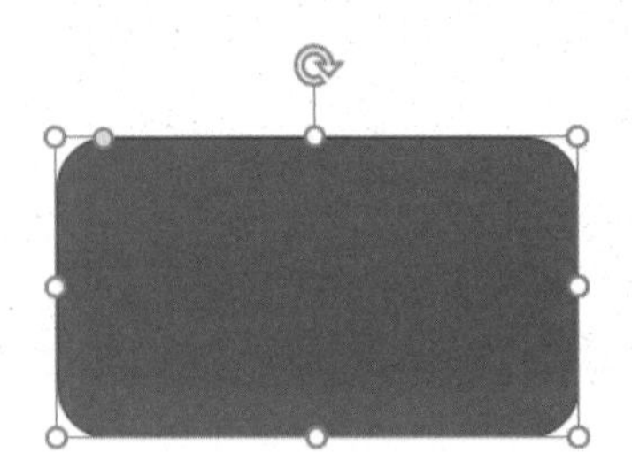

30.3 快速复制图形

极简时光

关键词：选中图形/【Ctrl+D】组合键/绘制图形/【Ctrl+鼠标拖动】

一分钟

提到复制，大脑中想到的是不是【Ctrl+C】和【Ctrl+V】组合键或者右击选择复制并粘贴呢？下面所介绍的复制是另一种更为快捷的方法，帮助用户快速复制图形。

1. 使用【Ctrl+D】组合键

首先绘制一个图形，选中图形，按【Ctrl+D】组合键即可完成复制，效果如下图所示。

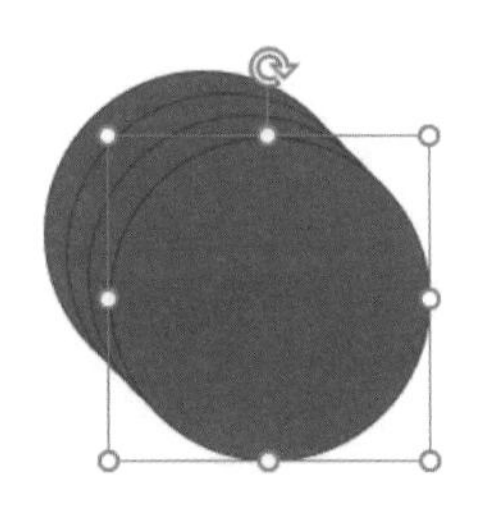

2. 使用【Ctrl】+ 鼠标拖动

绘制一个图形，并选中图形，按住【Ctrl】键，同时使用鼠标拖动图形。松开鼠标复制成功，完成复制以后松开【Ctrl】键。

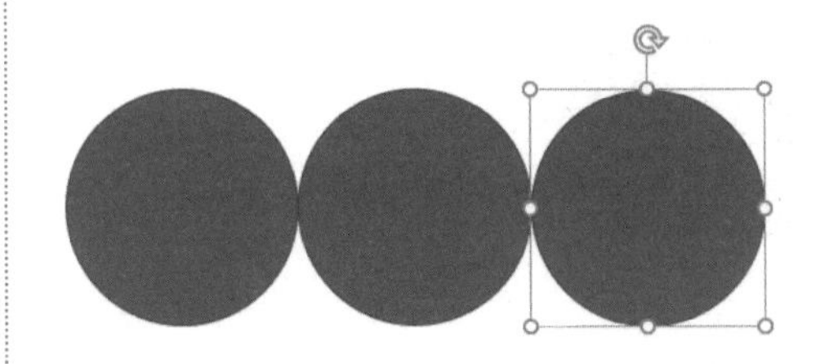

复制图形时，先松开鼠标左键，再松开【Ctrl】键。

30.4 图形的美化

极简时光

关键词：改变边角形状 / 改变边框颜色 / 改变图形线框 / 添加图形阴影 / 填充颜色图案 / 特殊效果

一分钟

图形绘制完成后，可以根据需要在细节上对图形进行美化，使得图形更加美观。下面主要从改变边角形状、改变边框颜色、改变图形线框、添加图形阴影、填充颜色图案、添加特殊效果等方面进行讲解。

1. 改变边角形状

具体操作步骤如下。

01 启动 PPT 2016，并新建一个空白演示文稿，删除幻灯片中的文本占位符，单击【插入】选项卡下【插图】组中的【形状】按钮，在弹出的下拉列表中选择【矩形】选项，在幻灯片中先绘制一个矩形。

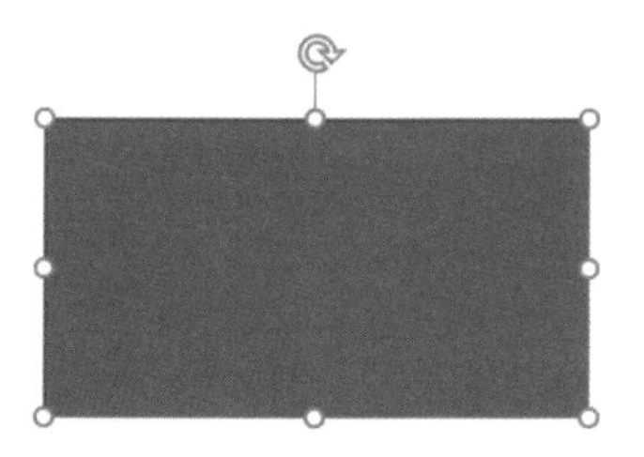

02 选择【绘图工具 / 格式】选项卡下【插入形状】组中的【编辑形状】按钮 编辑形状 ，在弹出的下拉列表中选择【更改形状】选项，在弹出的子列表中选择【矩形：圆角】选项。

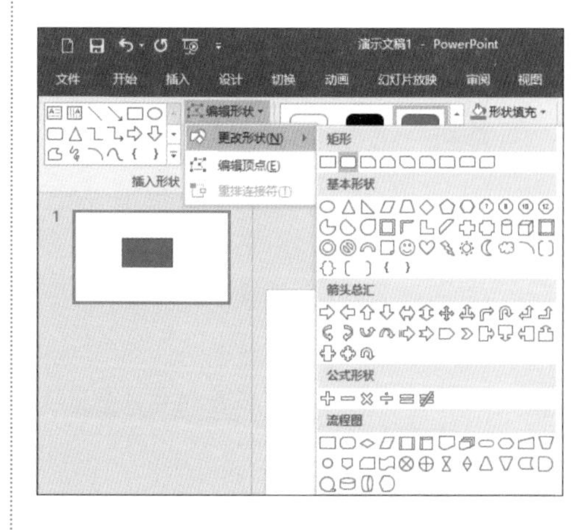

03 即可将矩形的直角改为圆角，若弧度不够，可以选中形状边框上的黄色小圆点。

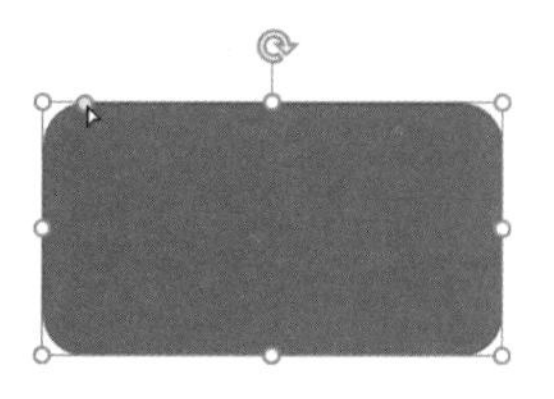

04 按住鼠标左键拖动黄色小圆点，即可轻松改变形状边角的弧度，效果如下图所示。

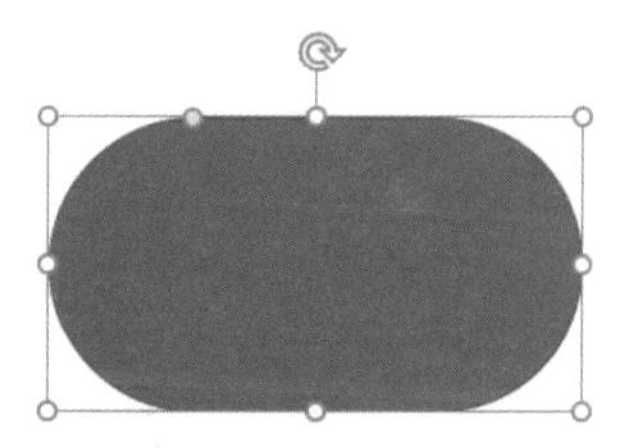

2. 改变边框颜色

具体操作步骤如下。

01 接着上面的内容继续操作，选中图形并在图形上右击，在弹出的快捷工具中单击【边框】按钮。

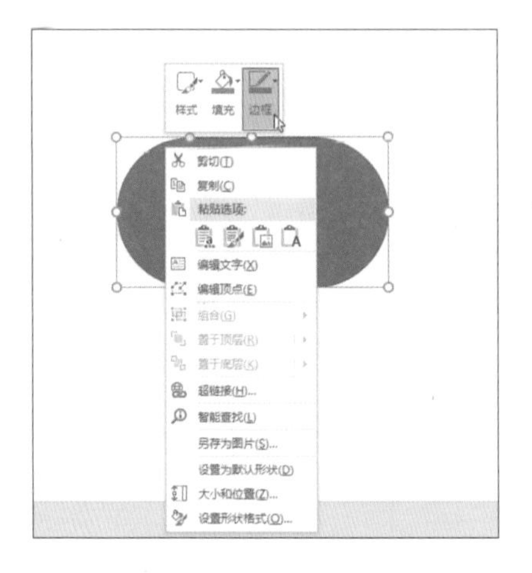

02 在弹出的下拉列表中选择一种颜色，这里选择【紫色】选项。

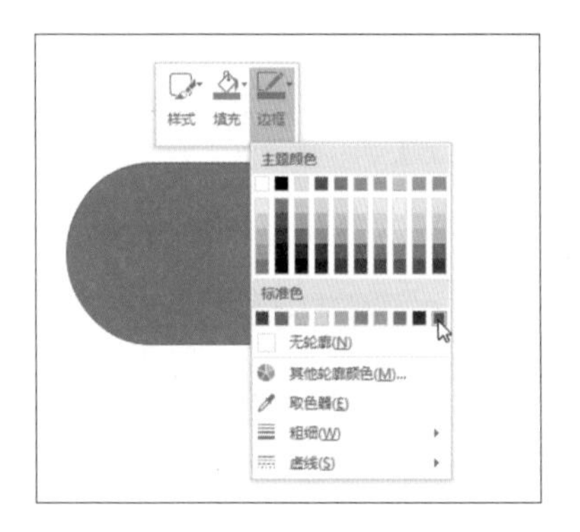

提示

在 PPT 2010 中在弹出的快捷工具中单击【形状轮廓】下拉按钮，在弹出的下拉列表中选择一种颜色即可。

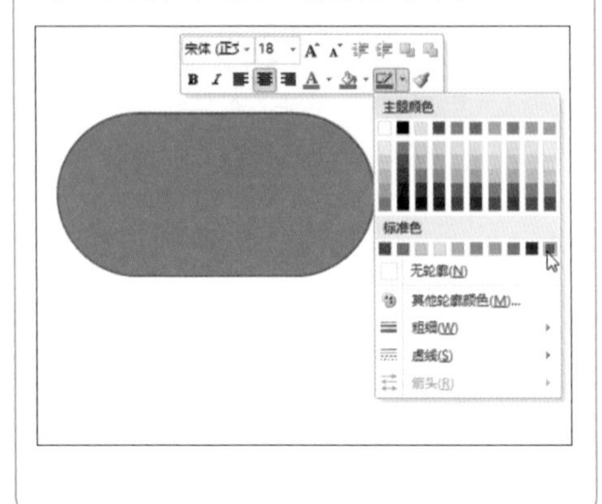

03 即可改变边框的颜色，效果如下图所示。

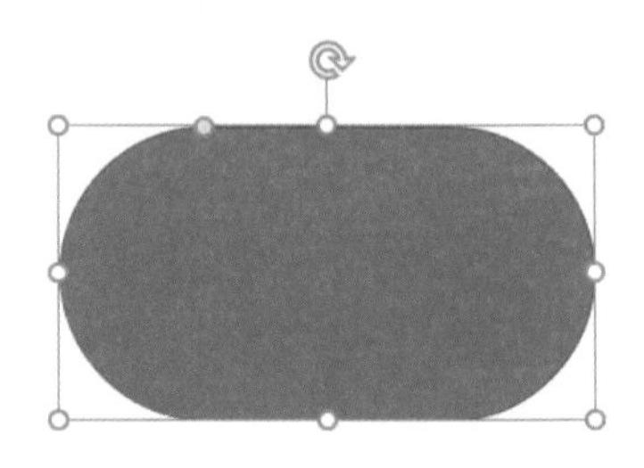

提示

另外，在【边框】选项的下拉列表中可以选择【其他轮廓颜色】选项，弹出【颜色】对话框，选择【自定义】选项卡，在这里用户可以根据需要自定义边框颜色。

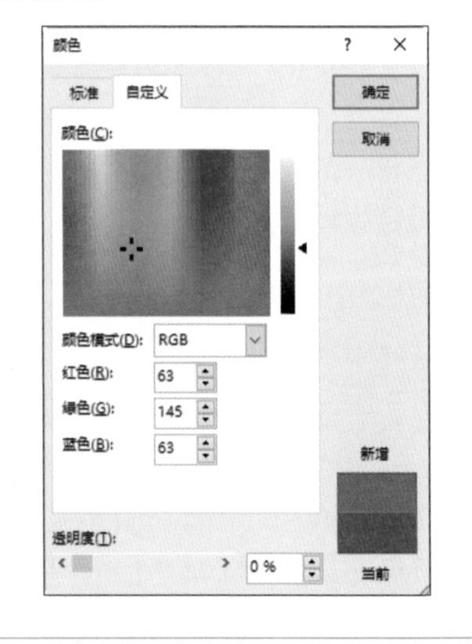

3. 改变图形线框

具体操作步骤如下。

01 接着上面的内容继续操作，选中图形，单击【绘图工具 / 格式】选项卡下【形状样式】组中的【形状轮廓】下拉按钮 形状轮廓，在弹出的下拉列表中选择【粗细】选项，在弹出的级联菜单中选择一种线条的磅值，这里选择【3 磅】选项。

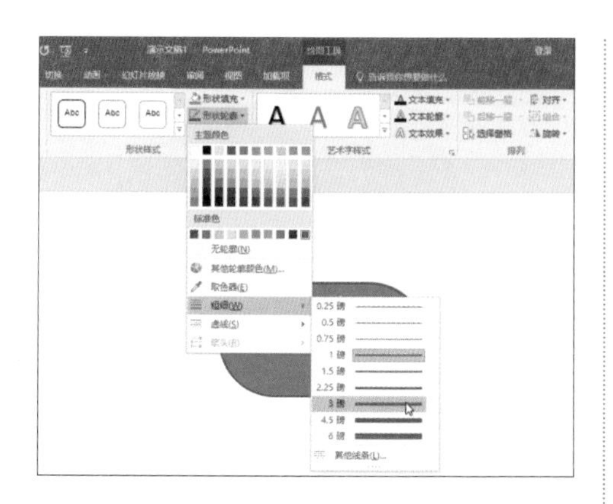

02 再次单击【形状轮廓】下拉按钮，在弹出的下拉列表中选择【虚线】选项，在弹出的子列表中选择一种线型，这里选择【短画线】选项。

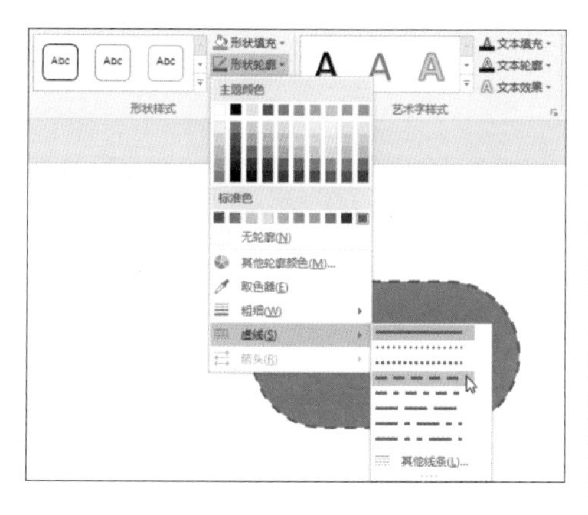

03 即可完成图形边框的更改，效果如下图所示。

4. 添加图形阴影

具体操作步骤如下。

01 接着上面的内容继续操作，选中图形，单击【绘图工具/格式】选项卡下【形状样式】组中的【形状效果】按钮 形状效果，在弹出的下拉列表中选择【阴影】→【透视：左上】选项。

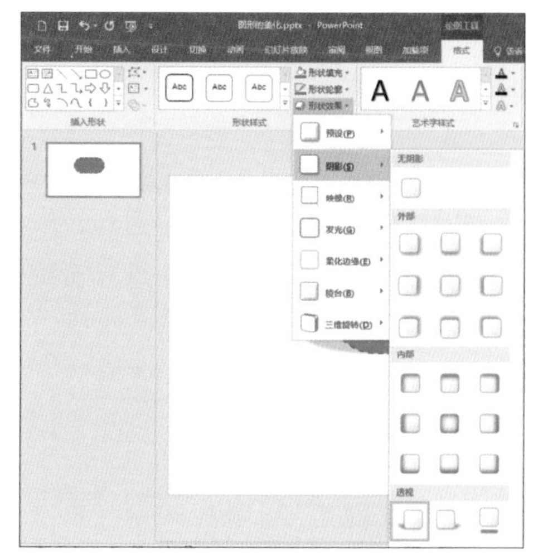

02 即可为图形添加阴影效果，如下图所示。

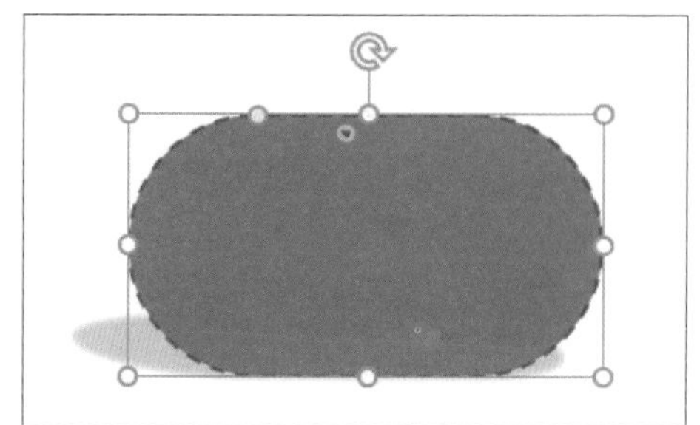

03 另外也可以根据需要进行调整，选中图形并右击，在弹出的快捷菜单中选择【设置形状格式】选项。

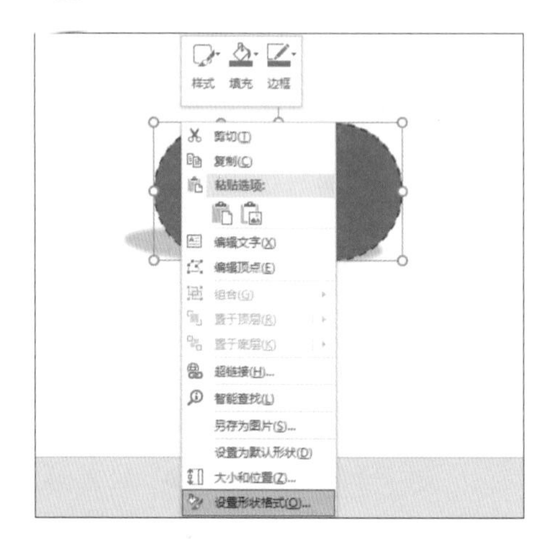

04 弹出【设置形状格式】任务窗格，选择【效果】选项卡，在【阴影】下拉列表中单击【阴影颜色】按钮，在弹出的下拉列表中选择一种颜色，这里选择【蓝色】选项。

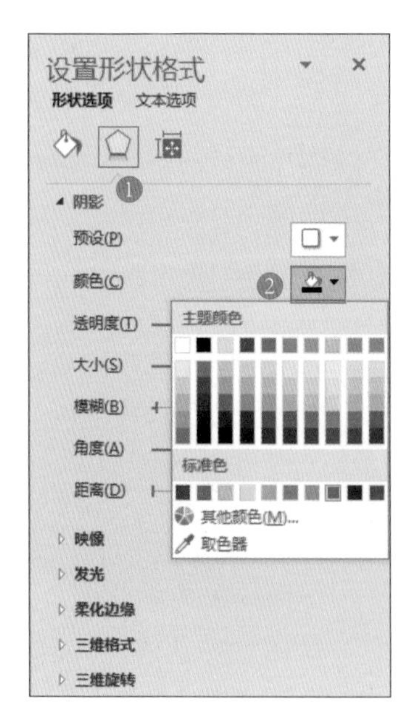

05 设置后的效果如下图所示。

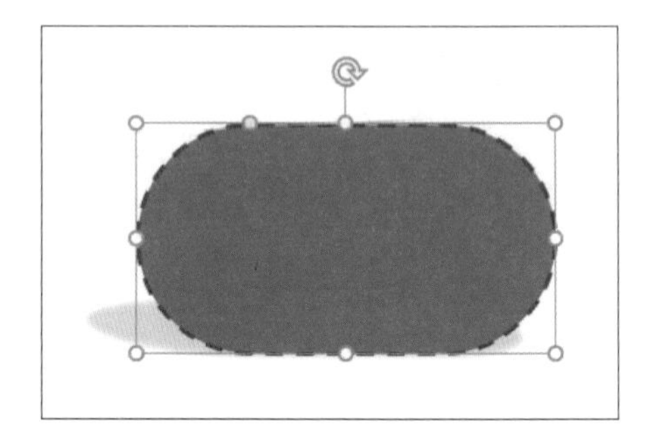

5. 填充颜色图案

具体操作步骤如下。

01 接着上面的内容继续操作，选中图形，单击【绘图工具 / 格式】选项卡下【形状样式】组中的【形状填充】下拉按钮 形状填充 ，在弹出的下拉列表中选择一种填充颜色，这里选择【金色，个性色 4，淡色 40%】选项。

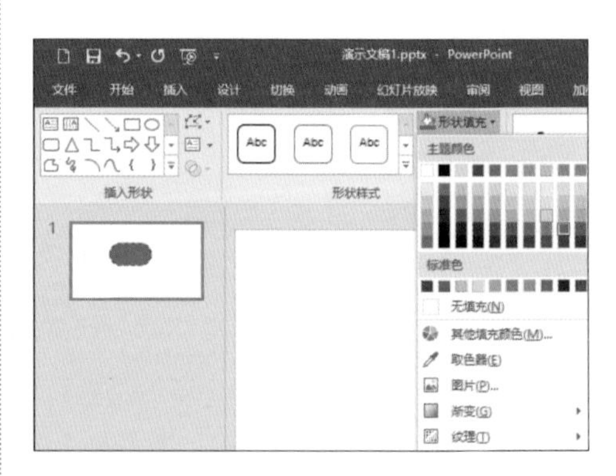

02 效果如下图所示。

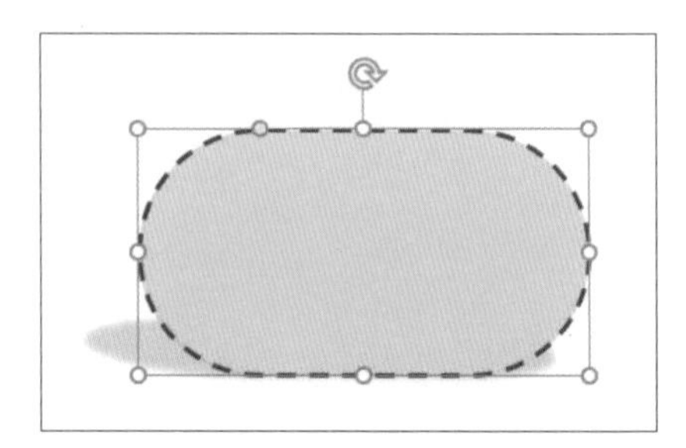

03 若觉得图形比较单调，可以选择图案填充。选中图形，并在图形上右击，在弹

出的快捷菜单中选择【设置形状格式】选项。

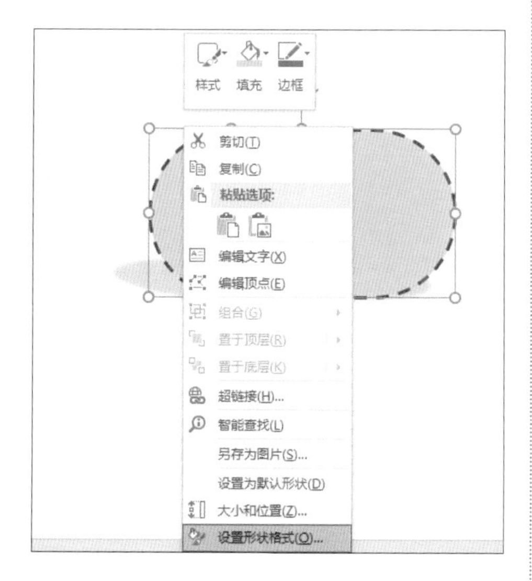

04 弹出【设置形状格式】任务窗格，选择【填充与线条】选项卡，在【填充】下拉列表中选中【图案填充】单选按钮，在弹出的【图案】样式中选择一种样式，这里选择【实心菱形网格】选项。

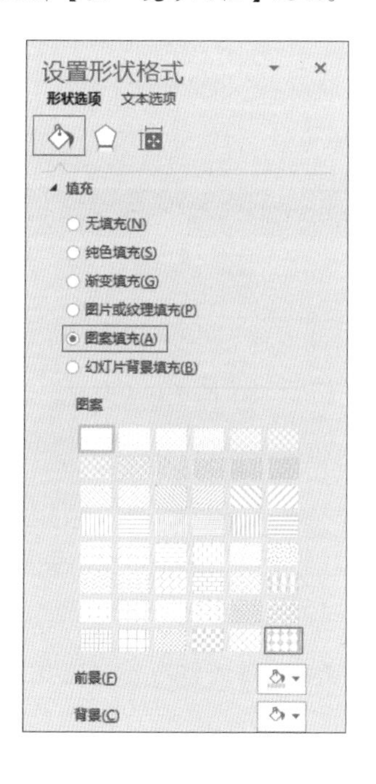

05 在图形上单击即可填充此图案样式，效果如下图所示。

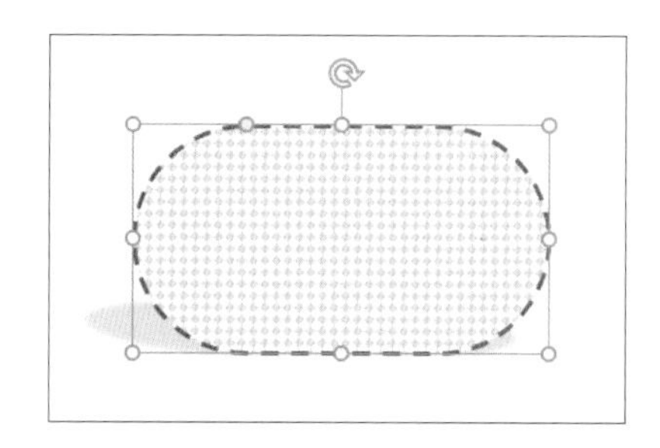

6. 添加特殊效果

具体操作步骤如下。

01 接着上面的内容继续操作，选中图形，单击【绘图工具 / 格式】选项卡下【形状样式】组中的【形状效果】按钮 形状效果，在弹出的下拉列表中选择【映像】→【半映像：接触】选项。

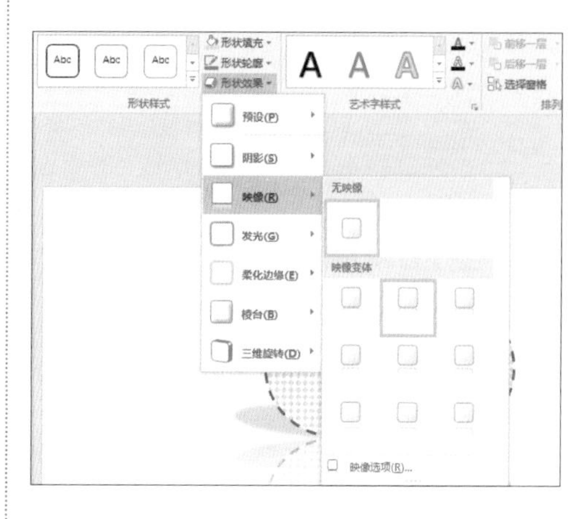

02 设置后的效果如下图所示。

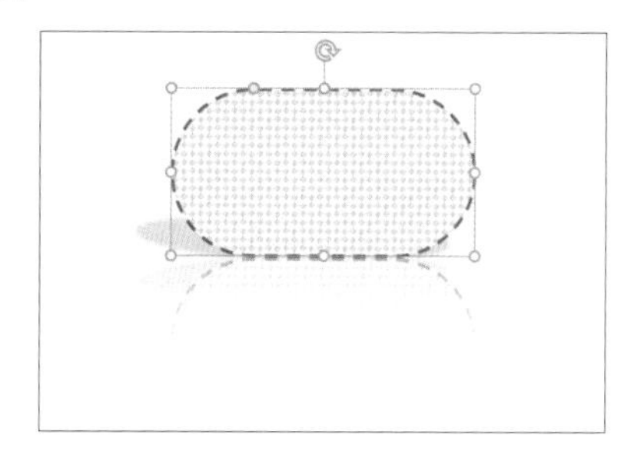

提示

用户可根据需要进行特殊效果的叠加，设置多种特殊效果。

30.5 使用 SmartArt 绘制图示

极简时光

关键词：【SmartArt】按钮 / 选择图形 / 插入图形 / 【更改颜色】按钮 / 输入文字

一分钟

在 PowerPoint 2016 中不仅可以使用【形状】下拉列表中的形状绘制图形，还可以使用 SmartArt 图形绘制，满足用户多样化的图形绘制需求，具体操作步骤如下。

01 启动 PowerPoint 2016，并新建一个空白演示文稿，删除幻灯片中的文本占位符，单击【插入】选项卡下【插图】组中的【SmartArt】按钮 SmartArt 。

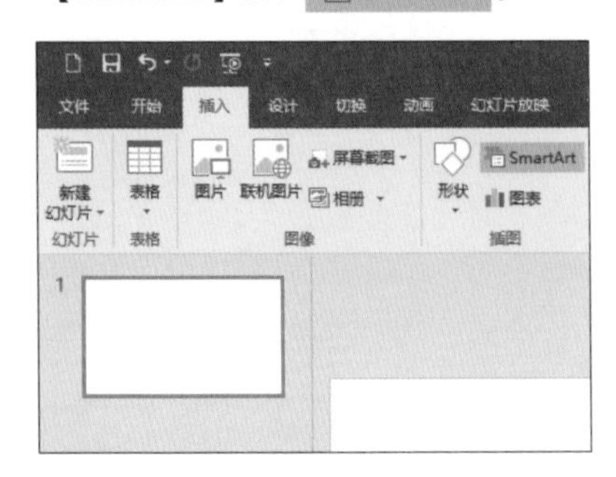

02 弹出【选择 SmartArt 图形】对话框，在该对话框中可以选择需要的图形，这里选择【循环】选项组中的【基本循环】图形，单击【确定】按钮。

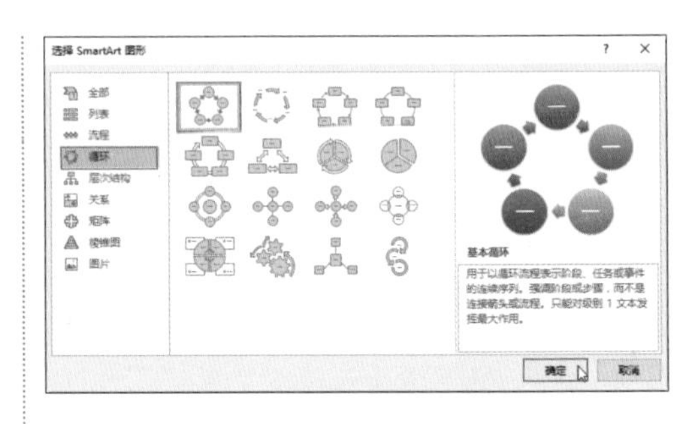

03 即可在幻灯片中插入图形。

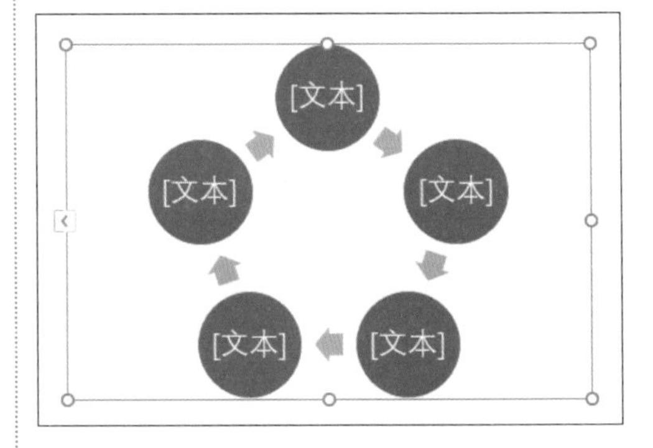

04 另外还可以根据需要对插入的图形进行美化，选择【SmartArt 工具 / 设计】选项卡下【SmartArt 样式】组中的【更改颜色】按钮，在弹出的下拉列表中选择一种颜色，这里选择【彩色 - 个性色】选项。

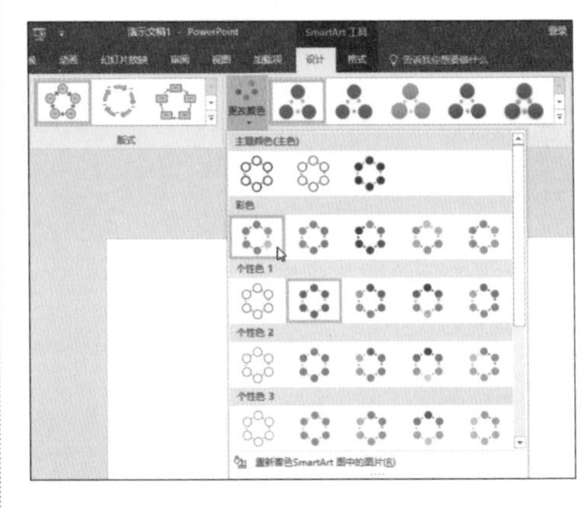

05 即可更改图形的颜色，效果如下图所示。

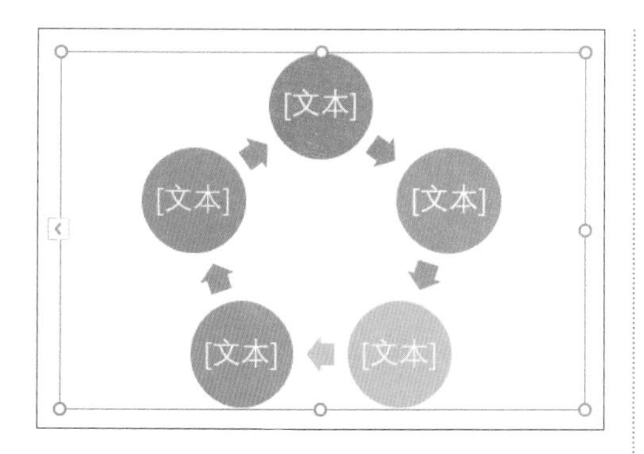

06 单击图形中的“文本”字符，即可输入文字，最终效果如下图所示。

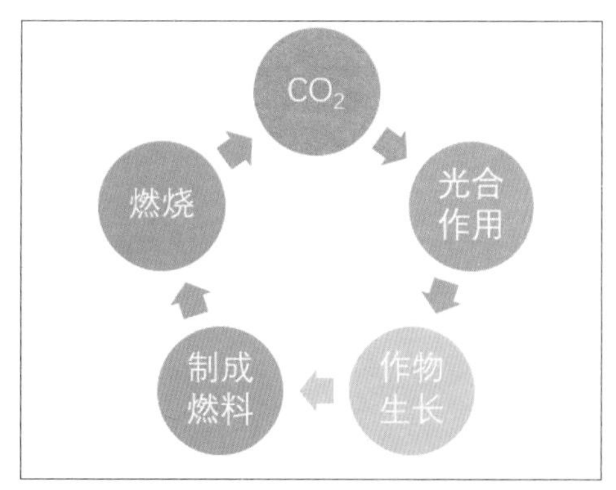

除此之外，在【SmartArt 工具】中还可以更改图形样式、版式等，在这里就不再一一介绍了。

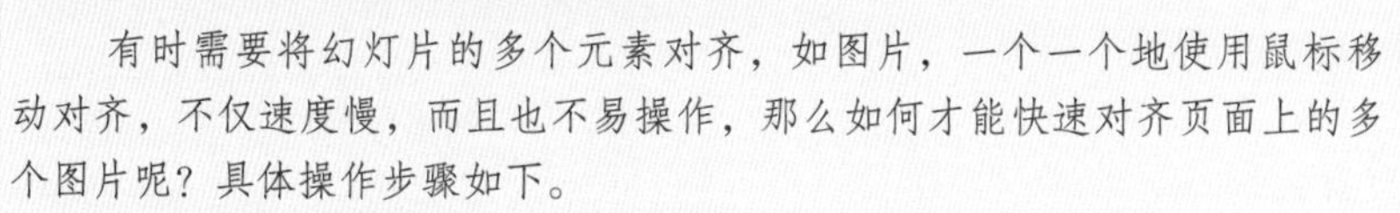

如何快速对齐页面上的多个元素

有时需要将幻灯片的多个元素对齐，如图片，一个一个地使用鼠标移动对齐，不仅速度慢，而且也不易操作，那么如何才能快速对齐页面上的多个图片呢？具体操作步骤如下。

01 打开随书光盘中的“素材\ch30\图片对齐.pptx”演示文稿，按住【Ctrl】键，将幻灯片中的图片全部选中。单击【图片工具/格式】选项卡下【排列】组中的【对齐】按钮，在弹出的下拉列表中选择【横向分布】选项。

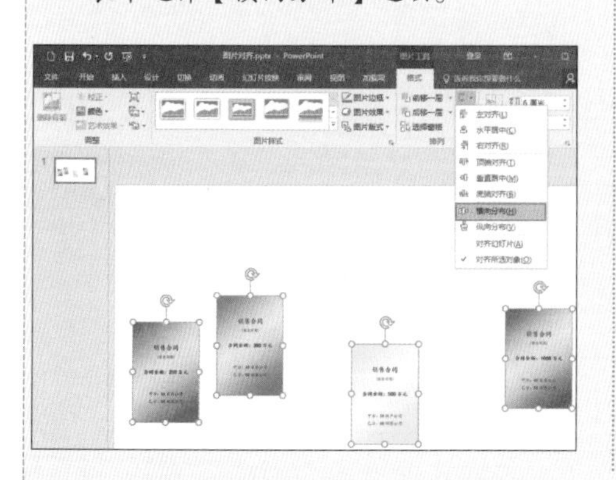

02 即可将图片在横向上分布对齐，但图片上下并没有对齐。再次单击【对齐】按钮，在弹出的下拉列表中选择【垂直居中】选项。

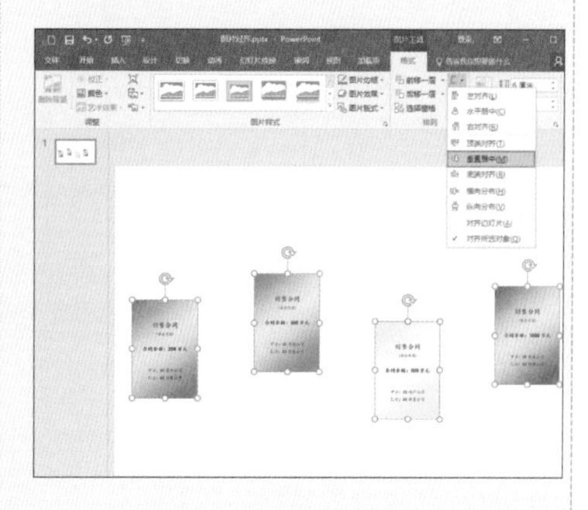

03 即可将所有图片对齐，效果如下图所示。

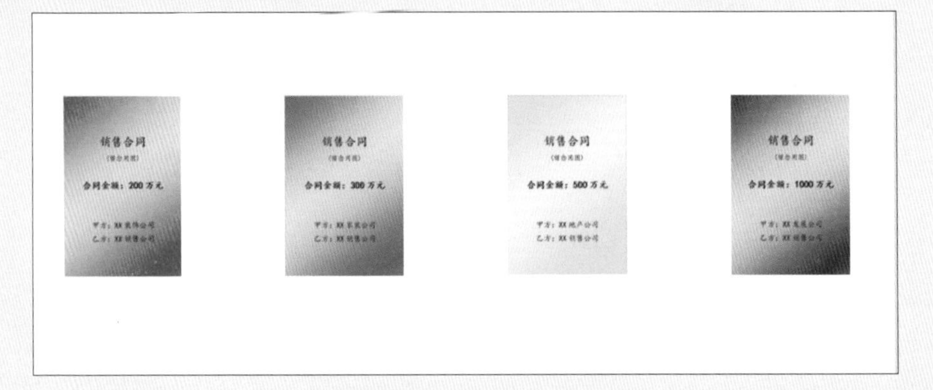

第 31 课 动画让 PPT 飞起来

制作演示文稿的目的是辅助演示者准确传递信息，使观众更容易接受和理解演示者所要表达的内容。在 PPT 中使用动画可以起到突出强调关键内容、美化 PPT 的作用，这样更有助于吸引观众的注意力，并有助于演示者内容的表达。

快来使用动画效果，让你的 PPT 飞起来吧！

PPT 中的动画效果有哪些？

如何使用这些动画？

31.1 认识幻灯片中的动画

动画用于给文本或对象添加特殊视觉或声音效果。例如，可以使文本项目符号逐字从左侧飞入，或在显示图片时播放掌声。

1. 过渡动画

使用颜色和图片可以引导章节过渡页，学习了动画之后，也可以使用翻页动画这个新手段来实现章节之间的过渡。

通过翻页动画，可以提示观众过渡到了新一章或新一节。选择翻页动画时不能选择太复杂的动画，整个 PPT 中的每一页幻灯片的过渡动画都向一个方向动起来就可以了。

如下图所示的幻灯片在每一页的章节标题中都使用了过渡动画，这样在播放演示文稿的时候既起到了过渡作用，又使幻灯片不显得单调乏味。

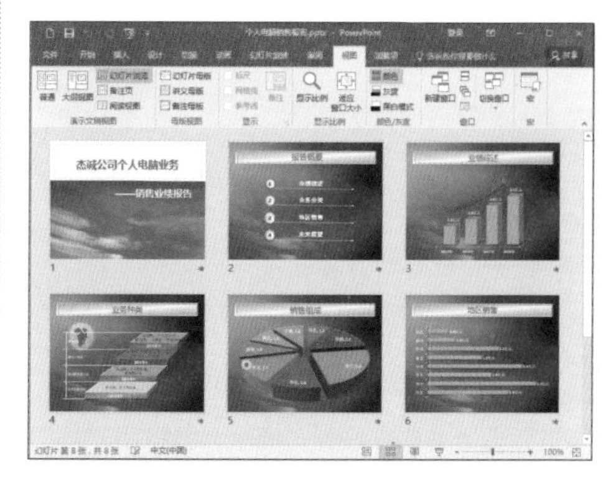

2. 重点动画

用动画来强调重点内容被普遍运用在 PPT 的制作中，在日常的 PPT 制作中重点动画能占到 PPT 动画的 80%。如使用相应的动画，在讲到该重点时，用鼠标单击或鼠标经过该重点时通过使重点内容动一动而强调重点，更容易吸引观众的注意力。

在使用强调效果强调重点动画时，可以使用进入动画效果进行设置。下图所示的是一些可供使用的进入效果。

3. 可使用动画的元素

在 PPT 2016 演示文稿中，可以将幻灯片中的文本、图片、形状、表格、SmartArt 图形和其他对象制作成动画，赋予它们进入、退出、大小或颜色变化甚至移动等视觉效果。

下图所示的是给文本和图片分别添加了动画的效果。

4. 动画使用原则

（1）醒目原则。使用动画是为了使重点内容等显得醒目，引导观众的思路，引起观众重视，可以在幻灯片中添加醒目的效果。要做到醒目，需要注意以下几点。

① 主次动画要搭配合理，主动画是为了醒目，次动画是为了衬托。

② 重点内容要适当夸张，重点部分使用夸张的动画，其他部分动画效果不要明显。

如下图所示，对中间的图形设置【加深】动画，这样在播放幻灯片时，中间的图形就会加深颜色显示，从而使其显得更加醒目。

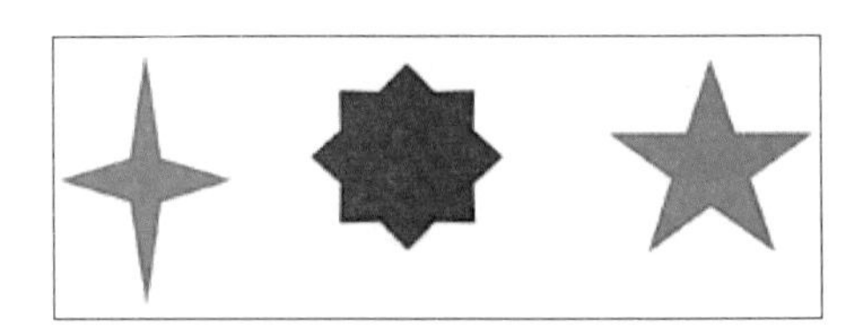

（2）自然原则。无论是使用的动画样式，还是设置文字、图形元素出现的顺序，都要在设计使用方式下遵循自然的原则。使用的动画不能显得生硬，要结合具体的演示内容。

要满足自然原则，可以参照以下的规律。

① 由远及近时，物体也会由小到大，反之亦然。

② 立体对象运动时，其阴影也会随之变化。

③ 物体运动时，可以伴随加速、减速、碰撞等效果。

④ 物体发生碰撞时，常常会伴随抖动的效果。

（3）适当原则。在 PPT 中使用动画要遵循适当原则，既不可以每一页中每行字都有动画而造成动画满天飞、滥用动画及错用动画，也不可以在整个 PPT 中不使用任何动画。

动画满天飞容易分散观众的注意力，打乱正常的演示过程，也容易给人一种展示 PPT 的软件功能，而不是通过演讲表达信息的错觉。

而另一种不使用任何动画的极端行为，也会使观众觉得枯燥无味，同时有些问题也不容易解释清楚。

因此，在 PPT 中使用动画的多少要适当，也要结合演示文稿需要传达的意思来使用动画。

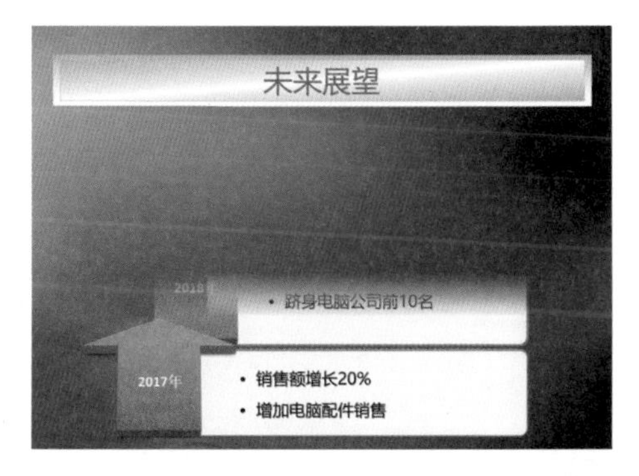

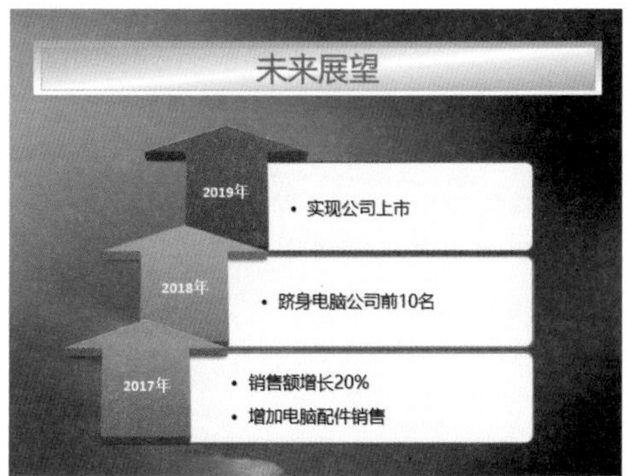

（4）简化原则。有些时候 PPT 中某页幻灯片中的构成元素不可避免地繁杂，如使用大型的组织结构图、流程图等表达复杂内容时，尽管使用简单的文字、清晰的脉络去展示，但还是会显得复杂。这时如果使用恰当的动画将这些大型图表化繁为简，运用逐步出现、讲解、再出现、再讲解的方法，可将观众的注意力随动画和讲解集中在一起。

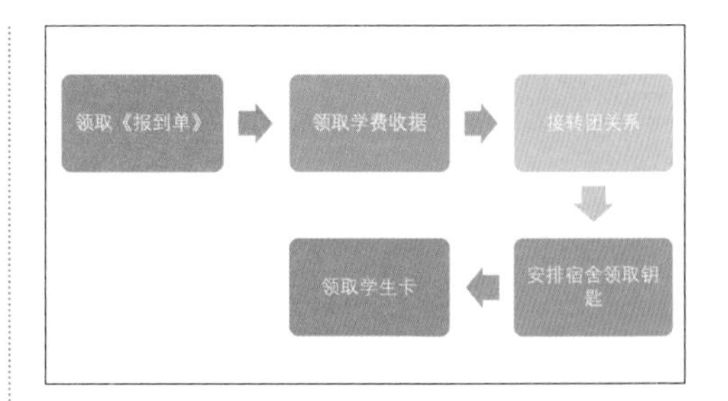

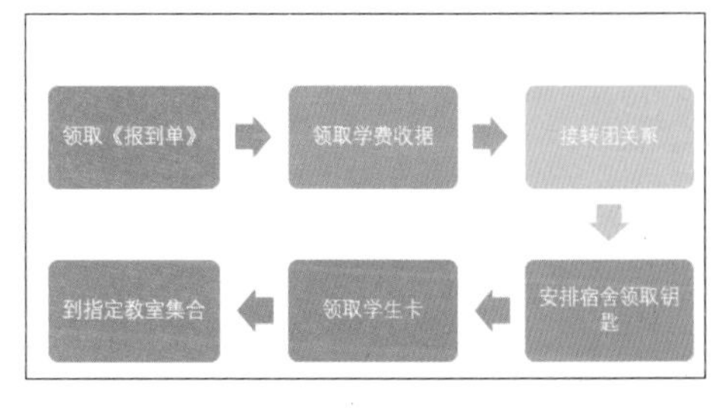

（5）创意原则。为了吸引观众的注意力，在 PPT 中动画是必不可少的。并非任何动画都可以吸引观众，如果质量粗糙或者使用不当，观众只会疲于应付，反而会分散他们对 PPT 内容的注意力。因此使用 PPT 动画时，要有创意。例如，使用【陀螺旋】动画，在扔出扑克牌的时候使用魔术师变出扑克牌的修饰会产生更好的效果。

31.2 添加动画效果

极简时光

关键词：动画效果 / 文字动画 /【动画窗格】按钮 /【预览】按钮 / 图片动画 / 图表动画

一分钟

使用动画可以让观众将注意力集中在要点和控制信息流上，还可以提高观众对演示文稿的兴趣。幻灯片中可使用动画的元素有很多，下面主要介绍给幻灯片中的文字、图片及图表等元素添加动画。

1. 文字动画

文字是幻灯片中主要的信息载体，如果文字内容过多，使用过多的动画效果会分散观众的注意力，对于标题类的文字则可以适当使用淡出、缩放、脉冲及变色等动画达到效果，下面以为标题应用缩放动画效果为例介绍创建文字动画的具体操作步骤。

01 打开随书光盘中的“素材\ch31\文字动画效果.pptx”演示文稿，选择文字文本框，单击【动画】选项卡下【动画】组中的【其他】按钮，在弹出的下拉列表中选择【进入】选项组中的【缩放】动画效果。

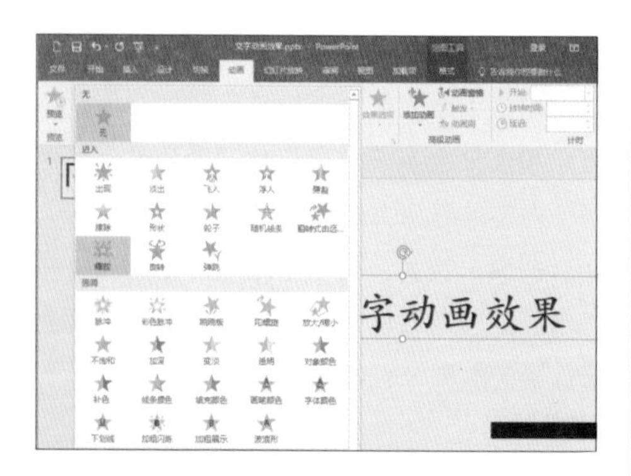

02 即可为标题添加“缩放”动画效果，并在标题文本框的左上角显示一个小方框，显示动画顺序。

03 单击【动画】选项卡下【动画】组中的【效果选项】按钮，在弹出的下拉列表中的【消失点】选项组中选择【幻灯片中心】选项，在【序列】选项组中选择【作为一个对象】选项。

04 单击【动画】选项卡下【高级动画】组中的【动画窗格】按钮。

05 在右侧弹出【动画窗格】任务窗格，在【动画窗格】任务窗格中选择动画，单击动画右侧的下拉按钮，在弹出的下拉列表中选择【效果选项】选项。

06 弹出【缩放】对话框，选择【效果】选项卡，单击【增强】选项区域中的【动画文本】文本框下拉按钮，在弹出的下拉列表中选择【按字母】选项，设置【% 字母之

间延迟】为“20”，单击【确定】按钮。

07 单击【动画】选项卡下【预览】组中的【预览】按钮。

08 即可看到设置完成后的动画效果如下图所示。

2. 图片动画

为图片添加动画效果可以提升图片的动感和美感。下面以实现不同图片之间切换为例介绍设置图片动画的具体操作步骤。

01 打开随书光盘中的“素材\ch31\图片动画效果.pptx”演示文稿，选择图片文件，单击【动画】选项卡下【动画】组中的【其他】按钮，在弹出的下拉列表中选择【进入】选项组下的【形状】动画效果。

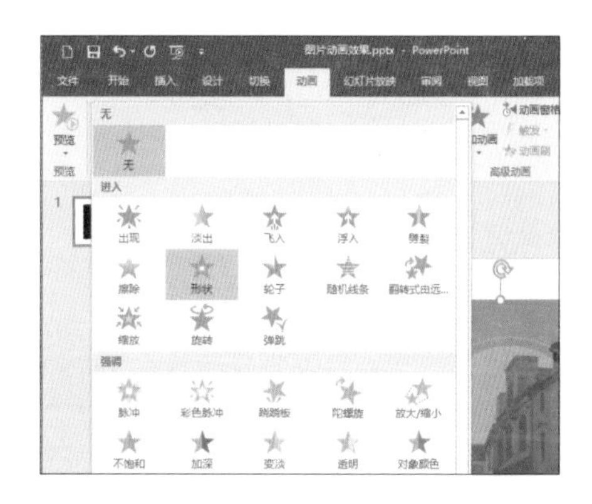

02 即可看到设置完成的图片动画效果。

03 单击【效果选项】按钮，在弹出的下拉列表中的【方向】选项组中选择【切出】选项，在【形状】选项组中选择【菱形】选项。

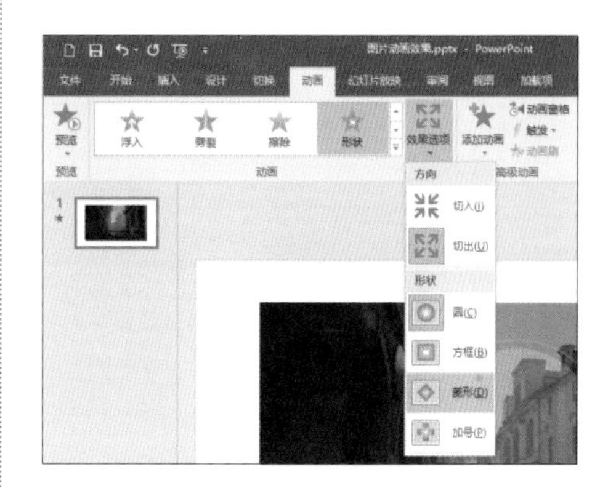

04 单击【预览】组中的【预览】按钮，即可看到设置的动画效果。

3. 图表动画

为图表添加动画可以使图表的展现更加生动，更有层次感，下面以为饼图添加动画为例介绍创建图表动画的具体操作步骤。

01 打开随书光盘中的“素材\ch31\图表动画效果.pptx”演示文稿，选择图表文件，单击【动画】选项卡下【动画】组中的【其他】按钮，在弹出的下拉列表中选择【进入】选项组下的【飞入】动画效果。

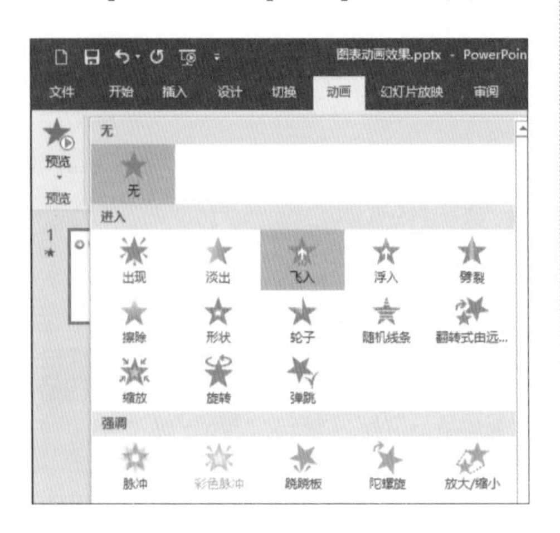

02 即可看到设置完成的图表动画效果。

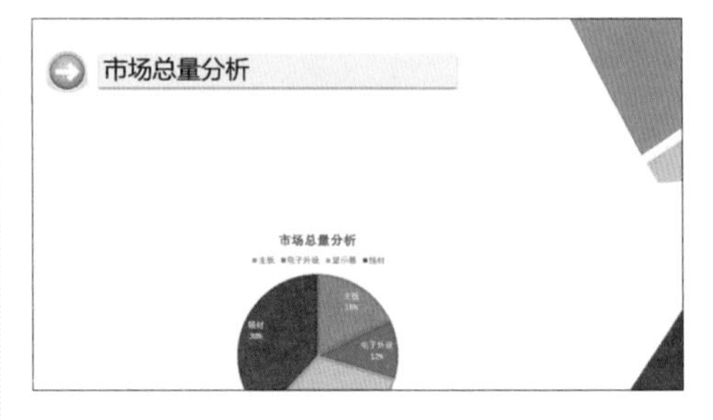

03 单击【动画】组中的【效果选项】按钮，在弹出的下拉列表中的【方向】选项组中选择【自底部】选项，在【序列】选项组中选择【按类别】选项。

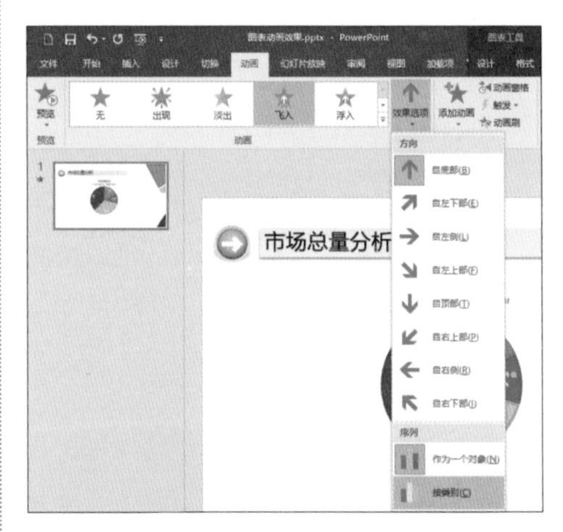

04 单击【高级动画】组中的【动画窗格】按钮 动画窗格。

05 在右侧弹出的【动画窗格】任务窗格中，展开所有动画，选择【内容占位符 5：分类 1】选项。

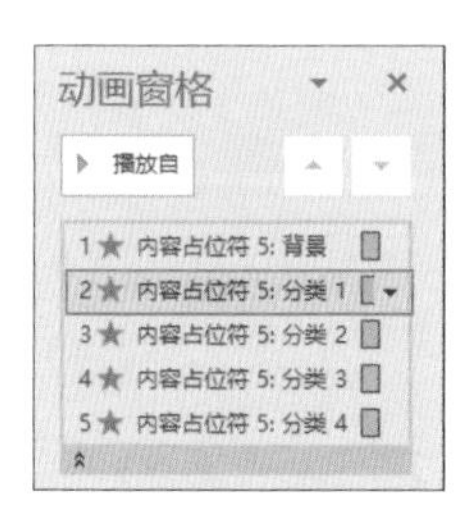

06 单击【动画】选项卡下【动画】组中的【其他】按钮，在弹出的下拉列表中选择【进入】选项组下的【轮子】动画效果，使用同样的方法，分别设置其他分类的动画。

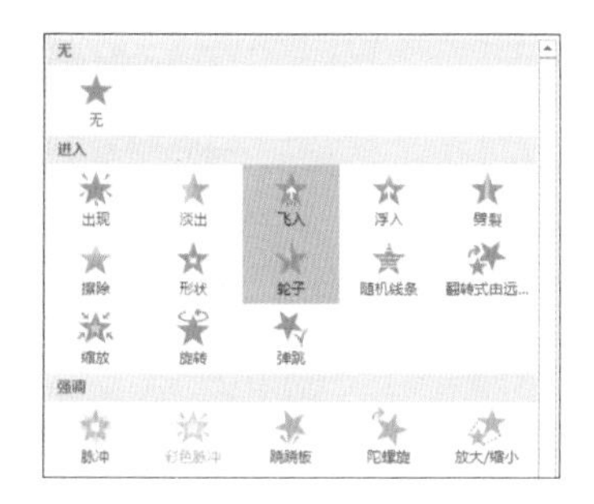

07 单击【预览】组中的【预览】按钮，即可看到图表的动画效果。

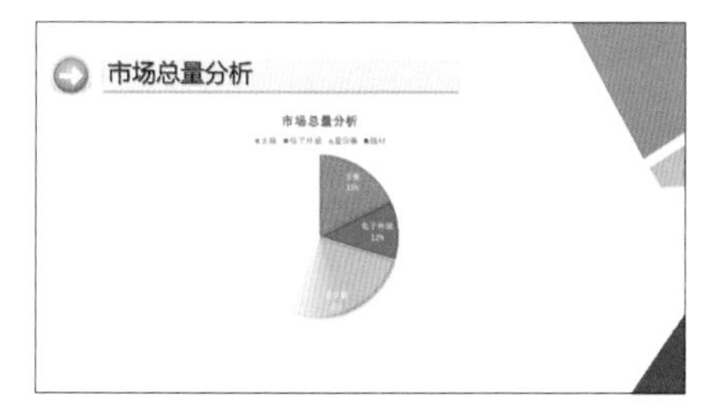

31.3 自定义动画路径

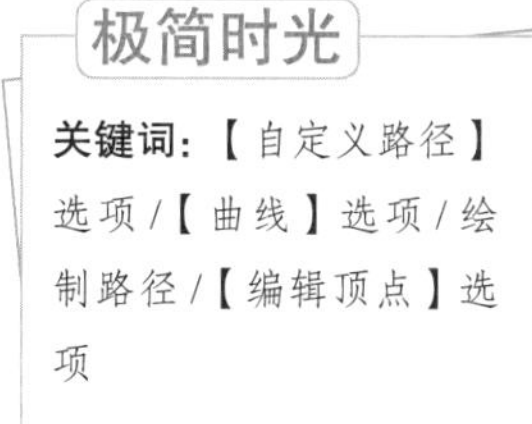

路径动画可以根据制作者的要求移动对象，制作路径动画的具体操作步骤如下。

01 打开随书光盘中的“素材\ch31\制作路径动画.pptx”演示文稿，选择幻灯片页面中的文本框，单击【动画】选项卡下【动画】组中的【其他】按钮，在弹出的下拉列表中选择【动作路径】选项组下的【自定义路径】选项。

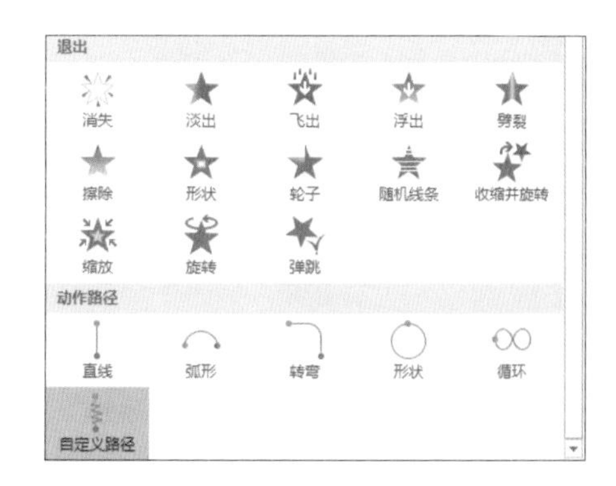

02 单击【效果选项】按钮，在弹出的下拉列表中的【类型】选项组中选择【曲线】选项。

03 即可开始在幻灯片页面中绘制路径。

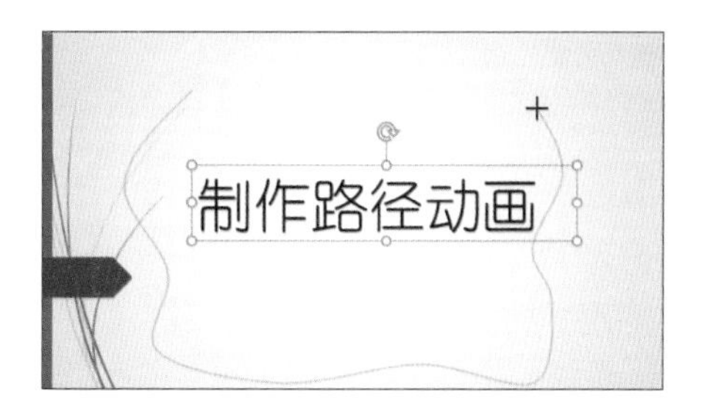

04 绘制结束并双击，即可看到绘制完成的路径。单击【效果选项】按钮，在弹出的下拉列表中的【路径】选项组中选择【编辑顶点】选项。

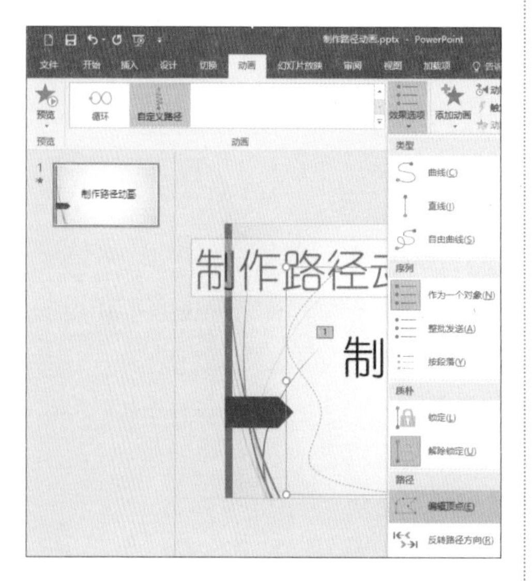

05 即可显示路径中的顶点，单击要编辑的顶点，按住鼠标左键并拖曳至合适的位置，完成顶点的编辑。

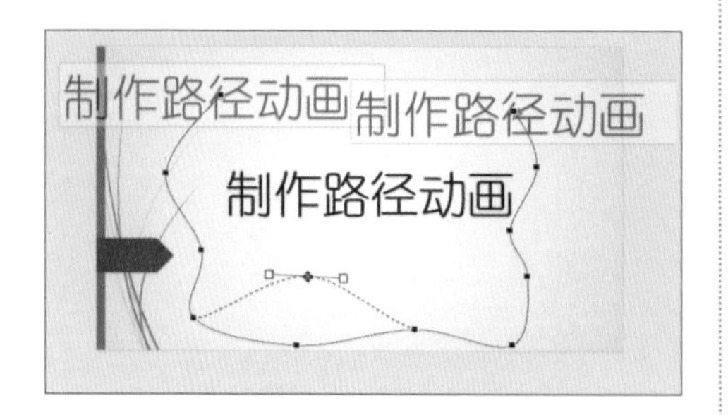

06 单击【预览】组中的【预览】按钮，即可看到设置的路径动画效果。

31.4 动画的出场时间

设置动画的出场时间可以使动画按照指定的顺序一个接一个地出现，从而有利于演讲者所要表达的内容准确快速地传递给观众，具体操作步骤如下。

选择设置了动画的区域，单击【动画】选项卡下【计时】组中的【开始】下拉按钮，然后从弹出的下拉列表中选择所需的计时。该下拉列表中包括【单击时】【与上一动画同时】和【上一动画之后】3 个选项。

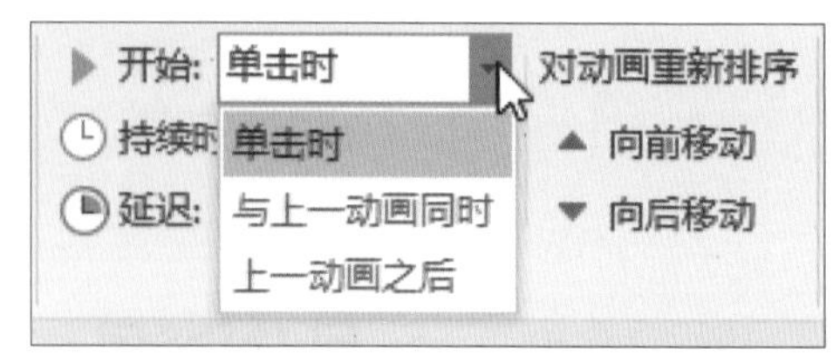

31.5 动画不是想用就能用的

极简时光

关键词：注意事项 / 数量少一点 / 突出重点 / 同等级元素组合 / 节奏适中

一分钟

动画不是想用就随便用的，用得好可以加分，用不好，会大大降低 PPT 的质量。

制作动画应注意的事项如下。

（1）数量少一点，突出重点就好。动画种类太多会使得 PPT 内容杂乱，无法突出重点。

（2）同等级元素组合更精彩。把多个元素组合成一个，用一种动画显示，会更加流畅自然，如目录、列表等。

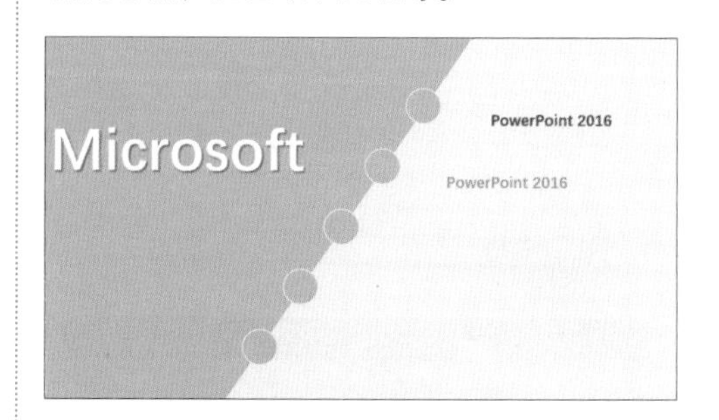

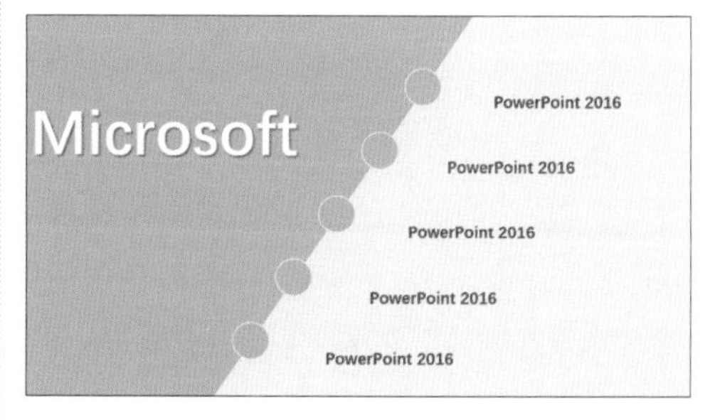

（3）节奏适中不拖拉。在制作动画的时候一定要注意动画节奏的把控，宁可快一点也不要太慢，不然会让人觉得拖拉。

牛人干货

1. 使用【动画刷】快速复制动画效果

在 PowerPoint 2016 中，可以使用【动画刷】复制一个对象的动画，并将其应用到另一个对象中。使用【动画刷】复制动画效果的具体操作步骤如下。

01 打开随书光盘中的“素材\ch31\动画刷.pptx”演示文稿，选中幻灯片中创建过动画的对象“人类智慧的‘灯塔’”，选择【动画】选项卡，可以看到其设置了【形状】动画效果。单击【动画】选项卡【高级动画】组中的【动画刷】按钮 动画刷 。

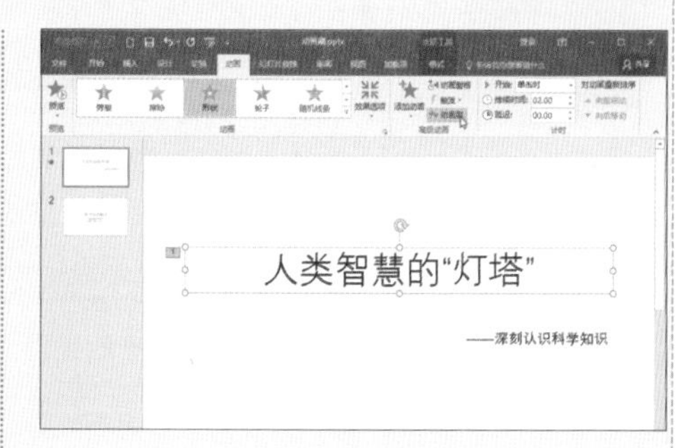

02 此时幻灯片中的鼠标指针变为动画刷的形状。在幻灯片中，用【动画刷】单击“——深刻认识科学知识”即可复制“人类智慧的‘灯塔’”动画效果到此对象上。

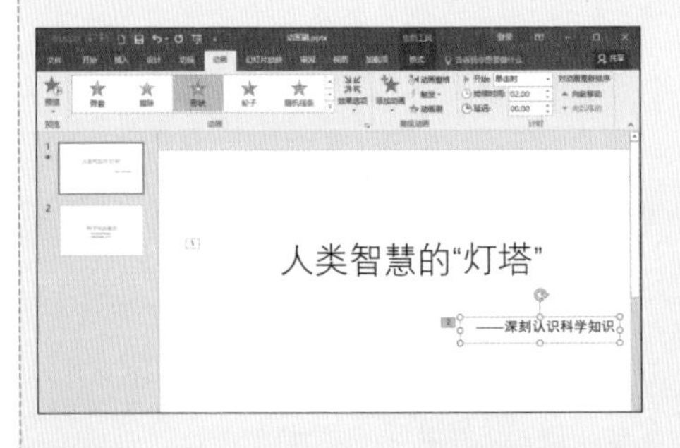

03 双击【动画】选项卡【高级动画】组中的【动画刷】按钮，然后单击【幻灯片/大纲】窗格【幻灯片】选项卡下第2张幻灯片的缩略图，切换到第2张幻灯片上。用【动画刷】先单击“科学技术概念”，然后单击其下面的文字即可复制动画效果到此幻灯片的另外两个对象上，复制完成后，按【Esc】键退出复制动画效果的操作。

2. 动画的使用技巧

下面是使用动画的一些技巧。

在相关的幻灯片系列中，每张幻灯片应设法使用相同的动画效果。如果希望把演示文稿的一部分和其他部分区分开，可以在不同部分使用不同的动画效果。

如果希望某个时刻只讨论幻灯片上的一个项目要点，可以将其他的项目要点设置为播放后变暗或变成浅色。

如果希望隐藏某一元素，但现有的动画设置又不能按照自己所希望的方式隐藏，则可以考虑使用自选图形，将其填充颜色设置为与背景色相同并且有外框线的图形。这一图形将以“不可见”形式出现，但会隐藏其背后的所有内容。

根据自己希望引导观众查看数据的方式动态显示图表。例如，如果图表上的各系列展示同部门的销售量，并且希望将各部门的销售量进行对比，则可以设置为按系列动画；如果希望突出图表随时间流逝的变化情况，而不按部门结果显示，则可以设置为按分类动画。

如果希望创建自己的动态图形，而自己又没有创建动态 GIF 的程序，则可以在幻灯片上建立非常简单的动画：简单地创建动画的各帧——要快速连续前进的 3 幅或者多幅图画，然后将它们一幅幅叠放在幻灯片中，并设置计时使它们按顺序播放，并且可以根据需要调整延迟和重复次数。

第 32 课 PPT 的演示之道

制作好的幻灯片通过检查之后就可以播放使用了，掌握幻灯片播放的方法与技巧并灵活使用，可以达到意想不到的效果。用户通过对这些 PPT 演示内容的学习，能够更好地提高演示效率。

32.1 PPT 演示前需要检查什么

极简时光

关键词： 检查演示文稿 / 检查非文字内容 / 进行预演 / 防止泄露隐私 / 熟悉会场

一分钟

制作完成 PPT 后，就可以将 PPT 放映给观众，在放映之前，需要做一些准备工作。

（1）检查制作完成的演示文稿。要确保字号能让所有观众看清楚，字体能够让所有观众看明白。另外，字体和字号要尽量统一。

（2）检查非文字内容，如图表、动画、视频等能否按要求的效果播放。

（3）进行预演，便于控制语速，把握时间。

（4）准备激光笔，便于在站立演讲时指示重要内容，引导观众视线。

（5）检查 U 盘、笔记本中 PPT 是否已放置要演讲的幻灯片。可以多备份几个文件。

（6）如果使用个人计算机连接投影仪演讲，最好先将个人计算机进行清理，防止泄露隐私。

（7）了解听众的基本情况，使用合适的语言，便于听众接受。

（8）最好准备一套合适的衣服、鞋。

（9）提前熟悉会场，确保会场设备能正常运行。

（10）熟悉线路，如果去外地演讲，最好先熟悉从宾馆到演讲地的线路，以免耽误时间。

32.2 为幻灯片添加注释

极简时光

关键词： 放映幻灯片 / 选择【指针选项】/ 添加注释 / 选择颜色 / 保留注释

一分钟

要想使观看者更加了解幻灯片所表达的意思，就需要在幻灯片中添加注释以达到演讲者的目的。添加注释的具体操作步骤如下。

01 打开随书光盘中的“素材\ch32\XX 公司宣 PPT.pptx”演示文稿，选中第三张幻灯片，单击【幻灯片放映】选项卡下【开始放映幻灯片】组中的【从当前幻灯片开始】按钮或按【Shift+F5】组合键放映幻灯片。

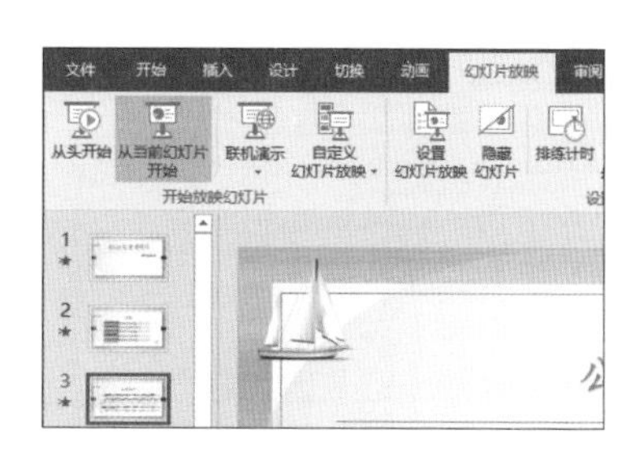

02 在幻灯片中右击，在弹出的快捷菜单中选择【指针选项】→【笔】命令。

03 当鼠标指针变为一个点时，即可在幻灯片中添加注释。

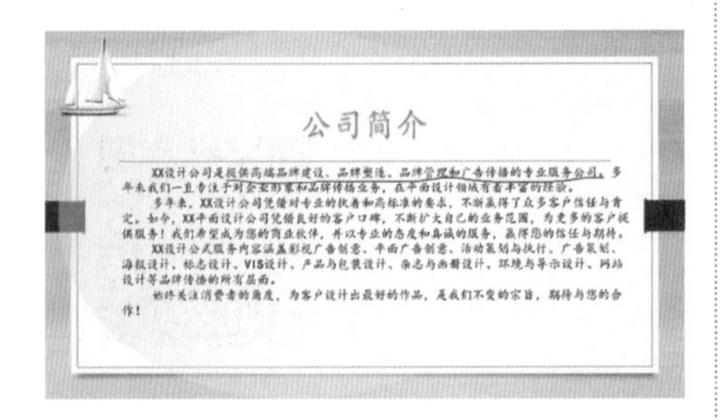

04 另外，用户还可以根据需要修改画笔颜色。使用绘图笔在幻灯片中标注并右击，在弹出的快捷菜单中选择【指针选项】→【墨迹颜色】命令，在【墨迹颜色】下拉列表中选择一种颜色，这里选择【蓝色】选项。

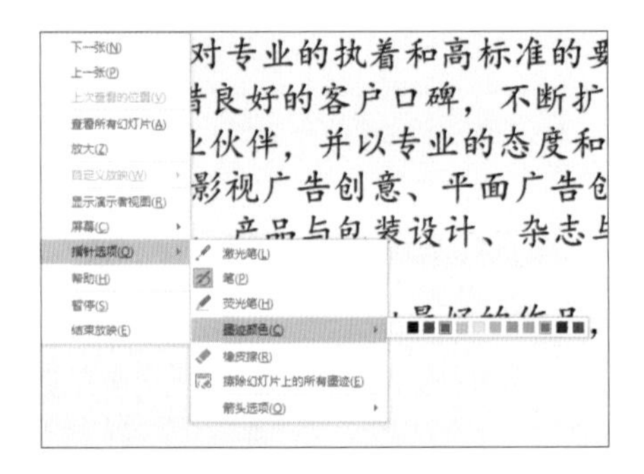

05 此时绘笔颜色即变为深蓝色。

06 结束放映幻灯片时，弹出【Microsoft PowerPoint】对话框，单击【保留】按钮。

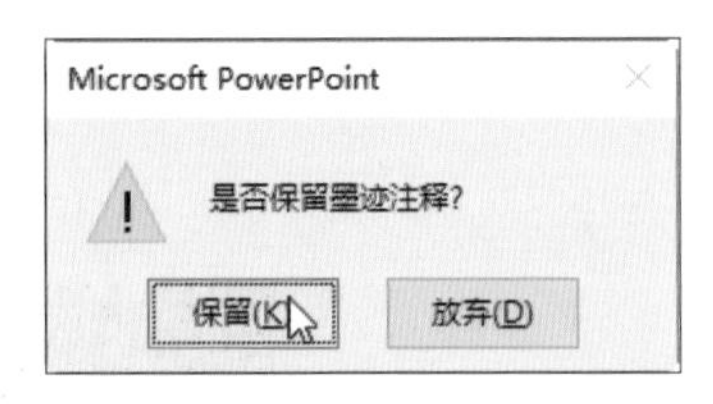

07 即可保留注释。

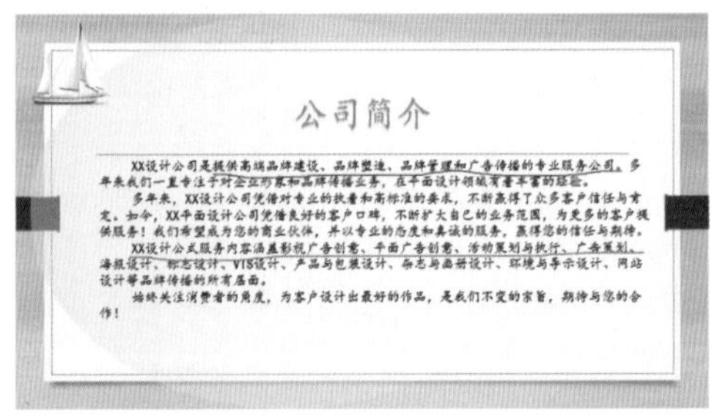

32.3 通过排练计时确定演讲节奏

在公众场合进行 PPT 的演示之前需要掌握好 PPT 演示的时间，为此需要测定幻灯片放映时的停留时间，以便符合整个展示或

演讲的需要，具体操作步骤如下。

01 打开随书光盘中的“素材\ch32\XX 公司宣PPT.pptx”文件，单击【幻灯片放映】选项卡【设置】组中的【排练计时】按钮。

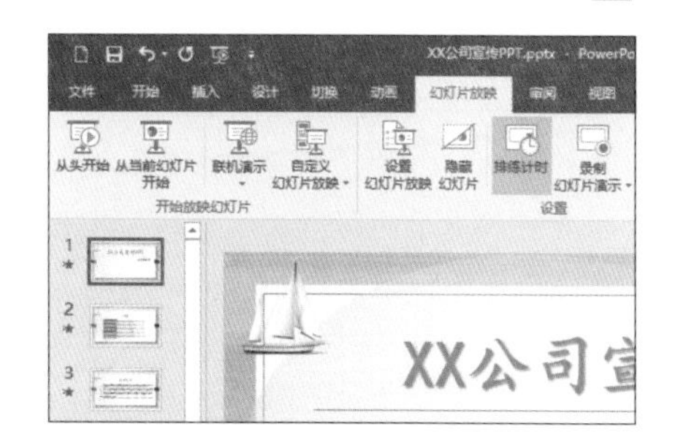

02 系统会自动切换到放映模式，并在幻灯片的左上角弹出【录制】对话框，在【录制】对话框中会自动计算出当前幻灯片的排练时间，时间的单位为秒。

提示

在放映的过程中需要临时查看或跳到某一张幻灯片时，可通过【录制】对话框中的按钮来实现。①【下一项】按钮。切换到下一张幻灯片。②【暂停】按钮。暂时停止计时后，再次单击会恢复计时。③【重复】按钮。重复排练当前幻灯片。

03 排练完成，系统会显示一个警告消息框，显示当前幻灯片放映的总时间。单击【是】按钮，即可完成幻灯片的排练计时。

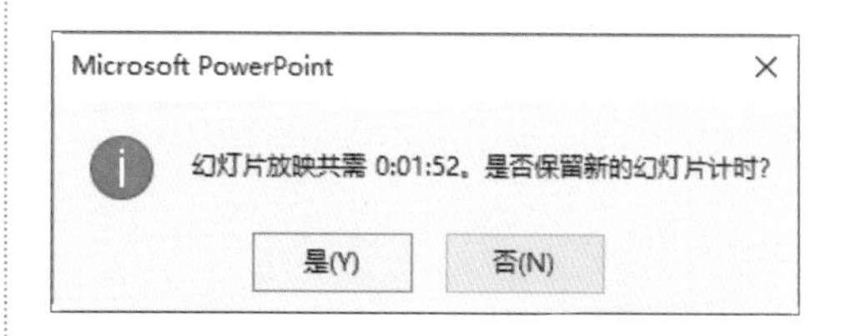

04 单击【视图】选项卡下【演示文稿视图】组中的【幻灯片浏览】按钮，即可查看每张幻灯片的录制时间。

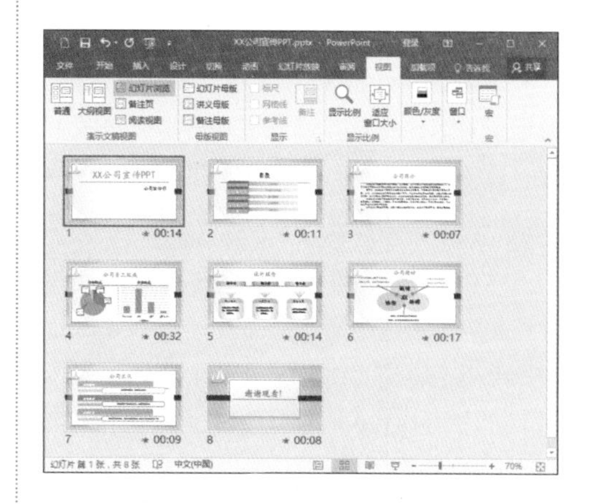

32.4 放映幻灯片

放映幻灯片可以从头开始、从当前幻灯片开始、联机演示和自定义幻灯片放映，这些放映方法可以通过单击【幻灯片放映】选项卡【开始放映幻灯片】组中的相应选项来实现。

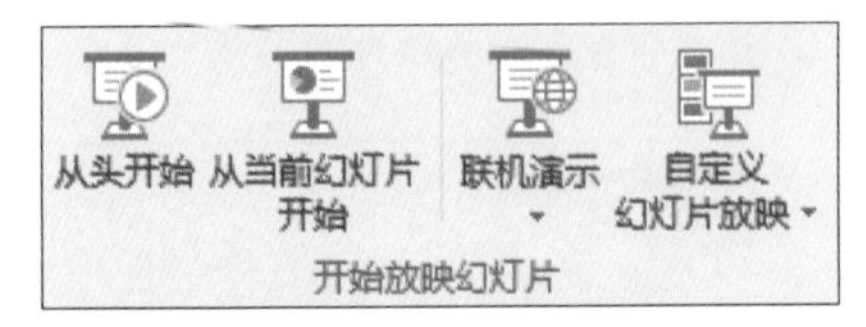

下面重点介绍【自定义放映】。

按【F5】键即可从头开始播放幻灯片，按【Shift+F5】组合键即可从当前幻灯片开始播放幻灯片。

利用 PowerPoint 2016 的【自定义放映】功能，可以为幻灯片设置多种自定义放映方式。设置自动放映的具体操作步骤如下。

01 打开随书光盘中的“素材\ch32\ XX 公司宣 PPT.pptx”演示文稿，单击【幻灯片放映】选项卡的【开始放映幻灯片】组中的【自定义幻灯片放映】按钮，在弹出的下拉菜单中选择【自定义放映】命令。

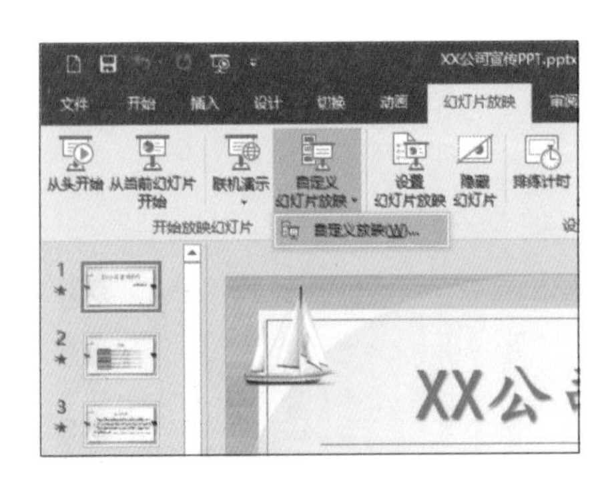

02 弹出【自定义放映】对话框，单击【新建】按钮。

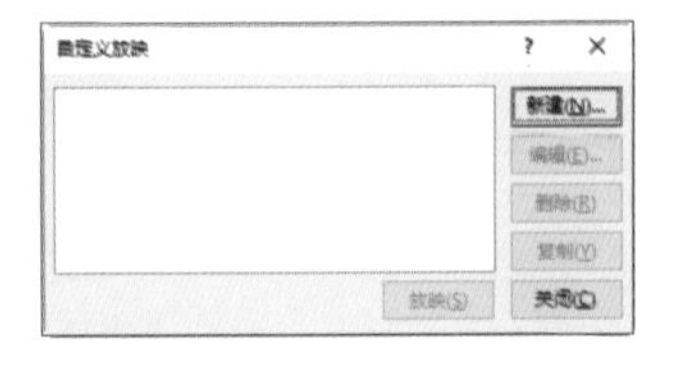

03 弹出【定义自定义放映】对话框。在【在演示文稿中的幻灯片】列表框中选择需要放映的幻灯片，然后单击【添加】按钮即可将选中的幻灯片添加到【在自定义放映中的幻灯片】列表框中，单击【确定】按钮。

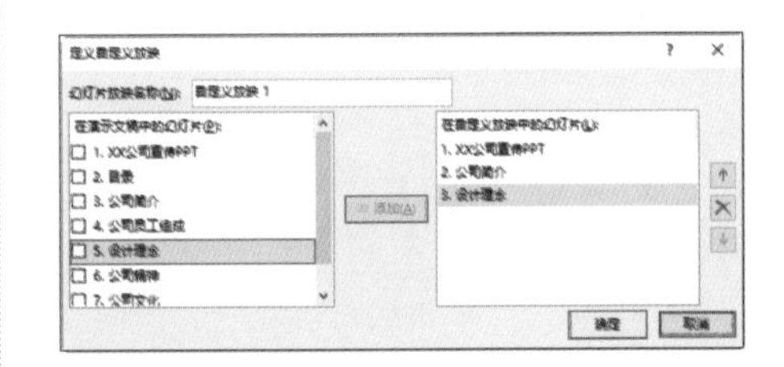

04 返回【自定义放映】对话框，单击【放映】按钮。

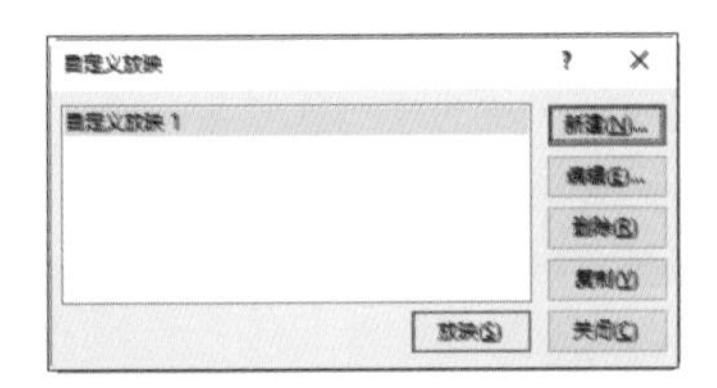

05 即可查看放映的效果。

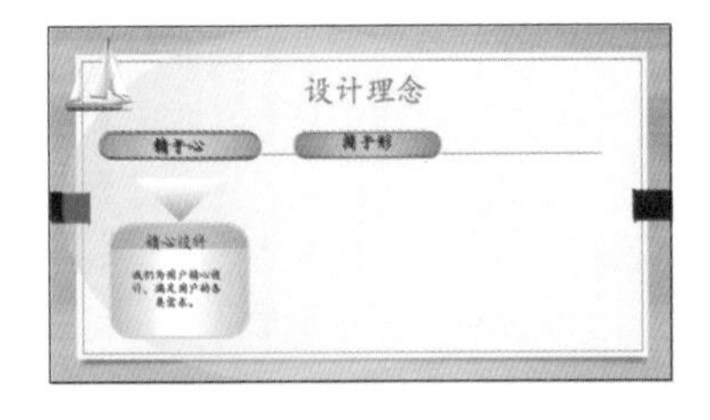

牛人干货

1. 放映幻灯片时隐藏指针

在放映幻灯片时可以隐藏鼠标指针，具体操作步骤如下。

01 在打开的“XX 公司宣传 PPT”演示文稿中，单击【幻灯片放映】选项卡

【开始放映幻灯片】组中的【从头开始】按钮或按【F5】键放映幻灯片。

02 放映幻灯片时并右击，在弹出的快捷菜单中选择【指针选项】→【箭头选项】→【永远隐藏】命令。即可在放映幻灯片时隐藏鼠标指针。

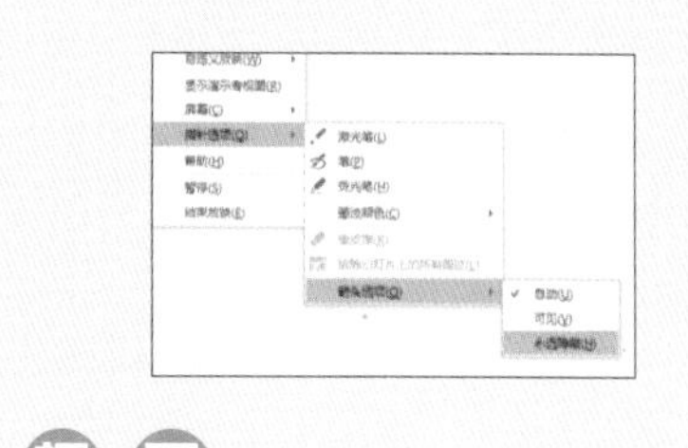

提示

按键盘上的【Ctrl+H】组合键，可以隐藏鼠标指针。

2. 选择 PPT 的放映方式

在 PowerPoint 2016 中，演示文稿的放映方式包括演讲者放映、观众自行浏览和在展台浏览 3 种。

具体演示方式的设置可以通过单击【幻灯片放映】选项卡【设置】组中的【设置幻灯片放映】按钮，然后在弹出的【设置放映方式】对话框中进行放映类型、放映选项及换片方式等设置。

（1）演讲者放映。演示文稿放映方式中的演讲者放映方式是指由演讲者一边讲解一边放映幻灯片，此演示方式一般用于比较正式的场合，如专题讲座、学术报告等，在本案例中也使用演讲者放映的方式。

将演示文稿的放映方式设置为演讲者放映的具体操作步骤如下。

01 打开随书光盘中的“素材 \ch32\ 员工培训 .pptx”演示文稿。单击【幻灯片放映】选项卡下【设置】组中的【设置幻灯片放映】按钮。

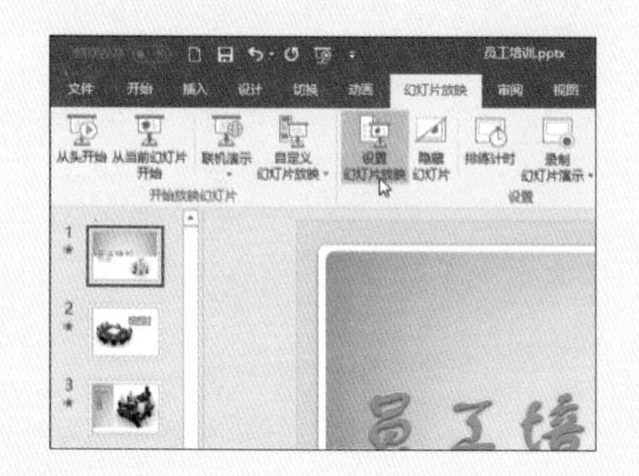

02 弹出【设置放映方式】对话框，默认设置即为演讲者放映状态。

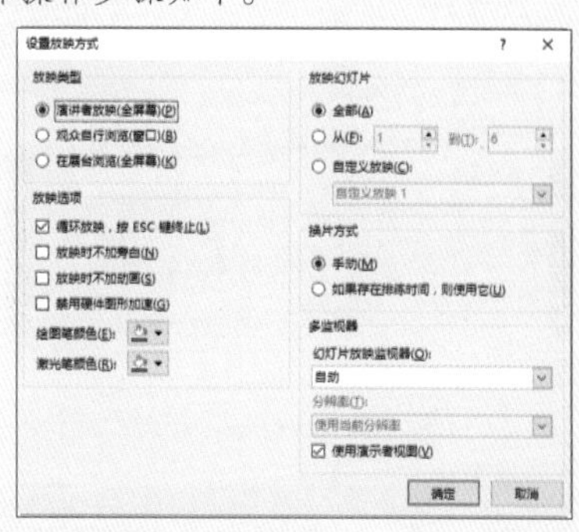

（2）观众自行浏览。观众自行浏览是指由观众自己动手使用计算机观看幻灯片。如果希望让观众自己浏览多媒体幻灯片，可以将多媒体演讲的放映方式设置成观众自行浏览，具体操作步骤如下。

01 单击【幻灯片放映】选项卡下【设置】组中的【设置幻灯片放映】按钮，弹出

【设置放映方式】对话框。在【放映类型】选项区域中选中【观众自行浏览(窗口)】单选按钮；在【放映幻灯片】选项区域中选中【从…到…】单选按钮，并在第2个文本框中输入“4”，设置从第1页到第4页的幻灯片放映方式为观众自行浏览。单击【确定】按钮完成设置。

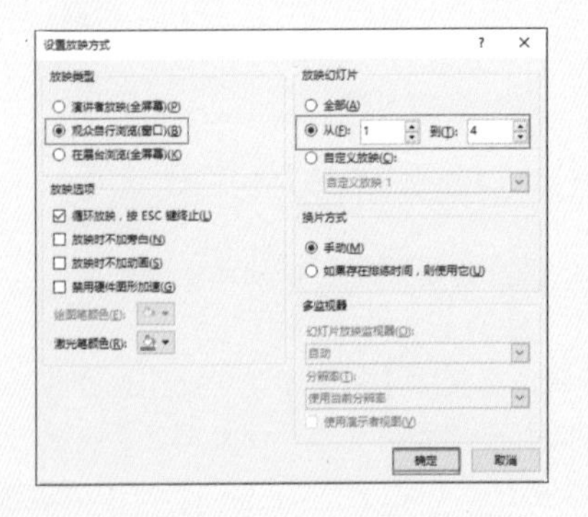

02 按【F5】键进行演示文稿的演示。这时可以看到，设置后的前4页幻灯片以窗口的形式出现，并且在幻灯片最下方显示状态栏，单击状态栏中的【普通视图】按钮。

03 即可将演示文稿切换到普通视图状态。

提示

单击状态栏中的【下一张】按钮和【上一张】按钮也可以切换幻灯片；单击状态栏右方的【幻灯片浏览】按钮，可以将演示文稿由普通状态切换到幻灯片浏览状态；单击状态栏右方的【阅读视图】按钮，可以将演示文稿切换到阅读状态；单击状态栏右方的【幻灯片放映】按钮，可以将演示文稿切换到幻灯片浏览状态。

（3）在展台浏览。在展台浏览这一放映方式可以让多媒体幻灯片自动放映而不需要演讲者操作，如放在展览会的产品展示等。

打开演示文稿后，在【幻灯片放映】选项卡的【设置】组中单击【设置幻灯片放映】按钮，在弹出的【设置放映方式】对话框【放映类型】选项区域中选中【在展台浏览（全屏幕）】单选按钮，在【放映幻灯片】选项区域中选中【全部】单选按钮。即可将演示方式设置为在展台浏览。

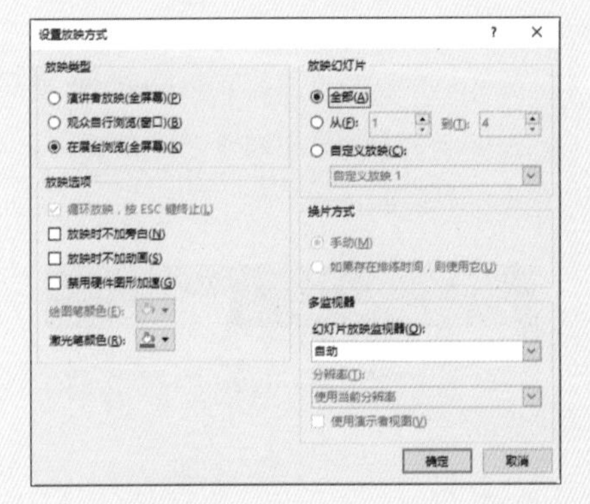

可以将展台演示文稿设置成当看完整个演示文稿或演示文稿保持闲置状态达到一段时间后，自动返回演示文稿首页。这样，参展者就不必一直守在展台了。

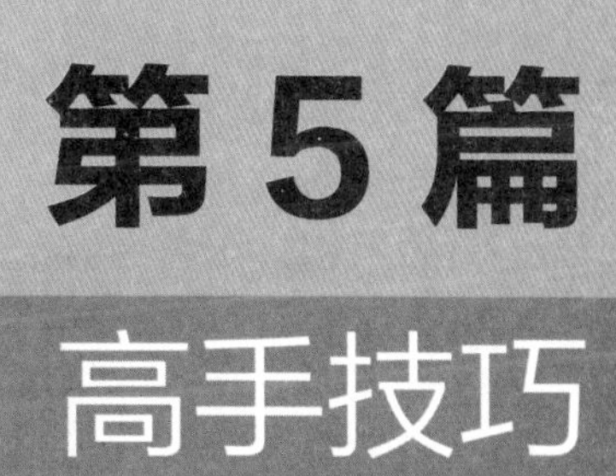

第5篇 高手技巧

第33课 办公中不得不了解的技能

打印机是自动化办公中不可缺少的组成部分，是重要的输出设备之一，具备办公管理所需的知识与经验，能够熟练操作常用的办公器材，是十分必要的。

33.1 添加打印机

打印机是自动化办公中不可缺少的一个组成部分，是重要的输出设备之一。通过打印机，用户可以将在计算机中编辑好的文档、图片等资料打印输出到纸上，从而方便将资料进行存档、报送及做其他用途。

1. 添加局域网打印机

连接打印机后，计算机如果没有检测到新硬件，可以通过安装打印机驱动程序的方法添加局域网打印机，具体操作步骤如下。

01 在【开始】按钮上右击，在弹出的快捷菜单中选择【控制面板】选项。

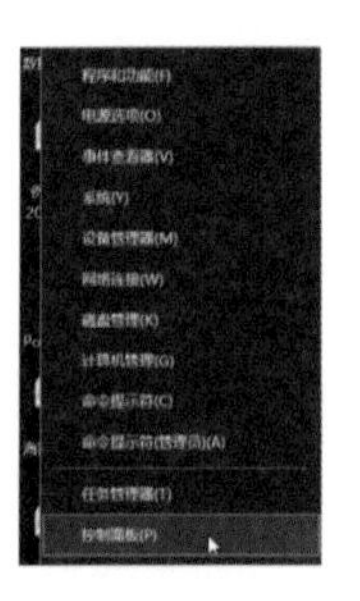

02 打开【控制面板】窗口，单击【硬件和声音】列表中的【查看设备和打印机】链接。

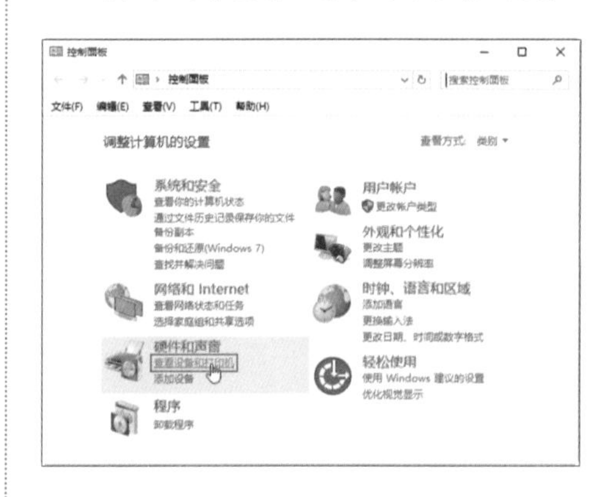

03 弹出【设备和打印机】窗口，单击【添加打印机】按钮。

04 即可打开【添加设备】窗口，系统会自动搜索网络中可用的打印机，选择搜索到的打印机名称，单击【下一步】按钮。

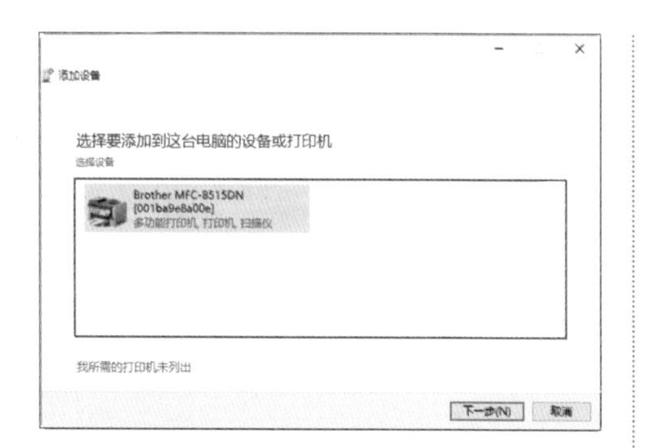

提示

如果需要安装的打印机不在列表内，可单击下方的【我所需的打印机未列出】链接，在打开的【按其他选项查找打印机】对话框中选择其他的打印机。

05 将会弹出【添加设备】窗口，进行打印机连接。

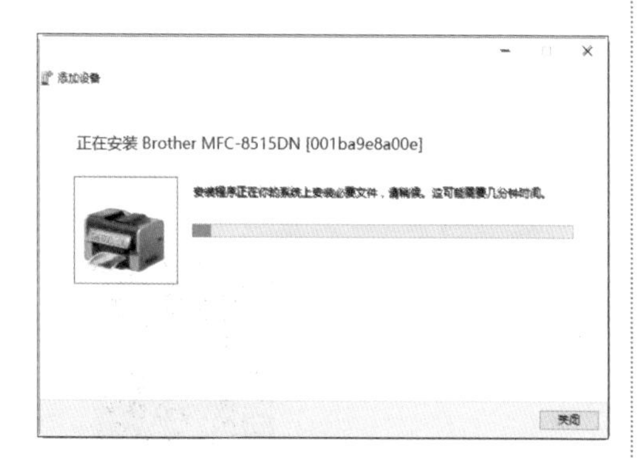

06 即可提示成功添加打印机。如果需要打印测试页查看打印机是否安装完成，单击【打印测试页】按钮，即可打印测试页。单击【完成】按钮，就完成了打印机的安装。

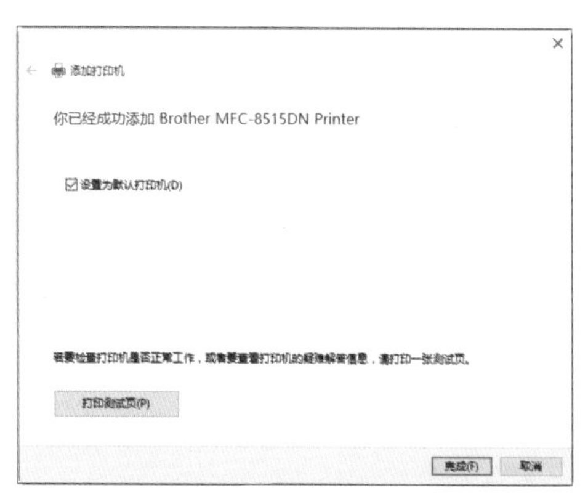

07 在【设备和打印机】窗口中，用户可以看到新添加的打印机。

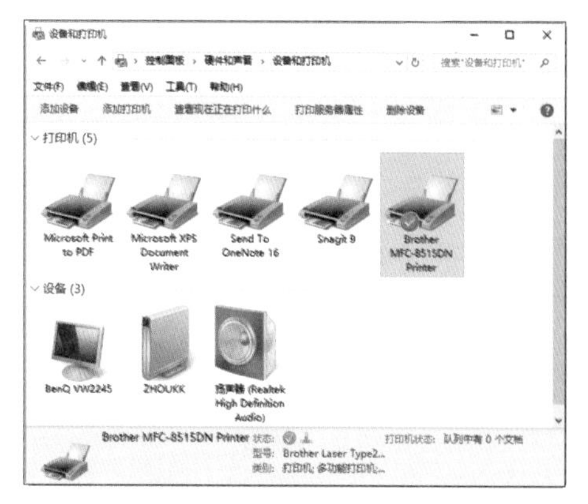

如果有驱动光盘，直接运行光盘，双击 Setup.exe 文件即可。

2. 打印机连接测试

安装打印机后，需要测试打印机的连接是否有误，最直接的方式就是打印测试页。

方法一：安装驱动过程中测试

安装驱动的过程中。在提示安装打印机成功安装界面，单击【打印测试页】按钮，如果能正常打印，就表示打印机连接正常，单击【完成】按钮完成打印机的安装。

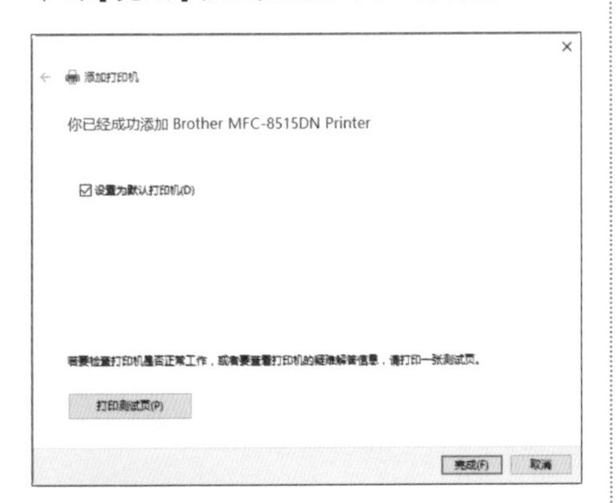

提示

如果不能打印测试页，表明打印机安装不正确，可以通过检查打印机是否已开启、打印机是否在网络中以及重装驱动来排除故障。

方法二：在【属性】对话框中测试

具体操作步骤如下。

01 在【开始】按钮上右击，在弹出的快捷菜单中选择【控制面板】选项，打开【控制面板】窗口，单击【硬件和声音】下的【查看设备和打印机】链接。

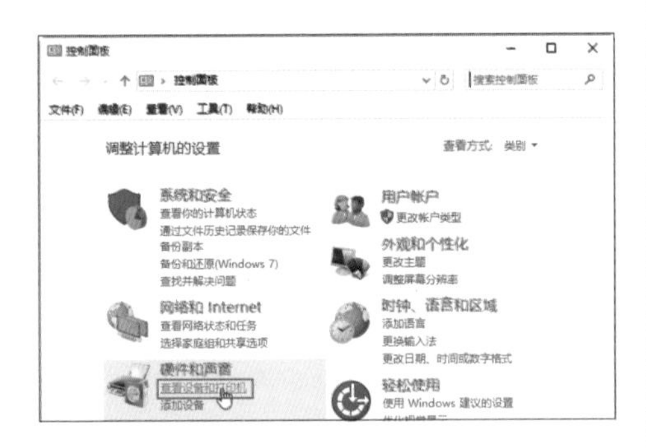

02 弹出【设备和打印机】窗口，在要测试的打印机上右击，在弹出的快捷菜单中选择【打印机属性】命令。

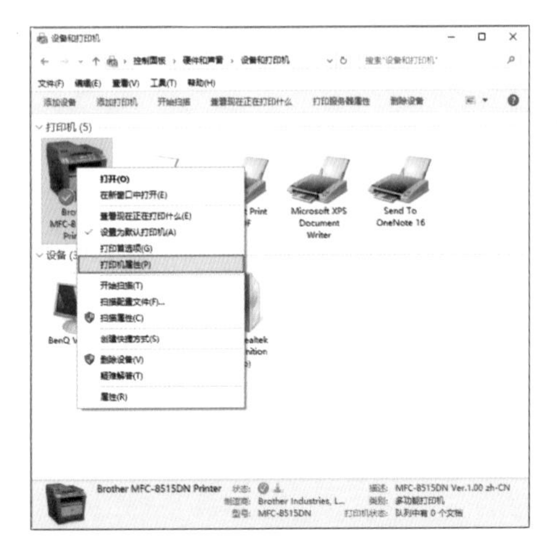

03 弹出打印机的【属性】对话框，在【常规】选项卡下单击【打印测试页】按钮，如果能正常打印，就表示打印机连接正常。

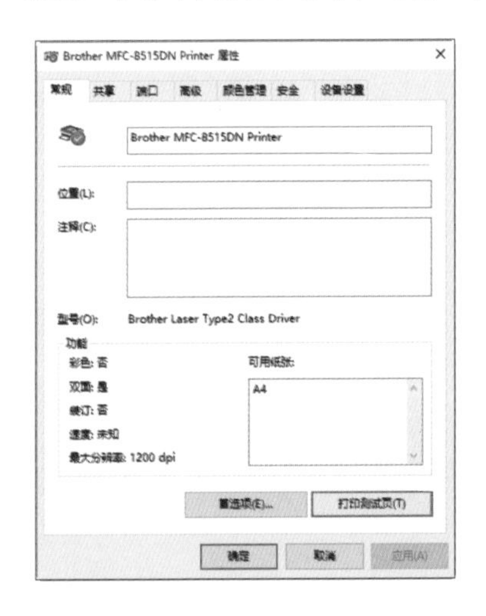

33.2 打印Word文档

文档打印出来，可以方便用户进行备档或传阅。打印文本内容时，并没有要求一次至少要打印一张。有时对于精彩的文字内容，可以只打印所需要的内容，而不打印那些无用的内容。

1. 自定义打印内容

具体操作步骤如下。

01 打开随书光盘中的“素材 \ch33\ 培训资料 .docx”文档，选择要打印的文档内容。

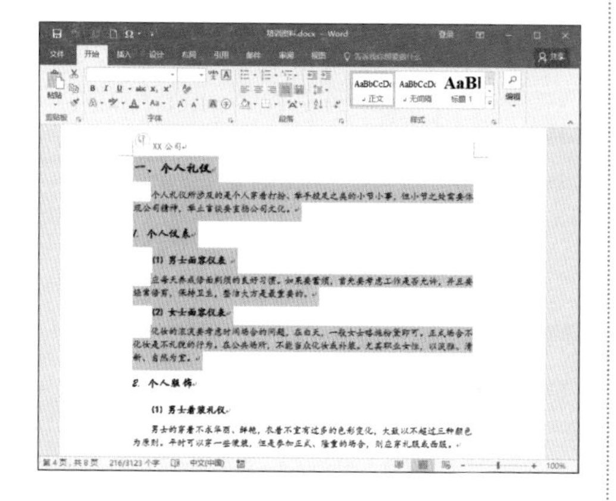

02 选择【文件】选项卡，在弹出的界面左侧选择【打印】选项。

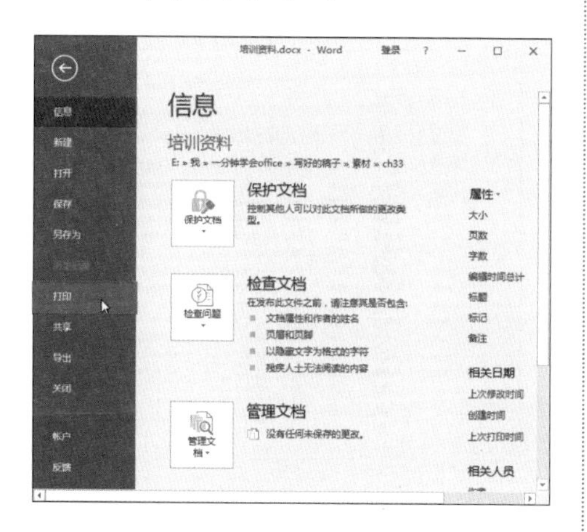

03 在右侧弹出【打印】界面，在【设置】选项区域选择【打印所有页】选项，在弹出的快捷菜单中选择【打印所选内容】选项。

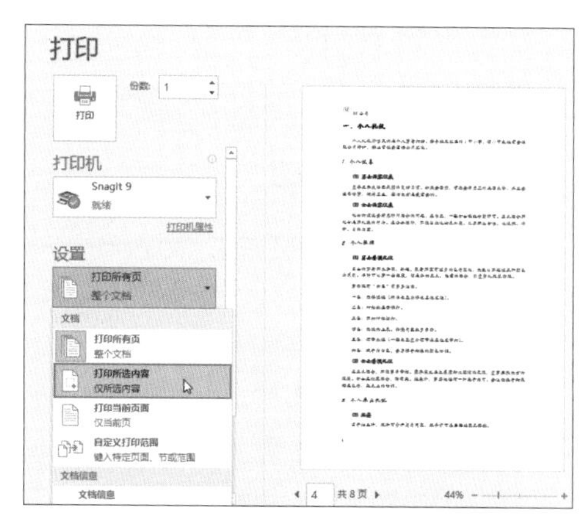

04 设置要打印的份数，单击【打印】按钮即可进行打印。

提示

打印后，就可以看到只打印出了所选择的文本内容。

2. 打印连续或不连续页面

具体操作步骤如下。

01 在打开的文档中，选择【文件】选项卡，在弹出的界面左侧选择【打印】选项，在右侧【设置】选项区域中选择【打印所有页】选项，在弹出的快捷菜单中选择【自定义打印范围】选项。

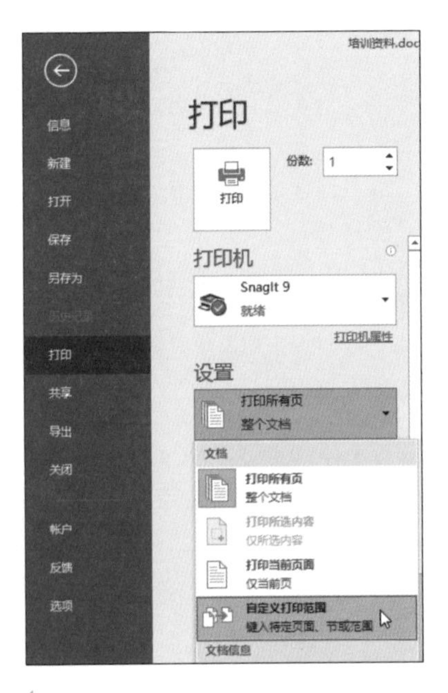

02 在下方的【页数】文本框中输入要打印的页码。并设置要打印的份数，单击【打印】按钮即可进行打印。

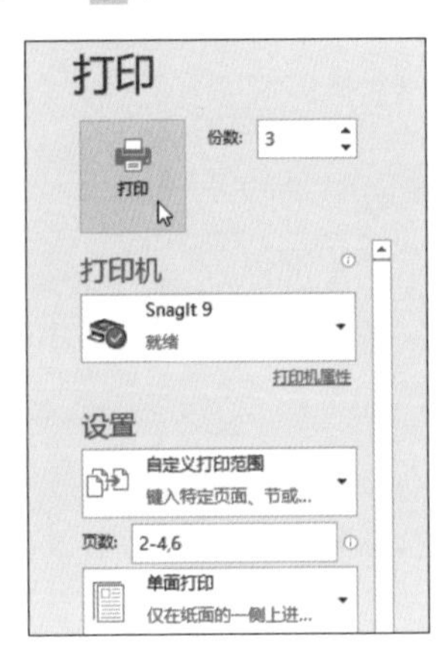

提示

连续页码可以使用英文半角连接符，不连续的页码可以使用英文半角逗号分隔。

33.3 打印 Excel 表格

极简时光

关键词： 选择【打印】选项 / 打印标题 / 页面设置 / 选中【网格线】复选框 / 顶端标题行

一分钟

打印 Excel 表格时，用户也可以根据需要设置 Excel 表格的打印方法。例如，如在同一页面打印不连续的区域、打印行号、列标或者每页都打印标题行等。

1. 打印行号和列标

具体操作步骤如下。

01 打开随书光盘中的“素材\ch33\客户信息管理表.xlsx”文件，选择【文件】选项卡，在弹出的界面左侧选择【打印】选项，进入打印预览界面，在右侧即可显示打印预览效果。默认情况下不打印行号和列标。

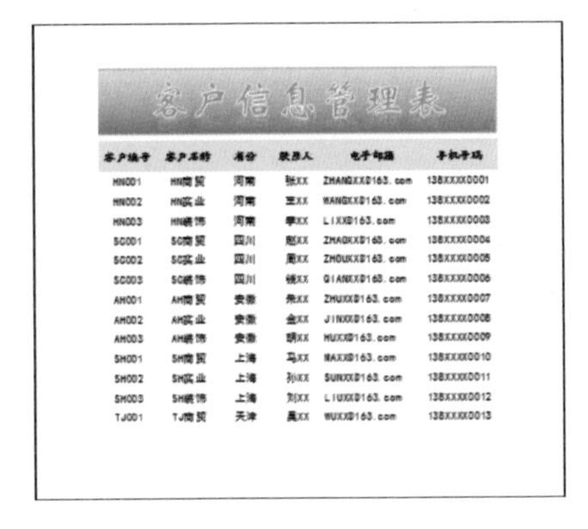

客户信息管理表

客户编号	客户名称	省份	联系人	电子邮箱	手机号码
HN001	HN商贸	河南	张XX	ZHANGXX@163.com	138XXXX0001
HN002	HN实业	河南	王XX	WANGXX@163.com	138XXXX0002
HN003	HN装饰	河南	李XX	LIXX@163.com	138XXXX0003
SC001	SC商贸	四川	赵XX	ZHAOXX@163.com	138XXXX0004
SC002	SC实业	四川	周XX	ZHOUXX@163.com	138XXXX0005
SC003	SC装饰	四川	钱XX	QIANXX@163.com	138XXXX0006
AH001	AH商贸	安徽	朱XX	ZHUXX@163.com	138XXXX0007
AH002	AH实业	安徽	金XX	JINXX@163.com	138XXXX0008
AH003	AH装饰	安徽	胡XX	HUXX@163.com	138XXXX0009
SH001	SH商贸	上海	马XX	MAXX@163.com	138XXXX0010
SH002	SH实业	上海	孙XX	SUNXX@163.com	138XXXX0011
SH003	SH装饰	上海	刘XX	LIUXX@163.com	138XXXX0012
TJ001	TJ商贸	天津	吴XX	WUXX@163.com	138XXXX0013

02 在打印预览界面，单击【返回】按钮返回编辑界面，单击【页面布局】选项卡下【页面设置】组中的【打印标题】按钮。

03 弹出【页面设置】对话框，选择【工作表】选项卡，在【打印】选项区域中选中【行号列标】复选框，单击【打印预览】按钮。

04 此时即可查看显示行号列标后的打印预览效果。

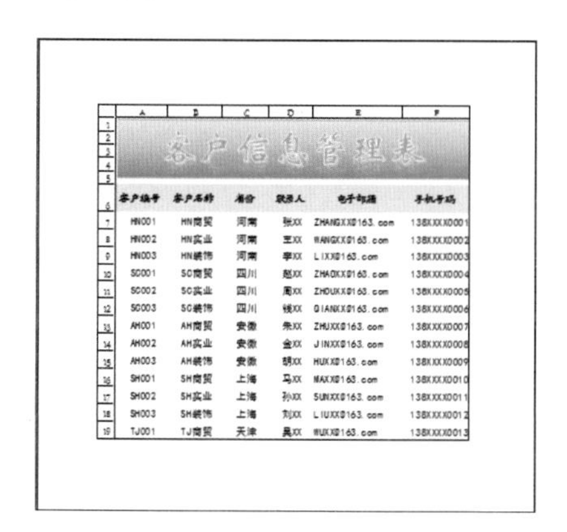

2. 打印网格线

在打印 Excel 表格时默认情况下不打印网格线，如果表格中没有设置边框，可以在打印时将网格线显示出来，具体操作步骤如下。

01 在打开的"客户信息管理表.xlsx"文件中，选择【文件】选项卡，在弹出的界面左侧选择【打印】选项，进入打印预览界面，在右侧的打印预览区域可以看到没有显示网格线。

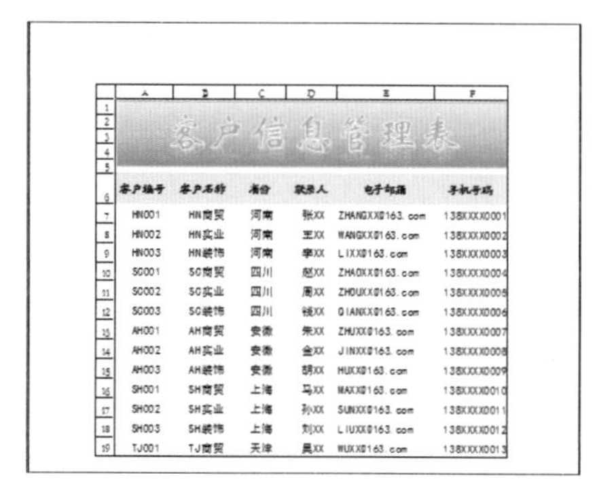

02 返回编辑界面，单击【页面布局】选项卡下【页面设置】组中的【打印标题】按钮，弹出【页面设置】对话框，选择【工作表】选项卡，在【打印】选项区域中选中【网格线】复选框，单击【打印预览】按钮。

03 此时即可查看显示网格线后的打印预览效果。

> **提示**
>
> 选中【单色打印】复选框可以以灰度的形式打印工作表。选中【草稿质量】复选框可以节约耗材、提高打印速度，但打印质量会降低。

3. 打印每一页都有标题行

如果工作表中内容较多，那么除了第 1 页外，其他页面都不显示标题行。设置每页都打印标题行的具体操作步骤如下。

01 在打开的“客户信息管理表.xlsx”工作簿中，选择【文件】选项卡下的【打印】选项，可看到第 1 页显示标题行。单击预览界面下方的【下一页】按钮▶，即可看到第 2 页不显示标题行。

02 返回工作簿操作界面，单击【页面布局】选项卡下【页面设置】组中的【打印标题】按钮。弹出【页面设置】对话框，选择【工作表】选项卡，在【打印标题】选项区域中单击【顶端标题行】右侧的按钮。

03 弹出【页面设置 - 顶端标题行:】对话框，选择第 1 行至第 6 行，单击按钮。

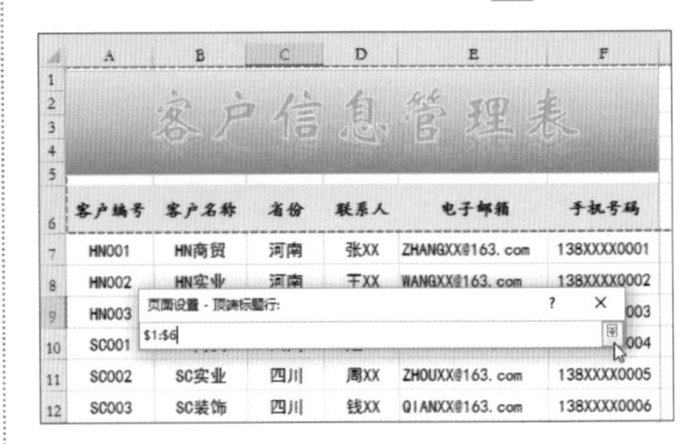

04 返回【页面设置】对话框，单击【打印预览】按钮。

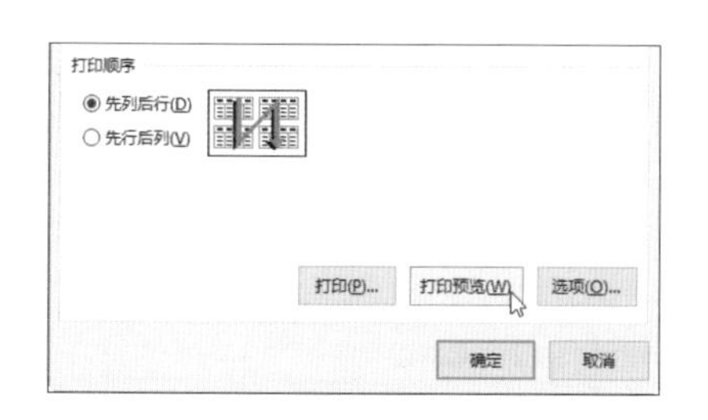

05 在打印预览界面选择“第 2 页”，即可看到第 2 页上方显示的标题行。

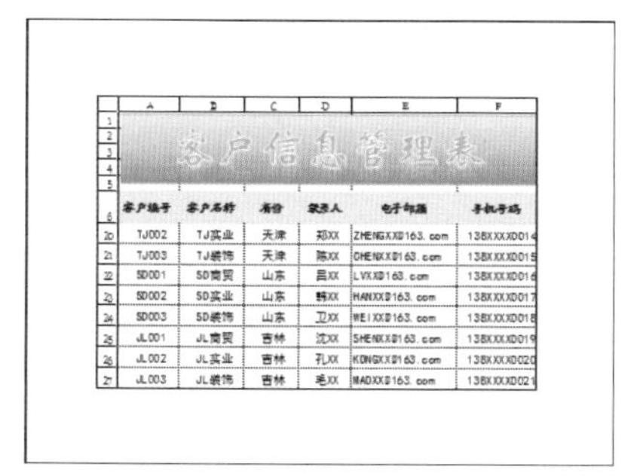

提示

使用同样的方法还可以在每页都打印左侧标题列。

33.4 打印 PPT 演示文稿

常用的 PPT 演示文稿打印主要包括打印当前幻灯片、灰度打印及在一张纸上打印多张幻灯片等。

1. 打印 PPT 的省墨方法

幻灯片通常是彩色的，并且内容较少。在打印幻灯片时，以灰度的形式打印可以省墨。设置灰度打印 PPT 演示文稿的具体操作步骤如下。

01 打开随书光盘中的“素材\ch33\推广方案.pptx”演示文稿。

02 选择【文件】选项卡中的【打印】选项。在【设置】选项区域中单击【颜色】下拉按钮，在弹出的下拉列表中选择【灰度】选项。

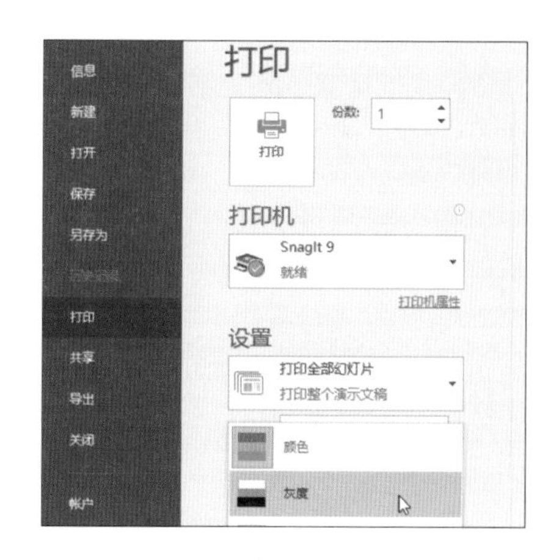

03 此时可以看到右侧的预览区域幻灯片以灰度的形式显示。

2. 一张纸打印多张幻灯片

具体操作步骤如下。

01 在打开的"推广方案.pptx"演示文稿中，选择【文件】→【打印】选项。在【设置】选项区域中单击【整页幻灯片】下拉按钮，在弹出的下拉列表中选择【6张水平放置的幻灯片】选项，设置每张纸打印6张幻灯片。

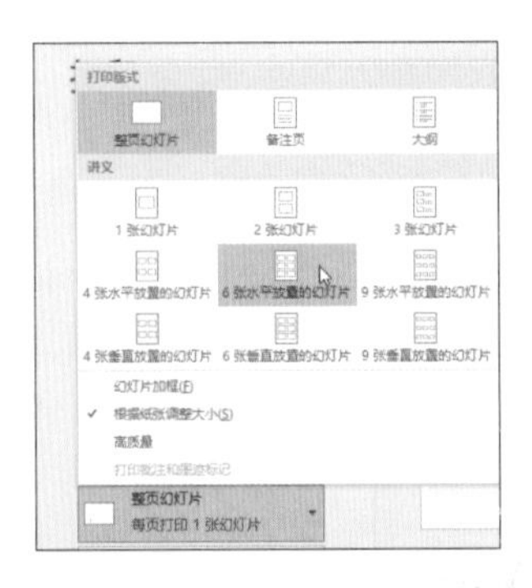

02 此时可以看到右侧的预览区域中一张纸上显示了6张幻灯片。

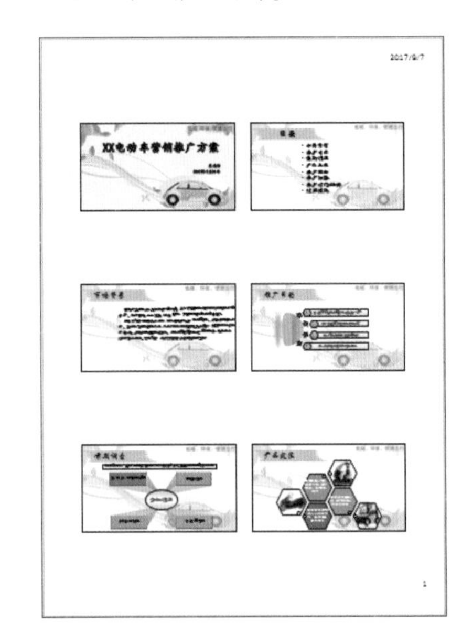

牛人干货

使用复印机

复印机是从书写、绘制或印刷的原稿得到等倍、放大或缩小的复印品的设备。复印机复印的速度快，操作简便，与传统的铅字印刷、蜡纸油印、胶印等的主要区别是无须经过其他制版等中间手段，而能直接从原稿获得复印品。复印份数不多时较为经济。复印机发展的总体趋势从低速到高速、从黑白过渡到彩色（数码复印机与模拟复印机的对比），至今，复印机、打印机、传真机已集身于一体。

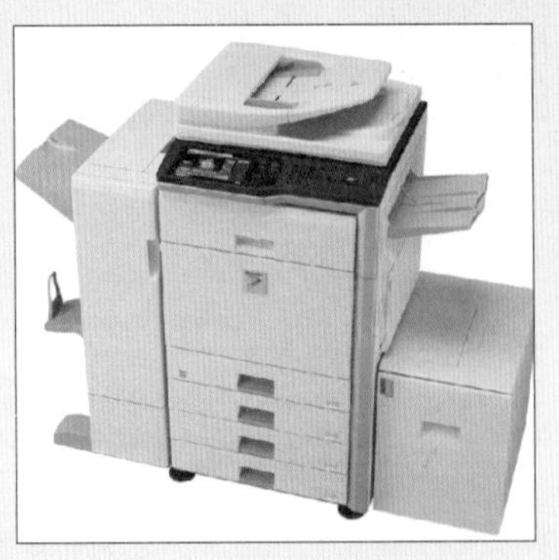

第 34 课

Office 组件间的协作

在办公过程中，会经常遇到诸如在 Word 文档中使用表格的情况，而 Office 组件间可以很方便地进行相互调用，提高工作效率。使用 Office 组件间的协作进行办公，会发挥 Office 办公软件的最大能力。

34.1 Word 与 Excel 之间的协作

在 Word 2016 中可以创建 Excel 工作表，这样不仅可以使文档内容更加清晰、表达的意思更加完整，还可以节约时间，插入 Excel 表格的具体操作步骤如下 。

01 打开随书光盘中的“素材 \ch34\ 公司年度报告 .docx”文档。将鼠标光标定位于“二、举办多次促销活动”文本上方，单击【插入】选项卡下【文本】组中的【对象】按钮。

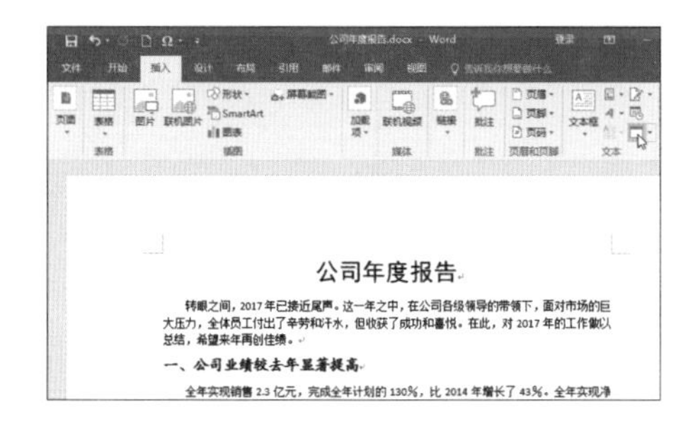

02 弹出【对象】对话框，单击【由文件创建】选项卡下的【浏览】按钮。

03 弹出【浏览】对话框，选择随书光盘中的“素材 \ch34\ 公司业绩表 .xlsx”文件，单击【插入】按钮。

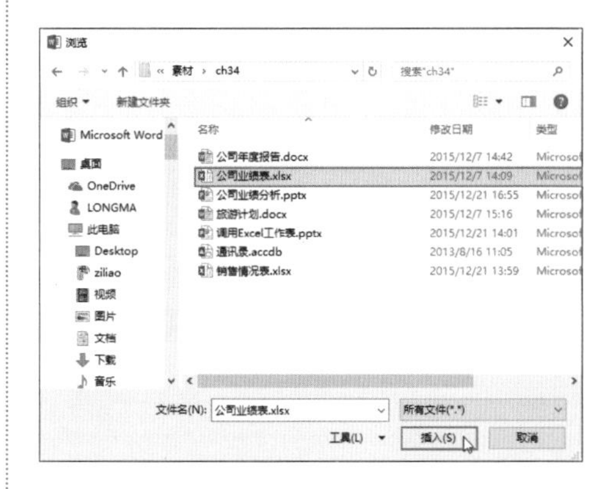

04 返回【对象】对话框，可以看到插入工作簿的路径，单击【确定】按钮。

05 插入工作簿的效果如下图所示。

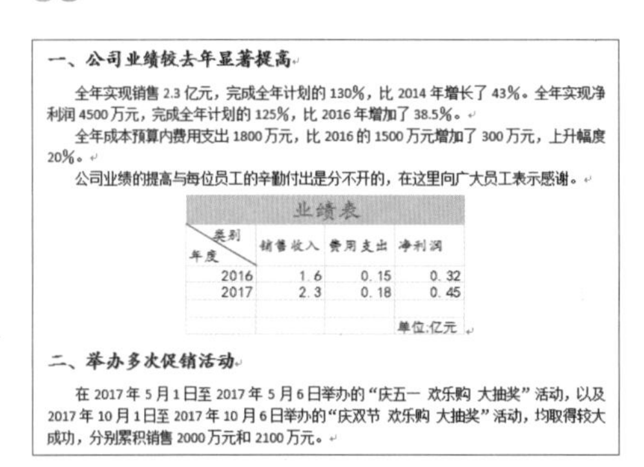

一、公司业绩较去年显著提高

全年实现销售2.3亿元，完成全年计划的130%，比2014年增长了43%。全年实现净利润4500万元，完成全年计划的125%，比2016年增加了38.5%。

全年成本预算内费用支出1800万元，比2016的1500万元增加了300万元，上升幅度20%。

公司业绩的提高与每位员工的辛勤付出是分不开的，在这里向广大员工表示感谢。

业绩表

类别/年度	销售收入	费用支出	净利润
2016	1.6	0.15	0.32
2017	2.3	0.18	0.45
			单位:亿元

二、举办多次促销活动

在2017年5月1日至2017年5月6日举办的“庆五一 欢乐购 大抽奖”活动，以及2017年10月1日至2017年10月6日举办的“庆双节 欢乐购 大抽奖”活动，均取得较大成功，分别累积销售2000万元和2100万元。

06 双击工作簿之后可以进入编辑状态，可以对工作簿进行修改。

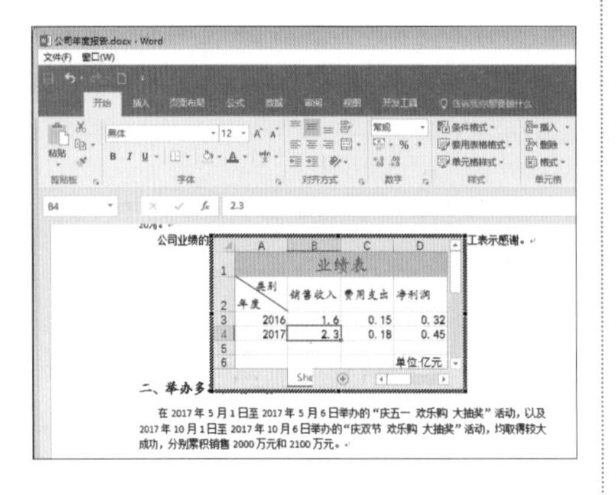

提示

除了在Word文档中插入Excel工作簿外，还可以在Word中新建Excel工作簿，也可以对工作簿进行编辑。

34.2 Word与PowerPoint之间的协作

极简时光

关键词：【对象】按钮/对象类型/新建空白演示文稿/进行编辑/【导出】选项/【创建讲义】

一分钟

Word和PowerPoint各具有鲜明的特点，两者结合使用，会使办公的效率大大增加。

1. 在Word中创建演示文稿

在Word 2016中还可以新建演示文稿，可以使Word文档内容更加生动活泼，新建演示文稿的具体操作步骤如下。

01 打开随书光盘中的“素材\ch34\旅游计划.docx”文档。将光标定位于“行程规划：”文本下方，单击【插入】选项卡下【文本】组中的【对象】按钮 对象 。

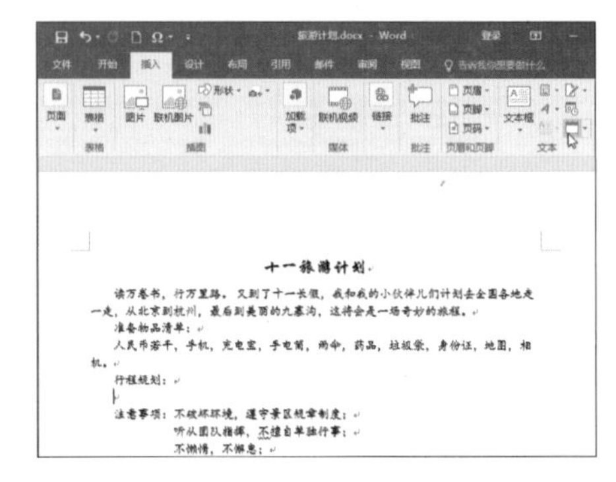

02 弹出【对象】对话框，选择【新建】选项卡下的【对象类型】列表框中的【Microsoft PowerPoint Presentation】选项，单击【确定】按钮。

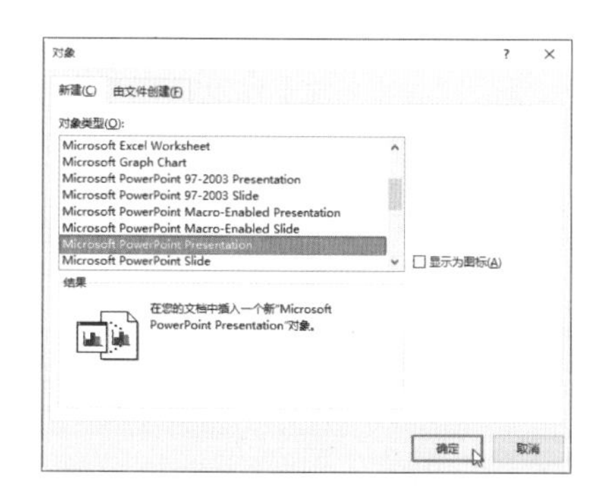

03 即可在文档中新建一个空白的演示文稿，效果如下图所示。

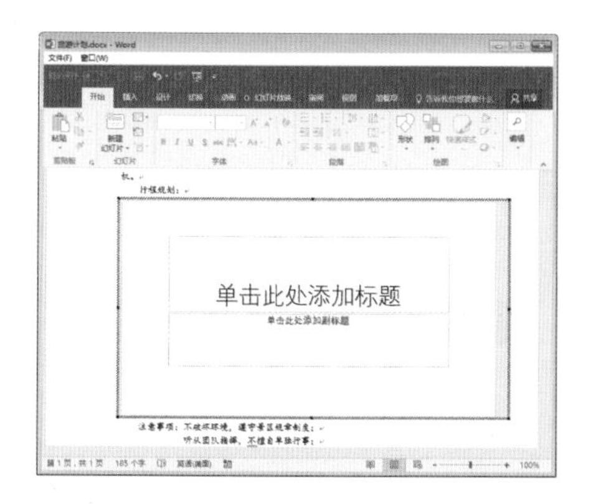

04 对新建的演示文稿进行编辑，效果如下图所示。

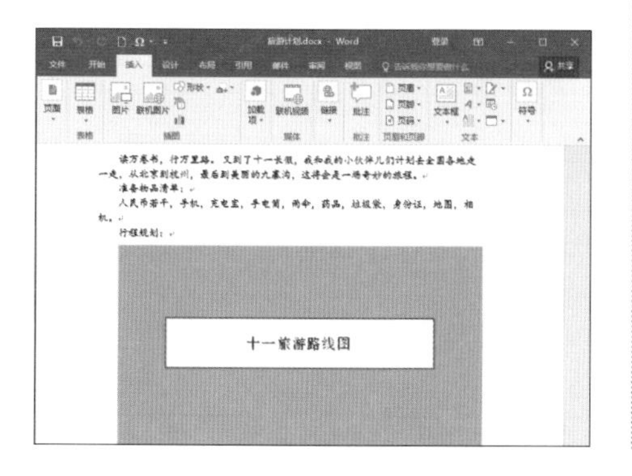

05 双击新建的演示文稿即可进入放映状态，效果如下图所示。

可以将 PPT 演示文稿以图标的形式插入 Word 文档，只需在新建演示文稿时选中【显示为图标】复选框。

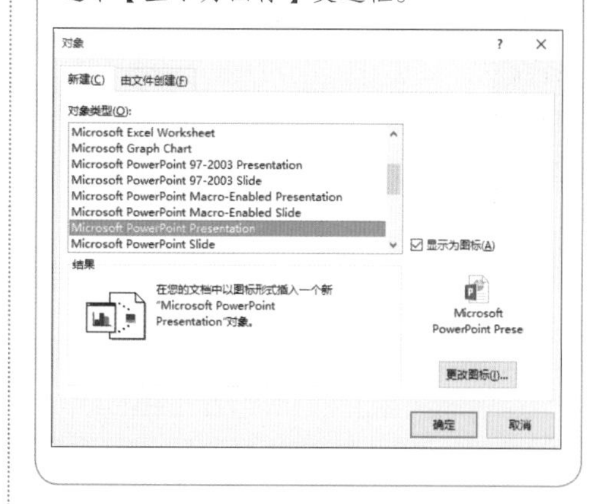

2. 将 PowerPoint 转换为 Word 文档

用户可以将 PowerPoint 演示文稿中的内容转换到 Word 文档中，以方便阅读、打印和检查，具体操作步骤如下。

01 打开随书光盘中的“素材\ch34\产品宣传展示 PPT.pptx”演示文稿。选择【文件】→【导出】选项。

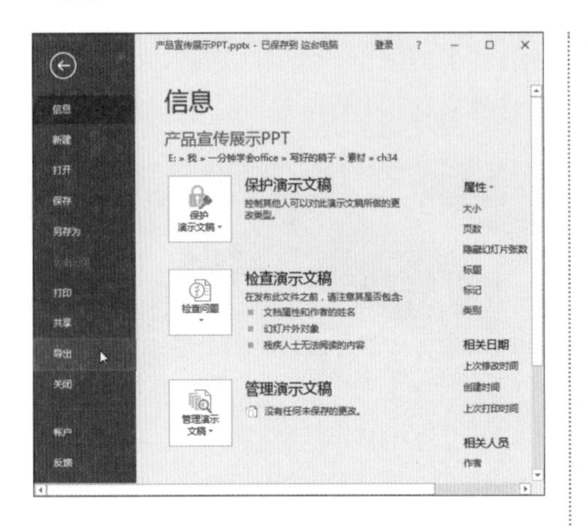

02 在打开的【导出】界面中单击【创建讲义】选项下的【创建讲义】按钮。

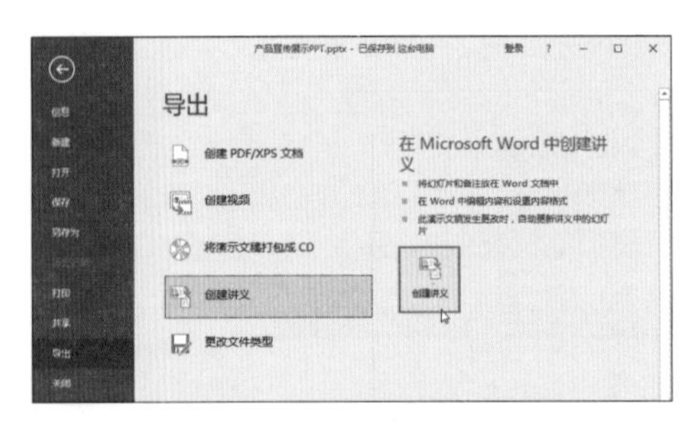

提示

在 PPT 2010 中【创建讲义】按钮位于【文件】选项卡下【保存并发送】选项中。

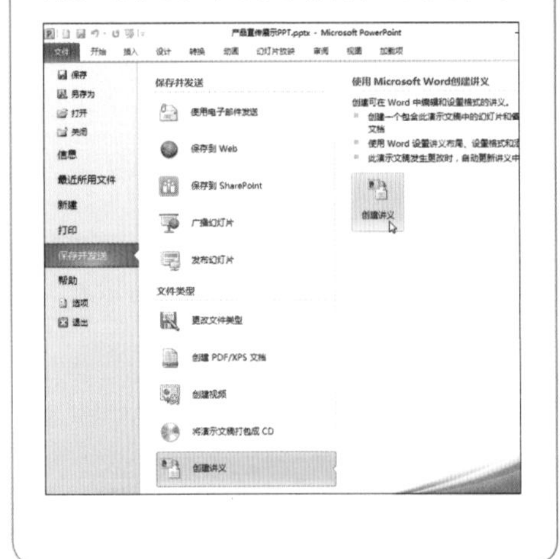

03 弹出【发送到 Microsoft Word】对话框，选中【Microsoft Word 使用的版式】选项区域中的【空行在幻灯片下】单选按钮，然后选中【将幻灯片添加到 Microsoft Word 文档】选项区域中的【粘贴】单选按钮，单击【确定】按钮。

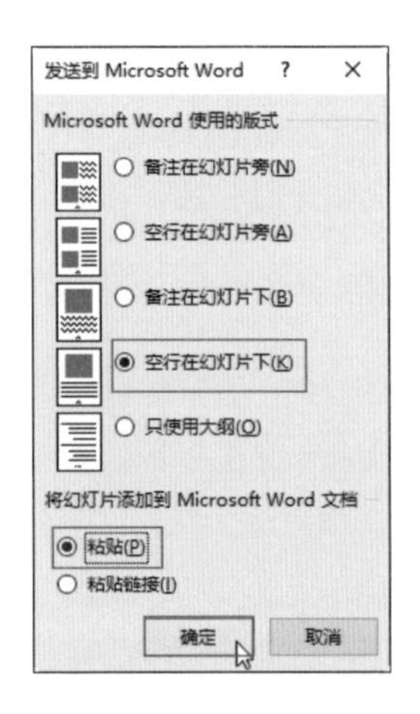

04 即可将演示文稿中的内容转换为 Word 文档，效果如下图所示。

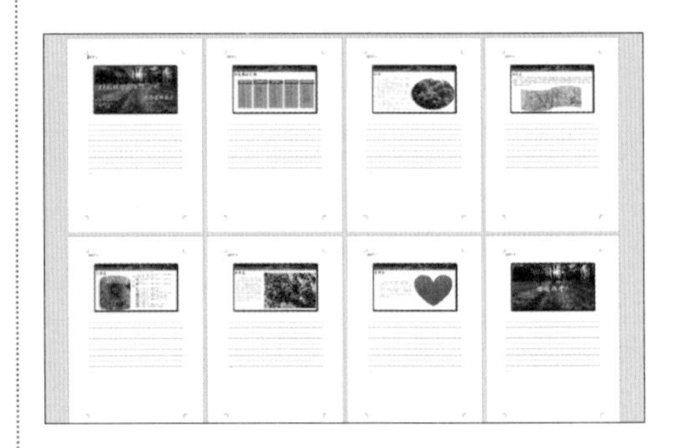

提示

将 PPT 演示文稿转换为 Word 文档后，PPT 的内容将会以幻灯片为单位在 Word 中显示，双击幻灯片内容即可进入编辑状态。

34.3 Excel 和 PowerPoint 之间的协作

Excel 和 PowerPoint 文档经常在办公中合作使用，在文档的编辑过程中，Excel 和 PowerPoint 之间可以很方便地相互调用，制作出更专业高效的文件。

1. 在 PowerPoint 中调用 Excel 文档

具体操作步骤如下。

01 打开随书光盘中的“素材 \ch34\ 调用 Excel 工作表 .pptx”演示文稿，选择第 2 张幻灯片，然后单击【新建幻灯片】按钮，在弹出的下拉列表中选择【仅标题】选项。

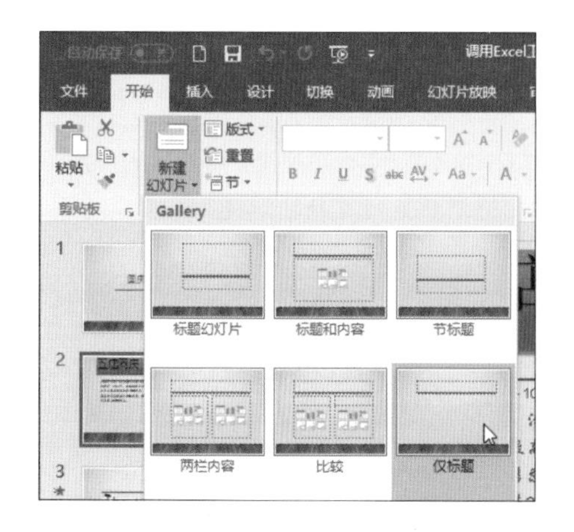

02 新建一张标题幻灯片，在【单击此处添加标题】文本框中输入“各店销售情况”，并根据需要设置样式，效果如下图所示。

03 单击【插入】选项卡下【文本】组中的【对象】按钮。

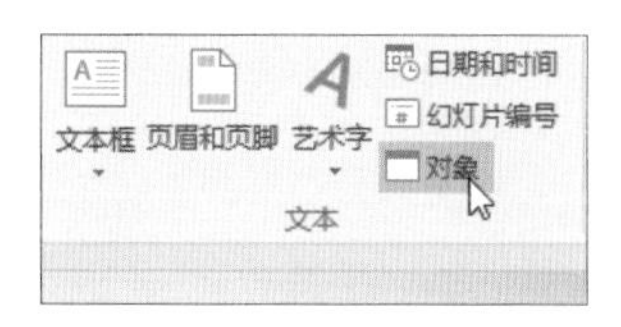

04 弹出【插入对象】对话框，选中【由文件创建】单选按钮，然后单击【浏览】按钮。

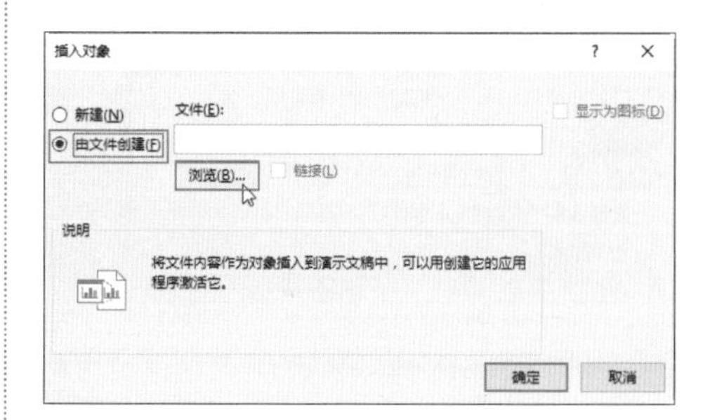

05 在弹出的【浏览】对话框中，选择随书光盘中的“素材 \ch34\ 销售情况表 .xlsx”工作簿，然后单击【确定】按钮。

06 返回【插入对象】对话框，即可看到插入工作簿的路径，单击【确定】按钮。

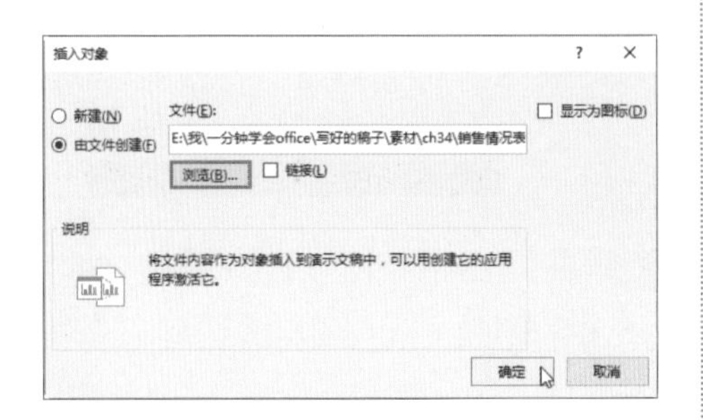

07 此时就在演示文稿中插入了 Excel 表格，双击表格，进入 Excel 工作簿的编辑状态。

08 选择 B9 单元格，单击编辑栏中的【插入函数】按钮 f_x 。

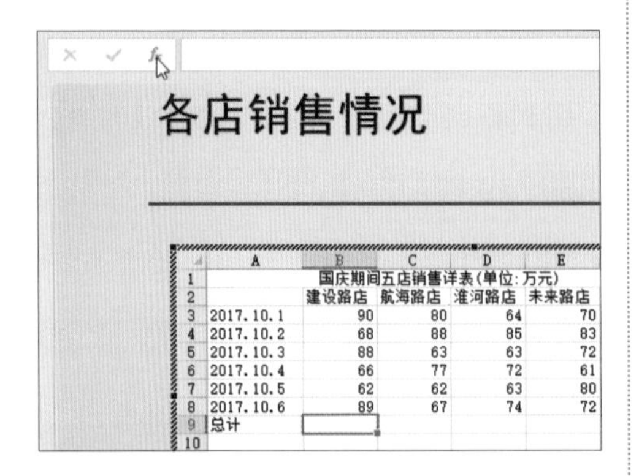

	A	B	C	D	E
1		国庆期间五店销售详表(单位:万元)			
2		建设路店	航海路店	淮河路店	未来路店
3	2017.10.1	90	80	64	70
4	2017.10.2	68	88	85	83
5	2017.10.3	88	63	63	72
6	2017.10.4	66	77	72	61
7	2017.10.5	62	62	63	80
8	2017.10.6	89	67	74	72
9	总计				
10					

09 弹出【插入函数】对话框，在【选择函数】列表框中选择【SUM】函数，单击【确定】按钮。

10 弹出【函数参数】对话框，在【Number1】文本框中输入"B3:B8"，单击【确定】按钮。

11 此时就在 B9 单元格中计算出了总销售额，使用快速填充功能填充 C9:F9 单元格区域，计算出各店总销售额。

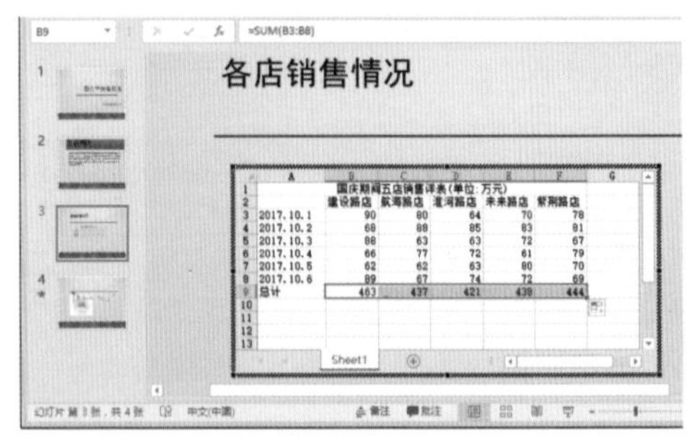

12 退出编辑状态，适当调整图表大小，最终效果如下图所示。

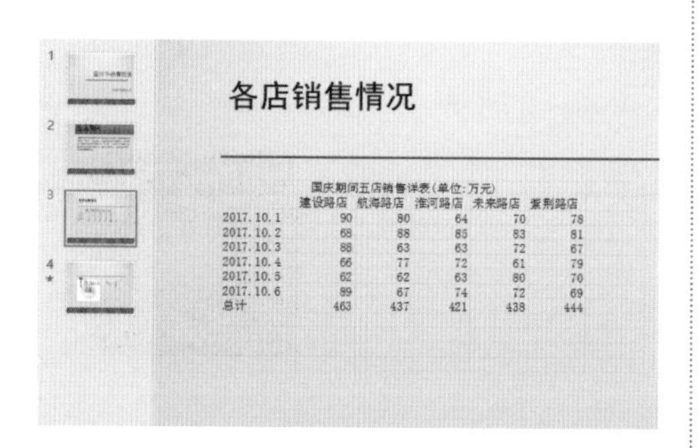

2. 在 Excel 2016 中调用 PowerPoint 演示文稿

具体操作步骤如下。

01 打开随书光盘中的“素材 \ch34\ 公司业绩表 .xlsx”工作簿。单击【插入】选项卡下【文本】组中的【对象】按钮 对象 。

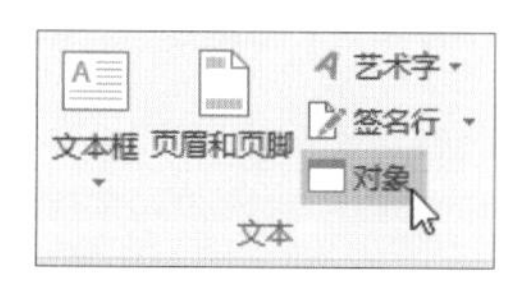

02 弹出【对象】对话框，单击【由文件创建】选项卡下的【浏览】按钮。

03 弹出【浏览】对话框，选择随书光盘中的“素材 \ch34\ 公司业绩分析 .pptx”演示文稿，单击【插入】按钮。

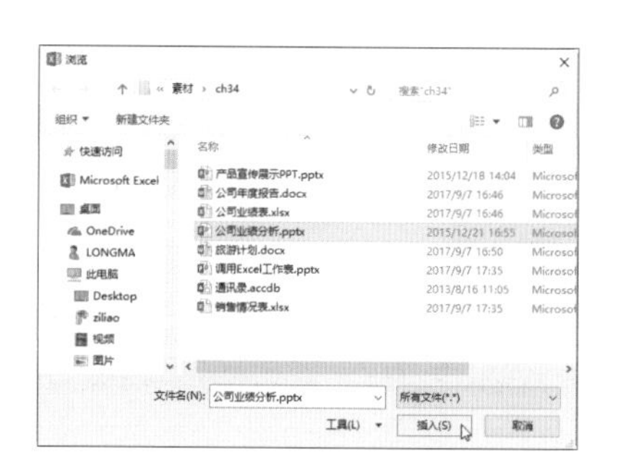

04 返回【对象】对话框，可以看到插入演示文稿的路径，单击【确定】按钮。

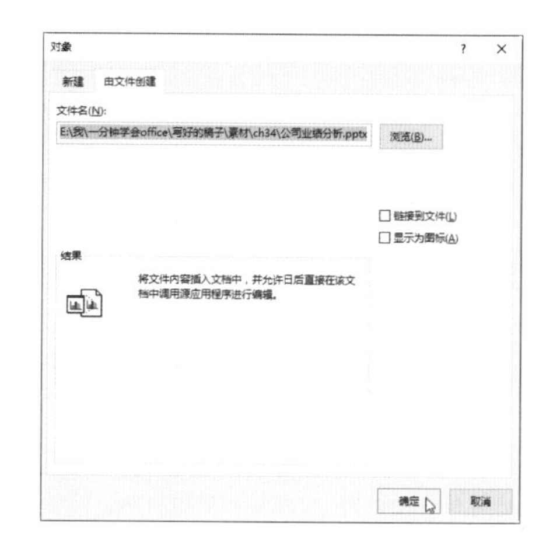

05 即可在 Excel 中插入演示文稿，效果如下图所示。

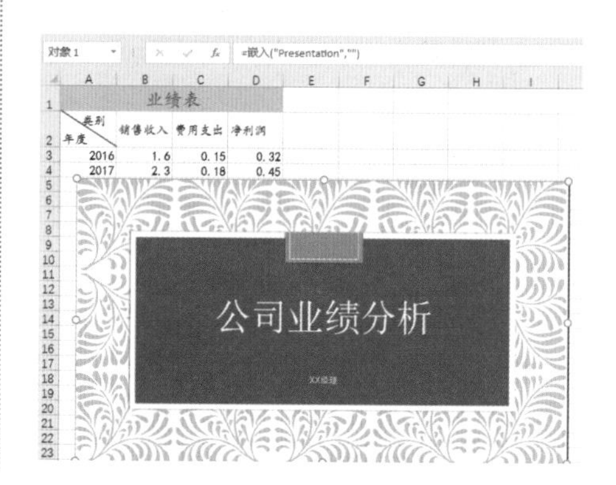

06 在插入的幻灯片中右击，在弹出的快捷菜单中选择【Presentation 对象】→【编辑】选项。

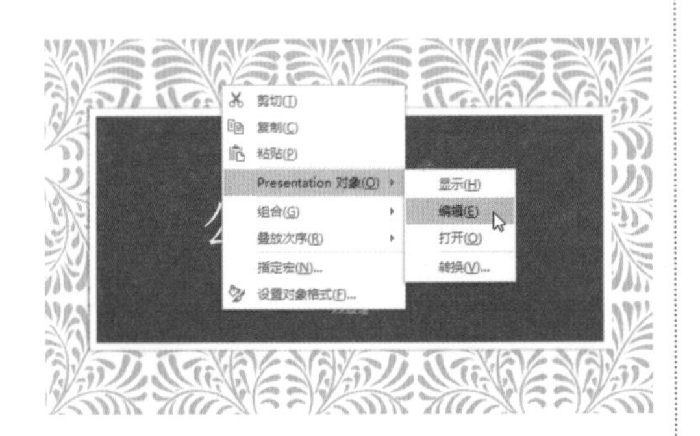

07 即可进入幻灯片的编辑状态，可以对幻灯片进行编辑操作。

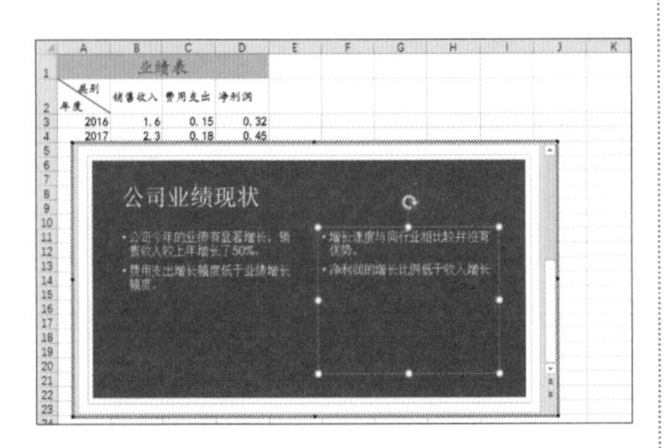

08 退出编辑状态，双击幻灯片，即可放映插入的幻灯片，效果如下图所示。

34.4 Outlook 与其他组件之间的协作

极简时光

关键词：新建电子邮件 / 【对象】按钮 / 选择工作簿 / 插入邮件 / 进入编辑状态

一分钟

Outlook 也可以和其他 Office 组件之间进行协作，使用 Outlook 编写邮件的过程中，可以调用 Excel 工作簿，具体操作步骤如下。

01 打开 Outlook 2016，单击【开始】选项卡下【新建】组中的【新建电子邮件】按钮。

02 弹出【邮件编辑】窗口，在【收件人】文本框中输入收件人地址，在【主题】文本框中输入“销售情况”文本，在正文编辑区输入邮件正文内容，单击【插入】选项卡下【文本】组中的【对象】按钮 对象。

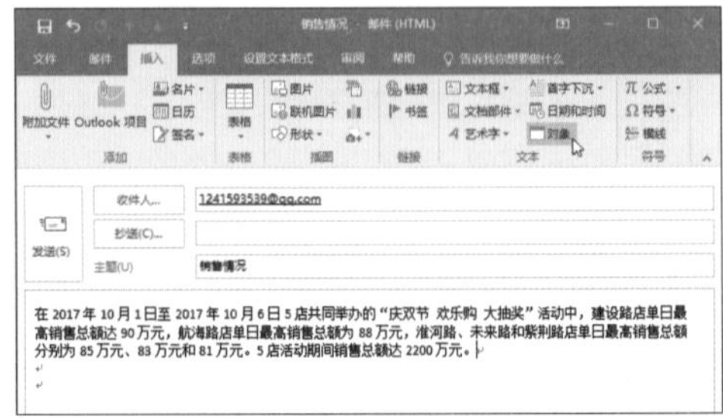

03 弹出【对象】对话框，单击【由文件创建】选项卡下的【浏览】按钮。

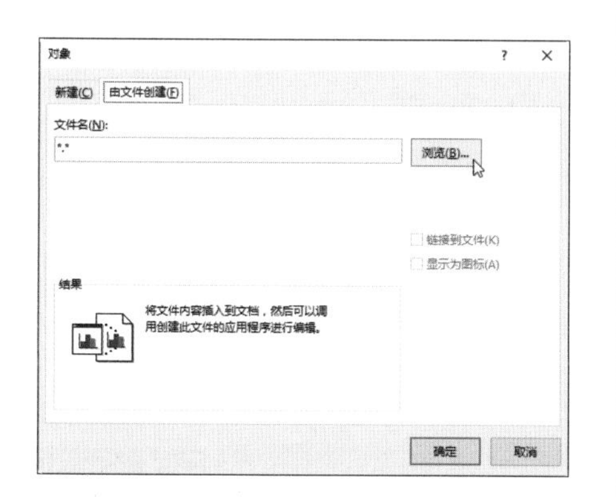

04 弹出【浏览】对话框，选择随书光盘中的“素材\ch34\销售情况表.xlsx”工作簿，单击【插入】按钮。

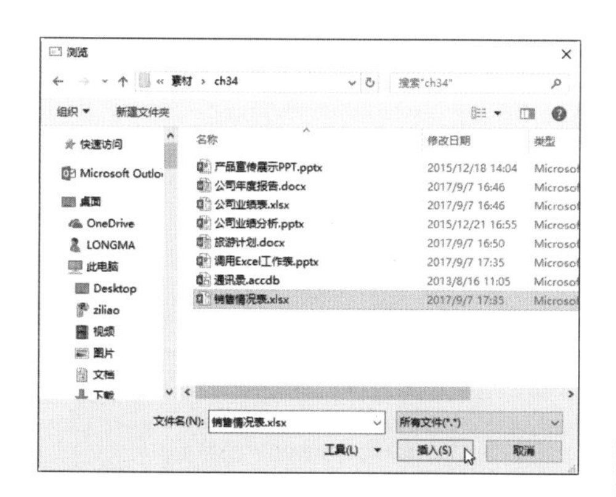

05 返回【对象】对话框，可以看到插入工作簿的路径，单击【确定】按钮。

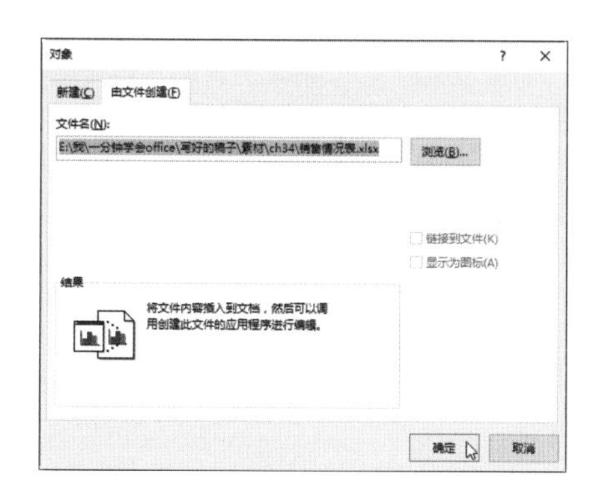

06 即可将工作簿插入邮件，效果如下图所示。

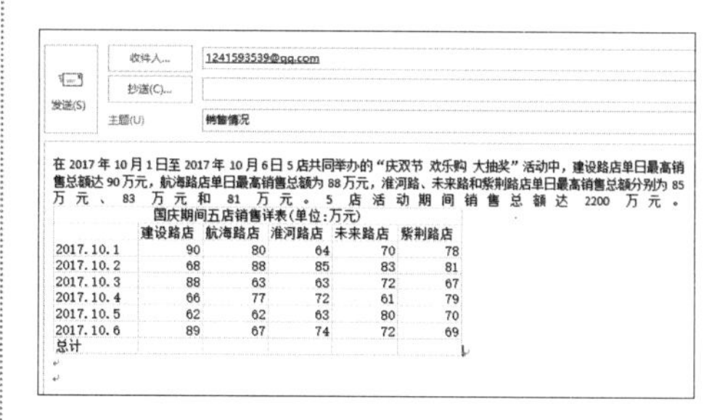

国庆期间五店销售详表(单位:万元)

	建设路店	航海路店	淮河路店	未来路店	紫荆路店
2017.10.1	90	80	64	70	78
2017.10.2	68	88	85	83	81
2017.10.3	88	63	63	72	67
2017.10.4	66	77	72	61	79
2017.10.5	62	62	63	80	70
2017.10.6	89	67	74	72	69
总计					

07 双击工作簿可以进入编辑状态，选择 B9 单元格，在编辑栏中输入公式“=SUM(B3:B8)”

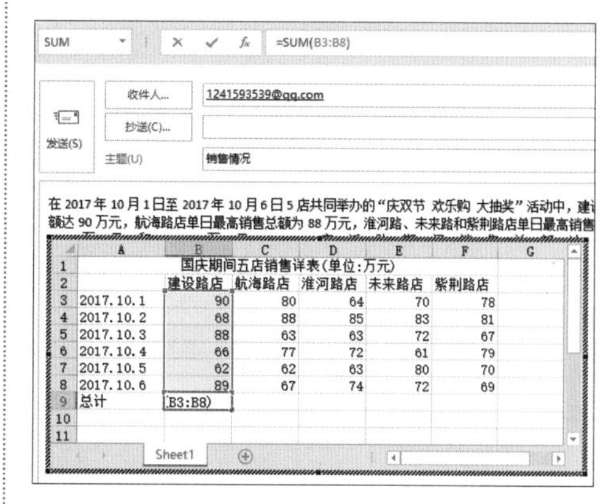

	A	B	C	D	E	F	G
1		国庆期间五店销售详表(单位:万元)					
2		建设路店	航海路店	淮河路店	未来路店	紫荆路店	
3	2017.10.1	90	80	64	70	78	
4	2017.10.2	68	88	85	83	81	
5	2017.10.3	88	63	63	72	67	
6	2017.10.4	66	77	72	61	79	
7	2017.10.5	62	62	63	80	70	
8	2017.10.6	89	67	74	72	69	
9	总计	B3:B8)					
10							
11							

08 按【Enter】键即可得出计算结果。

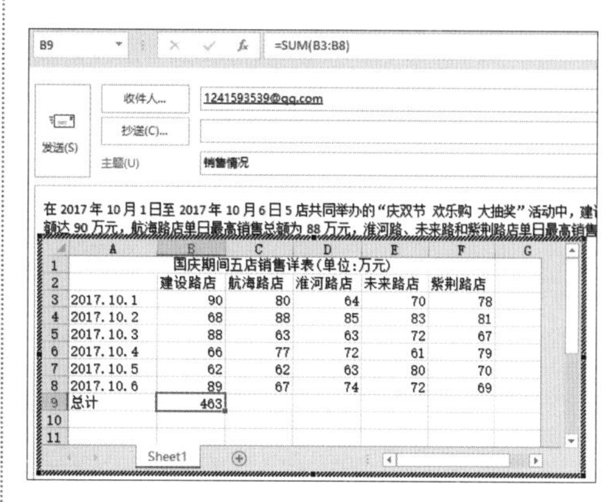

	A	B	C	D	E	F	G
1		国庆期间五店销售详表(单位:万元)					
2		建设路店	航海路店	淮河路店	未来路店	紫荆路店	
3	2017.10.1	90	80	64	70	78	
4	2017.10.2	68	88	85	83	81	
5	2017.10.3	88	63	63	72	67	
6	2017.10.4	66	77	72	61	79	
7	2017.10.5	62	62	63	80	70	
8	2017.10.6	89	67	74	72	69	
9	总计	463					
10							
11							

09 此时就在 B9 单元格中计算出了总销售额，使用快速填充功能填充 C9:F9 单元格区域，计算出各店总销售额。

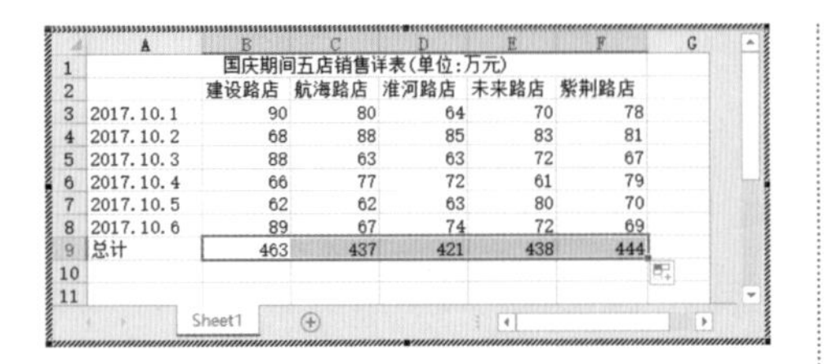

	A	B	C	D	E	F
1		国庆期间五店销售详表(单位:万元)				
2		建设路店	航海路店	淮河路店	未来路店	紫荆路店
3	2017.10.1	90	80	64	70	78
4	2017.10.2	68	88	85	83	81
5	2017.10.3	88	63	63	72	67
6	2017.10.4	66	77	72	61	79
7	2017.10.5	62	62	63	80	70
8	2017.10.6	89	67	74	72	69
9	总计	463	437	421	438	444

10 单击工作表外的区域即可退出编辑状态，单击【发送】按钮即可将邮件发送。

提示

除了可以插入 Excel 工作簿外，还可以在邮件内容中插入 Word 文档和演示文稿文档。

牛人干货

在 Excel 2016 中导入 Access 数据

在 Excel 中导入 Access 数据的具体操作步骤如下。

01 启动 Excel 2016 中，并新建一个空白工作簿，单击【数据】选项卡下【获取外部数据】组中的【自 Access】按钮 。

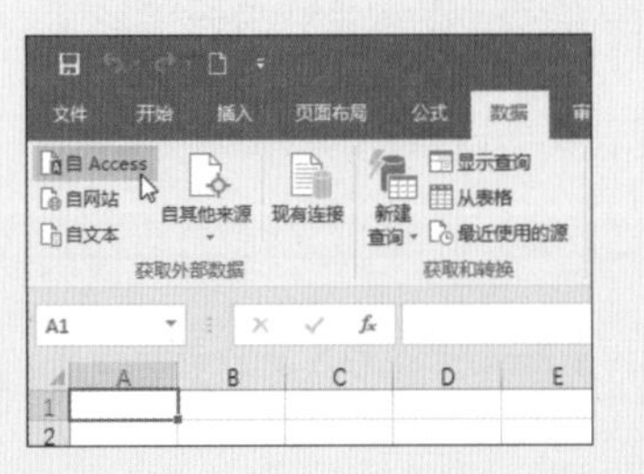

02 弹出【选取数据源】对话框，选择随书光盘中的“素材 \ch34\ 通讯录 .accdb”文件，单击【打开】按钮。

03 弹出【导入数据】对话框，单击【确定】按钮。

04 即可将 Access 数据库中的数据添加到工作表中。

	A	B	C	D	E
1	ID	姓名	住址	手机号码	座机号码
2	1	张光宇	北京	13800000000	11111111
3	2	刘萌萌	上海	13811111111	22222222
4	3	吴冬冬	广州	13822222222	33333333
5	4	吕升升	南京	13833333333	44444444
6	5	朱亮亮	天津	13844444444	55555555
7	6	马明明	重庆	13855555555	11112222